KB000876

인조이 **홍콩·마카오**

인조이 홍콩 미니북

지은이 최은주
펴낸이 최정심
펴낸곳 (주)GCC

4판 1쇄 인쇄 2019년 2월 28일
4판 1쇄 발행 2019년 3월 2일 ②

출판신고 제 406-2018-000082호
주소 10880 경기도 파주시 지목로 5
전화 (031) 8071-5700 팩스 (031) 8071-5200

ISBN 979-11-89432-68-3 13980

가격은 뒤표지에 있습니다.
잘못 만들어진 책은 구입처에서 바꾸어 드립니다.

www.nexusbook.com

여행을 즐기는 가장 **빠른** 방법

인조이
홍콩 · 마카오
HONG KONG

최은주 지음

넥서스BOOKS

'향기 나는 항구'란 뜻의 홍콩은 그 이름만으로도 멋스러움이 묻어난다. 홍콩만큼 갈 때마다 흥미롭고 새로운 모습으로 다가오는 곳도 드물다.

홍콩은 가족 여행을 하기에도, 사랑하는 연인과 함께 시간을 보내기에도, 미식가들에게도, 쇼핑에 푹 빠져 있는 쇼퍼홀릭에게도 만족감을 안겨 주는 곳이다. 특히 빅세일 기간에는 맘에 드는 명품을 저렴하게 구입할 수 있는 좋은 기회를 가질 수 있어 더 큰 매력을 선사한다. 게다가 4시간이 채 안 되는 짧은 비행 시간은 여행자의 마음을 유혹하기에 충분하다.

홍콩의 여름은 매우 덥고 습하다. 하지만 쇼핑몰이나 레스토랑에는 냉방 시설이 잘 되어 있어 더위에 지칠 걱정은 하지 않아도 된다. 교통편도 매우 편리하고 MTR의 환승 시설 또한 복잡하지 않다. 시내 중심에 숙소를 잡지 않더라도 지역 간의 이동 거리가 길지 않아 쇼핑이나 관광을 즐기기에도 그만이다.

화려함과 세련됨을 간직한 홍콩 섬은 우리나라로 치자면 강남의 느낌을, 구룡 반도는 예스러움과 정겨움을 지닌 강북의 느낌을 갖고 있는 곳이다. 산뜻하고 세련된 빌딩들과 세계 각국의 음식을 맛볼 수 있는 레스토랑이 즐비한 홍콩 섬과 편안하면서도 아늑한 느낌의 침사추이 지역은 쇼핑, 볼거리, 즐길거리 어느 한 요소도 부족한 것이 없이 모두 갖췄다. 빅토리아 항을 가르며 홍콩 섬과 구룡 반도를 오가는 스타페리를 이용하면 시간도 얼마 걸리지 않을 뿐더러 비용도 저렴하게 즐길 수 있다.

홍콩을 표현하는 단어는 너무도 많다. 쇼핑의 천국, 식도락의 천국, 백만 불의 야경, 세계에서 가장 바쁜 도시 등등 이렇게 홍콩은 여러 가지 면모를 한꺼번에 보여 주고 느낄 수 있게 해 준다. 곳곳에 숨어 있는 맛집과 숍들을 찾아다니다 보면 하루가 금방 지난다.

종잡을 수 없는 여자의 마음을 헤아리듯 포근히 안기는 빅토리아 항도 좋고, 짧은 시간에 갈 수 있는 조용한 라마 섬에서 혼자만의 트래킹도 좋다. 리펄스베이의 '더 베란다'에서 즐기는 애프터눈 티도 번잡함 속에서 여유로움을 찾을 수 있어 좋고, 피크트램을 타고 올라가 빅토리아 피크에서 홍콩의 아름다운 야경을 감상할 수 있어 좋고, 신선한 해산물과 맛있는 딤섬을 맘 놓고 먹을 수 있어 좋고, 트램을 타고 덜컹거리며 홍콩 섬을 누비는 것도 좋다. 홍콩 섬과 구룡을 가로지르는 운치 있는 페리는 잠시나마 여행의 고단함을 잊을 수 있게 해 주어 좋고……, 난 이런 홍콩이 좋다.

홍콩을 오가면서 《인조이 홍콩》을 집필하는 동안 발에 물집이 잡혀 제대로 걷지도 못하고, 지도를 읽지 못해 혼자 길을 헤매고, 혼자만의 여행이 슬쩍 지겨워지고 애써 찍은 사진도 다 날리고, 일을 하면서 책을 써야 한다는 중압감까지, 중간에 포기하고 싶을 때도 여러 번이었다.

하지만 다른 여행책에서 소개되지 않은 곳을 발견하거나, 친절한 홍콩 사람들과 이야기를 나누거나, 홍콩으로 배낭여행 온 외국인 친구를 만나다 보면 외로움과 아픔은 어느새 사라져 버렸다. 수많은 시행착오를 통해 더 많은 홍콩을 보았고 가면 갈수록 홍콩에 대한 애착은 깊어졌다.

더 많은 곳을 보여 주고 싶고, 더 좋은 책을 만들고자 하는 욕심에 오랜 시간 책을 집필하게 되었다. 여유롭게 시간을 허락해 주신 넥서스의 관계자 여러분, 많은 관심과 애정을 보여 주신 아시아나항공 본부장님, 지점장님 이하 직원 여러분, 경기대 교수님들과 이주형 교수님, 캄스 선후배 여러분, 김성근 사장님, 심상덕 사장님, 최영민 사장님, 수수보리 아카데미 식구들, 전혜진 교수님, 사랑하는 가족, 성수 오빠, 영선, 수경, 현식, 홍콩에서 만난 호텔, 레스토랑 관계자 여러분께 진심으로 감사의 마음을 전한다.

최은주

이 책의
구성

🛬 미리 만나는 홍콩

홍콩이 어떤 매력을 지닌 곳인지 아름다운 명소와 음식, 쇼핑 아이템을 사진으로
보면서 여행의 큰 그림을 그려 보자.

📍 지역 여행

홍콩의 구석구석 가볼 만한 곳을 모두 소개한다.
홍콩를 방문한 여행자라면 꼭 가봐야 할 핵심 정보들을 꼼꼼하게 담았다.

대표적인 명소의
상세한 관련 정보가
담겨 있다.

상세한 지도와
지역별 베스트
코스를 실었다.

놓치지 말아야 할
쇼핑, 카페, 레스토랑을
소개한다.

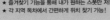

가이드북 최초 자체 제작 맵코드 서비스

인조이맵 enjoy.nexusbook.com

★ '인조이맵'에서 간단히 맵코드를 입력하면
  책 속에 소개된 스폿이 스마트폰으로 쏙!
★ 위치 서비스를 기반으로 한 길 찾기 기능과
  스폿간 경로 검색까지!
★ 즐겨찾기 기능을 통해 내가 원하는 스폿만 저장!
★ 각 지역 목차에서 간편하게 위치 찾기 가능!

추천 코스

여행 전문가가 추천하는 홍콩 여행 베스트 코스를 보면서,
자신에게 맞는 여행 일정을 세워 보자.

테마 여행

홍콩을 새롭게 즐길 수 있는 테마별 정보들을 담았다.
홍콩의 먹을거리, 볼거리, 즐길거리를 각 테마별로 소개한다.

추천 숙소

홍콩과 마카오의 베스트 호텔과 한인 민박을 지역별로 나누어 소개한다.

여행 정보

여행 전, 일정을 짜고 여행을 준비하는 데 필요한 정보다. 여행 전 준비 사항부터 출국과 입국 수속에 필요한 정보를 담았다.

Notice! 홍콩의 최신 정보를 정확하고 자세하게 담고자 하였으나, 시시각각 변화하는 홍콩의 특성상 현지 사정에 의해 정보가 달라질 수 있음을 사전에 알려 드립니다.

Contents

미리 만나는
홍콩

- 홍콩의 명소
- 홍콩의 음식
- 홍콩의 쇼핑

홍콩의 명소

도심 곳곳에 많은 매력이 숨어 있는 홍콩! 가고 싶은 곳은 많고, 일정은 한정되어 있어 몇 가지만 선택하려면 굉장히 고민이 될 것이다. 어디를 가야 할 지 고민이라면 주목! 꼭 가봐야 할 홍콩의 대표 명소들을 소개한다.

스타의 거리

낭만적인 분위기의 이곳은 연인들이 데이트 하기에 안성맞춤이라 '연인의 거리'라고도 불린다. 홍콩 스타들의 조형물과 장국영, 이소룡, 주성치, 장만옥, 임청하 등 유명 배우들의 핸드프린팅에 손을 대고 사진을 찍기 위해 줄을 서는 사람들로 가득하다. P.199

란타우 섬

세계 최대의 청동 좌불상이 있는 포린사와 옹핑 빌리지가 있는 섬. 세계 최장의 케이블카인 옹핑360을 타고 포린사와 중국의 전통 문화 체험을 할 수 있는 옹핑 빌리지로 이동이 가능하다. 덤으로 란타우 섬의 백미라 불리는 반야심경 산책로를 걸으며 산과 해변으로 이어지는 멋진 경관을 볼 수 있다. P.254

리펄스베이

홍콩의 대표적인 비치 리조트로 호화 아파트와 고급 리조트 맨션이 즐비한 곳이다. 버스를 타고 이동하면
서 바라보는 풍광이 더욱 눈길을 사로잡는다. 이국적인 정취를 제대로 느낄 수 있어 근처의 스탠리와 함께
작은 유럽으로 불린다. P.178

스타 스트리트

에드미럴티 역에서 완차이로 이어지는 이곳은 화려한 빌딩숲과
완차이의 에스커웅이 함께 어우러지는 곳이다. 스타일리시한 갤러리와
독특한 가구를 파는 가구 아웃렛, 세련된 카페와 레스토랑이 있어
홍콩에서도 핫 플레이스로 떠오르고 있다. P.133

소호

홍콩 센트럴의 트렌디한 숍들이 즐비한 곳으로 세계에서 가장 긴
에스컬레이터를 타고 소호 곳곳을 살펴볼 수 있다. 홍콩의 소호는 미국의
소호나 영국의 소호와 비슷하면서도 다른 홍콩만의 모습을 간직하고 있다.
또한 각국의 다양한 음식을 맛볼 수 있는 식당도 많으니 한번 들러 보자. P.82

 대관람차

홍콩의 야경을 감상할 수 있는 새로운 장소로 떠오르는 곳으로 센트럴의 마천루부터 구룡반도를 아우르는 경치를 한번에 즐길 수 있다. P.94

홍콩 전통의 정크선에 붉은 돛대를 달아서 운행하는 선박으로 이곳에서 감상하는 **아쿠아루나**
빅토리아항의 야경은 더할 나위 없이 아름답다. 저녁 7시 30분에 배를 탄다면
심포니 오브 라이트(A Symphony of Lights)도 배 안에서 볼 수 있어 매우 색다르다.
P.338

 빅토리아 피크

홍콩의 야경을 감상하기 그만인 최적의 장소. 홍콩의 야경이 왜 백만불짜리 인지를 확인할 수 있기 때문에 야경이란 단어만 나와도 빠지지 않는 장소가 바로 빅토리아 피크이다. 홍콩 야경의 진수를 두 눈으로 직접 보고 싶다면 꼭 가봐 야 할 곳이다. P.108

세계 각국의 다양한 음식을 맛볼 수 있는 곳이 바로 홍콩!
그중에서도 진짜 홍콩의 맛을 느낄 수 있는 대표 음식과
디저트를 소개한다.

딤섬

홍콩 하면 떠오르는 음식이 바로 딤섬일 것이다.
홍콩의 로컬 레스토랑에는 아침이면 삼삼오오 모여서 이야기 꽃을 피우거나
신문을 펼쳐 놓고 읽으며 여유 있게 딤섬을 즐기는 홍콩 사람들로 붐빈다.
화려한 모양과 함께 맛까지 겸비한 딤섬의 세계에 쏙 빠져 보자.

매운 마늘 게 요리

바삭바삭하게 튀긴 게와 다진 마늘이
튀김의 느끼함은 없애고 고소함을 더한다.
해산물 요리 중 한국인들의 입맛을
사로잡은 대표 요리이다.

베이징 덕

홍콩의 대표 요리는
아니지만 꼭 먹어 봐야 할
요리 중 하나로 손꼽힌다.
오리의 겉은 바삭바삭하고 속살은 부드럽다.
밀전병과 함께 나오는 파와 소스를 곁들이면
그 고소함이 배가 된다.

완탕면

계란으로 만든 쫄깃한 면과 시원한 국물이 조화를 이루는 완탕면은 호불호가 극명하게 갈리는 음식
이기도 하다. 하지만 홍콩에 왔다면 꼭 한번 맛보자.
홍콩의 음식을 대표하는 주자임에 틀림 없다는 것을 느끼게 될 것이다.
새우 완탕, 피시볼 완탕과 소고기 완탕이 있는데 가장 인기 있는 메뉴는 새우 완탕면이다.

콘지

우리나라의 죽과 비슷한 콘지는 홍콩 사람들이 아침으로 즐기는
음식이다. 한번 먹으면 그 맛을 잊을 수 없을 만큼 진하고 부드럽다.
콘지의 종류는 鮮牛肉粥(Fresh Sliced Beef Congee),
鮮鯪魚球粥(Fresh Dace Ball Congee)가 대표적이다.

망고 디저트

홍콩의 대표적인 디저트로 망고를 주재료로 한 과일 주스이
다. 기본적으로 젤리가 들어가고 제비집, 키위, 알로에, 딸
기, 파파야, 코코넛 등을 추가로 선택할 수 있다. 보통 젤리가
들어간 것보다 들어가지 않은 주스가 망고의 풍미를 잘 느낄
수 있어 한국인들의 선호도가 높은 편이다.

에그타르트

홍콩의 에그타르트가 가장 유명한 곳은
'타이청 베이커리'인데 홍콩의 마지막 총통인
크리스 패튼이 그 맛을 잊지 못해 영국에 가서도
주문해서 먹었다는 일화가 있어 유명해진 곳이다.
홍콩에서 달콤하고 부드러운 에그타르트를 맛보자.

애프터눈 티

고급스러운 3단 트레이에 화려한 모양새를 갖춘 애프터눈 티는 눈과 입이
즐거워지는 음식이다. 향기로운 자스민 티와 달콤한 핑거 푸드와 함께
여행 중 여유로움을 만끽하고 싶다면 시도해 보자.

PREVIEW

홍콩의 쇼핑

홍콩에서의 쇼핑은 여행을 한껏 들뜨게 만드는 요소임에 틀림 없다. 명품 쇼핑의 대명사인 홍콩이지만 요즘에는 소소한 쇼핑이 더 주목받고 있다. 친구나 가족 혹은 직장 동료에게 가볍게 선물하기 좋은 제품들과 한국보다 훨씬 저렴한 제품, 아직 한국에서 만날 수 없는 제품들을 소개한다.

기와 베이커리
제니 베이커리와 양대 산맥을 이루는 곳으로 1938년부터 오랜 전통을 이어 나가고 있다. 다양한 쿠키가 귀여운 팬더 그림이 그려져 있는 캔 케이스에 담겨 있어 선물용으로 인기가 좋다.
가격 팬더 쿠키(캔 케이스) HK$73, 펑리수 HK$58

제니 베이커리
홍콩 필수 기념품인 제니 베이커리의 쿠키는 높은 열량에도 불구하고 한번 맛을 보면 멈추기 힘들어서 일명 마약쿠키로 불린다. 가격이 점점 오르고 있음에도 인기는 고공행진 중이다. 쿠키를 사려면 긴 줄을 서서 기다려야 하니 아침 일찍 서두르는 것이 좋다. 지점은 성완점과 침사추이점 두 곳뿐이다. 선물로 구매할 경우에는 틴케이스 안에 쿠키가 부숴질 우려가 있으니 번거롭더라도 직접 들고 가는 것을 추천한다.
가격 4개 믹스(小) HK$75, 4개 믹스(大) HK$140, 8개 믹스(小) HK$140, 8개 믹스(大) HK$200, 버터 쿠키(大) HK$140 (현금 결제만 가능)

온라인 주문 www.jennybakery.com/wp/ko/seoul
(온라인 주문의 경우 현지에서 사는 것보다 2배 정도 비쌈)

크랩트리 핸드크림
일명 고소영 핸드크림으로 유명한 크랩트리 핸드크림. 타사 제품보다 은은한 향이 오래 남아 기분을 상쾌하게 해준다.
가격 틴 케이스 1BOX 12개 HK$280
(상점별로 다소 상이, 몽콕의 사사매장이 가장 저렴)

흑진주팩
에센스가 가득 들어가서 보습이 오래 지속되는 흑진주팩. 저렴한 가격이라서 더욱 사랑을 받고 있다.
가격 1BOX (30개) HK$154
(상점별로 다소 상이, 사사 매장이 대체적으로 저렴)

백화유

근육통이 있을 때 바르면 효과적이라고 알려진 백화유. 근육통 외에도 멀미를 방지하고 두통이 있을 때나 벌레에 물린 데 바르면 붓기가 가라앉는다. 일명 만병통치약이라고 불린다.

가격 20ml HK$15 (상점별로 다소 상이)

달리치약

차를 자주 마시는 중국 사람들이 애용하는 치약으로 특히 화이트닝에 효과가 있다고 알려져 있다.
오리지널 스트롱, 더블액션(에나멜 케어) 등 그 종류가 다양하다.

가격 1개에 HK$17 (상점별로 다소 상이)

비타 끄렘므 크림

한국에서 비싸게 판매되는 덕에 홍콩에서 사오는 필수 아이템. 건조하고 거친 피부에 제격인 분홍색의 스위스 재생 크림이다.

가격 HK$78 정도 (상점별로 다소 상이, 몽콕의 컬러믹스나 사사 매장이 가장 저렴)

알카셀처

소화 불량과 숙취 해소 등 여러 가지에 좋다고 알려진 물에 녹여 먹는 발포성 소화제이다.
그 효능이 잘 알려져 있어 필수 아이템으로 하나씩 구매해가는 제품이다.
여러 향의 제품이 있는데 레몬 라임향이 마시기 편하다.

립톤 밀크티

밀크티를 좋아한다면 단연코 립톤의 밀크티를 추천한다. 노란색은 단맛이 조금 강하다. 'Quality Mellow'라고 적힌 홍콩의 야경이 그려진 밀크티는 선물용으로 그만이다.

가격 일반 밀크티 HK$24, 홍콩 밀크티 HK$33

추천 코스

가족과 함께하는 하루 코스

01 Course

10:00 홍콩 역사 박물관 (P.204)
박물관 중에서 볼거리가 가장 많은 곳으로, 선사 시대부터 영국의 식민지 시대를 거쳐 현대에까지 이르는 홍콩의 역사를 한눈에 볼 수 있다.

11:00 홍콩 과학 박물관 (P.204)
자녀와 함께 여행한다면 꼭 들러야 할 필수 코스! 홍콩 역사 박물관을 마주하고 있는 이곳은 과학의 원리를 직접 체험할 수 있는 곳이다.

12:00 🍴 Lunch Time 페킹 가든 (P.231)
홍콩에서 가장 유명한 북경 오리 전문 레스토랑으로 겉은 바삭하고 살은 부드러운 북경 오리를 맛볼 수 있다.

14:00 오션 파크 (P.176)
아시아 최대 해양 공원. 옥외 에스컬레이터 및 미들킹덤, 수족관, 상어관, 그리고 해양 공원 전망대와 케이블카까지 있다.

18:00 🍴 Dinner Time 죽가장 (P.250)
해산물 요리, 매운 요리 전문점으로 한국 사람들의 입맛에 맞다.

20:00 빅토리아 피크 (P.108)
항구의 장관과 도시의 전경을 바라볼 수 있는 홍콩의 대표적인 관광지로 홍콩의 야경을 가장 잘 즐길 수 있는 곳이다.

연인을 위한 낭만적인
하루 코스

10:00   리펄스베이 (P.178)
동양의 나폴리라 불리는 아담한 규모의 해변. 물살이 거칠지 않아 해수욕을 즐기기에 좋다. 여름철 홍콩 현지인들에게 각광받는 해변가이다.

13:00   🍴 Lunch Time 보트 하우스 (P.186)
스탠리의 명물, 유럽식 레스토랑 보트 하우스에서는 홍합 요리나 샌드위치, 파스타 등을 맛볼 수 있다.

14:30   스탠리 (P.182)
유럽풍의 상점과 카페가 해변가에 즐비하게 늘어서 있는 곳으로 드넓은 모래사장, 아름다운 레스토랑과 바들이 유럽의 작은 도시를 방불케 한다.

15:30   스탠리 마켓 (P.185)
수공예품, 골동품, 의류, 다양한 기념품 등 흥미로운 물건들을 파는 상점들이 모여 있는 재래시장.

17:30   난린 가든 (P.248)
다이아몬드 힐에 위치한 중국식 정원.

19:00   🍴 Dinner Time 카페 온 더 파크 (P.226)
로얄 퍼시픽 호텔 내 2층에 위치한 스타일리시한 레스토랑으로 아시아와 서양 음식을 고루 갖추고 있다.

21:00   아쿠아 (P.338)
넓디 넓은 유리창 너머로 매력적인 항만 야경과 시내 전경을 볼 수 있는 바 겸 레스토랑이다.

03 Course 알뜰족을 위한 **하루 코스**

09:00 패스트푸드점 맥심 (P.236)
홍콩의 대표적 패스트푸드점으로 어떤 메뉴를 고르더라도 실패하지 않는 곳이다.
HK$12~30 내외의 가격으로 아침 식사를 푸짐하게 해결할 수 있다.

11:00 하버 시티 (P.207)
고급 브랜드는 물론 화장품, 스포츠용품, 편집 숍까지 다양하게 입점해 있으며
아직 한국에 수입되지 않은 제품도 저렴한 가격에 구입할 수 있다.

12:00 ¶ Lunch Time 딤섬 스퀘어 (P.363)
가격이 저렴하고 모든 딤섬이 맛있기로 유명한 딤섬 레스토랑.

15:00 윙와 케이크 숍 (에그롤 쿠킹 클래스) (P.366)
중국 전통 과자를 판매하는 곳으로 에그롤, 월병 같은 과자를 직접 만
들어 볼 수도 있다. (일요일 11:30~12:45, 13:30~14:45 예약제)

18:00 ¶ Dinner Time 그레이트 (P.161)
세계 최고 수준의 슈퍼마켓. 슈퍼마켓 내의 식품 코너에서 저렴하
면서도 든든하게 저녁을 해결할 수 있다.

20:00 스타의 거리 & 심포니 오브 라이트 (P.199, 202)
스타페리 선착장에서 해변로를 따라 이어지는 산책로로 낭만적인 분위기를 자아낸
다. 또한 홍콩의 볼거리 중 으뜸으로 꼽히는 심포니 오브 라이트를 감상하기 가장 좋
은 곳이다.

21:00 레이디스 마켓 (P.244)
몽콕에 위치한 홍콩에서 가장 유명한 야시장
중 하나.

바쁜 직장인을 위한
하루 코스

04 Course

09:00 쁘레타망제 [P.99]
IFC 몰에 위치한 영국의 유명한 샌드위치 전문점으로 바쁜 홍콩인들의 아침 메뉴로
애용되는 곳이다.

10:00 IFC 몰 [P.92]
영화 〈툼 레이더 2〉에서 안젤리나 졸리가 공중 낙하했던
건물로 유명한 쇼핑몰. 탁 트인 넓은 실내가 쾌적한 쇼핑
몰이다.

12:00 🍴 **Lunch Time** 팀호완 [P.105]
미슐랭에서 뽑은 베스트 맛집에서 맛있는 딤섬을 저렴한
가격에 먹을 수 있다.

13:00 소호 & 미드레벨 에스컬레이터 [P.82]
홍콩 최대의 트렌디 골목 소호와 홍콩 영화의 주인공들이 타고 오르던 세계 최장의
에스컬레이터. 두 곳 모두 홍콩의 대표 명소이다.

15:00 페닌슐라 호텔의 '더 로비' [P.348]
100년 전통을 자랑하는 페닌슐라 호텔의 '더 로비'에서 유럽의 애프터
눈 티를 즐겨 보자.

17:00 스타의 거리 [P.199]
스타페리 선착장에서 해변로를 따라 이어지는 산책로로 낭만적인 분위기를 자아낸다.

19:00 🍴 **Dinner Time** 구기 [P.120]
진한 고기 육수가 맛있는 쌀국수 식당. 영화배우 양조위의 단골집으로 유명하다.

20:00 란콰이퐁 [P.78]
개성 있는 바와 레스토랑, 클럽 등이 즐비한 곳. 홍콩의 나이트 라이프를 즐길 수 있는
젊음의 거리이다.

05 Course
쇼핑 마니아를 위한 하루 코스

10:00   호라이즌 플라자 (P.190)
인테리어 소품부터 다양한 패션 브랜드까지 총망라한 멀티 브랜드 아웃렛. 최대 80%까지 세일하기 때문에 실속 있는 쇼핑이 가능하다.

13:00   패션 워크 & 패더슨 스트리트 (P.149, 150)
젊은 디자이너들의 패션 아이템을 만날 수 있는 패션 워크와 유명 브랜드의 매장이 모여 있는 패더슨 스트리트를 걸으며 여유로운 쇼핑을 즐기자.

14:00   🍴 **Lunch Time** 금만정 (P.151)
타임 스퀘어에 위치한 금만정은 중국 요리를 맛볼 수 있는 곳으로 깔끔한 분위기에 착한 가격, 푸짐한 양을 자랑한다.

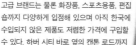

15:00   리가돈스 1 & 2 (P.152)
명품 마니아를 위한 쇼핑몰로 사람이 많지 않아 여유롭게 쇼핑할 수 있는 곳이다. 명품 외에 아동용품과 남성복 등 다양한 매장이 있다.

17:00   하버 시티 (P.207)
고급 브랜드는 물론 화장품, 스포츠용품, 편집숍까지 다양하게 입점해 있으며 아직 한국에 수입되지 않은 제품도 저렴한 가격에 구입할 수 있다. 하버 시티 바로 옆의 캔톤 로드까지 함께 둘러보면 좋다.

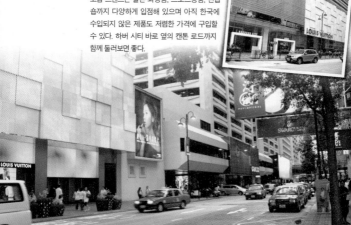

18:00 더 원 [P.219]
홍콩의 유행을 한눈에 볼 수 있는 쇼핑 핫 플레이스. 규모는 작지만 젊은이들에게 가장 인기 있는 곳이다. 근처의 파크 레인 쇼핑가까지 함께 둘러 보자.

19:00 🍴 Dinner Time 카페 온 더 파크 [P.226]
로얄 퍼시픽 호텔 내 2층에 위치한 스타일리시한 레스토랑으로 아시아와 서양 음식을 고루 갖추고 있다.

20:00 ISA 아웃렛 [P.219]
침사추이에 총 4개의 매장이 있는 아웃렛으로 알뜰한 명품 쇼핑이 가능하다.

06 Course 주말을 이용한 2박 3일 코스

Day 1

13:00 호텔 체크인

14:00 미드레벨 에스컬레이터 (P.82)
홍콩 영화의 주인공들이 타고 오르던 세계 최장의 에스컬레이터. 홍콩의 대표 명소 중 하나이다.

15:00 할리우드 로드 & 캣 스트리트 (P.117, 118)
홍콩 최대의 골동품 거리. 아기자기한 볼거리를 제공하는 곳이다.

16:00 홍콩 공원 & 다구 박물관 (P.73)
도심 속에 위치한 공원. 여유롭게 산책하기 좋은 곳이다. 공원 내에 있는 다구 박물관에서 중국 다기의 역사와 차 문화를 알아보자. 건물이 멋있어 사진 찍기에도 좋다.

18:00 🍴 Dinner Time 부타오 라면 (P.103)
홍콩의 소호에서 일본 전통 라면을 맛볼 수 있다.
450 그릇을 다 팔면 문을 닫는다.

19:00 빅토리아 피크 & 마담 투소 (P.108, 112)
향구의 장관과 도시의 전경을 바라볼 수 있는 홍콩의 대표적인 관광지와 100여 개 이상의 유명인들의 밀랍 인형을 만날 수 있는 마담 투소.

21:00 란콰이퐁 (P.78)
개성 있는 바와 레스토랑, 클럽 등이 즐비한 곳. 홍콩의 나이트 라이프를 즐길 수 있는 젊음의 거리이다.

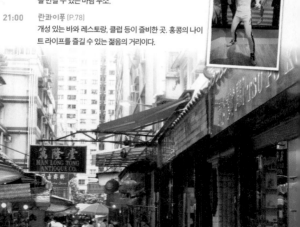

Day 2

10:00 홍콩 역사 박물관 [P.204]
박물관 중에서 볼거리가 가장 많은 곳으로, 선사 시대부터 영국의 식민지 시대를 거쳐 현대에까지 이르는 홍콩의 역사를 한눈에 볼 수 있다.

12:00 🍴 Lunch Time 태평관 [P.228]
볶은 쇠고기 쌀국수가 우리 입맛에 맞아 여행자들에게 인기 있는 레스토랑이다.

13:00 하버 시티 [P.207]
고급 브랜드는 물론 화장품, 스포츠용품, 편집 숍까지 다양하게 입점해 있으며 아직 한국에 수입되지 않은 제품도 저렴한 가격에 구입할 수 있다.

15:00 허니문 디저트 [P.352]
홍콩에서 유명한 디저트 전문점으로 망고 푸딩과 망고 팬케이크가 인기 메뉴이다.

15:30 난린 가든 [P.248]
다이아몬드 힐에 위치한 중국식 정원으로, 마치 옛 중국으로의 시간 여행을 떠난 듯한 느낌을 주는 곳이다.

17:00 플라워 마켓 [P.246]
화려한 꽃들의 향연을 볼 수 있는 곳.

18:00 레이디스 마켓 [P.244]
몽콕에 위치한 홍콩에서 가장 유명한 야시장 중 하나.

19:00 🍴 Dinner Time 랭함 플레이스 푸드코트 [P.245]
세련되고 모던한 인테리어가 인상적인 쇼핑몰로 MTR 몽콕 역과 바로 연결되어서 이용하기도 매우 편리하다.

20:00 톱 컴포트(목록 점) [P.221]
현지 교민들에게 인기 있는 정통 스파. 호텔의 스파 마사지와 비교할 수 없지만, 깔끔하고 고급스러운 인테리어로 단골 손님들이 줄을 잇는다.

Day 3

10:00 홍콩 국제공항 얼리 체크인
시간 05:30~ 23:00 / AEL(공항 고속 전철) 구룡 역, 홍콩 역

11:00 리펄스베이 (P.178)
동양의 나폴리라 불리는 아담한 규모의 해변. 물살이 거칠지 않아 해수욕을 즐기기에 좋다. 여름철 홍콩 현지인들에게 각광받는 해변가이다.

12:00 스탠리 마켓 (P.185)
골목길 사이마다 수공예품, 골동품, 의류, 다양한 기념품 등 흥미로운 물건들을 파는 상점들이 모여 있는 재래시장.

15:00 페닌슐라 호텔의 '더 로비' (P.348)
100년 전통을 자랑하는 페닌슐라 호텔의 '더 로비'에서 유럽의 애프터눈 티를 즐겨 보자.

17:00 퍼시픽 플레이스 & 스타 스트리트 (P.95, 131)
퍼시픽 플레이스 뒤편에 있는 스타 스트리트는 최근 홍콩에서 새롭게 떠오르는 곳으로 스타일리시한 갤러리와 독특한 가구 아웃렛, 세련된 카페와 레스토랑이 있다.

19:00 🍴 Dinner Time 태호 (P.170)
다양한 스타일의 해산물 요리와 광동 요리, 딤섬을 맛볼 수 있는 유명한 해산물 레스토랑이다.

20:00 공항 도착

여유로운 홍콩 & 마카오
4박 5일 코스

07 Course

Day 1

13:00 호텔 체크인

14:00 하버 시티 [P.207]
고급 브랜드는 물론 화장품, 스포츠용품, 편집 숍까지
다양하게 입점해 있으며 아직 한국에 수입되지 않은
제품도 저렴한 가격에 구입할 수 있다.

16:00 홍콩 역사 박물관 [P.204]
박물관 중에서 볼거리가 가장 많은 곳으로, 선사 시대부터 영국의 식민지 시대를
거쳐 현대에까지 이르는 홍콩의 역사를 한눈에 볼 수 있다.

18:30 넛츠포드 테라스 [P.210]
유럽에 온 듯한 분위기의 골목길. 맛 좋고 분위기 있는 레스토랑이 줄지어 있어 홍콩
현지인들보다 관광객들이 많이 모이는 곳이다.

19:00 🍴 **Dinner Time** 엘 시드 [P.211]
넛츠포드 테라스에 위치한 스페인 레스토랑. 멋진 풍경을
배경으로 맛있는 스페인 요리를 맛볼 수 있다.

20:30 스타의 거리 [P.199]
스타페리 선착장에서 해변로를 따라 이어지는 산책로로 낭만적인 분위기를 자아낸다.

Day 2

10:00 IFC 몰 (P.92)
영화 〈툼레이더 2〉에서 안젤리나 졸리가 공중 낙하했던 건물로 유명한 쇼핑몰. 탁 트인 넓은 실내가 쾌적한 쇼핑 몰이다.

12:00 🍴 **Lunch Time** 린흥 티 하우스 (P.361)
홍콩의 TV 요리 프로그램에서 소개된, 미식가들이 뽑은 최고의 딤섬 식당.

13:30 홍콩 공원 & 다구 박물관 (P.73)
도심 속에 위치한 공원. 여유롭게 산책하기 좋은 곳이다. 공원 내에 있는 다구 박물관에서 중국 다기의 역사와 차 문화를 알아보자. 건물이 멋있어 사진 찍기에도 좋다.

14:30 스타 스트리트 (P.133)
최근 홍콩에서 새롭게 떠오르는 곳. 스타일리시한 갤러리와 독특한 가구 아웃렛, 세련된 카페와 레스토랑이 있다.

16:00 패션 워크 (P.149)
전 세계 젊은 디자이너들의 재치 넘치고 획기적인 아이디어의 패션 아이템을 만날 수 있다.

18:00 🍴 **Dinner Time** 히기 (P.170)
매운 요리 전문점으로, 연예인들이 많이 찾아 유명해진 곳이다.

19:30 빅토리아 피크 (P.108)
항구의 장관과 도시의 전경을 바라볼 수 있는 홍콩의 대표적인 관광지로 홍콩의 야경을 가장 잘 즐길 수 있는 곳이다.

21:00 란콰이퐁 (P.78)
개성 있는 바와 레스토랑, 클럽 등이 즐비한 곳. 홍콩의 나이트 라이프를 즐길 수 있는 젊음의 거리이다.

Day 3

10:00	페리 터미널	
11:00	마카오 도착 [P.268]	
11:30	세나도 광장 & 성 바울 성당 [P.281, 282]	

파스텔톤의 유럽풍 건물들이 어우러져 작은 유럽을 방불케 하는 세나도 광장과 마카오의 대표 유적지 성 바울 성당.

12:30	🍴 Lunch Time 리토랄 [P.301]	

오랜 전통을 가진 매케니즈 푸드 전문점. 마카오의 오래된 레시피와 그윽한 분위기를 즐기고 싶다면 이곳에서 식사를 해 보자.

13:30	마카오 박물관 & 몬테 요새 [P.283, 282]	

마카오의 역사를 한눈에 볼 수 있는 박물관과 마카오 전체를 조망할 수 있는 몬테 요새.

15:00	베네시안 마카오 리조트 호텔 [P.293]	

마카오의 럭셔리한 호텔이자, 최대 규모의 쇼핑몰을 갖추고 있다.

17:00	쿤하 거리 [P.295]	

마카오 속 작은 포르투갈. 포르투갈에 온 듯한 느낌을 주는 거리로 레스토랑과 카페들이 즐비하다.

18:00	🍴 Dinner Time 덤보 레스토랑 [P.302]	

홍콩 배우들이 즐겨 찾는 전통 포르투갈 레스토랑이다.

19:00	피셔맨즈 와프 [P.290]	

로마의 콜로세움, 티벳의 포탈라 궁, 네덜란드의 작은 마을 등을 그대로 재현해 놓은 곳으로, 가족 단위의 관광객을 위한 복합 관광지이다.

Day 4

10:00	**리펄스베이** [P.178] 동양의 나폴리라 불리는 아담한 규모의 해변. 물살이 거칠지 않아 해수욕을 즐기기에 좋다. 여름철 홍콩 현지인들에게 각광받는 해변가이다.
11:00	**스탠리 마켓** [P.185] 수공예품, 골동품, 의류, 다양한 기념품 등 흥미로운 물건들을 파는 상점들이 모여 있는 재래시장.
12:00	🍴 **Lunch Time** **피자 익스프레스** [P.187] 피자 맛과 분위기가 환상 궁합을 자랑하는 곳으로, 스탠리에 위치하고 있다.
13:00	**애버딘 수상 가옥 마을** [P.188] 애버딘에서 생활하는 사람들의 정취를 느낄 수 있는 곳.
15:00	**홍콩 컨벤션 센터 & 골든 보히니아 광장** [P.131, 133] 완차이의 상징이 된 연꽃잎과 비상하는 새의 날개 모양 을 지닌 홍콩 컨벤션 센터와 골든 보히니아 광장. 홍콩의 중국 반환기념비가 있는 곳이다.
17:00	**코즈웨이베이 & 패션 워크** [P.146, 149] 세계적인 젊은 디자이너들의 재치 넘치고 획기적인 아 이디어가 담긴 패션 아이템을 만날 수 있는 곳이다.
18:00	**이케아** [P.150] 저가형 가구, 액세서리, 주방용품 등을 파는 곳. 스웨덴 인테리어 소품을 저렴하게 구입할 수 있다.
19:00	🍴 **Dinner Time** **사테 킹** [P.168] 다양한 퓨전 음식을 맛볼 수 있는 체인 레스토랑이다. 가격도 저렴해 홍콩에서 인기 있는 곳이다.

Day 5

09:00 홍콩 국제공항 얼리 체크인
시간 05:30~ 23:00 / AEL(공항 고속 전철) 구룡 역, 홍콩 역

10:00 미드레벨 에스컬레이터 [P.82]
홍콩 영화의 주인공들이 타고 오르던 세계 최장의 에스컬레이터. 홍콩의 대표 명소 중 하나이다.

11:00 소호 [P.82]
홍콩 최대의 트렌디 골목으로 예쁜 레스토랑과 카페, 바 등이 밀집되어 있는 곳이다.

12:00 🍴 **Lunch Time** 올라 [P.84]
푸짐한 브런치를 즐길 수 있는 곳.

14:00 란타우 섬 [P.254]
섬 전체가 국립공원으로 지정되어 자연 경관이 아름다운 섬이다. 타이오, 포린 수도원, 옹핑 360 케이블카 등이 대표적인 관광지이다.

15:00 포린 수도원 & 반야심경 산책로 [P.258]
홍콩에서 가장 오래되고 큰 사찰로, 세계 최대 청동 좌불을 만날 수 있는 곳이다. 사찰에서 내려오면 신비롭고 경건한 반야심경 산책로로 가 나온다.

17:00 타이오 [P.259]
수상 가옥 마을. 복잡한 홍콩 시내를 떠나 평화로운 타이오 마을을 둘러보는 것도 색다른 분위기를 만끽할 수 있어 좋다.

18:00 시티 게이트 [P.370]
공항 가기 전 필수 코스인 아웃렛. 홍콩국제공항에서 10여 분 거리에 위치하고 있고, MTR 통총선 종점인 통총 역과 바로 연결되어 있다.

20:00 🍴 **Dinner Time** 시티 게이트 푸드코트
공항에 가기 전에 푸드코트에서 간단하게 저녁 식사를 해결하자.

21:00 공항 도착

지역 여행

Hong Kong Information

홍콩 기초 정보

홍콩

홍콩의 정식 명칭은 중화인민공화국 홍콩 특별 행정구(中華人民共和國 香港特別行政區)로, 인구는 약 712만 명, 국토 면적은 1,104km²로 서울의 2배 정도이다. 남북 간 거리는 38km, 동서 간 거리는 50km에 달한다.

홍콩의 역사

약 1만 년 전에는 홍콩 섬과 구룡 반도가 서로 연결되어 있었으나, 빅토리아 해협의 일부 지역이 잠기면서 지금의 홍콩 섬이 생겨났다. 홍콩 섬의 대부분은 산지로, 남쪽으로 이어지는 구릉이 넓게 펼쳐져 있다. 구룡 반도는 반도의 줄기가 아홉 마리의 용과 같은 형상을 하고 있어 아홉 마리 용이란 뜻으로 불리었고, 중국의 송나라 시대에 '핑'이라는 황제가 폐위가 되어 홍콩으로 피난을 오게 되면서 구룡이란 이름을 짓게 된다. 홍콩(香港)은 한자로 표기하면 '향나무 항'과 '항구 항'으로 쓰는데 이를 광둥어로 발음하면 '헝공'으로 소리가 나서 서양인들에 의해 불리다가 지금의 홍콩이 되었다. 1839년 아편 수입 금지안으로 중국과 영국의 아편전쟁이 일어나고, 홍콩 섬은 1842년 난징조약

으로 영국군에 의해 점령되었다. 그러다가 1849년 중화인민공화국의 건국으로 중국 공산당의 박해를 피해 도망 온 이민자들로 점차 인구가 증가하게 된다. 1860년에는 제2의 아편전쟁으로 남쪽 구룡 반도와 스톤커터스 아일랜드가 영국에 귀속되게 되었다. 1941년에는 홍콩을 침략해 온 일본에 의해 지배를 받았고 식량 부족과 국채 발행을 위한 환율 정책 등으로 인플레이션을 겪게 된다. 전쟁 전 홍콩의 인구가 160만 명이었는데, 영국이 식민지 지배권을 회복한 1945년에는 60만 명으로 급격하게 줄어들었다.

영국은 홍콩 섬을 점령한 이후 홍콩을 자유무역항으로 선포하고 홍콩 섬의 지속적인 번영과 자유무역항으로의 위치를 확립하기 위해 도로 등 항만 시설을 완비하였다. 또한 정부의 자유무역 정책으로 술과 담배 등을 제외한 모든 상품에 관세가 부가되지 않아 국제 무역항으로 성장할 수 있었다.

중국의 문화대혁명 이후 등소평을 중심으로 홍콩 반환을 위한 문제가 현안으로 떠오르면서 1997년 홍콩의 주권은 영국에서 중국으로 이전되었다. 그러나 중국 본토와 달리 홍콩을 특별행정구로 설립해 홍콩인들로 하여금 스스로 관리를 하고 홍콩의 경제제도와 법률 등을 그대로 유지할 수 있게 된다. 현재 홍콩은 활기찬 경제 활동의 중심지로 아시아의 주요 항구이자, 제조업, 교역, 금융 등 관광의 중심지로 거듭나고 있다.

홍콩과 마카오

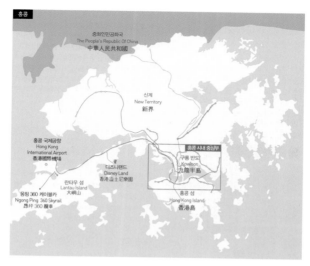

홍콩의 기후

홍콩은 아열대성 기후에 속하지만 사계절의 구분이 뚜렷하다. 봄은 3월 중순부터 5월 중순까지이며 평균 기온은 18℃, 습도는 약 82%로 매우 높다. 습도가 높아 모든 건물의 실내에서는 항상 에어컨이 켜져 있기 때문에 가디건이나 방수 처리된 옷을 준비하는 것이 좋다.

또한 홍콩의 날씨는 매우 변덕스럽기 때문에 항상 우산이나 우비를 준비하는 것이 좋다. 가을은 9월 하순부터 12월 초순까지로 낮에는 가벼운 옷차림을 하고 저녁에는 스웨터나 가디건을 준비하는 것이 좋다. 겨울은 12월 하순부터 2월까지이며 평균 기온은 14~18℃로 다소 쌀쌀한 날씨이기 때문에 따뜻한 옷을 준비하는 것이 좋다. 호텔 내에는 난방이 안 되기 때문에 다소 춥게 느껴진다. 담요를 추가로 요구하면 호텔방으로 가져다 준다.

홍콩의 언어

홍콩의 대부분 사람들은 중국의 방언 중 하나인 광둥어를 사용한다. 영어로도 의사소통이 가능하긴 하지만 호텔이나 관광지, 규모가 큰 레스토랑 혹은 관공서 등에서 주로 통용된다. 1997년 홍콩의 중국 반환 후에는 중국의 표준어도 젊은 사람들 사이에 유행하면서 사용되고 있기는 하지만, 의사소통이 원활한 편은 아니다.

여행 시즌

홍콩은 계절에 구애 받지 않는 여행지이나, 9월 중순부터 2월 말까지는 여행하기에 가장 좋은 시기이다. 홍콩의 겨울(12월 하순~2월) 기온은 평균 15℃이며, 여름(5월 말~9월 중순) 기온은 평균 27℃이나 33℃까지 올라가는 경우도 있다.

환율

HK$1당 150~160원 사이로 환율이 많이 올라 예전처럼 물가가 싼 편은 아니다.

시차

한국보다 한 시간이 늦다. 한국이 오후 2시라면 홍콩은 오후 1시이다.

화폐

홍콩에서 통용되는 통화는 홍콩 달러(HK$)로, 주화는 10센트, 20센트, 50센트의 청동색과 HK$1, HK$2, HK$5짜리 은색이 있다. 지폐는 3개의 은행(홍콩 상하이 은행, 차터드 은행, 중국 은행)에서 발행된다. 지폐는 HK$10, HK$20, HK$50, HK$100, HK$500, HK$1,000이 있다.

홍콩의 팁 문화

홍콩의 대부분 레스토랑에서는 10%의 봉사료를 포함시키거나, 계산할 때 잔돈으로 팁을 별도로 내기도 한다. 팁을 별도로 내지 않는 식당은 홍콩의 분식집인 '차탄탱' 같은 곳이다.

홍콩에서 와이파이 사용하기

▶ 통신사의 무제한 데이터 로밍

통신사의 무제한 데이터 로밍을 신청하여 사용할 경우 통신사별로 다소 상이하나 하루에 평균 만 원 정도의 요금이 부과된다. 가장 손쉬운 방법이니 복잡한 것이 싫다면 이 방법이 최선이다.

▶ 핸드폰 심카드 구매하기

5, 8일용 심카드 중 본인에게 적합한 심카드를 구입하여 휴대폰에 끼우고 전원을 껐다가 다시 켜면 바로 적용되어 사용이 가능하다. 데이터 사용은 가능하나 한국에서 오는 문자나 전화는 받을 수 없다. 일반적으로 심카드는 PCCW, 0101, CSL 등

홍콩의 통신사나 공항, 편의점 등에서 쉽게 구매할 수 있다. 이용법을 잘 모르는 경우에는 통신사에서 사는 것을 추천한다. 통신사에서는 핸드폰 기종에 맞는 심카드를 안내해 주며 기본적인 세팅을 해준다. 충전을 할 경우 통신사별로 차이가 있으나 경우에 따라서 최소 HK$50 단위로만 가능하므로 최대 일의 심카드를 사는 것이 효율적이다. 홍콩과 마카오를 같이 여행한다면 두 곳에서 모두 이용 가능한 심카드를 선택하자.

▶ 무료 와이파이 사용하기

공항과 공공장소에서는 무료 와이파이 사용이 가능하지만 속도가 매우 느리다. 주로 스타벅스나 맥도날드에서 20분간 무료로 이용이 가능하다. 설정 방법은 다음과 같다. 와이파이 리스트에서 'freegovwifi'를 선택하고 'connect'를 누른 다음 아이디와 비밀번호에 모두 'govwifi'를 입력하면 연결이 된다. 무료 인터넷 사용이 가능한 지역은 www.gov.hk/en/theme/wifi/location/index.htm에서 확인이 가능하다.

국제 전화

일반적으로 시내 편의점 및 한국 마트에서 파는 국제 전화 선불 카드가 가장 저렴하다. 가장 적은 금액의 카드가 HK$50짜리이다. 카드의 핀 번호를 입력하면 통화할 수 있다. 공중전화에서 선불카드를 사용하기 위해서는 핀 번호를 입력하고 HK$1, HK$2, HK$10짜리 동전을 넣어야 하는데, 거스름돈이 나오지 않기 때문에 HK$1을 사용하는 것이 좋다. 그러나 최근에는 우리나라와 마찬가지로 공중전화기를 만나기가 쉽지는 않다.

시내 전화

공중전화에서 시내로 전화할 경우 한 통화당 요금은 HK$1이며, 통화 가능 시간은 대략 5분 정도이다. 호텔의 경우 시내 통화에 한해 무료로 제공하는 곳도 있지만 별도의 수수료를 내야 하는 곳도 있다. 일반 전화에서 휴대폰에 거는 경우 시내 통화료가 부과된다.

- 홍콩 내 긴급 전화 999
- 홍콩 한국 총영사관
  전화 2529-4141, 팩스 2861-3699
- 한국 무역진흥공사 홍콩지사

전화 2545-9500, 팩스 2815-0487
- **한국관광공사 홍콩지사**
  전화 2523-8065, 팩스 2845-0765
- **KEB 하나은행 홍콩지점**
  전화 3578-5000, 팩스 2861-2379
- **아시아나 항공 홍콩지점**
  전화 2523-8585, 팩스 2524-6152
- **대한항공 홍콩지점**
  전화 2733-7111, 팩스 2724-1270
- **홍콩 한인회**
  전화 2543-9387, 팩스 2815-8779

전압

홍콩에서 사용하는 전기는 200/220볼트, 50사이클이다. 대부분의 호텔 욕실에는 면도기용 어댑터나 다중 콘센트가 준비되어 있으며, 기타 전기 제품용 어댑터도 프런트데스크에서 무료로 대여 받아 사용할 수 있다.

홍콩 관련 사이트

- **홍콩 날씨** www.weather.gov.hk

- **홍콩 역사 유물 박물관**
  www.heritagemuseum.gov.hk

- 홍콩-마카오 페리 www.turbojet.com.hk
- 홍콩공항-마카오 페리
  www.turbojetseaexpress.com.hk
- 홍콩 음식 가이드
  www.hongkongfoodguide.com
- 오션 파크 www.oceanpark.com.hk
- 홍콩 소비자 보호원 www.consumer.org.hk
- KLOOK(각종 입장료와 심카드를 할인받을 수 있다.)
  www.klook.com

Tip 한국에서 미리 티켓 구입하기

최근에 소셜 및 각종 사이트에서 AEL 공항철도, 마카오 페리, 옥토퍼스 카드 등을 사전에 구입할 수 있다. 그러나 구간이나 일정 등의 변경이 어렵고, 옥토퍼스 카드의 경우 보증금이 남아 있더라도 별도 환불이 불가하니 주의해서 구입해야 한다. (홍콩의 세븐일레븐에서 구입했을 경우에도 동일하다. 옥토퍼스 카드는 MTR 역에서 구입하도록 하자.)
일정이 확정되어 있더라도 현지 사정에 따라 변수가 있을 수 있으니 마카오 페리 티켓의 경우에는 금액 차이가 크게 나지 않는다면 현장 구매가 나을 수 있다. 사전에 구입한 마카오 페리의 경우 창구에서 탑승권으로 교환해야 이용 가능하다. 성완 순탁 페리 터미널 발권 매표소는 24시간, 침사추이 페리 터미널은 07:00~22:30까지 운영한다.

🚌 홍콩 교통 정보

홍콩 국제공항

홍콩 국제공항은 홍콩에서 가장 큰 섬인 란타우 섬에 위치해 있다. 홍콩 국제공항의 정식 명칭은 홍콩 첵랍콕 국제공항이며, 터미널 1, 2로 운영되고 있다. 홍콩 국제공항에서 중국 본토로 바로 이동이 가능하며, 중국 본토로 들어갈 때는 비자가 필요하다.

공항에서 시내까지

공항에서 시내까지는 AEL(Airport Express Line) 공항 고속 철도를 이용하는 것이 가장 빠르고 편하다. 구룡까지는 약 19분, 홍콩 역까지는 약 23분이 소요되며, 공항버스와 MTR을 이용하면 좀 더 저렴하게 이용할 수 있으나 시간은 1시간 정도 소요된다. 호텔 리무진 버스도 마찬가지로 1시간 정도 소요되나 호텔까지 바로 연결이 가능하여 편리하다.

● 공항 고속 철도 AEL(Airport Express Line)

홍콩 첵랍콕 국제공항에서 홍콩 시내까지 가장 손쉽고 빠르게 갈 수 있는 방법이다. 공항 도착 후 입국장에 있는 AEL 티켓 카운터를 지나면 정면으로 'Train To City'라고 써있는 표지판을 볼 수 있다. 그 표지판을 따라가면 바로 AEL 플랫폼이 나온다. 도착은 홍콩 역이나 구룡 역 중 예약된 호텔의 위치와 가까운 역에서 내리면 된다. AEL이 도착하는 홍콩 역과 구룡 역에는 주요 호텔까지 무료 셔틀버스가 운행된다. 셔틀버스를 탈 경우 AEL 티켓을 제시해야 한다(구룡 역에서는 셔틀을 타고 시내로 이동하려는 관광객들이 늘어남에 따라 티켓 검사를 할 때가 많다). AEL로 구룡 역까

지는 19분, 홍콩 역까지는 23분이 소요된다. 05:54부터 23:28까지 10분 간격으로 운행하고 23:28부터 00:48까지는 12분 간격으로 운행한다. 티켓은 티켓 판매기나 AEL 티켓 데스크에서 구매가 가능하다. 요금은 구룡 역까지는 HK$100, 홍콩 역까지는 HK$110(왕복 가격은 구룡 HK$185, 홍콩 역 HK$205), 11세 이하 어린이는 반액 할인되며, 3세 이하 어린이는 무료로 이용 가능하다.

이용 요금 AEL 구간	성인		소인
	편도/ 당일 티켓 /옥토퍼스 카드	왕복 티켓 (한달간 유효)	편도/ 당일 티켓 /옥토퍼스 카드
공항 역→홍콩 역	HK$110	HK$205	HK$55
공항 역→구룡 역	HK$100	HK$185	HK$50
공항 역→칭이 역	HK$65	HK$120	HK$32.5

🚌 2명일 경우 홍콩 역까지 1인당 HK$85, 구룡 역까지 1인당 HK$75, 3명일 경우 홍콩 역까지 1인당 HK$76.7, 구룡 역까지 1인당 HK$70 등 최대 4명까지 인원 수에 따른 할인이 있다. 단, 그룹티켓은 구입한 날만 사용이 가능하다.

<u>AEL 도착역에서 주요 호텔로 가는</u>
<u>무료 셔틀버스</u>

운행 시간 : 06:12~23:12
- 구룡 역 : 매 12분마다 운행
- 홍콩 역 : 매 20분마다 운행
홈페이지 www.mtr.com.hk

무료 셔틀버스 노선도

❶ 홍콩 역에서 출발하는 무료 셔틀버스 노선표

H1(에드미럴티, 완차이) 06:12~23:12 (20분 간격)
Island Shangri-La → Conrad Hong Kong →
Pacific Place → JW Marriott Hotel Hong Kong
→ Empire Hotel Hong Kong · Wan Chai →
The Wharney Guang Dong Hotel Hong Kong →
Novotel Century Hong Kong

H1(웨스턴) 06:12~23:12 (20분 간격)
Holiday Inn Express Hong Kong Soho → iclub
Sheung Wan Hotel → ibis Hong Kong Central
And Sheung Wan → BEST WESTERN Hotel
Harbour View → Island Pacific Hotel

H2(코즈웨이베이) 06:12~23:12 (20분 간격)
Empire Hotel Hong Kong · Causeway Bay →
Metropark Hotel Causeway Bay Hong Kong →
Regal Hong kong Hotel → Rosedale on the Park
→ The Park Lane Hong Kong → The Excelsior,
Hong Kong

H2(포트리스힐, 완차이 북부) 06:12~23:12 (20분 간격)
Harbour Grand Hong Kong → City Garden Hotel
→ HK Convention and Exhibition Centre →
Renaissance Harbour View Hotel

❷ 구룡 역에서 출발하는 무료 셔틀버스 노선표

K1(홍함, 조단) 06:12~23:12 (12분 간격)
Jordan Station (Austin Road) → Hung Hom
Station → Harbour Plaza Metropolis →
Whampoa Garden(Tak On Street) → Harbour
Grand Kowloon → Eaton, Hong Kong Austin
Station

K2(침사추이, 캔톤로드) 06:12~23:12 (12분 간격)
Prince → Gateway → Marco Polo Hong kong
Hotel → The Kowloon Hotel · The Peninsula
Hong Kong → The Royal Pacific Hotel & Towers
· China Ferry Terminal

K3(침사추이, 모디로드) 06:12~23:12 (12분 간격)
Holiday Inn Golden Mile Hong Kong →
Hyatt Regency Hong Kong, Tsim Sha Tsui
→ Regal Kowloon Hotel → Hotel ICON →
New World Millennium Hong Kong Hotel →
InterContinental Grand Stanford Hong Kong →
Kowloon Shangri-La Hotel

K4(침사추이, 킴벌리로드) 06:12~23:12 (12분 간격)
Sheraton Hong Kong Hotel & Towers · East
Tsim Sha Tsui Station → Park Hotel → The Luxe
Manor → Empire Hotel Kowloon Tsim Sha Tsui
→ B P International

K5(야우마테이, 몽콕) 06:12~23:12 (20분 간격)
The Cityview → Metropark Hotel Kowloon →
Royal Plaza Hotel → Metropark Hotel Mongkok
→ Dorsett Mongkok Hong Kong

◎ MTR (Mass Trainsit Railway)

주머니가 가볍고 시간 여유가 있다면 시내버스
와 MTR을 이용하자. 먼저 옥토퍼스 카드를 구입
한다. 그리고 엘리베이터를 타고 3/F로 내려가
면 시내버스 정류장과 연결된다. S1, S64번 버
스를 타고 15분만 이동하면 공항에서 가장 가까
운 MTR 역인 통총(Tung Chung) 역 맞은편 정
류장에 도착한다. 통총 역에서 침사추이 역까지는
HK$19.5이며, 약 40분 정도 소요된다. 만약 홍
콩 섬으로 갈 경우에는 종점인 홍콩 역에서 내리면
된다.

홈페이지 www.mtr.com.hk

🚌 홍콩 교통 정보

➤ 공항버스

공항버스는 저렴한 요금으로 편리하게 이용할 수
있는 교통수단으로 24시간 운영된다. 홍콩 도착
후 입국장을 나와 AEL을 타기 위해 플랫폼으로 가
기 전 오른쪽으로 'AIR BUS' 표지판을 따라 내려
가면 내리막길이 나온다. 내려가다 보면 정면에 공
항버스 노선표가 있으므로 가고자 하는 노선을 다
시 한 번 확인하자. 탑승 시 거스름돈을 거슬러 주
지 않기 때문에 잔돈을 준비하거나 옥토퍼스 카드
를 이용하자. A11, A12, A21, A22는 직행 노
선으로 다른 공항버스에 비해 도착이 빠르다. 이
용 요금은 노선에 따라 다르지만 일반적으로 HK
$33~HK$45 사이다. 아침 6시부터 밤 12시까
지 운행하며, 심야에는 N으로 시작되는 노선이 별
도로 운영된다.

공항버스 노선도 (www.nwstbus.com.hk)

버스 번호	주요 행선지	요금	운행
A21 공항→침사추이	Airport - Lantau Link Toll Plaza - AquaMarine - Fat Tseung Street West - Metropark Hotel Mongkok - Nathan Road - East Tsim Sha Tsui Station, Salisbury Road - Chatham Road South - Hung Hom Station	HK$33	06:00~00:00 (10~20분 간격)
N21(야간) 공항→침사추이	Airport - Regal Airport Hotel, Cheong Tat Road - Chek Lap Kok South Road - Lai Chi Kok Station, Cheung Sha Wan Road - Cheung Sha Wan Station - Sham Shui Po Station - Mong Kok Police Station - Nathan Road - Tsim Sha Tsui (Star Ferry)	HK$23	00:00~04:40 (20분 간격)
A11 공항→노스 포인트 페리 피어	Airport - Lantau Link Toll Plaza - Macau Ferry, Connaught Road Central - Admiralty Station - Hennessy Road - Wan Chai Fire Station - Causeway Road - North Point Ferry Pier	HK$40	06:10~00:00 (20~25분 간격)
N11(야간) 공항→센트럴	Airport - Chek Lap Kok South Road - Tung Chung Cable Car Terminal - Lantau Link Toll Plaza - Austin Station, Jordan Road - Cross Harbour Tunnel Toll Plaza - Hennessy Road - Pacific Place, Queensway - Des Voeux Road Central - Central(Macau Ferry)	HK$31	00:50~04:50 (30분 간격)
E11 아시아 월드 엑스포 → 틴하우 역	AsiaWorld-Expo - Airport - Chek Lap Kok South Road - Tung Chung Cable Car Terminal - Lantau Link Toll Plaza - Macau Ferry, Connaught Road Central - Admiralty Station, Queensway - Hennessy Road - Wan Chai Fire Station - Victoria Park, Causeway Road - Tin Hau Station	HK$21	05:20~00:00 (15~20분 간격)

Tip 대중교통 이용을 위한 교통 패스 알아보기!

1. 옥토퍼스 카드(Octopus Card)(www.octopuscards.com)

 우리나라의 T-Money와 같은 개념의 옥토퍼스 카드는 홍콩의 모든 교통편을 이용할 수 있는 대중교통 카드이다. 홍콩의 일반 버스는 현금을 내면 거스름돈을 따로 주지 않기 때문에 대중교통을 이용할 시에는 옥토퍼스 카드를 사용하는 것이 편리하다. 편의점에서도 옥토퍼스 카드로 결제가 가능하다. 성인용(HK$150), 어린이용(HK$70)으로 나뉘어져 있으며, 모든 카드에는 보증금 HK$50이 포함되어 있고 귀국 시에는 환불 받을 수 있다. 단, 카드 사용 기간이 3개월 미만인 경우는 HK$9의 수수료가 공제된다. 금액 충전은 지하철역의 'Add Value' 기계에서 잔액을 확인하고, HK$1,000까지 충전할 수 있다. 홍콩 국제공항 AEL 유인 판매소, 시내의 MTR 역에서 구매할 수 있고, 유효 기간은 마지막 충전일로부터 3년이다.

2. 여행자용 옥토퍼스 카드(Sold Tourist Octopus)

HK$39에 판매되는 카드로, 기존에 HK$50이 포함된 On-Loan 옥토퍼스 카드와는 달리 귀국 시 보증금을 환불해야 하는 번거로움이 없어서 편리하다.

3. 옥토퍼스 3일 패스(Airport Express Travel)

공항 고속 전철(AEL)과 MTR을 이용할 수 있는 패스로 홍콩 아일랜드선, 첸완선, 쿤통선, 쳄콴 오선, 통총선, 디즈니랜드 리조트선을 3일간 무제한 이용할 수 있다. 2박 3일 일정의 경우 굳이 무제한 지하철 패스를 살 필요는 없다. 홍콩 섬에서 구룡 반도를 갈 경우에는 스타페리를, 홍콩 섬 내에서는 주로 트램을 이용하면 편리하기 때문에 무제한 지하철 패스가 유용하게 쓰이지는 않는다. MTR을 타는 횟수를 생각해서 구입 여부를 결정하자. 옥토퍼스 카드 반납 시 보증금 HK$50은 귀국 시 환불 받을 수 있다.

- HK$350 패스 : 공항 고속 전철(2회)+3일 무제한 지하철 패스
- HK$250 패스 : 공항 고속 전철(1회)+3일 무제한 지하철 패스
- 온라인 판매 사이트 : www.mrt.com.hk/en/customer/tickets/travel_pass_ael.html

4. 옥토퍼스 카드 충전하기

홍콩 쳅락콕 국제공항에 도착하면 AEL 티켓을 구입하는 원형 부스가 나오는데, 이곳에서 옥토퍼스 카드를 구입할 수 있다. AEL 티켓 구입 부스 근처에 있는 내일투어에서도 구입이 가능하다. 한국어 서비스가 가능하니, 홍콩 정보가 필요한 경우에는 여행사 안내 데스크에서 구입하도록 하자.
1) 옥토퍼스 카드를 투입구에 넣거나 기계에 카드를 댄다(기계 모델별로 상이).
2) 남은 금액이 액정 화면에 뜬다.
3) 원하는 금액만큼 투입구에 돈을 넣는다(HK$50, HK$100 지폐만 가능).
4) 액정 화면에 금액이 표시되면 하단에 화살표 표시된 버튼을 눌러서 카드를 빼낸다.

❂ TAXI

홍콩의 택시 색깔은 그 지역마다 다르다. 홍콩 섬과 구룡 역을 다니는 택시는 빨간색, 란타우 섬은 파란색, 신계 지역은 초록색이다. 택시 승강장은 공항 입국홀에서 'To City'라고 쓰인 표지판을 따라가면 'TAXI' 표지판을 볼 수 있다. 기본요금은 HK$24로 시작해서 200m가 넘어갈 때마다 HK$1.7씩 올라간다(HK$83.5 이상이면 HK$1.2씩 올라간다). 트렁크에 짐을 실을 경우 1개당 HK$6가 추가로 붙으니 작은 짐은 본인이 휴대하여 택시에 탑승하도록 하자. 터널 이용료는 요금에 추가로 부과된다. 크로스 하버 해저 터널을 통과할

경우에는 리턴 통행료 HK\$10를 추가로 지불해야 하고 기타 터널은 HK\$15를 지불해야 한다. 단, 구룡 지역을 운행하는 택시의 경우 홍콩 섬에서 구룡으로 넘어갈 때 리턴 통행료를 추가 지불하지 않아도 된다. 예전에는 영어를 잘하는 택시 기사를 자주 만났는데 중국령이 되면서 좀처럼 만나기 쉽지 않기 때문에 호텔이나 목적지의 이름을 한자로 써서 보여 주면 수월하다. 5명까지 탈 수 있으니 인원이 많은 가족의 경우 택시를 이용하는 것이 목적지에 따라 더 저렴할 수 있다.

* 구룡 반도와 홍콩 섬을 잇는 해저 터널은 3개가 있는데, 웨스턴 하버(Western Harbour)를 통과 시 HK\$65, 동부 터널(Eastern Harbour)을 통과 시 HK\$40, 중부 터널(Cross Harbour)을 통과 시 HK\$20를 지불해야 한다.

홍콩 섬

센트럴	HK\$330(36km)
코즈웨이베이	HK\$335(40km)
완차이	HK\$325(39km)
에버딘	HK\$375(45km)

구룡 역

침사추이	HK\$270(34km)
구룡 시티	HK\$255(32km)
훙홈	HK\$280(85km)
쿤퉁	HK\$320(41km)

신계지

첸완	HK\$235(29km)
샤틴	HK\$300(38km)

🚌 호텔 리무진 버스

홍콩 시내 주요 호텔까지 연결해 주는 리무진 버스로 에어포트 셔틀버스와 에어포트 호텔 링크 두 회사가 운영한다. 리무진 버스 티켓은 홍콩에 입국한 후 A/B 사이에 있는 여행사 안내데스크에서 구입이 가능하다. 리무진 요금은 공항에서 구룡 반도까지는 HK\$130, 홍콩 섬까지는 HK\$140. 소요 시간은 1시간 정도이다. 운영 시간은 07:00~23:00이며, AEL 무료 셔틀버스가 서지 않는 호텔의 경우에는 택시로 한번 더 갈아타야 하므로 리무진 버스를 이용하는 것이 더욱 편리하다. 리무진 버스를 타는 승객이 많지 않을 경우에는 버스가 아닌 소형 밴으로 운행을 한다.

시내 교통

🚌 MTR(Mass Transit Railway) 지하철

홍콩의 대중교통 중에서 가장 편리하게 이용할 수 있는 MTR은 우리나라의 지하철과 비슷하다. 구룡 지역을 다니는 빨간색 첸완선, 성완과 완차이, 홍콩 섬을 다니는 파란색 아일랜드선, 란타우 섬까지 지나는 노란색 퉁총선, 야우마테이에서 쿤퉁을 지나는 초록색 쿤퉁선이 관광객들이 가장 많이 이용하는 노선들이다. 요금은 HK\$4~HK\$26로 옥토퍼스 카드를 이용하면 할인된 가격에 이용할 수 있다. 역 간 운행 시

Tip MTR 표 구입 방법

가고자 하는
역명을 누른다. ❷

요금 타입을
선택한다. ❸

동전 투입 ❹

액정에 표시된
요금을 투입구에
넣는다. ❺

잔돈과 티켓을
꺼낸다. ❻

간이 1분 내외로 매우 짧아 왼쪽 끝에서 오른쪽 끝까지 이동하는 데 시간이 많이 걸리지 않으며 에스컬레이터의 속도가 우리나라와는 달리 매우 빠르므로 조심하자.

홍콩에서 MTR을 탈 때 주의해야 할 것

우리나라와 달리 홍콩의 MTR 안에서는 음료수나 음식을 절대 섭취하면 안 된다. 벌금을 무려 HK$2,000나 내야 한다.

MTR FARE SAVER

옥토퍼스카드를 이용해 MTR을 당일 이용할 경우 (센트럴, 성완, 홍콩 역) HK$1~2를 할인해 주는 기계이다. 교통카드를 찍듯이 살짝 대면 할인된 금액으로 MTR을 이용할 수 있다. 완차이 차이나 리소스 빌딩, 미드레벨 에스컬레이터, 침사추이 하버 시티에 위치하고 있다.

◈ 스타페리

100년의 역사를 자랑하는 스타페리는 침사추이에서 센트럴, 완차이를 오가는 가장 저렴한 교통수단으로 관광객들에게 인기가 많다. 센트럴에서 침사추이까지는 10분 정도 걸리며 성인 요금은 주중 HK$2.70, 주말 HK$3.70이고 소아는 주중 HK$1.60, 주말 HK$2.20이다. 센트럴에서 침사추이로 갈 때는 오른쪽 자리가, 침사추이에서 센

트럴로 갈 때는 왼쪽 자리가 바닷바람을 맞으며 빅토리아 항을 감상하기 좋다. 비록 몇 분 걸리지 않지만 홍콩 여행의 백미인 스타페리를 꼭 타보도록 하자. 운행 시간은 침사추이에서 센트럴 구간까지는 06:30~23:30, 완차이에서 침사추이까지는 07:30~23:00, 침사추이에서 완차이까지는 07:20~22:50이다.

스타페리

스타페리

🚌 홍콩 교통 정보

》 트램

스타페리와 함께 홍콩을 더욱 멋스럽게 만드는 교통수단으로 1904년 운행을 시작한 이후 지금까지도 홍콩 섬을 종횡무진하고 있다. 트램을 탈 때는 뒤에서 올라타고 요금은 내리기 전에 내면 된다. 거스름돈은 주지 않기 때문에 미리 잔돈을 준비하거나 옥토퍼스 카드로도 이용할 수 있다. 요금은 거리와 상관없이 성인은 HK$2.30이고 어린이는 HK$1.20이다. 만약 일정 동안 트램을 많이 이용할 예정이라면 4일짜리 패스를 이용하자(HK$34).

트램 내부에는 에어컨 시설도 없고, 안내 방송도 없어서 어디서 내려야 할지 몰라서 헤매기도 하지만 익숙해지면 가까운 거리를 이동할 때는 편리한 교통수단이다. 운행 시간은 오전 6시에서 다음 날 새벽 1시까지이다. 홈페이지에 들어가면 트램 노선과 주변 관광지 확인이 가능하다.

홍콩 트램 홈페이지
www.hktramways.com

트램 노선

1. 소쿠완(Shau Kei Wan) → 웨스턴마켓 (Western Market)
2. 소쿠완(Shau Kei Wan) → 해피 밸리(Happy Valley)
3. 노스 포인트(North Point) → 섹통초이 (Shek Tong Tsui)
4. 코즈웨이베이(Causeway Bay) → 섹통초이 (Shek Tong Tsui)
5. 해피 밸리(Happy Valley) → 케네디 타운 (Kennedy Town)
6. 소쿠완(Shau Kei Wan) → 케네디 타운 (Kennedy Town)

》 KCR(Kowloon Canton Railway)

KCR은 홍콩에서 교외로 나갈 수 있는 교통수단이다. 침사추이 이스트 역에서 중국 국경인 로 우 역까지 운행하는 약 35km의 간선철도(East Rail)를 주축으로, 홍콩 서부의 Tuen Mun을 연결하는 West Rail, East Rail의 지선격인 Ma On Shan Rail 그리고 Tuen Mun 지역에서 LRT(궤도)를 운행하고 있다.

》 버스

우리나라의 경우 2층 버스는 관광객을 위해 특별히 운영되고 있지만 홍콩의 버스는 전부 2층으로 되어있다. 홍콩 지역에 익숙한 여행자라면 가고자 하는 지역에 바로 내려 이동할 수 있는 버스를 이용해 보자. 여타 교통수단과 마찬가지로 거스름돈은 주지 않기 때문에 옥토퍼스 카드나 잔돈을 미리 준비해 두자. 오션 파크, 스탠리, 리펄스베이로 이동할 경우 가장 편리하게 이용할 수 있다. MTR과 마찬가지로 차내에서 음식을 먹으면 HK$1,000

Tip 여행자 패스로 저렴하게 홍콩의 대중교통 이용하기

1. 여행자 1일 패스 (Tourist Day Pass)

탑승 시점부터 24시간 동안 MTR를 무제한 탈 수 있는 패스로, 에어포트 익스프레스, MTR 버스, 이스트 레일 일등석, 로우 · 록마차우 역은 제외된다. 발급일로부터 1년이 유효 기간으로 홍콩 비거주민과 14일 이내 머무르는 여행객들에게만 판매한다. 비용은 HK$65로 MTR 티켓 부스에서 구입이 가능하다. 어린이 패스는 HK$30이다.

2. 란타우 패스

란타우 섬을 운행하는 모든 버스를 이용할 수 있는 패스로 구간과 횟수에 상관없이 이용할 수 있다. 금액은 HK$30(월~토), HK$50(일 · 공휴일)이며 패스는 통총 버스 터미널에서 구입할 수 있다.

3. 타이오 패스

란타우 섬에서 운행하는 버스, 타이오로 가는 버스, 통총타운에서 옹핑 빌리지의 케이블카가 포함된 패스로 금액은 HK$73(월~토), HK$83(일 · 공휴일)이며 란타우 패스와 마찬가지로 통총 버스터미널에서 구입이 가능하다.

이상 벌금이 부과되니 조심하도록 하자. 버스 타는 방법은 앞에서 타서 요금을 내고 내릴 때 벨을 누르는 방식은 우리나라와 동일하다.

단, 현금으로 요금을 지불할 경우 목적지를 말하고 요금을 내야 한다. 요금은 HK$1.2에서 HK$45 까지 목적지에 따라 운임이 달라진다.

❯ 미니버스

우리나라의 마을버스와 흡사한 미니버스는 관광객들이 이용하기에 다소 불편하다. 16인 소형 버스인 녹색 버스는 정해진 노선대로 운행하며 붉은색 버스는 정해진 노선 없이 운행한다. 옥토퍼스 카드로 사용이 가능하며 여타 교통편과 마찬가지로 거스름돈은 주지 않는다. 행선지가 한자로 쓰여 있어 여행자가 내려야 할 곳을 확인하기가 매우 어렵기 때문에 홍콩인들에게 내려야 할 정류장을 문

의하도록 하자. 그리고 좌석이 없을 경우에는 탈 수 없다.

❯ 택시

택시를 이용하면 모든 지역을 편하게 갈 수 있다. 홍콩의 택시는 홍콩 섬, 구룡 반도, 란타우 섬, 신계지 4개의 영업 지역에 따라 택시 면허가 나온다. 구룡 택시는 구룡 반도에서 홍콩 섬으로 넘어갈 수 있다. 하지만 홍콩 섬에서 구룡 반도로 가는 손님만을 태우고 갈 수 있다. 마찬가지로 홍콩 섬택시는 홍콩 섬에서 구룡 반도로 가는 손님을 태울 수는 있지만 구룡 반도에서는 영업을 할 수 없고 크로스 하버 해저 터널을 통과할 경우 승객이 HK$20를 추가로 내야 한다. 택시 앞에 'Out of Service'라는 푯말을 걸어 놓고 허가된 영업 지역으로 가는 손님만을 태우는 경우에는 해저 터널 통행료를 편도

통행료만 내면 된다. 이렇게 지역으로 영업 구역이 나누어져 있어 별도로 택시 정류장이 정해져 있다. 최근에는 크로스 하버 해저 터널이 교통 체증이 심해 사실로 지어진 터널을 지나는 경우가 많은데, 이때는 통행료를 추가로 지급해야 한다. 영어가 통하지 않는 운전기사들이 많기 때문에 택시를 타고 이동하고자 할 경우에는 목적지의 한자 혹은 광둥어를 적어 두자. 한자나 광둥어를 모를 경우에는 호텔 프론트 직원에게 목적지를 광둥어나 한자로 써 줄 것을 부탁하자.

◈ 시티 투어

빅 버스 투어 Big Bus Tour

빅 버스는 영국에서 처음 시작한 2층 오픈 버스로 시티투어를 할 수 있는 교통수단이다. 영어뿐 아니라 한국어를 포함 8개 국어로 안내 방송을 들을 수 있어 편리하기는 하지만 금액이 비싼 편이다. 노선은 총 3가지로 스탠리, 구룡 반도 그리고 홍콩 섬 노선이며 빅토리아 피크의 피크 트램과 스타페리 가격도 포함되어 있다. 버스 정류장에서 승·하차가 자유로우며 매 정시 30분마다 출발한다. 클래식 투어(24시간)는 스타페리를 자유롭게 이용할 수 있고, 피크 트램 스카이 패스가 포함되어 있으며, 가격은 US$61.15이다. 프리미엄 투어(24시간)는 성인 US$71.40, 어린이 US$64.97이다. 나이트 투어가 포함된 디럭스 투어(48시간)는 성인 US$82.81, 어린이 US$76.44이다. 티켓은 센트럴 스타페리 역에서 구입할 수 있으며 버스가 멈추는 곳에 내려서 관광한 후 다시 탑승할 수 있다. 온라인에서 구입하면 15% 할인된 금액으로 구입이 가능하다.

빅 버스 투어 홈페이지
eng.bigbustours.com/hongkong/home.html

릭샤 버스 투어 Rickshaw Bus Tour

릭샤 버스는 홍콩 섬 스타페리 터미널 앞의 버스 정류장에서 운행하는 투어 버스로 빅 버스 투어와 흡사하다. 현재는 홍콩 섬 스타페리 선착장을 출발해서 홍콩 섬을 돌고 구룡 지역으로 넘어가는 루트 H1만 운영 중이다. 하루 동안 자유롭게 타고 내리는 ALL DAY PASS의 요금은 성인 HK$200, 어린이 HK$100로 빅 버스 투어에 비해 저렴하지만 내릴 수 있는 정류장이 적은 편이다. 요금은 버스 탑승 전에 옥토퍼스 카드나 현금으로 내면 된다. 운행 시간은 10:00~16:30, 17:00~20:30이며 전체 루트를 도는 데 약 110분 정도 소요된다.

H1 주요 노선 (헤리티지 투어)

센트럴(스타페리) → 웨스턴 마켓, 마카오 페리 → 만모 사원, 할리우드 로드 → 구 센트럴 경찰서 → 란콰이퐁 → 래더 스트리트 → 골든 보히니아 광장, 완차이 → 완차이 페리 → 템플 스트리트 → 하버 시티, 캔톤로드 → 1881 헤리티지 → 스타의 거리, 침사추이 역 → 홍콩 박물관 → 코즈웨이베이 → 타임 스퀘어 → CNT 타워 → 퍼시픽 플레이스 → 센트럴(스타페리)

릭샤 버스 투어 홈페이지
www.rickshawbus.com

홍콩 트램 오라믹 투어 Hong Kong Tram Oramic Tour

홍콩의 진짜 매력을 느끼고 싶다면 트램을 타고 1시간 동안 홍콩 섬을 가로지르는 트램 오라믹 투어를 이용해 보자. 성완 역에서 코즈웨이 베이로 출발하는 트램과 반대로 운행하는 노선을 선택해서 이용할 수 있다. 가격은 성인 HK$95, 소아 HK$65, 4세 미만은 무료이다. 이 티켓을 구매하면 2일간의 트램 자유 이용권을 받을 수 있다. 성완 웨스턴 마켓에서는 10:30, 14:00, 16:45에, 코즈웨이 베이에서는 11:40, 15:10, 17:40에 트램이 출발한다. 빅 버스 투어처럼 2층에 앉아서 홍콩 섬의 곳곳을 볼 수 있어 더욱 매력적이다.

홍콩 트램 오라믹 투어 홈페이지
www.hktramways.com/en/tramoramic

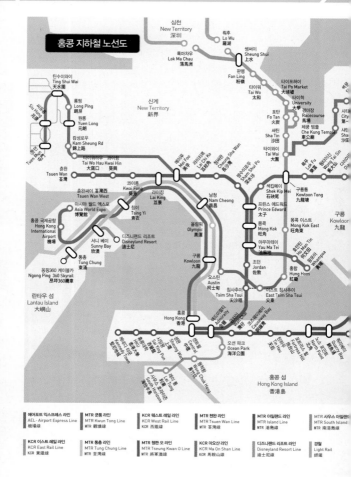

홍콩 지하철 노선도

머워 Mei Dn Shan 蔚華田
우카이사 Wu Kai Sha 烏溪沙

구룡베이
Kowloon Bay
九龍灣

응아웅타우콕
Ngau Tau Kok
牛頭角

포람
Po Lam
寶琳

쿤통
Kwun Tong
觀塘

항하우
Hang Hau
坑口

람틴
Lam Tin
藍田

청콴오우 將軍澳
Tseung Kwan O

아우통
Yau Tong
油塘

티우켕렝
Tiu Keng Leng
調景嶺

로하스 파크
LOHAS Park
康城

샤우케이완
Shau Kei Wan
筲箕灣

헝화춘
Heng Fa Chuen
杏花邨

차이완
Chai Wan
柴灣

Tip 홍콩 둘러보기

1. 홍콩 섬 북부

서양 문화와 동양 문화가 뒤섞여 발전한 홍콩 섬 북부는 아시아 금융의 중심이자 비즈니스와 쇼핑의 심장부라 할 수 있는 센트럴과 역사를 거슬러 올라간 듯한 모습의 웨스턴 마켓, 할리우드 로드의 골동품점 등이 있는 곳이다. 백만 불짜리의 야경을 감상할 수 있는 빅토리아 피크와 곳곳에 숨어 있는 갤러리, 특색 있는 마니아숍들이 즐비한 소호, 최신 유행을 선도하는 코즈웨이베이에서 진정한 홍콩의 재미를 느껴보자.

2. 홍콩 섬 남부

홍콩 섬 남부인 애버딘, 리펄스베이, 스탠리 지역에서도 다양한 문화를 찾아볼 수 있다. 스탠리 마켓은 고급스러운 레스토랑과 재래시장이 어우러져 이국적인 풍경을 자아내는 곳이며 좁은 골목 사이로 홍콩의 야경을 그려낸 유화에서부터 실크 제품, 수공예품 등이 관광객들을 유혹한다. 스탠리 메인 스트리트를 채우고 있는 영국풍의 머레이 하우스와 하늘색을 닮은 건물만으로도 명소가 된 보트하우스는 스탠리의 대표적인 볼거리다. 오션 파크는 홍콩 섬 남부의 대표적인 관광지로, 동양 최대의 해양 공원이다.

3. 구룡 반도

쇼핑의 대표적인 명소인 구룡 반도의 '침사추이'를 빼놓고는 설명이 되지 않는다. 하지만 지금은 홍콩 섬에서도 곳곳에 새로운 쇼핑 장소가 뜨기 시작하면서 예전의 명성만은 못한 상황이다. 그러나 여전히 우리가 떠올리는 홍콩의 이미지를 간직한 지역이 바로 이곳 침사추이다. 150년 이상의 식민지 역사와 5000년 이상의 중국 전통 문화가 살아 있는 곳으로, 홍콩의 매력적이고 독특한 문화를 엿보기에 충분하다.

4. 홍콩 주변 섬

홍콩 주변 섬 여행에서는 홍콩의 또 다른 매력을 만날 수 있다. 란타우 섬은 도시적인 홍콩 섬과는 달리 한가롭고 조용한 시골 풍경을 가진 곳으로 현지인들이 주말을 이용해 찾는 인기 장소이기도 하다. 아시아에서 두 번째로 오픈한 디즈니랜드, 세계 최장의 길이를 자랑하는 옹핑 360 케이블카에서부터 첵랍콕 공항이 생기면서 란타우 섬은 더욱 매력적인 장소로 각광을 받기 시작하였다. 라마 섬은 주윤발의 고향으로 더욱 유명하며 서양인들이 많이 살고 있어 출퇴근 시간이면 서양인들로 붐빈다.

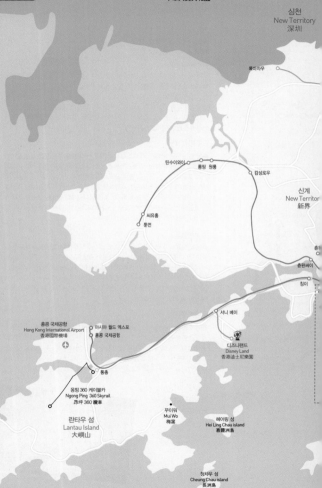

중화인민공화국
The People's Republic Of China
中華人民共和國

심천
New Territory
深圳

落馬洲

틴수이와이　롱핑　원롱
캄성로우

신계
New Territor
新界

씨유홍
툰먼

춘완
춘완싸이

칭이

서니 베이

아시아 월드 엑스포
홍콩 국제공항

홍콩 국제공항
Hong Kong International Airport
香港國際機場

디즈니랜드
Disney Land
香港迪士尼樂園

통총

옹핑 360 케이블카
Ngong Ping 360 Skyrail
昻坪 360 纜車

무이워
Mui Wo
梅窩

헤이링 섬
Hei Ling Chau island
喜靈洲島

란타우 섬
Lantau Island
大嶼山

청차우 섬
Cheung Chau island
長洲島

라
Lamr

타이워

타이포하이

우카이아시

마온싼

타이학
항온

타이쏘이항

포탄
경마장
벅문

씨틴
시티 원

샤틴와이

체리 템플

타이와이

사이쿵
(西貢)

홍콩 시내 중심부

이푸
이치록

웡타이신
록푸

청싸완

다이아몬드 힐

초이홍

구룡통

섹킵메이

구룡베이

이스트
침사추이록

몽콕 이스트

용아웅타우록

올림픽

아우마테이

구룡 반도
Kowloon
九龍半島

쿵통

포람

항하우

청콴오우

구룡

요마테이

윰탄

렁탐

티우켕렝

오스틴

홍홈

이스트 침사추이

침사추이

포트리스 힐

쿼리베이

아우통

홍콩

완차이

노스 포인트

사이완호

센트럴

틴하우

타이쿠

에드미럴티

크즈웨이베이

샤우케이완

헝화춘

홍콩 섬
Hong Kong Island
香港島

차이완

베버딘
Aberdeen
香港仔

웡척항

레이 퉁

오션 파크

오스 틴

오션 파크
Ocean Park
海洋公園

리펄스베이
Repulse Bay
淺水灣

섹오
Seok O
石澳

이즌

스탠리
Stanley
赤柱

57

에이푸
Mei Foo
美孚

라이치콕
Lai Chi Kok
荔枝角

청사완
Cheung Sha Wan
長沙灣

구룡퉁
Kowloon Tong
九龍塘

MTR 쿤텅 라인

남청
Nam Cheong
南昌

섹킵메이
Shek Kip Mei
石硤尾

에어포트 익스프레스

홍콩 국제공항
Hong Kong International Airport
香港國際機場

쌈쑤이포우
Sham Shui Po
深水埗

MTR 첸완 라인

MTR 퉁충 라인

청차우완
Cheung Chau Wan
長洲灣

프린스 에드워드
Prince Edward
太子

몽콕
Mong Kok
旺角

몽콕
몽콕 이스트
Mong Kork East
旺角東站

올림픽
Olympic
奧運

KCR 웨스트 레일 라인

야우마테이

야우마테이
Yau Ma Tei
油麻地

KCR 이스트 레일 라인

HCR 웨스트 레일 라인

조던
Jordan
佐敦

홍함
Hung Hom
紅磡

구룡
Kowloon
九龍

오스틴
Austin
柯士甸

엘리먼츠
Elements
圓方

침사추이

KCR 웨스트 레일 라인

침사추이
Tsim Sha Tsui
尖沙咀

이스트 침사추이
East Tsim Sha Tsui
尖沙咀東

오션 터미널
Ocean Terminal
海運大廈

스타페리 선착장
Star Ferry Pier
天星小輪碼頭

AEL 에어포트 익스프레스 / AEL Airport Expressway

Western Harbour Crossing

← 마카오 방향

MTR 췬완 라인

빅토리아 하버
Victoria Harbour
維多利亞港

성완

홍콩대학
HKU
香港大學

시잉펀
Sai Ying Pun
西營盤

성완
Sheung Wan
上環

MTR Island Line

홍콩
Hong Kong
香港

센트럴

케네디 타운
Kennedy Town
堅尼地城

미드레벨 에스컬레이터
Mid-Levels Escalator
行人電動梯

센트럴
Central
中環

에드미럴티
Admiralty
金鐘

MTR 아일랜드 라인 →

완차이
Wan Chai
灣仔

빅토리아 피크
Victoria Peak
太平山頂

피크 트램
Peak Tram
山頂纜車

홍콩 공원
Hong Kong Park
香港公園

완차이

빅토리아 피크

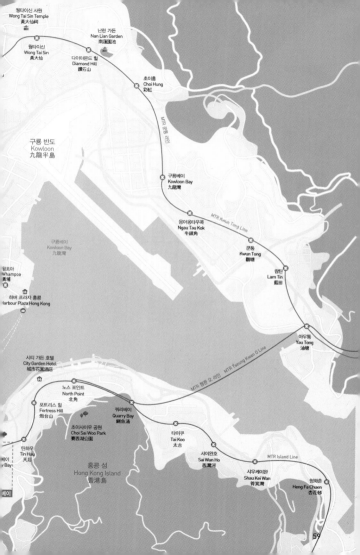

홍콩 섬
북부

홍콩의 과거와 현재가 공존하는 곳

홍콩 섬 북부는 구석구석 볼거리가 많고 중국 문화와
더불어 세계의 문화를 한곳에서 느낄 수 있는 지역이
다. 홍콩의 떠오르는 쇼핑 메카인 코즈웨이베이부터
소호 지역까지 아우르는 홍콩의 북부 지역은 주머니
사정이 넉넉지 못한 여행자까지도 포용하려는 듯 저렴
한 음식부터 고급스러운 음식까지 홍콩뿐만 아니라 전
세계의 다양한 음식들을 맛볼 수 있다.
또한 홍콩 섬 북부의 중심인 센트럴은 역사를 거슬러
올라간 듯 분위기 있는 웨스턴 마켓과 할리우드 로드
의 골동품점을 지나, 아시아 금융의 중심이자 비즈니
스와 쇼핑의 심장부라 할 수 있는 곳이다. 영화 '중경상
림'의 촬영지인 세계 최장의 미드레벨 에스컬레이터
를 타고 홍콩의 대표적인 핫플레이스인 소호 거리를
거닐 수 있고, 다양한 맛집들이 즐비한 고흐 스트리트
와 백만 불짜리의 야경을 감상할 수 있는 빅토리아 피
크에서 진정한 홍콩의 매력을 느낄 수 있다.
홍콩 섬의 또 다른 매력은 좁은 도로를 덜컹거리며 달
리는 트램이다. 화려한 광고판을 싣고 다니는 모습이
마치 100년도 넘은 나이를 숨기려 화려하게 치장한 듯
보인다. 덜컹거리는 트램 2층에서 내려다보이는 풍경
은 홍콩에서 빠뜨리지 말고 꼭 봐야 할 진풍경 중의 하
나이다. 그러나 교통 체증을 유발하는 트램을 없애자
는 운동이 벌어지고 있어 홍콩을 사랑하는 한 사람으
로서 홍콩스러움의 상징이 사라지지 않기를 바라본다.

센트럴

Central 中環

홍콩 섬의 중심지

홍콩 섬의 비즈니스와 금융은 물론 교통과 쇼핑의 중심지인 센트럴은 화려한 쇼핑센터와 초고층 빌딩들이 즐비해 초감각적인 미래 도시를 연상케 한다. 중국 은행, 홍콩 은행 등 홍콩을 대표하는 건물들의 총집합소인 센트럴에서는 평범함을 거부하는 드높은 건물들의 마천루를 볼 수 있다.

소호 거리에는 레스토랑과 멋진 바들이 즐비하고, 영화 속 장소인 미드레벨 에스컬레이터 또한 큰 볼거리를 선사한다. 샤넬 플래그십 스토어 등 고급 브랜드 쇼핑이 가능한 프린스 빌딩, 아르마니 마니아를 위한 차터 하우스, 중저가부터 고가 제품까지 다양한 쇼핑이 가능한 퍼시픽 플레이스, IFC 몰, 레인 크로포드 등이 이 지역의 주요 쇼핑 센터다. 란콰이퐁 또한 센트럴에서 빼놓을 수 없는 명소로, 금요일 밤에는 마치 축제를 즐기려는 듯 많은 사람들이 몰려든다.

©shutterstock / saray

🔎 홍콩 여행 일정 짜기

홍콩은 중국으로의 반환 후 점차 중국화되어 가는 구룡 반도와 홍콩의
금융과 비즈니스의 중심지인 홍콩 섬, 중국의 국경과 접하고 있는 신계
지역 그리고 홍콩의 크고 작은 260여 개의 섬들로 크게 4개의 지역으로
나뉜다. 이러한 홍콩을 제대로 보고 즐기려면 3박 이상의 일정으로 계획
을 세우는 것이 적당하다.

센트럴

Chung Kong Rd

Man Kwong St

Man Po St

Man Chiu St

성완
Sheung Wan
上環

A1
A2

성완
방향

포시즌 호텔
Four Season hotel
四季酒店

더 로비
The Lobby

카프리 Caprice

렁킹힌
Ling King Heen

마주 Maje

산드로 Sandro

왓슨스 와인 셀러
Watson's Wine Cellar

pier 4
라마 샴펜

빅토리아 파

버스 정류

IFC 몰
International Finance Centre
國際金融中心商場

3A, 7, 25, 71, 91
307, 603, 706
버스 정

E3

E4

E1

E2

더 센터
The Center
中環中心

림흥 티 하우스
Lin Heung Tea House
蓮香樓

소셜 플레이스
Social Place
唐宮小聚

홀리스 콘셉트
Homeless Concept

란콰이펑
Lan Kwai Fong

센트럴 마켓
Central Market

아이홀은 바 Isola Bar & Grill

기화병가 Kee wah bakery

폭밍퉁 티숍 Fook Ming TongTea Shop

르 구떼 베르나르도
Le gouter bernardod

레오니다스 그랜드 플레이스
Leonidas Grand Place

고디바 GODIVA

TWG Tea

팀 호 완 Tim Ho Wan

네스프레소
Nespresso

Pret A

홍콩
Hong Kong
香港

A1

B1

A2

B2

61, 70, 309, M590번
리볼스에이펑
6, 6A, 6X, 260번
버스 정류장

익스체인지 스퀘어
Exchange Squre

NOC 커피 & 로스터
NOC Coffee & Roster

굿스프링
Good Spring
春回堂藥行

미드레벨 에스컬레이터
Mid-Levels Escalator
行人電動樓梯

클리퍼 라운지
Clipper Lounge

피엠큐 PMQ

조이스 이즈 낫 히어
Joyce is not here

라우푸키 누들 숍
Law Fu Kee Noodle Shop
羅富記

맥스 누들 麥奀雲吞麵世家
Mak's Noodle

델리 프랑스
Deli France

만다린 케이크 숍
The Mandarin Cake Shop

라 바슈 La Vache

타이청 베이커리
Tai Cheong Bakery
泰昌餅家

왕푸 王府
Wang Fu

TOP SHOP

크룩 룸
Krug Room

차터 하우스
Charter House
打大廈

페라가모
Ferragamo

리앙카 Lianca

침차이키 누들
Tsim Chai Kee Noodle
沾仔記

센트럴
Central
中環

ARMANI PRIVE

아르마니 프리

스톤튼스 와인바 & 카페
Staunton's
Wine Bar & Café

비이피 베트남 키친
BEP Vietnamese kitchen

쉐이크엄 번스
Shake em Buns

D2

D1

D3

만다린 오리엔
Mandarin-Ori

칠리 파가라
Chilli Fagara

융이 레스토랑 Yung Kee Restaurant
鏞記酒家

차이나 티 클럽
China Tee Club

루이비통
louisvuitton

프린스 빌딩
Prince's Building
太子大廈

플라잉 와인 메이커
Flying Wine Maker

그릴 厨房
Grill

페더 빌딩
Pedder Bldg

주인 Zurna

하비 니콜스
Harvey Nichols

PRADA

레이 더우
Lei Dou

용키차 Tsui Wah

인썸니아
Insomnia

카페 랜드마크
Café Landmark

랜드마크
Landmark
置地廣場

모 바 Mo Bar

SEWA

OLIVER'S

비트 포인트
Bit Point

LKF 호텔
LKF Hotel

포포 레스토랑
Fofo by el Willy

프린지 클럽
Fringe Club
香港藝術中心

맥스 앤 스펜서 푸드 스토어
Marks & Spencer Food Store

베리 브러더스 & 러드
Berry Brothers & Rudd

시프트 피
Sift Patisserie

콰이펑힌 아트 갤러리
Kwaifunghin Gallery
季豐軒畫廊

홍콩 상하이 은
香港上海匯

성 요한 성
St John's Cathedral
聖約翰座堂

미국 영사관
Consulate
General of the USA
美國領事館

홍콩 동식물 공원
Hong Kong Zoological
And Botanical Gardens
香港動植物公園

Robinson Rd

Upper Albert Rd

피크 트램
Peak Tra
山頂纜車

64

pier 6
판타우 섬행
(무이워)

pier 7

pier 8

피크트램 역행 15C번
버스 정류장

대관람차
The Hong Kong
Observation Wheel

피크트램 629번
정류장

pier 9
스타 페리 선착장
(카우룽 타는 곳)

빅토리아 항
Victorial Harbour

시티 홀
City Hall
香港大會堂

미니버스
1번, 15번
버스 정류장

시티 홀 맥심 플레이스
City Hall Maxim's Place
大會堂 美心皇宮

Lung Wui Rd

A13번
정류장

1번
기념비

Connaught Rd Central

Edinburgh Place

Food
J3

J2   하비튜
HABITU

입법부 건물
Legislative Council Building
立法會大樓

MTR 췬완 라인 MTR Tsuen Wan Line

Harcourt Rd

차터 가든
Chater Garden

중국 은행
Bank Of China Tower
中國銀行大廈

MTR 아일랜드 라인 MTR Island Line

오션파크행 629번
버스 정류장

청콩 센터
Cheung Kong Centre
長江集團中心

중국 은행 타워
Bank of China Tower
中國銀行大廈

리포 센터
Lippo Centre
力寶中心

A11번 버스 정류장

Far East Fiance Centre
대한민국 총영사관
외환은행 (센트럴행)

에드미럴티
Admiralty
金鐘

퀸즈웨이 플라자
Queensway plaza
金鐘廊

시티 은행
City Bank Tower

완차이
방향

다구 박물관
Museum Of Tea House
茶具文物館

홍콩 최고 법원
High Court

홍콩 공원
Hong Kong Park
香港公園

Triple O s by White Spot
레인 크로퍼드
Lane Crawford

라 메종 뒤 쇼콜라
La Maison Du Chocolat

르 구떼 베르나르도
Le gouter bernardaud

JW 메리어트 호텔 홍콩
JW Marriott Hotel Hong Kong
香港JW萬豪酒店

팍콕 티 하우스
Lock Cha Tea House
樂茶軒

공원 레스토랑

페트뤼
Petrus
珀翠餐廳

아일랜드 샹그릴라
Island shangri-La Hong Kong

와이즈 키즈
WISE KIDS

뱅 앤 올룹슨
BANG & OLUFSEN

그레이트 푸드 홀
Great Food Hall

아이티I T

파시픽 플레이스
Pacific Place
太古廣場

스타 스트리트
(완차이 지도 참조)

더 라운지

란콰이펑 호텔
Lan Kwai Fong

몬 크리에이션
플래그십 스토어
Mcrn Creation
Flagship Store

초콜릿 레인
Chocolate Rain

← 성완
방향

파퐁큐
PMQ

호 리 퍽
HO LEE FOOK
口利福

조이스 이즈 낫 히어
Joyce is not here

샤리샤리
Shari Shari Kakigori House
氷屋

NOC 커피 & 로스터
NOC Coffee & Roster

퀴너리
Quinary

라 바슈
La Vache

리앙카
Lianca

지오디
G.O.D. 住好啲

브런치 클럽
Brunch Club

올리브
Olive

알 덴테
AL Dente

비이피 베트남 키친
BEP Vietnamese kitchen

타코 로코
Taco Loco

밀 덴테
내팔 Nepal

듀크 버거
Duke's Burger

스톤튼 와인 바 & 카페
Staunton's Wine Bar&Cafe

쇼니 갤러리
Schoeni Gallery
[Main Gallery]

엑스티시
XTC

첨자기
滋仔記
Tsim Chai Kee Noodle

타이청 베이커리
Tai Cheong Bakery
泰昌餅家

파킨 숍
Parkn Shop

미스터 심즈 올드 스윗 숍
Mr. Simms Old Sweet Shop

라우푸기 누들 숍
Law Fu Kee Noodle Shop
羅富記

칠리 파가라
Chilli Fagara

미드레벨 에스컬레이터
Mid-Levels Escalator
行人電動樓梯

굿 스프링
Good Spring
春回堂藥行

믹스 누들 麥奀雲吞麵世家
Mak's Noodle

부타오 라멘
Butao Ramen
豚王

왕푸
王府
Wang Fu

피자 익스프레스
Pizza Express

룩유 티 하우스
LUK YU TEA HOUSE
陸羽茶室

쉐이컴 번
Shake 'em Buns

홀리 브라운
Holly Brown

캘리포니아 빈티지
Califonia Vintage

윰 케이
Yung Kee

웨스트 우드 카버리
West Wood Carvery

그
G

컬드색
Cul-De-Sac

플라잉 와인 메이커
Flying Wine Maker

더 센트리움
The Centrium

이스테
Izote

티보 와인 바
Tivo Wine Bar

발라라이카
Balalaika

인썸니
Insomn

드래곤 아이
Dragon-I

LKF 호텔
LKF Hotel

파인즈
FINDS

릴리 앤 비
Lily & B

브레드 스
Bread St

오페라 갤러리
Opera Gallery

66

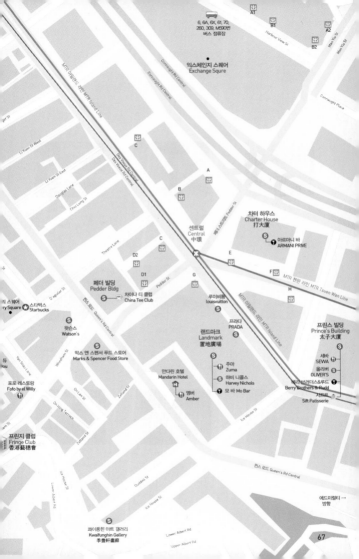

6, 6A, 6X, 61, 70,
260, 309, M590번
버스 정류장

익스체인지 스퀘어
Exchange Squre

A1
B1
A2
B2

Harbour View St

Connaught Rd Central

Connaught Rd Central

Connaught Place

MTR 아일랜드 라인 MTR Island Line

Li Yuen St West

Li Yuen St East

Douglas Lane

Chiu Lung St

C

A

B

센트럴
Central
中環

The Voice Rd Central

Theatre Lane

D2

C

D1

페더 빌딩
Pedder Bldg

차이나 티 클럽
China Tee Club

리 스퀘어
ry Square

스타벅스
Starbucks

왓슨스
Watson's

Aguilar St

Queen's Rd Central

Pedder St

Wyndham St

Yan Gau Lane

듀
iou

포포 레스토랑
Fofo by el Willy

맥스 앤 스펜서 푸드 스토어
Marks & Spencer Food Store

On Lan St

Wellington St

On Hing Terrace

프린지 클럽
Fringe Club
香港藝穗會

Lower Albert Rd

Zetland St

만다린 호텔
Mandarin Hotel

앰버
Amber

Zetland St

차터 하우스
Charter House
打大厦

아르마니 바
ARMANI PRIVE

페더 로드 Pedder St

MTR 쩬완 라인 MTR Tsuen Wan Line

E

F

H

G

루이비통
louisvuitton

프라다
PRADA

랜드마크
Landmark
置地廣場

주마
Zuma

하비 니콜스
Harvey Nichols

모 바 Mo Bar

MTR 아일랜드 라인 MTR Island Line

프린스 빌딩
Prince's Building
太子大厦

세와
SEWA

올리버스
OLIVER'S

베리 브러더스&루드
Berry Brothers & Rudd

지프테
Sift Patisserie

Ice House St

Queen's Rd Central
퀸스 로드 Queen's Rd Central

에드미럴티 →
방향

Dudders St

Ice House St

Lower Albert Rd

콰이풍힌 아트 갤러리
Kwaifunghin Gallery
季豊軒畫廊

Lower Albert Rd

Upper Albert Rd

67

센트럴 & 빅토리아 피크 추천 코스

홍콩 섬의 비즈니스와 금융은 물론 교통과 쇼핑의 중심지이기도 한 센트럴에서 세련된 홍콩의 모습을 느끼고, 홍콩의 대표 관광지인 빅토리아 피크에서 아름다운 야경을 감상하자.

Best Tour

홍콩 꽁윈
홍콩의 도심 속에 자리 잡은
대형 도심 공원

도보 2분

다구 박물관
100년 역사를 머금은 차 박물관

도보 5분

맥심 플레이스
클린턴 대통령이 찾은
딤섬 레스토랑

도보 5분

랜드마크 · 하비니콜스
명품 브랜드를 총망라한
럭셔리 쇼핑몰

도보 10분

스타스트리트
힙한 장소로 새롭게 각광받는
스타 스트리트

도보 5분

퍼시픽 플레이스
중저가부터 고가의 제품까지
다양한 쇼핑이 가능한 대형 쇼핑몰

도보 3분

소호 거리
홍콩 최대의 트렌디 골목

도보 15분

빅토리아피크
홍콩의 아름다운 야경을
감상할 수 있는 곳

도보 10분

란콰이퐁
홍콩 최대의 젊음의 거리

중국 은행 Bank Of China Tower 中國銀行大廈

홍콩에서 세 번째로 높은 건물

홍콩에서 세 번째로 높은 70층 건물로 1990년에 지어졌으며, 오늘날 홍콩을 대표하는 독창적인 건물 중 하나이다. 43층에 무료로 개방하는 전망대가 있어 센트럴 일대의 고층 빌딩과 바다 건너 침사추이까지 한눈에 내려다볼 수 있다. 이 건물은 루브르 박물관 앞에 있는 유리 피라미드를 건축한 아이오 밍 페이(Ieoh Ming Pei)에 의해 설계되었다. 각기 다른 높이의 삼각형 건물 4개가 모여 하나의 건물을 이룬 이 디자인은 대나무를 모티브로 하였다고 한다. 이 건물은 풍수지리에 바탕을 두어 건축되었으나 건물 전체의 모습이 칼이나 도끼 형상이어서

마치 날카로운 모서리가 홍콩 총독부와 최고재판소 등을 내리치는 듯하며, 풍수적으로 부정적인 영향을 미친다 하여 총독부 사이의 정원에 버드나무를 심어 풍수림을 조성하기도 하였다. 주권 반환을 앞둔 중국이 의도적으로 홍콩과 영국의 기를 꺾기 위해 이 날카로운 칼날을 연상시키는 중국 은행 건물을 세웠다는 설도 있다.

주소 2A Des Voeux Road, Central 위치 MTR 센트럴 역 K번 출구에서 나와 길 건너 좌측으로 도보로 5분 시간 전망대 09:00~17:00(월~금), 09:00~12:00(토)

중국 은행 건물의 불길한 기운

중국 은행은 특이한 외형과 더불어 태풍과 지진을 견딜 수 있을 만큼 견고하게 지어졌다. 그러나 이곳은 나쁜 기운이 흘러나오는 대표적인 건물이라고 이야기된다. 가장 큰 악영향을 받은 곳이 홍콩 총독 관저였는데, 그곳은 영국 여왕이 임명한 총독들이 거주하던 곳으로 중국 은행이 생기면서 현직 총독이 심장 수술을 받는 등 나쁜 일들이 끊이지 않았다고 한다. 그리고 중국 은행 건물의 칼날의 형상을 마주하게 된 홍콩 상하이 은행은 풍수로 오는 불행한 기운들을 없애고자 옥상 측면에 대포처럼 생긴 크레인을 설치하였고, 이후로 현재 홍콩에서 가장 많은 화폐를 발행하고 있다.

입법부 건물 Legislative Council Building 立法會大樓

MAPECODE `15002`

영국 식민지 시대의 대표적인 건물

입법부 건물은 황후상 광장에 있으며, 영국의 식민지 시대를 알리는 대표적인 건물이다. 최고재판소로 운영되었으나 지금은 의회의사당으로 쓰이고 있다. 빅토리아 양식의 돔 모양의 지붕과 기둥이 센트럴의 높은 빌딩과 멋진 조화를 이룬다. 2층의 돔 지붕 앞에 두 눈을 가리고 저울과 검을 든 정의의 여신 테미스(Themis)상이 있어 이곳이 예전에 대법원 건물이었음을 알려 준다. 테미스상 앞의 두 마리 사자는 영국 왕실의 문장이다.

위치 MTR 센트럴 역 J1번 출구에서 바로

홍콩 상하이 은행 HSBC(Hongkong-Shanghai Banking Corp.) 香港上海匯豐銀行

MAPECODE `15003`

풍수지리에 기초하여 미래 지향적으로 디자인한 건물

홍콩의 대표 금융 기관인 홍콩 상하이 은행의 본사로 사용되는 이 건물은 영국의 유명한 건축가인 노먼 포스터가 설계하였다. 건물의 형태는 진취적이고 성장력 있는 대나무가 자라는 모습을 표현한 것으로 철 구조물을 영국에서 사전 주문 제작하여 조립하였다. 건물 앞에는 홍콩 지폐에 나오는 청동사자상이 있는데 처음에는 사자상의 입이 벌어져 있었다고 한다. 하지만 청동상 제작 이후로 안 좋은 일들이 많이 생기자, 입을 굳게 닫아 버린 청동상으로 지폐를 제작하였다고 한다. 빌딩 정면으로 오른쪽에 입을 다물고 있는 것이 스티트, 입을 벌리고 있는 왼쪽 청동상이 스티븐이다. 또한 이 건물은 풍수 사상에 입각하여 에스컬레이터의 위치를 바꾼 것으로도 유명하다.

주소 1 Queen's Road, Central 위치 MTR 센트럴 역 K번 출구로 나와 정면으로 도보 1분 시간 09:00~16:30(월~금), 09:00~12:30(토)

스티븐 · 스티트

청콩 센터 Cheung Kong Centre 長江集團中心

홍콩 스카이 라인의 주역

MAPECODE **15004**

1999년에 지어진 74층 건물로, 힐튼 호텔로 사용
되었던 건물이다. 1초에 9미터를 올라가는 초고속
엘리베이터는 신비로운 불빛을 뿜어내는 야경으로
유명하며, 청콩 센터의 자랑이다. 황후상 광장에서
야경을 제대로 감상할 수 있다. 이 빌딩은 건축가 레
오 A 달리와 시저펠리에 의해 디자인된 전형적인
현대 건축 스타일이다. HSBC, 중국 은행과 더불어
센트럴의 멋진 스카이 라인을 형성한다.

주소 2 Queen's Road Central 위치 MTR 센트럴 역 K
번 출구로 나와 홍콩 상하이 은행 뒤쪽에서 Queen's Road
를 건너면 된다. 도보 5분

리포 센터 Lippo Centre 力寶中心

다채로운 벽면 구조가 인상적인 코알라 빌딩

MAPECODE **15005**

예일 대학의 건축학 과장이기도 했던 폴 마빈 루돌
프에 의해 만들어졌다. 이 건물은 홍콩 공원에서 바
로 보이며 센트럴에서 가장 독특한 건축물 중 하나
로, 두 개의 팔각형 타워가 각각 36층과 40층으로
되어 있다. 코알라가 나무를 타고 있는 듯한 모습을
하고 있어 '코알라 빌딩'이라는 별명을 가지고 있으

며, 로봇이 변신해서 튀어 나올 것만 같은 형상을 하
고 있어 이 건물을 바라보고 있으면 미래 도시에 와
있는 듯한 착각에 빠지게 된다.

주소 89 Queensway, Admiralty 위치 MTR 에드미럴
티 역 B번 출구로 나와서 바로 위

성 요한 성당 St. John's Cathedral 聖約翰座堂

MAPECODE 15006

동아시아 지역에서 가장 오래된 성당

1849년 홍콩 주둔 영국 군인들이 건축한 성요한 성당은 성공회에서 지은 동아시아에서 가장 오래된 교회로, 홍콩 동식물 공원에 가려면 이곳을 지나치게 된다. 13세기 고딕 양식으로 지어졌으며 제 2차 세계대전 때 크게 파괴되었으나 전후에 다시 복구되었다. 예전에는 일본 군인의 클럽으로 사용되기도 했다고 한다. 그러나 지금은 제 모습을 찾아 일요일에는 아름다운 성가대의 합창을 들을 수 있다. 하얗게 뻗어 올라간 지붕 위 높아진 하늘 위로 구름이 걸려 있는 것을 보고 있으면 잠시라도 여행의 고단함을 잊을 수 있다.

주소 4-8 Garden Road, Central 위치 MTR 센트럴 역 K번 출구 왼쪽으로 도보 7분 시간 09:00-17:00

시티 홀 CITY HALL 香港大會堂

MAPECODE 15007

홍콩 섬의 문화 중심, 복합 예술 회관

1962년에 지어졌으며 홍콩 섬의 중심 역할을 해 온 복합 문화센터로, 1층과 2층에는 전시장과 극장이 있어 각종 연주회와 연극 공연이 개최된다. 이곳은 홍콩의 공연장 중에서 음향 시설이 가장 잘 되어 있어 음악가들이 이곳에서 연주를 하거나 공연하는 것을 선호한다. 3층에는 클린턴 대통령이 식사를 하여 더욱 유명해진, 맥심 그룹에서 운영하는 맥심 플레이스(Maxim's place)가 있었다.

주소 5 Edinburgh Place, Central 위치 MTR 센트럴 역 K번 출구에서 도보 5분 전화 2921 2840 시간 09:00-23:00

프린스 빌딩 Prince's Building 太子大廈

MAPECODE 15008

작지만 매력 있는 쇼핑몰

지하 1층에서 4층까지 세련된 가게들이 모여 있는 작은 규모의 쇼핑센터이다. 일류 브랜드에서 수입 잡화까지 그 종류가 다양하다. 홍콩 제일의 규모를 자랑하는 샤넬 플래그십 스토어 등의 고급 브랜드가 들어와 있으며 필립스탁이 디자인한 시계, 맥박계, 칼로리카운터 등을 살 수 있다. 1층은 알렉산드라 하우스, 랜드마크, 만다린 오리엔탈 호텔과 연결되어 있다.

주소 Prince's Building, 10 Charter Road, Central 위치 MTR 센트럴 역 K번 출구에서 도보 1분 전화 2504 0704 시간 10:00~19:00(매장마다 다름)

홍콩 공원 Hongkong Park 香港公園

MAPECODE **15009**

도심 속에 위치한 녹지 공간

피크트램 정거장 맞은편 센트럴 지역 가운데에 있으며, 1991년에 병영 지역을 개조해서 문을 열었다. 10ha에 이르는 대형 도심 공원으로, 여의도의 1/3 정도 되는 면적이다. 동남아 최대 규모의 온실에서 온도와 습도 등 모든 환경을 세심하게 조절해 약 2천여 종의 식물을 재배하여 전시하고 있다. 조류관에는 인공적으로 만든 계곡과 수풀로 이루어진 열대우림이 형성되어 있으며, 100여 종이 넘는 700여 마리의 야생 새를 볼 수 있다. 아이들과 함께라면 체험 학습장으로도 충분하다. 야외 결혼식장 및 야외 웨딩 촬영지로 각광받고 있기도 하다. 공원 안에는 홍콩 비주얼 아트센터와 다구 박물관, 전망대가 자리하고 있어 여행자와 시민들의 발길이 끊

이지 않는다. 전망대는 계단이 가파르고 전경이 생각보다 훌륭하지는 않으니 그냥 공원 산책만 하는 것이 좋다.

주소 19 Cotton Tree Drive, Central 위치 MTR 에드미럴티 역 C1번 출구, 퍼시픽 플레이스 3층으로 올라가면 공원 입구가 보임. 에스컬레이터로 이동 시간 (공원)06:00~23:00 / (조류관)09:00~17:00

다구 박물관 Museum Of Tea House 茶具文物館

MAPECODE **15010**

중국 다기의 역사를 한눈에 볼 수 있는 차 박물관

홍콩 공원 내에 있는 1840년에 건축된 그리스 양식의 건물로, 1932년까지 영국군 사령

관 관저로 사용되었으며 1984년부터는 박물관으로 사용 중이다. 차의 역사와 만드는 과정을 묘사한 그림, 7세기 전국 시대부터 명·청 시대의 중국의 다기와 차에 관한 것들이 총 9개의 전시실에 시대별로 전시되어 있다. 600여 가지의 다기류들이 시대별로 전시되어 있어 중국 다기의 역사를 한눈에 볼 수 있다. 차와 관련된 서적과 사진, 차 마시는 방법 등을 함

께 전시하고 있어 차에 관심이 많다면 한번 들러 보자. 1층에는 중국 고대부터의 차의 역사, 2층에는 시기별로 다른 전시가 열리고 있다. 박물관 내 기념품 점에서 파는 차는 믿고 살 수 있으니 이곳에서 차를 구입하는 것도 좋다. 하얀색 그리스 양식의 다구 박물관은 초록이 우거진 홍콩 공원과 어우러져 멋진 배경을 선사해 신혼부부들의 웨딩 촬영 장소로도 유명하다.

주소 10 Cotton Tree Drive, Central 위치 MTR 에드미럴티 역 C1번 출구에서 도보 5분(홍콩 공원 내) 전화 2869 0690 / 2869 6690 시간 10:00~18:00(월~금), 10:00~19:00(토·일, 공휴일), 크리스마스 이브와 설 전날 17:00까지 / 매주 목요일, 설 연휴 첫날과 둘째 날 휴관

록차 티 하우스 Lock Cha Tea House 樂茶軒

MAPECODE `15011`

맛있는 TEA와 디저트

다구 박물관 우측 신관 1층에 위치한 티 하우스로, 중국 전통 인테리어의 실내에서 60여 종의 중국 차와 맛있는 딤섬과 디저트를 맛볼 수 있다. 어떤 차를 마실지 망설여진다면 직원의 추천을 받는 것도 좋다. 이곳에서는 일주일에 두 번의 콘서트가 열리는데 일요일에는 오후 5시부터 7시까지 중국 악기 연주가 열리며, 토요일에는 저녁 6시 30분부터 8시 30분까지 하모니카와 기타 연주가 열린다. 공연 내용은 조금씩 변경된다.

주소 10 Cotton Tree Drive, Central 위치 MTR 애드미럴티 역 C1 출구에서 도보 5분, 홍콩 공원 내 다구 박물관 우측 신관 1층 전화 2801 7177 시간 10:00~20:00(월~금), 10:00~21:00(토~일), 매월 둘째 주 화요일 휴무
홈페이지 www.lockcha.com/teahouse

홍콩 동식물 공원 Hongkong Zoological And Botanical Gardens 香港動植物公園

MAPECODE `15012`

역사 깊은 시크릿 가든

홍콩 섬에서 가장 번화가인 센트럴에 자리잡은 동식물원으로, 1864년에 일반 시민들에게 공개되었다. 5만 4천㎡의 대지 위에 영국식 정원과 분수, 작은 동물원이 있어 어린이를 데리고 공원에 산책 온 홍콩 사람들을 자주 만날 수 있다. 동쪽은 'Old Garden'으로 놀이터, 온실, 분수 공원이 있으며, 서쪽은 'New Garden'으로 동물원이 있다. 번화가에서 멀리 떨어져 있지 않은 곳에서 동물원과 식물원을 만나볼 수 있는 것이 홍콩의 또 다른 매력이다. 홍콩의 곳곳을 살펴보고 싶다면 한번 들러 보자. 그러나 시간이 촉박한 쇼퍼 홀릭이라면 그냥 패스하는 것이 좋다.

주소 Albany Road, Central 위치 MTR 센트럴 역 K번 출구, 피크트램을 지나 도보로 10분 시간 (공원) 06:00~22:00 / (동물원) 07:00~19:00 / (식물원) 09:00~16:30

랜드마크 Landmark 置地廣場

MAPECODE 15013

명품 브랜드를 총망라한 럭셔리 쇼핑몰

4층 규모의 건물 중앙홀에 대리석 분수가 있는 거대한 로비를 중심으로 상점들이 빙 둘러 있다. 다비도프, 발렌타인, 프라다, 알렉산드르, 레가파리나, 크리스찬 디오르, 루이비통, 에르메스 등 세계 유명 브랜드의 패션 제품이 다양하게 마련되어 있다. 퍼시픽 플레이스보다 브랜드가 다양하지 못한 것이 흠이지만 홍콩의 패션을 주도하는 거물급 디자이너들의 디자이너 숍이 자리 잡고 있다. 루이비통, 구찌, 디올 매장을 제외하고는 다른 곳에 비해 규모가 크지 않고, 숍의 숫자 또한 많지 않지만 명품 브랜드가 대거 입점한 럭셔리 쇼핑몰로 영국의 데이비드 베컴 부부가 즐겨 찾는 하비니콜스가 입점해 있다. 2층에는 알렉산드라 하우스, 차터 하우스, 프린스 빌딩 등과 연결되는 아케이드가

있기 때문에 다른 쇼핑몰로의 이동이 쉽다. 목이 마르거나 배가 고프다면 스리 식스티(Three Sixty)에 들러 보자. 친환경 식료품과 건강 음료 등이 다양하다. 2층 카페 랜드마크에는 하이티가 유명하다.

주소 12~16 Des Voeux Road, Central   위치 MTR 센트럴 역 G 출구와 바로 연결   전화 2526 4740   시간 10:00~19:00(매장에 따라 다름)

카페 랜드마크 Café Landmark

랜드마크 쇼핑몰에 위치한 카페형 레스토랑

명품 브랜드가 즐비한 센트럴 랜드마크 쇼핑몰 2층에 위치하고 있다. 이 카페는 랜드마크 광장을 시원하게 내려다보며 푹신한 의자에서 편하게 쉴 수 있어 쇼핑객들을 유혹한다. 잠시 휴식을 취한다면 하우스 블랜드 커피를, 식사를 원한다면 랍스터 파스타를 추천한다.

주소 Shop 107-108 1/F, The Landmark, 15 Queen's Road, Central 전화 2526 4200 시간 08:00~22:00(월~금), 08:00~21:00(토), 09:00~20:00(일)

모 바 Mo Bar

랜드마크 만다린 오리엔탈 호텔의 트랜디한 바

모 바는 랜드마크 만다린 오리엔탈 호텔에 위치해 있다. 애프터눈 티로 유명한 클리퍼 라운지는 만다린 오리엔탈 호텔에 있는데, 둘 다 만다린 오리엔탈

이 운영하고 이름이 비슷해서 자주 혼선이 생긴다. 아침에는 조식에 애프터눈 티까지 가능하며 저녁에 분위기 있게 와인이나 칵테일 한잔하러 들러도 좋다. 또한 이곳은 미국에서 가장 위대한 인테리어 디자이너로 불리는 아담 티아니가 디자인하여 세계적으로 유명한 가수들의 쇼케이스 장소로도 이용된다.

주소 15 Queen's Road Central, The Landmark, Central 위치 MTR 센트럴 역 G 출구, 랜드마크 내 전화 2132 0188 시간 19:00~01:30

주마 Zuma

영국에서 이미 정평이 나 있는 일식 레스토랑

홍콩에서의 일식은 대중화와 더불어 그 인기를 더하고 있는데 주마는 그중에서도 핫플레이스로 떠오르고 있는 곳 중 한 곳이다. 두 개의 층으로 구성된 이곳은 5층은 오픈 키친형 레스토랑으로 로바다야키, 스시 바, 테라스로 구성되며 6층에는 라운지 바가 있다. 가격은 좀 비싼 편이지만 세련되고 넓은 공간에서 우아하게 식사할 수 있는 곳이다. 선데이 브런치인 바이킹 브런치는 빌까르 살몽 브릿 리저브 와인과 벨리니스 등 다양한 샴페인을 무제한으로 맛볼 수 있다. 가격은 HK$ 590이며 성인 1명당 10세 이하 어린이는 무료 입장이 가능하다. 뷔페식으로 이용 가능하며 메인 요리 하나를 주문할 수 있다.

주소 Level 5 & 6 (Bar) The Landmark, 15 Queen's Road, Central 위치 MTR 센트럴 역 G 출구, 랜드마크 내 전화 3657 6388 시간 월~금 11:30~14:30(런치), 18:00~23:00(디너) / 토 12:00~15:00(브런치), 18:00~23:00(디너) / 일 11:00~13:00, 14:00~16:00(브런치), 18:00~23:00(디너)

하비 니콜스 Harvey Nichols

영국의 럭셔리 백화점

런던 태생의 유명한 럭셔리 백화점으로 영국에서도 귀족 백화점으로 통한다. 매장이 아주 크지는 않지만 홍콩점이 하비 니콜스의 해외 지점 중에서는 두 번째로 크다. 명품 브랜드는 물론 우리나라에 입점되어 있지 않은 럭셔리 브랜드들이 즐비해 있다.

주소 The Landmark, 15 Queen's Road, Central 위치 MTR 센트럴 역 G 출구, 랜드마크 내 전화 3695 3388 시간 10:00~21:00(월~토), 10:00~19:00(일)

페더 빌딩 Pedder Bldg

MAPECODE 15014

소규모의 아웃렛들이 자리한 쇼핑몰
랜드마크 서쪽 길 건너편에 자리잡은 7층 규모의
쇼핑몰로 페더 빌딩 내부에는 좁은 복도 한쪽으로
작은 규모의 아웃렛들이 늘어서 있다. 그중에는 중
고품을 취급하는 가게도 있고 모조품을 취급하는
가게도 있어서 구별이 필요하지만 몇몇 상점들은
진품을 대폭 할인한 가격에 팔고 있기에 쇼핑에 관
심있는 사람이라면 한번쯤 가볼 만한 곳이다. 모조
품이라 하더라도 흥미로운 것들이 많다.

주소 12 Pedder Street, Central 위치 MTR 센트럴 역
D1번 출구에서 도보 1분 거리 시간 10:00~20:00(매장에
따라 다름)

란콰이퐁 Lan Kwai Fong 蘭桂坊

MAPECODE 15015

홍콩의 나이트 라이프를 즐길 수 있는 젊음의 거리
클럽, 바, 레스토랑 등이 즐비한 란콰이퐁은 홍콩의
나이트 라이프를 대표하는 젊음의 거리다. 지척에
놓여 있는 유명한 오픈 바와 클럽, 펍들 사이에서 흘
러나오는 그들의 재잘거리는 수다 소리조차 란콰이
퐁을 더욱 활기차게 한다. 개성은 홍콩의 젊은이
들과 센트럴의 빌딩숲에서 근무하는 넥타이 부대
그리고 세계 각국에서 온 여행자들의 발길이 밤부

터 새벽까지 끊이지 않는다. 홍콩의 나이트 라이프
를 즐기며 여행의 활력소를 찾고자 한다면 란콰이
퐁에 들러 자유로움을 만끽해 보자.

위치 MTR 센트럴 역 D1, 또는 D2번 출구로 퀸즈 스트리스
가 나오면 길을 건너 오른쪽 첫 번째 길인 다길라 스트리트
(D'aguilar Street)로 들어간다. 오른쪽에 보이는 스타벅
스를 지나 조금 더 올라가면 된다. 도보로 10분 정도 소요.

NOC 커피 & 로스터 NOC Coffee & Roster

MAPECODE 15016

바리스타 대회 우승자가 오픈한 커피숍

커핑 룸에 이어 홍콩 바리스타 대회에서 우승한 수 상자가 소호에 새로 오픈한 따뜻한 분위기의 커피 숍으로 직접 로스팅한 커피 맛이 아주 훌륭한 곳이 다. 드라마 〈커피 프린스 1호점〉이 떠오르는 곳으 로, 멋진 훈남들이 향긋한 커피를 내려 준다. 카페라 떼의 부드러운 거품 맛이 여느 커피 전문점에서 마 시던 것들과는 비교할 수 없을 정도로 부드럽고 원 두의 깊은 향이 코끝을 자극한다. 커핑 룸을 찾지 못 한 당신이라면 소호의 거리에서 쉽게 마주할 수 있 는 이곳에서 한잔의 커피를 마시며 여유 있는 여행 을 만끽해 보자.

주소 G/F, 34 Graham Street, Central 위치 MTR D2번 출구 도보 7분 거리 전화 2606 6188 시간 10:00~18:00

드래곤 아이 Dragon-I

MAPECODE 15017

홍콩 최고의 클럽

성룡, 장만옥, 양조위, 양자경 등 홍콩 최고 의 스타들이 즐겨 찾 는 란콰이퐁의 스타일 리시 바. 중국의 전통

적인 모습과 일본의 모던함에 영향을 받은 인테리어 로 빨간 등과 대형 새장이 인상적이다. 낮과 밤의 모 습이 전혀 다른 곳으로, 점심에는 딤섬 레스토랑, 저 녁에는 홍콩에서 가장 힙한 클럽으로 변모한다. 월 ~토요일에는 딤섬 뷔페로 HK$228면 다양한 딤섬 을 저렴하게 골라 먹을 수 있다. 하지만 맛이 그리 훌 륭하지는 않다. 저녁에는 홍콩의 트렌드 세터들이 모이는 홍콩의 아지트이자 세계 유명 셀러브리티들 이 홍콩에 오면 빠지지 않고 찾는 곳이다.

주소 UG/F, The Centrium, 60 Wyndham Street Central 위치 MTR 센트럴 C번 출구, 란콰 이퐁 전화 3110 1222 시간 12:00~15:00(런치), 15:00~20:00(해피 아워), 18:00~23:00(디너), 23:30~(클럽 아워)

릴리 앤 블룸 Lily & Bloom

MAPECODE 15018

칵테일이 맛나기로 소문난 란콰이퐁의 바

5층은 레스토랑, 6층은 바로 이뤄진 릴리 앤 블룸은 분위기 좋은 바로 손꼽히는 곳이다. 레스토랑에서 식사도 가능하지만 가격이 다소 비싸다. 란콰이퐁의 핫한 분위기를 느끼고 싶다면 6층 릴리 바에서 해피아워에 제공하는 저렴하고 맛있는 칵테일을 맛보자. 처음 한 잔은 HK$5이고 두 번째 잔부터는 HK$45, 해피아워 시간은 17:00~21:00이다. 단

토요일은 18시부터이다. 아늑함이 돋보이는 이곳은 친구들과 함께 가볍게 한잔하기 그만이다.

주소 5 & 6/F, LKF Tower, 33 Wyndham Street, Lan Kwai Fong, Central 위치 MTR 센트럴 역 D2번 출구 도보 5분 전화 2810 6166 시간 월~목 11:00~15:00, 18:00~23:00 / 금・토 12:00~15:00, 18:00~02:00 / 일 11:00~16:00

퀴너리 Quinary

MAPECODE 15019

특색 있는 칵테일을 마실 수 있는 최고의 바

최고의 칵테일을 선사하는 이곳은 2013년부터 2015년 세 번 연속으로 '세계 50대 베스트 바'로 선정된 곳이다. 해피아워가 있냐는 질문에 자신의 가게는 늘 해피한 곳이어서 따로 해피아워가 없다고 익살맞게 답한다. 각종 특색 있는 칵테일과 플레터가 이곳을 더욱 특별하게 만드는데, 인기 있는 칵테일은 얼그레이 캐비어 칵테일, 퀴너리 사우어이다. 이 칵테일들은 세계적인 바텐더이자 분자 칵테일(화학적인 방법을 통해 여러 가지 형태로 제조한 칵테일) 전문가인 안토니오 라이의 작품들이다.

주소 G/F, 56-58 Hollywood Road, Central 위치 MTR 센트럴 역 D2번 출구 도보 7분 전화 2851 3223 시간 17:00~02:00

인썸니아 Insomnia

MAPECODE 15020

라이브 밴드의 음악을 감상할 수 있는 곳

불면증이라는 이름처럼 24시간 불철주야 운영하는 란콰이퐁의 핫플레이스로 오랫동안 사랑받은 곳이다. 매일 밤 10시부터 라이브 뮤직을, 매주 수요일부터 토요일은 저녁 7시 30분부터

어쿠스틱 뮤직을 감상할 수 있어 란콰이퐁의 분위기를 한껏 느낄 수 있다. 신나는 라이브 밴드의 음악을 들으며 시원한 맥주 한잔 마시는 건 어떨까? 해피 아워에는 맥주를 50% 할인된 가격으로 마실 수

주소 30-32 D'Aguilar Street, Central 위치 MTR 센트럴 D1번 출구에서 도보 10분 전화 2525 0957 시간 매일 24시간(08:00~21:00 해피 아워)

저렴한 세계 맥주 여행

홍콩은 와인뿐만 아니라 맥주에도 면세가 적용된다. 우리나라의 수입 맥주에 비하면 그 가격이 2~3배 가량 저렴하고, 우리나라에서 흔히 볼 수 없는 세계의 맥주를 한곳에서 맛볼 수 있어 홍콩의 여행을 더욱 흥미롭게 한다. 한여름 더위를 날려줄 시원한 맥주 한잔과 비첸향의 육포는 홍콩의 기나긴 밤을 짜릿하게 보내기에 충분하다.

맥주는 라벨로 맛을 미리 간파할 수 있다. 스타우트는 색깔이 진하고 고소한 맛이 강한 것이 특징이며, 드래프트는 살균이나 열 처리를 하지 않은 맥주로 부드럽다. 라거는 하면 발효 방식으로 숙성시켜 맥주의 풍부한 맛이 특징이고, 드라이는 알코올 도수를 높인 맥주로 특수 효모를 넣어 단맛을 없애 그 끝맛이 담백하고 깔끔하다. 라이트는 라거의 칼로리와 도수를 낮춘 것으로 시원하고 부드러우며, 다크는 상면 발효 방식으로 흑맥주의 쌉쌀한 맛이 특징이다. 필스너는 톡 쏘는 맛이 강하다.

미드레벨 에스컬레이터 Mid-Levels Escalator 行人電動樓梯

MAPECODE 15021

홍콩 영화의 주인공들이 타고 오르던 세계 최장의 에스컬레이터

야외 에스컬레이터로는 세계에서 가장 긴 길이를 자랑하는 이곳은 주민들의 출퇴근용으로 1994년에 개통되었다. 총 길이 800m로 항생 은행 근처에서부터 시작해 빅토리아 피크 중턱까지 이어졌다. 왕정문이 〈중경삼림〉에서 에스컬레이터를 타는 장면을 촬영하면서 더욱 유명해졌다. 에스컬레이터 주변으로는 빌딩 숲 뒤에 숨겨진 또 다른 홍콩을 만날 수 있다. 길고 긴 에스컬레이터를 끝까지 오르고 나면 다시 내려오기 힘들 것 같은 불안함이 들기도 한다. 그러나 꼭대기까지 올라가는 데 소요되는 시간은 약 20분 정도로 그리 오래 걸리지 않는다. 끝까지 오르지 않아도 도중에 내려 다른 길로 갈 수 있다. 오전 6시부터 오전 10시 15분까지 출근 시간에는 하행으로만, 오전 10시 15분부터 자정까지

는 상황으로만 운행된다.

위치 MTR 센트럴 역 D2번 출구에서 도보 5분 **시간** 상행 10:15~24:00, 하행 06:00~10:15
※ 현재 보수 공사로 인해 이용 불가능한 구간이 있다. 2022년까지 구간별로 공사가 진행될 예정이다.

소호 Soho 蘇豪

MAPECODE 15022

홍콩 최대의 트렌디 골목

미드레벨 에스컬레이터가 지나가는 아래 전 지역을 소호라 부르고 있으나 소호는 원래 South of Hollywood Road란 뜻으로 할리우드 거리의 남쪽 지역을 부르는 말이었다. 홍콩의 소호는 미국의 소호나 영국의 소호와 마찬가지로 분위기 있고 예쁜 레스토랑과 카페, 바 등이 밀집되어 있지만, 또 다른 홍콩만의 모습을 간직하고 있다. 독특한 분위기의 숍과 각국의 다양한 음식을 맛볼 수 있는 식당이 즐비해 있는 소호는 좁은 골목 안에 즐비하게 늘어서 있는 패션 숍과 카페 등이 친근하게 느껴질 뿐

만 아니라 나만의 보물 장소 같은 특별함이 더해진다. 영화 〈중경삼림〉의 촬영지였던 미드레벨 에스컬레이터를 중심으로 개성 있고 예쁜 상점과 바를 두루두루 살펴보는 것도 이곳 소호 여행의 별미다. 홈페이지에서 각종 여행 정보와 할인 쿠폰 등을 얻을 수 있으니 미리 가보고 싶은 곳을 점찍어 두는 것이 좋다.

주소 Shelley, Staunton and Elgin Street 위치 MTR 센트럴 역 D2번 출구에서 도보 5분, 미드레벨 에스컬레이터를 타고 중간쯤에서 하차 홈페이지 www.ilovesoho.hk

프린지 클럽 Fringe Club 香港藝穗會

MAPECODE 15023

소호의 작은 아트 센터

유럽풍의 고풍스러운 건물 외형으로 여행자들의 눈길을 끌기에 충분한 이곳은 우유 회사인 데일리팜이 신선한 우유를 인근 지역에 배달하기 위해 냉동 저장고로 사용하던 곳으로, 란콰이퐁 교차로에 위치하고 있다. 이후 홍콩 프린지 클럽이 건물을 인수하여서 아트 센터를 오픈했다. 영화 《금지옥엽》에서 장국영과 임자영이 처음 만났던

장소이기도 하다. 댄스, 연극, 드라마 등 다양한 공연 등이 열리며, 라이브로 음악을 감상할 수 있는 곳으로, 여행길에서 색다른 느낌을 만끽할 수 있을 것이다. 금요일, 토요일은 22시 30분, 화요일은 20시에 라이브 공연을 볼 수 있다. 공연 내용은 홈페이지에서 확인할 수 있다. 공연 당일 티켓 구매는 보통 HK$125이며, 미리 구매하면 HK$25을 할인받을 수 있다.

주소 2 Lower Albert Road, Central   위치 MTR 센트럴 역 D1번 출구에서 도보 10분   전화 2521 7251   시간 12:00~22:00(일요일 휴무)   홈페이지 www.hkfringeclub.com

굿 스프링 Good Spring 春回堂樂行

MAPECODE 15024

몸에 좋은 건강차를 가볍게 마실 수 있는 곳

비 오는 날이면 유독 많은 사람들이 줄을 서서 한방차를 마시는 곳이다. 특이하게도 한방차와 허브티를 파는 곳에서 하얀색 가운을 입은 한의사가 진맥을 하고 손님들의 체질에 맞는 한방차를 판매한

다. 홍콩인들은 한방차를 길거리에서 쉽게 저렴하게 마실 수 있어서 일년 내내 습하고 더운 날씨에도 지치지 않고 건강을 지키는 게 아닐까 하는 생각이 든다. 지치지 않고 활기차게 여행을 하고 싶은 여행자라면 맛본 지나치지 말고 한잔 마셔 보자.

주소 G/F, 8 Cochrane Street, Central   위치 소호 거리의 미드레벨 에스컬레이터를 타는 초입   전화 2544 3518   시간 09:00~20:00

알 덴테 AL Dente

MAPECODE 15025

소호에서 맛보는 이탈리아 파스타

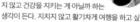

가격이 결코 싸지 않은 소호에서 저렴한 런치 메뉴는 항상 여행자들을 유혹한다. 알 덴테는 소호, 완차이 컨벤션 센터 등 여러 곳에 분점이 있지만 가장 쉽게 찾아갈 수 있는 곳은 소호에 위치한 곳이다. 이곳의 파스타는 홍콩의 이탈리아 레스토랑 중 가장 으뜸이라고 말해도 과언이 아니다. 이미 입소문이 나 있어 몇 개 안 되는 테이블이 항상 붐비기 때문에 미리 예약을 해야만 기다리지 않고 식사가 가능하다.

주소 G/F, 16 Staunton Street, Central   위치 MTR 센트럴 역 D1번 출구에서 도보 8분   전화 2869 5463   시간 11:30~15:00, 18:00~23:00(일~목), 11:30~23:00(금~일, 공휴일)   예약 info@aldentegroup.com

올리브 Olive

MAPECODE 15026

지중해의 신선함을 그대로

우리에게는 다소 낯선 그리스와 지중해 요리를 전문으로 하는 레스토랑이다. 대표 메뉴는 시시케밥으로 양고기와 쇠고기를 와인과 기름으로 양념한 뒤, 꼬치에 끼워 구운 것이다. 야채, 고기 양념과 쌀을 섞어 만든 팔리프와 함께 나온다. 구운 가지 위에 레몬즙, 마늘, 올리브 오일을 섞어 만든 바바 가노쉬(Baba Ghanoush)는 애피타이저로 그만이다. 이곳의 음식과 어울리는 와인은 호주 남부 지방의 메라렌 계곡에서 생산되는 와인 하디스 엘렌 하디 쉬라즈(Hardys Eileen Hardy Shiraz)나 이탈리안 와인 끼안티(Chianti)이다. 두 사람이 와인 한 잔과 애피타이저, 메인 요리를 먹는다면 HK$700~800으로 다소 비싼 편이다. 하지만 점심 시간의 2코스는 HK$128, 3코스는 HK$158로 저녁에 비해 매우 저렴한 편이다.

주소 32 Elgin Street, Soho, Central 위치 MTR 센트럴 역 D2번 출구, 소호 전화 2521 1608 시간 12:00~15:00, 18:00~23:00

올라 Oolaa

MAPECODE 15027

소호에서 푸짐한 브런치를 즐길 수 있는 곳

소호의 끝자락에 위치해 있어 찾기가 쉽지 않다. 미드레벨 에스컬레이터를 타고 올라가다가 파란색 스톤턴즈 와인 바가 보이면 내려서 오른쪽으로 300미터 직진을 하다 보면 나온다. 브런치 메뉴인 올라빅 블랙퍼스트는 베이컨, 토마토 페스토, 구운 감자, 토스트가 함께 나오며 런치 세트도 판매하는데 수프와 송아지고기로 요리한 이탈리아 요리 살팀보카나, 구운 닭고기, 오븐에 구운 양고기 중에서 선택할 수 있고 메뉴는 시즌별로 변경된다. 이곳의 스테이크는 맛과 양에서 특급호텔 레스토랑에 뒤지지 않는다. 소호의 숨은 맛집이라고 할 수 있을 정도이며, 위치 찾기가 힘들어 아직까지는 관광객들보다는 현지인들에게 더욱 인기 있는 곳이다. 디저트로 아이스크림도 먹을 수 있다. 가격은 2코스 세트 런치는 HK$145, 3코스 세트 런치는 HK$165, 무제

한 샐러드 바는 HK$150이다. 추가로 HK$20를 내면 커피 혹은 차를 주문해서 마실 수 있다. 런치 세트 메뉴는 평일 11시 30분부터 오후 3시 30분까지만 제공된다. 샐러드 바가 포함된 세트 런치는 1회에 한해 샐러드 바 이용이 가능하다.

주소 G/F, Centre Stage, Bridges Street, Soho, Central 위치 MTR 성완 역 E1 출구에서 도보 10분 전화 2803 2083 시간 07:00~24:00, 11:30~15:30(월~금, 런치 세트 가능), 19:00~22:30(월~토)

샤리샤리 Shari Shari Kakigori House 氷屋

일본식 빙수 디저트 하우스

어마어마한 크기의 눈꽃 빙수 전문점으로 가격대는
HK\$78~95 내외이다. 미니멀을 추구하는 이 카페
는 테이블이 몇 개 없어 서서 기다리는 건 예삿일이
다. 높게 쌓인 부드러운 얼음과 시럽, 찹쌀떡이 맛을
더한다. 생크림이나 아이스크림 토핑이 올라간 메
뉴의 경우 가격이 올라간다. 이곳이 더욱 특별한 것
은 홋카이도에서 수입해 온 물로 빙수를 만든다는
것이다. 각종 빙수뿐만 아니라 일본식 정통 녹차 또
한 맛볼 수 있다. 녹차는 쫄깃쫄깃한 고사리떡, 또는
치즈 수플레와 함께 세트로 판매하기도 한다. 1인
당 미니멈 차지 HK\$35가 있다.

주소 G/F, 47 Staunton Street, Soho, Central 위치
MTR 센트럴 역 D2번 출구 도보 8분 전화 2661 2347
시간 14:00~23:00(월~목), 13:30~23:00(금~일)

타이청 베이커리 Tai Cheong Bakery 泰昌餠家

홍콩 제일의 에그타르트를 맛볼 수 있는 곳

홍콩인들이 즐겨 먹는 간식 중 하나인
에그타르트를 파는 곳으로 홍콩의
마지막 총독인 크리스토퍼 패튼이
전 세계에서 가장 맛있는 타르트
라고 극찬하여 유명해진 곳이다. 주
인과 함께 찍은 그의 사진이 이곳에 훈
장처럼 걸려 있다. 값비싼 임대료로 한동안 문을 닫
았으나 한국인이 경영하는 바리스타 커피숍과 합

작하여 다시 오픈하게 되었다. 따뜻할 때 먹는 것이
맛있으므로 먹을 만큼만 사는 것이 좋다. 그러나 도
넛 등 다른 빵들의 맛은 에그타르트에 비하면 2%
부족한 것이 아쉽다.

주소 G/F, 35 Lyndhurst Terrace, Central 위치
MTR 센트럴 역 D2번 출구에서 도보 10분 전화 2544
3475 시간 07:30~21:00(월~토), 08:30~21:00(일 ·
공휴일)

미스터 심즈 올드 스윗 숍 Mr. Simms Old Sweet Shop

화려한 캔디의 향연

트러플, 너츠 초콜릿, 스트로베리, 칠리맛 초콜릿
등 1,000여 가지가 넘는 캔디와 초콜릿을 만날 수
있는 영국 과자 체인점으로 홍콩에서는 이곳이 유
일한 매장이다. 화려한 캔디와 초콜릿을 보는 순간
발길을 멈출 수 밖에 없는 곳이다. 타이청 베이커리
옆에 위치하고 있어 찾기가 매우 수월하다. 가격은
다소 비싸지만 눈과 입이 즐거워지는 곳이다.

주소 37 Lyndhurst Terrace, Central 위치 MTR 센
트럴 역 D2번 출구에서 도보 10분 전화 8192 6138 시간
10:00~20:30

브런치 클럽 Brunch Club

MAPECODE 15031

혼자라도 행복한 시간을 보낼 수 있는 곳

이곳은 늦은 아침에 가는 것이 제일 좋다. 신선한 오렌지 주스와 오믈렛, 그리고 살몬 에그 베네딕트 등은 전날의 숙취를 풀어주는 데도 최고다. 음료수 한 잔으로도 눈치보지 않고 오랫동안 앉아 있을 수 있는 장점이 있으나, 유명세에 비해 내부가 다소 좁기 때문에 주말 저녁은 항상 기다려야 한다. 다른 사람들이 자리를 기다림에도 불구하고 한 번 자리를 잡은 사람들은 일어설 생각을 하지 않는다. 그래도 이곳의 직원들은 항상 따뜻하고 친근하게 손님을 대한다. 기다림이 싫다면 가기 전에 미리 예약을 하고 가자.

주소 Ground Floor, 70 Peel Street, Central 위치 MTR 센트럴 역 D1번 출구에서 도보 8분 전화 2526 8861 시간 08:00~23:00

브레드 스트리트 Bread Street Kitchen & Bar

MAPECODE 15032

영국의 스타 셰프 고든 램지의 레스토랑

이미 미쉐린 스타를 받은 레스토랑을 여러 개 운영 중이고, '헬스 키친'과 '마스터 쉐프' 등 여러 요리 프로그램으로 잘 알려진 고든 램지의 이탈리안 캐주얼 다이닝 레스토랑이 오픈했다. 그의 요리를 직접 맛볼 수 있는 건 아니지만 그의 레시피대로 만들어진 요리를 맛보는 것만으로 충분하다. 예약은 필수이며 육즙이 제대로 배어 있는 패티가 들어간 버거(HK$188)를 맛볼 수 있고 쉐퍼드 파이(HK$208) 또한 비주얼만큼이나 맛이 독특하다. 주말의 'All Day Brunch'는 11시부터 15시까지 8세 이하의 소아는 무료로 브런치를 제공해 준다.

주소 Level M, Hotel LKF by Rhombus, 33 Wyndham Street, Lan Kwai Fong 위치 MTR 센트럴 D2번 출구에서 도보 6분 거리, LKF 호텔 전화 2230 1800 시간 (월~금) 12:00~15:00, 18:00~23:00, (토) 12:00~23:00, (일·공휴일) 11:00~23:00

소셜 플레이스 Social Place 唐宮小聚

MAPECODE 15033

화려한 딤섬으로 눈과 입이 즐거워지는 곳

트렌디하고 화려한 모양의 다양한 딤섬을 만날 수 있는 곳으로 실내 인테리어부터 마치 유명한 프렌차이즈 레스토랑에 들른 듯한 착각을 일으킨다. 정통 홍콩의 딤섬집에서 먹는 맛과는 사뭇 다르지만 화려한 모양의 딤섬과 정성스러운 플레이팅에 눈이 즐거워진다. 최근에 짠내투어에 나오면서 더욱 핫해진 곳이기도 하다. 가장 인기 있는 메뉴는 표고버섯 모양의 딤섬과 맥주를 곁들이면 좋은 치킨 윙 등이다. 특히 이곳은 MSG를 쓰지 않는 곳으로도 유명하다.

주소 2/F, The L. Place, 139 Queen's Road Central, Central 위치 MTR 센트럴 역 C번 출구에서 도보 8분 전화 3568 9666 시간 11:30~15:00, 18:00~22:00

포포 레스토랑 Fofo by el Willy

MAPECODE 15034

스페인 요리의 진수를 맛볼 수 있는 곳

상하이의 'el willy' 레스토랑 계열로 홍콩에서도
이미 유명세를 타고 있는 스페니시 레스토랑이다.
2011년에는 미슐랭 가이드에서 별 하나를 받은 곳
이기도 하다. 스페인 요리를 먹기 전에 작은 접시에
나오는 애피타이저를 '타파스'라고 하는데 가장 인
기 있는 타파스로는 새우와 마늘, 올리브 오일을 넣
은 '감바스 알 아히오(Gambas al Ajillo)'가 있
다. 런치 세트 메뉴는 타파스 2개와 메인 1개, 커피
를 포함하여 HK$218이다. 제대로 된 스페인 음식
을 합리적인 가격으로 맛볼 수 있어 오랫동안 인기
몰이를 하고 있다.

주소 20/F, M88, 2-8 Wellington Street. Central 위
치 MTR 센트럴 역 D1번 출구에서 도보 5분 전화 2900
2009 시간 12:00~14:30, 18:30~22:30

네팔 Nepal

MAPECODE 15035

네팔 고유의 향과 맛을 느껴 보자

소호에 위치한 네팔 음식점으로 6년간
홍콩 테틀러 잡지에 홍콩 최고의
레스토랑으로 뽑혔다. 넓지 않은
곳이기도 하지만 테이블은 항상
꽉 찬다. 네팔 음식은 인도와 국경을 접해 있기에 인
도 음식과 거의 흡사하다. 치킨 카레와 양고기 샐러
드, 치킨과 야채를 넣은 네팔 만두인 모모차, 네팔

감자 팬케이크인 알로찹, 히말라야 야크 치즈 등을
맛볼 수 있다. 히말라야산 차와 커피는 빼먹지 말고
마셔 보자.

주소 G/F., 14 Staunton Street, Soho, Central 위
치 MTR 센트럴 역 C번 출구, 소호 전화 2869 6212 시간
12:00~14:30, 18:00~23:00

파엠큐 PMQ

MAPECODE 15036

소호의 뉴 핫플레이스

PMQ는 영국 식민지 시절, '기혼한 경찰들(Police Married Quarters)'의 숙소로 사용되던 곳이다. 그때의 모습은 자취를 감추었지만, 건물의 계단을 오르면 센트럴 지역의 페더 빌딩처럼 오래된 홍콩 영화의 장면들이 떠오르는 곳이다. 예술 작품, 공연 등을 볼 수 있을 뿐만 아니라 카페와 레스토랑도 있어 복합공간으로서의 면모를 과시하고 있는 곳이다.

주소 35 Aberdeen Street, Central 위치 MTR 센트럴 역 D2번 출구, 도보 7분 전화 2870 2335 시간 07:00~23:00 홈페이지 www.pmq.org.hk

리앙카 Lianca

MAPECODE 15037

독특한 디자인의 가죽 핸드백

질 좋은 가죽으로 만든 핸드백, 신발, 지갑 등을 파는 가죽 제품 전문점이다. 다양한 컬러와 독특한 디자인으로 여행객들에게 주목을 받고 있으며, A/S가 철저하게 이루어지고 있어서 홍콩 트랜드 세터들에게도 많은 인기를 끌고 있다. 좀 더 특색 있는 나만의 가방을 원한다면 한번 들러 보자.

주소 Basement 27 Staunton St. Central 위치 MTR 센트럴 역 D2번 출구, 도보 20분 전화 2139 2989 시간 12:30~21:00

초콜릿 레인 Chocolate Rain

MAPECODE 15038

디자이너들이 오픈한 소품 매장

세상에 하나뿐인 귀여운 DIY 소품을 판매하는 매장으로 간판에 붙어 있는 봉제 인형만 봐도 이곳의 분위기를 느낄 수 있다. 이곳의 '판타니'라는 캐릭터는 이 매장을 운영하는 두 명의 디자이너가 홍콩 정부의 지원을 받아 직접 만든 캐릭터로 양증맞다.

독특한 디자인의 소품을 구입하고 싶다면 한번 들러 보자. 핸드메이드 제품이어서 가격대는 다소 비싼 편이다.

주소 35 Aberdeen St, Central 위치 MTR 센트럴 역 D2번 출구, 도보 10분

지오디 G.O.D. (住好啲)

홍콩 로컬 인테리어 숍

MAPECODE **15039**

광둥어로 '더 나은 삶을 위해'란 뜻으로 일본의
MUJI와 비슷한 콘셉트의 토탈 라이프 스토어다.
이케아의 고급스러움과 중국 제품의 저렴함을 동시
에 충족시키지만 가격대는 결코 저렴하지 않다. 주
방용품과 인테리어 문구류를 비롯하여 패션 소품까
지 다양한 제품을 다루고 있다. 홍콩의 개성이 느껴
지는 G.O.D.는 관광객들이 기념품을 구입하기에
적합한 곳이다. 센트럴과 침사추이의 하버 시티, 코
즈웨이베이에도 매장이 있지만, 최근에 오픈한 침
사추이 매장의 플래그십 숍이 좀 더 다양한 상품을
선보이고 있다. 세일 기간이 아닌 평소에도 구입 후
환불은 안 되니 물건을 고를 때 좀 더 주의해야 한다.

주소 G/F, 48 Hollywood Road, Central 위치 MTR 센
트럴 역 D1번 출구에서 도보 7분 전화 2805 1876 시간
11:00~21:00(월~토), 11:00~20:00(일요일 · 공휴일)
홈페이지 www.god.com.hk

몬 크리에이션 플래그십 스토어 Morn Creation Flagship Store

MAPECODE **15040**

동물 모양의 캐릭터 소품 숍

홍콩 로컬 브랜드로 초콜릿 레인 근처에 위치하였
으며 동물의 특징을 모티브로 하여 디자인한 액세
서리를 파는 곳이다. 팬더와 상어, 고양이 등 동물의

얼굴을 그려 넣은
숄더백부터 아기자
기한 액세서리 등
을 구입할 수 있다.
몬 크리에이션의
동물 디자인은 동물을 보호하자는 메시지를 담고
있다. 팬더 숄더백은 인기 있는 아이템 중 하나이다.
샥백(Shark Bag)은 특히 어린아이들에게 선물하
기 그만이다.

주소 G/F, 7 Mee Lun Street, Central 위치 MTR 센
트럴 역 D2번 출구, 도보 10분 전화 2869 7021 시간
11:30~20:00

실험 정신이 가득한 소호 갤러리

소호 중에서 할리우드 로드는 우리나라의 인사동과 같이 중국 전통의 조각품과 미술품, 앤티크 가
구나 장신구 등 다양한 골동품을 팔고 있는 거리이다. 이곳 소호에는 크고 작은 갤러리가 많이 있
어 젊은 작가들의 실험 정신이 가득한 작품들 또한 감상할 수 있다. 주로 전시하는 것은 중국 현대
미술 작품들이고 팝 아트, 추상 미술 등 좀 더 다양한 장르의 작품도 구경할 수 있다.

● 쇼니 갤러리 Schoeni Gallery 少勵畫廊 MAPECODE 15041

중국 현대 미술 작품을 주로 전시

1992년도에 세워진 갤러리로 중국 현대 미술 작품을 주로 전시하고 있다. 'Old
Bailey Road'와 'Hollywood Road' 두 곳에 위치해 있다. 이곳은 작품만을 전시
하는 것이 아니라 작가의 작품집, 오래된 미술책 그리고 엽서 등을 팔고 있어, 비싼
작품을 사지 못한다면 판매하고 있는 소장품으로 대신할 수 있다.

주소 21 Old Bailey Street Central 위치 MTR 센트럴 역 D2번 출구에서 도보 10분 전
화 2869 8802 시간 10:30~18:30(월~토), 일요일·공휴일 휴무 홈페이지 www.
schoeniartgallery.com.hk

● 오페라 갤러리 Opera Gallery MAPECODE 15042

소호에 위치한 글로벌 갤러리

프랑스 파리에 본사를 두고 홍콩뿐만 아니라 뉴욕, 런던, 서울 등 전 세계에
11개의 지점을 두고 있는 글로벌 갤러리로 4층짜리 외관이 눈에 띈다. 규모
가 큰 만큼 조각품들부터 팝 아트 작품까지 다양하게 만날 수 있고, 피카소,
살바도르 달리와 같은 거장들의 작품과 신예 작가들의 작품도 만날 수 있다.
주로 판매를 위한 전시를 진행하고 있다.

주소 G/F-3/F, W Place, 52 Wyndham Street, Central 위치 MTR 센트럴 역 D1번 출구에서 도보 5분 전화 2180
1208 시간 11:00~20:00(월~토), 11:30~17:30(일요일, 공휴일)

● 콰이펑힌 아트 갤러리 Kwaifunghin Gallery 季豐軒畫廊 MAPECODE 15043

팝 아트적이면서 실험적인 작품들을 전시

중국의 현대 예술 작품과 중국 문화를 재해석한 작품, 아기자기한 청동 조각
작품을 전시하고 있다. 다른 갤러리보다 좀 더 팝 아트적이면서 실험적인 작
품들이 많다. 중국의 마오쩌둥을 희화한 청동 작품이 인상적이다. 또한 이곳
은 호텔, 레스토랑, 병원 등 외부 업체에 아트 컨설턴트를 해주고 있다.

주소 G/F 20 Ice House Street, Central 위치 MTR 센트럴 역 G번 출구에서 도보 10분
2580 0058 시간 10:00~18:30(월~토), 일요일·공휴일 휴무 홈페이지 www.kwaifunghin.com

아르마니 마니아를 위한 빌딩

MAPECODE **15044**

일명 아르마니 빌딩으로도 불리는 곳으로 아르마니 마니아뿐 아니라 많은 관광객의 발길을 끄는 곳이다. 패션 브랜드 조르지오 아르마니, 엠포리오 아르마니뿐만 아니라 꽃집,
초콜릿숍, 인테리어숍, 서점, 카페와 바 등이 입점해 있으며, 아르마니에 의해 만들어진 아르마니 마니아를 위한 곳이다. 세일 기간에는 최고 70% 이상 할인된 가격으로 아르마니 제품을 구입할 수 있으니 한번 들러 보자.

주소 Level 2, Armani Chater House, 11 Chater Road, Central 위치 MTR 센트럴 역 E번 출구에서 도보 1분 전화 2921 2497 시간 10:00~19:00

아르마니 바 ARMANI / PRIVE

🍸

아르마니가 프로듀서한 바

클라우디오 실베스트린, 도리아나 푸가스 등의 건축가들과 아르마니의 손을 거쳐 탄생한 세련된 공간이다. 낮에는 커피숍과 레스토랑으로, 저녁에는 클럽으로 변하며 VIP룸을 갖추고 있다. 때때로 특별히 초청된 DJ가 여는 파티나 각종 이벤트와 행사를 진행해 많은 셀러브리티들과 클러버들이 찾는다.

주소 Level 2, Armani Chater House, 11 Chater Road, Central 위치 MTR 센트럴 역 E번 출구에서 도보 1분 전화 3583 2828 시간 월~일 11:30~02:00

홍콩의 유일한 가스등이 남아 있는 더들 스트리트(Duddle St.)

더들 스트리트는 1875년부터 1889년 사이에 지어진 돌계단과 그 후 100년 뒤에 설치된 가스등이 있는 곳으로 홍콩 영화의 촬영지로 각광받은 곳이기도 하다. 바로 옆에는 스타벅스 콘셉트 스토어가 위치하고 있는데 60년대의 홍콩을 그대로 살린 분위기 때문에 관광객들의 발길이 계속 이어지고 있다. 4개의 가스등조차도 역사의 흔적으로 계속 남겨 놓는 홍콩의 역사사랑이 다시 한번 부럽기만 하다.

주소 13 Duddell St., Baskerville House Central 위치 MTR 센트럴 역 K번 출구에서 도보 5분 거리

MAPECODE `15045`

영화 〈툼레이더 2〉의 배경이 되었던 빌딩

하버 시티와 함께 많은 인기를 누리고 있는 쇼핑몰
로 다양한 브랜드가 입점해 있다. 영화 〈툼레이더
2〉에서 안젤리나 졸리가 공중 낙하했던 건물로도
유명하다. 탁 트인 넓은 실내와 밝은 빛으로 가득 찬
자연 채광 방식의 구조가 쾌적한 쇼핑 환경을 제공
한다. 단점은 규모가 큰 만큼 걸어 다녀야 하고 제
대로 살펴보려면 최소 반나절 이상 소요된다는
점이다. 총 4층으로 이루어져 있으며 G/F에 버스
터미널과 공항 특급 AEL 역이 있어 한국의 삼성동
처럼 도심 공항 터미널에서 미리 짐을 부치고 수속
한 다음 남은 시간을 이용해서 쇼핑하기에 좋다. 1
층에는 실용 잡화와 화장품, 캐주얼 의류 등이 있으
며 버버리, 에스까다, 살바토레 페라가모, 겐조, 프
라다, 에르메네질도 제냐(Emernegildo Zegna),
티파니, 아냐 힌드마치(Anya Hindmacrch) 등
의 명품 숍과 레스토랑, 서점, 패션 소품, 화장품 등
은 2층과 3층에 입점해 있다. 4층에는 센트럴, 미

드레벨 에스컬레이터, 구룡 반도 등이 보이는 탁 트
인 옥상 공원이 있다. 색색의 유리 조형물과 조그만
연못, 분수대, 그리고 테라스 너머로 펼쳐지는 빅토
리아 항이 볼만하다.

주소 8 Finance Street, Central 위치 MTR 센트럴 역
A번 출구에서 도보 5분 / MTR 홍콩 역 F번 출구에서 도보
2분 전화 2295 3308 시간 10:30~22:00

Tip

빅토리아 항의 전경을 바라보며 잠시 쉬어갈 수 있는 곳

익스체인지 스퀘어와 IFC 몰 안에는 일반인들에게 개방된 쉼터가 있다. 빌딩숲
사이에서 여유를 찾을 수도 있고, 편안하게 야경을 감상할 수도 있다. 빅토리아
항의 전경과 구룡 반도의 전망을 보고 싶다면 이곳을 찾아가 보자. 익스체인지스
퀘어 3층과 IFC 몰 4층 '아이솔라 바' 옆에 위치하고 있다.

아이졸라 바 Isola Bar & Grill

홍콩 매거진이 선정한 베스트 레스토랑

현대적인 감각의 흰색 인테리어와 빅토리아 항이 보이는 야외 테라스를 갖춘 세련된 이탈리아 레스토랑이다. 2007년 HK 매거진이 뽑은 가장 맛있는 브런치 레스토랑으로 쇼핑객들과 홍콩 사람들에게 이미 정평이 나 있는 곳이다. 브런치 뷔페 비용은 1인당 HK$248(월~금), HK$268(토~일)로 주말에는 다양한 전채 요리가 추가된다. 3가지 메인 요리와 함께 전체 요리를 뷔페로 함께 즐길 수 있다. 이탈리안 레스토랑답게 오븐에서 구워낸 피자 또한 맛이 일품이다. 호박과 버섯을 곁들인 라비올리, 레몬과 함께 구운 대구 요리, 으깬 감자와 함께 나오는 송아지 스테이크가 이곳의 대표 메뉴이다. 저녁이 되면 환상적인 야경과 연인들이 즐겨 찾는 장소이다.

주소 Shop 3071-3075, 3/F, IFC, 8 Finance Street, Central 위치 MTR 홍콩 역 F번 출구, IFC 몰 내 전화 2383 8765 시간 11:30~23:00(월~목), 12:00~23:30(금~토), 12:00~22:30(일) 홈페이지 www.gaiagroup.com.hk

산드로 Sandro

프렌치 콘템포러리 브랜드

마쥬와 더불어 프렌치 패션을 대표하는 브랜드로 우리나라에도 입점해 있지만 홍콩 매장에서 더 다양한 품목을 저렴한 가격에 만날 수 있다. 최근에 인지도가 상승하고 온 브랜드이기도 하며 특히나 드라마 〈별에서 온 그대〉에서 전지현이 입은 옷으로 한국 사람들에게 많이 알려졌다. 편안한 룩을 선보이면서도 스타일리시함이 돋보이는 브랜드이기도 하다. 품질보다는 디자인 면에서 뛰어나다는 평가와 많은 셀럽들의 주목을 받고 있다.

주소 Shop 3078A, IFC, 8 Finance Street, Central 위치 MTR 홍콩 역 F번 출구, IFC 몰 내 전화 2234 7851 시간 10:00~21:00

마쥬 Maje

프렌치 룩의 대명사

파리에서 200개가 넘는 매장을 보유하고 있는 마쥬가 아시아 최초로 홍콩에 플래그십 스토어를 오픈했다. 심플함이 특징인 마쥬는 '산드로'를 런칭한 디자이너의 동생이 새로 런칭한 브랜드이다. 드라마 〈그녀는 예뻤다〉에서 고준희가 주로 마쥬 브랜드의 옷을 입고 스타일링을 하여 트렌디함을 더했다. 심플함에 고급스러움이 더해져 트렌드 세터들의 사랑을 듬뿍 받고 있으므로 세일 기간을 노려서 원하는 스타일의 옷을 득템할 수 있는 기회를 만들어보자.

주소 Shop 1052A, IFC, 8 Finance Street, Central 위치 MTR 홍콩 역 F번 출구, IFC 몰 내 전화 2234 7396 시간 10:00~21:00

뱅 앤 올룹슨 BANG & OLUFSEN

이어폰 한 개에도 고급화를

우리나라의 유명 배우가 결혼을 하면서 이곳의 스피커를 구입해 인기를 모았다는 스피커 전문점으로, 가격대가 매우 높다. 이어폰 하나가 몇십만 원에 이른다. 한국에서 구입하는 것보다는 20% 정도 저렴한 가격에 구입할 수 있으며 지금은 환율이 올라서 큰 차이는 없다. 내구성이 뛰어나지는 않지만 여전히 스피커와 이어폰의 명품 시대를 이끌어 가고 있는 제품이다.

주소 Shop 2008-9, Podium Level 2, IFC Mall, 8 Finance Street, Central 위치 MTR 홍콩 역 F번 출구, IFC 몰 내 전화 2526 8800 시간 10:00~20:00

대관람차 The Hong Kong Observation Wheel 香港摩天輪

MAPECODE **15046**

홍콩 야경 포인트

홍콩의 아름다운 야경을 바라볼 수 있는 좋은 장소로 각광받기 시작한 곳으로 센트럴 항에 위치하고 있다. 한 개의 VIP 곤돌라를 포함하여 8명이 한꺼번에 탈 수 있는 42개의 곤돌라로 이루어져 있으며 운행 시간은 약 20분 가량이다. 프라이빗 캐빈과 VIP 캐빈을 이용할 경우에는 $HK500~2,500을 지불해야 한다. 그러나 운이 좋은 사람이 붐비지 않을 경우 일행만 탑승이 가능하다. 야경이 아니더라도 탁 트인 빅토리아 하버와 구룡 반도로 이어지는 전경을 바라보고 싶다면 한번쯤 타볼 만하다.

위치 센트럴 역 A번 출구에서 센트럴 피어 방향 시간 10:00~23:00(티켓은 22:45까지만 판매) 요금 성인 HK$20, 어린이 HK$10

퍼시픽 플레이스 Pacific Place 太古廣場

중저가부터 고가의 제품까지 다양한 쇼핑이 가능한 대형 쇼핑몰

MAPECODE 15047

에드미럴티 역과 연결되어 있는 대형 쇼핑몰로 캐주얼 브랜드와 명품뿐만 아니라 고급스러운 레스토랑과 카페도 만나 볼 수 있는 복합 쇼핑몰이다. 세계적인 백화점 체인인 세이브, 레인 크로포드도 입점해 있다. 1층에는 캐주얼 브랜드, 2·3층에는 고급 브랜드와 명품 브랜드를 고루 갖추었다. 메리어트 호텔, 아일랜드 샹그릴라, 콘라드 호텔 그리고 홍콩 공원과 바로 연결되어 이동하기 수월하다.

주소 88 Queensway, Admiralty 위치 MTR 에드미럴티 역 F번 출구 전화 2522 3372 시간 10:00~23:00(매장마다 다름)

와이즈 키즈 WISE KIDS Education Toys

다양한 교육용 완구를 구입할 수 있는 곳

1988년에 설립된 홍콩의 로컬 브랜드로 아이들을 위한 교육적인 장난감을 판매하고 있다. 가장 인기 있는 장난감은 다양한 콘셉트로 만들어진 플레이 모빌로 어린이부터 어른까지 마니아 층이 두텁다. 와이즈 키즈가 특히 인기를 끌고 있는 이유는 코즈웨이베이와 사이버 포트에 플레이룸이 있어 어린이들에게 특별한 놀이 공간을 제공해 주고 있기 때문인데, 소꿉놀이를 하거나 그림을 그리는 공간과 슈퍼스타 드레스룸 등이 마련되어 있어 어린이들이 즐거운 시간을 보낼 수 있다. 플레이룸 입장료는 HK$140이며 보호자 2명까지 무료 입장이 가능하다.

주소 Shop 134, Level 1, Pacific Place, 88 Queensway, Admiralty 위치 MTR 에드미럴티 역 F번 출구 전화 2868 0133 시간 월~일 10:00~19:00

코즈웨이베이 플레이룸
주소 Shop 201, The Arcade, 100 Cyberport Road, Cyberport, Pokfulam 위치 MTR 코즈웨이베이 역 F번 출구에서 도보 10분 전화 2989 6298 시간 10:30~12:00, 12:30~13:30, 14:00~15:30, 16:00~17:30(월~일) 홈페이지 www.wisekidstoys.com/playroom

레인 크로퍼드 Lane Crawford

런던의 고급 백화점

홍콩에 오랜 역사를 지닌 큰 백화점 중의 하나인 이곳은 1925년에 홍콩에 처음 오픈하였다. 퍼시픽 플레이스와 타임 스퀘어, 하버 시티에 입점해 있다. 휴고보스, 버버리, 알베르타 페레티 등과 같은 고급스러운 상품을 위주로 취급한다. 특히 고급스러운 인테리어용품들과 다양한 신발 브랜드를 접할 수 있다. 회원 가입을 하면 그 자리에서 10% 할인을 받을 수 있다.

주소 Level 1 Pacific Place, 88 Queensway, Admiralty 전화 2118 2288 시간 10:00~21:00

I.T

홍콩의 유행을 한눈에

홍콩 곳곳에서 만날 수 있는 곳으로, 홍콩의 최신 트렌드를 알 수 있다. 매장 안의 느낌은 세련되지 않으나, 명품 아웃렛 매장으로 소니아 리키엘, 꼼데 가르송, 헬무트랭, 쓰모리 치사토 등 많은 브랜드를 50~90% 할인된 가격으로 구입할 수 있다.

주소 Shop 252 Level 2 Pacific Place 88 Queesway, Admiralty 전화 2918 0667 시간 11:00~20:00(월~목), 11:00~21:00(금~일)

아일랜드 샹그릴라 Island Shangri-La Hong Kong 港島香格里拉大酒店

MAPECODE **15048**

쇼핑몰과 편리하게 연결되어 있는 특급 호텔

아일랜드 샹그릴라 호텔은 퍼시픽 플레이스와 홍콩 공원 등과 연결되어 있어서 쇼핑과 관광을 동시에 즐기기에 손색이 없는 곳이다. 이곳에는 세계에서 가장 긴 그림으로 기네스북에 오른 중국 산수화가 있다. 이 그림은 호텔 정원 내부에 걸어 놓았으며, 엘리베이터를 타고 올라가면서 감상할 수 있다. 샹그릴라의 또 한 가지 볼거리는 호텔 앞의 큰 나무이다. 호텔을 지을 당시 지하 5층 깊이까지 뿌리를 내린 나무가 있었는데, 풍수지리를 중요시하여 그 나무를 뽑지 않고 그대로 보존하였다고 한다. 호텔 바로 옆에 위치하고 있으니 애프터눈 티나 샴페인 뷔페를 이용할 경우 잠시 쉬어가자.

주소 Island Shangri-La Hong Kong, Pacific Place, Supreme Court Road, Central 위치 MTR 에드미럴티 역 C1번 출구로 나온 후 퍼시픽 플레이스와 연결 전화 2877 3838

페트뤼 Petrus 珀翠餐廳

홍콩의 하버뷰를 바라보며 프랑스 고급 요리를

페트뤼는 2011년 홍콩·마카오 미슐랭 가이드에서 별 한 개를 받은 아일랜드 샹그릴라 호텔 56층에 위치한 프렌치 레스토랑이다. 홍콩의 환상적인 하버뷰를 바라보며 프랑스 고급 요리와 1,500여 종의 다양한 와인을 맛볼 수 있다. 퓨전 요리가 아닌 프랑스의 전통 요리를 있는 그대로 제공하는 곳으로도 유명하다. 3가지 코스 요리는 HK$428, 4가지 코스는 HK$498으로 와인 한 잔과 커피 또는 티가 포함된 가격이고 디너 세트 메뉴는 HK$1,380이다.

주소 Pacific Place, Supreme Court Road, Central 위치 MTR 애드미럴티 역 F번 출구에서 퍼시픽 플레이스와 연결 전화 2820 8590 시간 06:30-10:30, 12:00-15:00, 18:30-23:00 예약 petrus.isl@shangri-la.com

---

JW 메리어트 호텔 JW Marriott Hotel Hong Kong 香港JW萬豪酒店

MAPECODE 15049

완벽한 서비스와 고품격 시설을 자랑하는 특급 호텔

최고의 시설과 서비스를 제공하는 메리어트 호텔은 더 라운지에서 애프터눈 티와 점심 뷔페를 즐길 수 있을 뿐 아니라 캔톤티 컴퍼니에서 가장 품질이 좋은 티를 멋진 찻잔에 마실 수 있다. 더 라운지에서 제공하는 저녁 뷔페는 각종 딤섬과 베이징덕, 프라임 립 등을 1인당 HK$350으로 저렴하게 맛볼 수 있다. 그리고 메리어트 호텔이 인기 있는 이유 중 하나였던, 크랩을 무제한으로 먹을 수 있는 캘리포니아 레스토랑의 샴페인 브런치가 안타깝게도 문을 닫고, 시푸드와 스테이크를 맛볼 수 있는 'Flint Grill & Bar'로 새롭게 단장하였다. 런치 타임은 12시부터 오후 2시 30분까지다. 계절별로 메뉴가 다르게 운영되므로 꼭 홈페이지에서 미리 확인하는 것이 좋다.

주소 JW Marriott Hotel Hong Kong, Pacific Place, 88 Queensway, Admiralty 위치 MTR 에드미럴티 역 C번 출구 전화 2841 8366

Tip

메리어트 호텔의 멋쟁이 매니저

메리어트 호텔 취재차 호텔 매니저와 연락이 되어 만나게 되었다. 매니저라는 말에 그가 당연히 홍콩 사람인 줄 알고 영어로 대화를 시도했다. 그런데 그가 한국말을 하는 게 아닌가. 그는 자랑스러운 한국인이었다. 그는 호텔리어의 꿈을 꾸며 서울의 호텔에서 경력을 쌓은 후 홍콩의 메리어트 호텔에 자리잡게 된 것이다. 그는 광둥어뿐 아니라 영어에도 능숙하고, 세일즈 매니저로 한국 시장을 총괄하고 있으며, 능력을 인정받고 있다. 세계를 무대로 취업을 꿈꾸는 젊은이들이 국제화된 홍콩에서 꿈을 펼칠 수 있는 기회가 많아졌으면 좋겠다.

톱숍 TOP SHOP　　　MAPECODE 15050

홍콩에 상륙한 런던의 패션 아이콘

에이치 앤 엠(H&M)과 자라(ZARA)에 이은 영국의
대표적인 SPA 브랜드로, 유행에 민감한 홍콩에서
가장 빠르게 인기를 얻고 있는 브랜드 중 하나이다.
홍콩 젊은 여성들의 사랑을 듬뿍 받고 있으며, 영국
에서도 10대들에게 특히 인기가 있는 브랜드이다. 2주
에 한 번씩 새로운 아이템들을 볼 수 있을 뿐 아니라,
유명 인사들과 협업하여 새 의류 라인을 출시하는 등
의 활동을 통해 그 유명세를 더하고 있는 곳이다.

주소 59 Queen's Road Central　위치 MTR 센트
럴 역 D2번 출구에서 도보 8분　전화 2118 5353　시간
10:30~22:00

막스 앤 스펜서 푸드 스토어 Marks & Spencer Food Store 食品專門店　　　MAPECODE 15051

130년 전통의 영국 푸드 마켓

영국 사람들의 사랑을 듬뿍 받아온 130년 전통의
막스 앤 스펜서 푸드 스토어. 홍콩의 곳곳에 유행처
럼 하나씩 생기기 시작했다. 베이커리와 커피로 아
침 식사까지 간단하게 해결할 수 있을 뿐 아니라 틴
쿠키, 인공 착색료를 넣지 않은 초콜릿, 우유로 만든
보트카인 블랙카우까지 영국의 고품질의 제품들을

다양하게 만날 수 있다. 예쁘게 진열된 제품들을 보
고 있으면 장바구니에 담고 싶은 생각들이 간절해지
는 곳이기도 하다.

주소 Basement, Central Tower, 22-28 Queen's
Road, Central　위치 MTR 센트럴 역 G번 출구 도보 3분
거리　전화 2921 8323　시간 10:00~21:30

네스프레소 Nespresso　　　MAPECODE 15052

캡슐형 에스프레소 원두를 판매하는 곳

네슬레사에서 만든 에스프레소 머신과 캡슐형 에스
프레소 원두를 판매하는 곳이다. 이곳의 커피 원두
는 매우 엄격한 과정에 의해 아프리카의 최상 품질
커피만 선택하기 때문에 그 품질에 있어서는 최고
를 자랑한다. 화려한 캡슐의 향연이 마치 실내 장식
품을 대신해도 될 듯싶다. 캡슐 한 개에 보통 천 원
이 넘는 고가이지만 편하게 집에서 마실 수 있을 뿐
아니라 유통기한이 1년이라 실용적이다.

주소 Shop 1058A, 8 Finance Street, Central　위치
MTR 홍콩 역과 연결된 IFC 몰 내　전화 0096 8821　시간
10:00~20:30

쁘레타망졔 Pret A Manger　MAPECODE 15053

영국의 유명한 샌드위치 가게

프랑스어로 '먹을 준비가 되어 있다'란 뜻을 가진, 영국의 유명한 샌드위치 체인점이다. 신선한 샐러드와 즉석에서 만들어 판매하는 샌드위치뿐 아니라 쉽게 접하지 못하는 그리스 요거트 또한 맛볼 수 있다. 이곳의 치즈 케이크와 물을 섞지 않고 100% 과일만 갈아 만든 스무디를 추천한다.

주소 Shop 1015, 8 Finance Street, Central 위치 MTR 홍콩 역과 연결된 IFC 몰 내 전화 2295 0405 시간 06:30~22:00(월~금), 07:30~22:00(토~일)

TWG TEA TWG　MAPECODE 15054

홍차의 품격을 느낄 수 있는 티 룸

'The Wellness Group'의 약자인 TWG는 신선한 찻잎으로 무려 1,000여 종류의 차를 공급하는 유명한 명품 차 회사다. 홍콩의 애프터눈 티 문화에 힘입어 생긴 지 얼마 되지 않았지만 항상 사람들로 북적이는 곳이다. 주중 메뉴와 주말 메뉴가 별도로 운영 중이며 브랙퍼스트 메뉴는 HK$150~200 사이로 TWG TEA와 함께 크로와상이나 머핀 등을 선택

가능하다. 뉴욕 브랙퍼스트는 에그 베네딕트와 함께 신선한 사과 주스를 함께 맛볼 수 있다. 3시부터 6시까지의 티타임에는 샌드위치와 녹차를 곁들인 메뉴 이용이 가능하며 가격대는 HK$110~150 선이다.

주소 Shop 1022~1023, 8 Finance Street, Central 위치 MTR 홍콩 역과 연결된 IFC 몰 내 전화 2796 2828 시간 10:00~23:30

크루그 룸 Krug Room

MAPECODE 15055

나만의 특별한 장소에서 특급 샴페인을

생산량이 돔페리뇽의 10분의 1에 불과할 정도로 희소성 있는 크루그 샴페인을 위한 전용 레스토랑으로 런던, 도쿄, 스위스와 홍콩 이렇게 전 세계에 네 곳뿐이다. 모엣 헤네시에서 나오는 특급 샴페인인 크루그 샴페인은 미국의 음식 칼럼니스트인 폴 레비가 "크루그는 천사들이 특별히 착하게 굴었을 때 하나님이 주는 샴페인"이라는 극찬을 남긴 것으로 유명하다. 어니스트 헤밍웨이, 데이비드 베컴, 나오미 캠벨 등 유명 인사들이 크루그 애호가로 잘 알려져 있다. 이곳은 인원이 12명으로 제한되어 있고 100% 예약제로 운영된다. 예약한 시간이 되면 호텔 1층에 있는 만다린 그릴에서 크루그를 마시며

예약자가 모이기를 기다린다. 준비된 음식 메뉴와 그날 마실 크루그가 적힌 칠판이 걸려 있다. 식사 때마다 대리석 테이블 위에 데코레이션이 새로 세팅되어 식사 분위기를 더욱 고조시켜 준다.

주소 Mandarin Oriental Hong Kong, 5 Connaught Road, Central   위치 MTR 센트럴 역 F번 출구에서 도보 1분   전화 2825 4014   시간 07:00~10:30(월~금), 12:00~15:00(월~토), 디너 19:30~23:00(월~토)   e-mail mohkg-krugroom@mohg.com   홈페이지 www.mandarinoriental.com

리틀바오 Little bao 小包包

MAPECODE 15056

중국식 작은 햄버거

소호의 끝자락에 위치한 이곳은 최근 핫하게 떠오르는 곳이다. 중국 빵을 햄버거와 접목시켜 만든 '바오'라는 퓨전 버거를 판매한다. 주방이 오픈되어 있어 요리하는 과정을 볼 수 있다. 늘 길게 줄을 서는데, 그 맛이 특별해서이기도 하지만 저녁 6시에 오픈하는 이유도 있다. 대표 메뉴는 포크벨리 번(Pork Belly Bun, HK$78)이며 디저트 중에는 튀긴 고소한 빵 사이에 녹차 아이스크림을 끼운 리틀바오 아이스크림(HK$38)이 유명하다.

주소 66 Staunton street, Central   위치 MTR 센트럴 역 D2번 출구 도보 10분, MTR 성완 역 A2번 출구 도보 10분   전화 2194 0202   시간 18:00~23:00

호리푹 HO LEE FOOK 口利福

MAPECODE 15057

아시아 퓨전 레스토랑

평일 저녁에도 늘 대기줄이 긴 레스토랑으로, 할리우드 로드에 새롭게 등장한 아시아 퓨전 레스토랑이다. 입구에서부터 오픈 주방을 보여 주며, 지하로 내려가는 입구에는 공작새의 깃털로 화려함을 더한다. 테이블이 있는 지하는 마치 모던한 실내 포장마차에 온 듯한 느낌을 주며, 늘 북적인다. 파무침이 올려진 돼지 등

갈비 구이(Wagyu Short Rib, HK$498), 탄탄면(Lamb Dan Dan Noodles, HK$148), 돼지고기 구이인 차슈(Kurobuta Pork Char-siu, HK$218)가 이곳의 인기 메뉴이다. 등갈비 구이는 파무침, 할라페뇨 퓨레 소스가 곁들여 나오는데, 너무 익숙한 맛에 한국인을 겨냥한 메뉴가 아닌가 하는 착각을 불러일으킨다.

주소 G/F, 1-5 Elgin Street, Soho, Central   위치 MTR 센트럴 역 D2번 출구 도보 10분   전화 2810 0860   시간 18:00~23:00(월~목 · 일), 18:00~24:00(금~토)

엠버 Amber

MAPECODE **15058**

고급 호텔에서 즐기는 프랑스 요리

랜드마크 만다린 호텔에 위치한 이곳의 천장은 세계적으로 유명한 디자이너인 애덤 티하니가 만든 4,200개의 금속관 장식으로 되어 있다. 이탈리아의 유명한 탄산수 회사 산 펠레그리노에서 정한 2011년 월드 베스트 레스토랑 중에 37위를 차지하고 2009년 미슐랭 가이드에서도 별 두 개를 받은 프렌치 레스토랑이다. 금액이 다소 부담스럽다면, 분위기와 맛을 동시에 공략할 수 있는 런치 세트 메뉴를 노려 보자. 커피가 포함된 세 가지 코스 요리가 HK$548, 하우스와인 포함 가격은 HK$748이다. 주말 12~14시까지 제공되는 와인 런치 메뉴는 5가지 코스 요리에 6종의 와인 셰어링이 포함되고, HK$828로 상대적으로 저렴하다. 엠버의 가장 인기있는 코스인 데귀스따시용(Degustation)은

HK$1,888이다. 제대로 된 엠버의 대표 요리를 맛보고 싶다면 추천하고 싶은 코스이다.

주소 15 Queen's Road, The Landmark Mandarin Oriental, The Landmark, Central 위치 MTR 센트럴 G번 출구에서 도보 3분 전화 2132 0066 시간 07:00~14:30, 18:30~22:30(일요일 디너 휴무) 예약 lmhkg-amber@mohg.com

---

카프리 Caprice

MAPECODE **15059**

화려한 경력을 자랑하는 레스토랑

포시즌 호텔에 위치한 카프리는 세계 50위 레스토랑에 뽑히기도 했을 뿐 아니라 미슐랭에서도 별 두

개를 받은 경력이 화려한 레스토랑이다. 프랑스에서 직접 공수한 신선한 치즈들이 큰 저장고 안에 가득하다. 하버뷰를 바라보고 있어 전망이 훌륭하고, 요리사들이 요리를 하는 모습이 보이는 넓은 오픈 키친이 가장 눈에 띈다.

주소 8 Finance Street Central 위치 MTR 홍콩 역 IFC 몰과 연결 전화 3196 8860(예약) 시간 12:00~14:30, 18:00~22:30 홈페이지 www.fourseasons.com/hongkong

---

렁킹힌 Lung King Heen 龍景軒

MAPECODE **15060**

색다른 요리를 선보이는 중식당

포시즌 호텔에 위치한 렁킹힌은 중식당 중 세계 최초로 미슐랭 가이드에서 별 세 개를 받은 유일한 곳으로 예약 없이는 식사가 불가능하다. 직접 만든 XO 소스는 렁킹힌만의 색다른 요리의 세계로 빠져들게 한다. 값비싼 재료를 아낌없이 사용하여 요리가 탄생된 만큼 맛도 특별하다. 주중 딤섬 메뉴는 HK$66~90 사이이며 셰프 추천 딤섬, 스프, 애피타이저용 바비큐 3종 세트, 채소 요리, 국수

혹은 밥, 디저트용 쿠키 등이 포함된 런치 메뉴가 HK$620인데, 분위기와 맛에 견주면 비싸다고 느껴지지 않는다. 세트 메뉴에 좋아하는 메뉴가 포함되지 않는다면 단품으로 런치에 제공되는 딤섬만 주문해서 먹어도 결코 후회하지 않는 곳이다.

주소 8 Finance Street, Central 위치 MTR 홍콩 역 IFC몰과 연결 전화 3196 8880(예약) 시간 12:00~14:30,18:00~22:00(월~금) / 11:30~15:00, 18:00~22:00(토~일·공휴일)

융키 Yung Kee Restaurant 鏞記酒家

MAPECODE 15061

맛있는 Flying Goose

60년 전통을 자랑하는 광동 요리 전문점으로 최우수 레스토랑 선정에서 여러 번의 수상 경력을 가진 유명한 레스토랑이다. 홍콩에 온 많은 외국인들이 이곳의 거위 요리를 꼭 사가지고 비행기에 오른다는 뜻에서 'Flying Goose'라는 애칭이 붙었으며 메인 메뉴는 북경 오리구이와 거위구이 요리이다. 건물 전체가 레스토랑으로, 입구에서 대기하면 층을 안내해 주고 해당 층으로 엘리베이터를 타고 올라가면 된다.

주소 32-40 Wellington Street, Central 위치 MTR 센트럴 역 D2번 출구에서 도보 7분 전화 2522 1624 시간 11:00~23:30

취와 Tsui Wah 翠華餐廳

MAPECODE 15062

현지인들의 사랑을 듬뿍 받는 차찬탱

홍콩에만 여러 개의 지점이 있는 로컬 식당으로 치킨 윙과 볶은 국수, 말레이시안 치킨 커리, 왕새우 볶음 국수 등 메뉴가 다양하다. 메뉴 선정이 어렵다면 식당에서 정해 놓은 가장 많이 팔린 메뉴 톱 10에서 고르면 실패할 가능성의 거의 없다. 아침, 점심, 저녁 메뉴는 각기 다르다. 대표적인 아침 메뉴는 햄과 계란(포 또이찐단), 오믈렛(씨이세입릿), 점심·저녁 메뉴에는 바비큐 돼지고기 덮밥, 굴소스 버섯 국수 볶음 등이 있다.

주소 G/F, 15-19 Wellington Street, Central 위치 MTR 센트럴 역 D2번 출구에서 도보 7분, 융키 레스토랑 맞은편 전화 2525 6338 시간 24시간

라우푸기 누들 숍 Law Fu Kee Noodle Shop 羅富記粥麵專家

MAPECODE 15063

맛있는 현지 음식과 완탕면이 먹고 싶다면

전형적인 로컬 레스토랑으로 빠른 서비스와 저렴한 가격, 맛있는 음식으로 점심 때는 항상 줄을 길게 서야 할 만큼 현지인들에게도 인기가 많은 곳이다. 완탕면과 어묵 튀김들을 맛볼 수 있으며 콘지가 이곳의 특미 중 하나이다. 오랜 시간 동안 끓여낸 부드러운 죽 맛은 지금도 잊혀지지 않는다. 에그타르트로 유명한 타이청 베이커리 맞은편에 위치하고 있어 찾기도 매우 쉽다.

주소 50 Lyndhurst Terrace, Central 위치 MTR 센트럴 역 D2번 출구에서 도보 15분, 타이청 베이커리 맞은편 전화 2850 6756 시간 08:00~20:00

부타오 라면 Butao Ramen

MAPECODE 15064

홍콩의 소호에서 일본 전통 라면을 맛보다

크고 화려한 소호의 음식점들과는 대조적으로 작은 일본 라면 가게가 인기를 얻고 있다. 좌석이 어림잡아 12개가 채 안 되는 이곳에서 테이블을 함께 쓰는 것은 아주 당연한 일이다. 그마저도 기다리지 않고 라면을 주문할 수 있다면 운이 좋은 날이다. 란콰이퐁에서 이곳으로 장소를 옮기면서 200그릇 한정으로 팔다가 450그릇 한정으로 판매량을 늘렸다. 예전처럼 소박한 느낌은 여전하지만 길거리에서 먹던 때가 더 정감 있고 맛도 좋았던 것 같다. 라면 한 그릇에 HK\$75로 그리 싼 가격이 아님에도 불구하고 일본 전통 라면을 맛보려는 이들의 발길이 끊이지 않는다. 입맛에 따라 고기를 추가하거나 국수를 선택할 수 있다. 일본에서 맛본 라면과 그리 크게 다른

맛을 느끼지 못했지만 좁은 소호에서 성공한 일본 라면집을 보고 있노라면 홍콩인의 사랑을 받는 우리나라 음식점도 소호에 오픈되었으면 하는 바람이 든다.

주소 G/F, 69 Wellington Street, Central   위치 MTR 센트럴 역 D1, D2번 출구에서 도보 10분   전화 2530 0600   시간 11:00~23:00

링귀니 피니 Linguini Fini

MAPECODE 15065

이탈리아 음식의 정취를 느낄 수 있는 곳

런치에 안티파스티(애피타이저) 코스가 HK\$88로 매우 저렴하고 간단하게 식사할 수 있다. 식사량이 부족하다면 '르 클래식 뷔페(HK\$128)'를 선택해 보자. 안티파스티 뷔페에는 여러 가지 신선한 과일과 샐러드 그리고 햄, 치즈 등을 맛볼 수 있다. 이곳은 센트럴의 맛집으로 등극을 했지만, 이탈리아 음

식에 익숙한 우리에게는 큰 특별함을 기대하기보다는 가볍게 식사하기 좋은 곳이다.

주소 49 Elgin Street, Central   위치 MTR 센트럴 역 D2번 출구에서 도보 10분   전화 2387 6338   시간 (브랙퍼스트) 08:00~12:00, (런치) 12:00~15:00, (디너) 16:00~22:30, (브런치) 12:00~16:00

트리플 오 Triple O's by White Spot

MAPECODE 15066

캐나다에서 온 유기농 수제 햄버거 전문점

트리플 오는 홍콩의 주요 쇼핑 몰에서 쉽게 찾아볼 수 있는 수제 햄버거 가게 이다. 이곳의 햄버거 패티는 100% 호주산 소고기 구워 내어 육즙이 풍부하고 맛이 환상적이다. 직접 만든 부드러운 빵과 유기농 채소를 곁들여 만든 햄버거는 맛도 좋을 뿐 아니라 양도 푸짐하다. 즉석에서

주문과 동시에 만들기 때문에 번호표를 받고 테이블에서 앉아 기다리면 주문한 햄버거를 가져다 준다. 바삭바삭하고 쫄깃한 치킨(Chicken Strip Combo, HK$68)도 반드시 맛보아야 할 메뉴 중 하나이다. 쇼핑하다가 지치고 배고픈 이들에게 반가운 곳이다.

주소 Unit 009, Level LG1 Great Food Hall, Pacific Place 88 Queensway, Admiralty 위치 MTR 에드미럴티 역 C1번 출구, 퍼시픽 플레이스 지하 그레이트 푸드몰 내 전화 2873 4000 시간 10:00~22:00

그릴 Grill

MAPECODE 15067

란콰이퐁의 맛있는 꼬치구이

란콰이퐁 입구에 자리하고 있다. 앉을 자리는 없고 주문을 하고 서서 먹으면 된다. 우리나라의 길거리에서 사 먹는 꼬치구이와 별반 다르지 않기 때문에 지나치기 쉬운 곳이지만 사람들에게 인기가 많은 곳이다. 즉석에서 바로 구워 주기 때문에 시간이 조금 걸리지만 맥주 안주로 비첸향 육포를 대신하기 그만이다. 가격대는 HK$15~25로 꼬치구이 종류별로 가격이 상이하다.

주소 G/F, 17-19 D'Aguilar Street, Lan Kwai Fong, Central 위치 MTR 센트럴 역 D2번 출구에서 도보 4분 거리

쉐이크엄 번 Shake'em Buns

MAPECODE 15068

소호에 숨겨진 즉석 버거 하우스

전원적인 분위기에 미국 남부를 연상시키는 실내 인테리어가 인상적이다. 이곳의 메뉴는 홍콩의 일반 버거집과는 다르게 이름부터 독특하다. The Missionary는 전통적인 평범한 버거이고, Sissy Boy는 채식주의자들을 위한 것이다. 이곳의 베스트 메뉴는 필리 윌리 치즈 스테이크(Philly

Willy Cheese-Steak)와 칠리 치즈 프라이(Chilli Cheese Fries)다. 즉석 햄버거의 명성에 걸맞게 패티가 부드럽고 육즙이 풍부하다. 여러 지점이 있었으나 다른 곳은 모두 폐점하고 눈에 띄지 않는 소호 자리에서 오랜 시간 굳건히 자리하고 있는 곳이기도 하다.

주소 UG/F, 76 Wellington Street, Central 위치 MTR 홍콩 역 C번 출구에서 도보 5분 거리 전화 2810 5533 시간 11:30~23:00

팀호완 Tim Ho Wan 添好運點心專門店

MAPECODE 15069

미슐랭에서 뽑은 베스트 딤섬집

늘 많은 사람들로 북적이는 곳으로 맛난 딤섬을 저렴하게 먹을 수 있다. 특히나 이곳의 주인장은 포시즌 호텔의 레스토랑 '렁킹힌'의 셰프였으며 미슐랭 가이드에서 뽑는 베스트 딤섬집에도 올라 더욱 그 유명세를 더하고 있다. 메뉴판에 나온 대표적인 딤섬으로도 선택이 가능하다. 'Honey BBQ Pork Burn'은 일명 차슈빠우라 불리지만 일반적인 차슈빠우와는 그 맛과 모양이 사뭇 다르다. 소보로 빵처럼 생긴 빵 안에는 훈제 양념 돼지고기가 들어가 있다. 다른 딤섬은 다들 비슷비슷하지만 가격면에서 부담없이 먹을 수 있어 좋다. 오랜 시간 기다려야 하는 단점이 있지만 저렴한 가격에 맛난 딤섬을 맛보고 싶다면 망설이지 말자.

주소 Shop 12A, Hong Kong Station, Podium Level 1, IFC Mall, Central 위치 MTR 홍콩 역 F번 출구에서 도보 1분. 홍콩 역 지하 L2 에스컬레이터 타고 내려 가면 바로 전화 2332 3078 시간 09:00~21:00

첨자기 Tsim Chai Kee Noodle 沾仔記

MAPECODE 15070

새우 완탕면이 유명한 곳

홍콩 사람들이 즐겨 먹는 어묵과 새우가 들어간 국수를 파는 곳으로, 포장마차에서 시작해 지금은 센트럴에서 빼놓을 수 없는 맛집이 되었다. 메뉴는 새우 완탕면, 소고기 완탕면 그리고 생선 완탕면 3가지 종류가 전부이다. 완탕면에 들어가는 어묵은 직접 만들어 뛰어난 맛과 저렴한 가격으로 홍콩 현지인뿐 아니라 한국인의 입맛도 사로잡았다.

주소 98 Wellington Street, Central 위치 MTR 센트럴 역 D번 출구에서 도보 15분 전화 2850 6471 시간 11:00~21:30

막스 누들 Mak's Noodle 麥奀雲吞麵世家

MAPECODE 15071

홍콩 최고의 완탕면집

막스 누들은 한국 셰프들 사이에서도 가 봐야 할 맛집으로 꼽힐 정도로 입소문이 난 곳이다. 첨자기와 함께 완탕면의 양대 산맥이라 할 수 있는 곳으로 첨자기보다 눈에 띄게 적은 양이 이곳의 특징이기도 하다. 1인당 미니멈 테이블 차지가 HK$30이고, 대표적인 메뉴는 새우 완탕면(HK$40)이다.

주소 G/F, 77 Wellington Street, Central 위치 MTR 홍콩 역 C번 출구에서 도보 6분 거리 전화 2854 3810 시간 11:00~21:00

비이피 베트남 키친 BEP Vietnamese Kitchen

MAPECODE 15072

국물이 끝내 주는 쌀국수

깔끔한 고기 육수
로 미각을 자극하는
베트남 쌀국수 맛집이

다. 줄을 서서 기다려야 하는 것은 물론, 테이블 합
석하는 것도 당연히 여겨야 할 정도로 인기가 많은
곳이다. 현지인보다는 외국인이 테이블의 반을 차
지하는 곳으로 현금만 받는다. 이곳의 메뉴 중 구
운 가지에 새우와 각종 야채, 양념을 올린 'Ca Tim
Nuong'은 애피타이저로 그만이다. 스프링롤은 한
국에서 먹는 거과는 맛이 좀 달라 실망할 수 있으니
참고하자.

주소 Lower Ground Floor, 9-11 Staunton Street,
Central 위치 MTR 센트럴 역 C번 출구에서 도보 7분 전
화 2522 7533 시간 12:00~16:30, 18:00~23:00

칠리 파가라 Chilli Fagara

MAPECODE 15073

매운 쓰촨 요리 전문점

소호에 위치한 작
은 쓰촨식 요리 전
문점으로, 온통 붉
은 색으로 인테리
어가 되어 있어 첫
눈에 봐도 매운 요
리 전문점임을 알
수 있다. 칠리 파

가라는 '말린 사천의 후추'를 말하는데 중독성이 강
한 매운 맛을 찾는 한국인들에게 제격이다. 테이블
이 열 개 남짓 있고 항상 사람들로 북적이는 곳이어
서 기다리지 않기 위해서는 전화 예약이 필수다. 요
금은 1인당 HK$250~300 정도이다.

주소 7 Old Bailey Street, Central 위치 MTR 센트
럴 역 D2번 출구에서 도보 15분 전화 2893 3330 시간
11:30~14:30, 17:00~23:30

왕푸 Wang Fu 王府

MAPECODE 15074

베이징식 만두 전문점

센트럴의 웰링턴 스트리트 중간에 위치한 이곳은
나트랑 베트남 쌀국수집 바로 옆에 있어 찾기 쉽다.
작고 허름하지만 값이 저렴하고 담백한 맛이 일품
으로 현지 홍콩인들에게는 인기 만점의 베이징 물
만두 전문점이다. 영어는 통하지 않지만 영어 메뉴
판이 있어서 메뉴를 선정하는 데는 어려움이 없다.
두유 한잔과 함께 물만두를 먹으면 왠지 홍콩의 그
녀들처럼 날씬해질 것만 같다.

주소 65 Wellington Street, Central 위치 MTR 센트
럴 역 D2번 출구 전화 2121 8006 시간 11:00~15:00,
18:00~22:00(월~토)

시프트 Sift Patisserie

MAPECODE 15075

달콤함이 묻어나는 디저트 바

좁은 공간이긴 하지만 아늑한 느낌이 드는 곳으로 다양한 디저트 메뉴가 있다. 가운데 테이블에서는 디저트 만드는 과정을 직접 눈앞에서 볼 수 있어 즐겁다. 직접 구운 비스킷에 라즈베리, 블루베리, 체리 등을 올려 그 맛이 매우 달콤하다. 가격대는 조금 비싼 편에 속하지만 디저트를 맛보려는 사람들의 행렬이 줄을 잇는다. 달콤한 비스킷에 올려진 체리 디저트(The Cherry Napolitan, HK$98)가 맛이 좋다. 디저트의 달콤함에 흠뻑 빠져 보자.

주소 Shop 240-241, Prince's Building, 10 Chater Road, Central 위치 MTR 센트럴 역 K번 출구에서 도보 2분 전화 2147 2968 시간 10:00~19:30

MAPECODE 15076

웨스트 우드 카베리 West Wood Carvery

프라임 립 샌드위치를 맛볼 수 있는 곳

가격이 저렴한 편은 아니지만 홍콩 음식이 입에 맞지 않아 고생하는 여행자들은 점심 세트 메뉴를 즐겨도 좋을 듯하다. 프라임 립 샌드위치는 HK$98로 감자튀김과 커피 또는 차를 함께 즐길 수 있다. 추가로 HK$25를 지불하면 초콜릿 브라우니 또는 바닐라 아이스크림 중 선택하여 맛볼 수 있다.

주소 G/F, 2 Wo On Lane, Lan Kwai Fong, Central 위치 MTR 센트럴 역 D2번 출구에서 도보 5분 전화 2869 8111 시간 12:00~15:00(월~토), 18:00~23:00(월~목), 18:00~02:00(금~토), 일요일 휴무

라 바슈 La Vache

MAPECODE 15077

제대로 된 스테이크를 저렴하게 맛볼 수 있는 곳

'암소'라는 뜻의 라 바슈는 소화하기 어려운 무게를 자랑하지만 홍콩에서 보기 드문 저렴한 가격에 제대로 된 스테이크를 맛볼 수 있는 레스토랑이다. 메뉴는 오직 스테이크 크림이며, 식전 빵, 샐러드, 무제한으로 제공되는 프렌치 프라이드, 디저트까지 포함해서 HK$288이다.

고기는 'Medium Done(보통으로 익은 정도)'으로 주문하는 것이 무난하다. 하우스 와인은 HK$78로 베키아 밸리로 제공된다. 레바논의 긴 내전에도 와인 생산이 꾸준히 이뤄지는 지역으로 알려진 곳이다. 5명 이하는 예약이 되지 않는다.

주소 G/F, 48 Peel Street, Central 위치 MTR 센트럴 역 D1번 출구에서 도보 7분 전화 2880 0248 시간 12:00~14:30, 18:00~24:00

빅토리아 피크

Victoria Peak 太平山頂

홍콩의 대표적인 관광지

빅토리아 피크는 항구의 장관과 도시의 전경을 바라볼 수 있는 홍콩의 대표적인 관광지이자 홍콩 여행의 필수 코수로, 다른 곳에서는 보기 힘든 스카이 라인을 볼 수 있다. 홍콩의 야경을 제대로 감상하려면 해 질 무렵에 올라가 보자. 120여 년이 넘은 트램과 홍콩 여행의 상징인 2층 버스를 타고 빅토리아 피크에 오르면 홍콩의 야경과 전경을 맘껏 즐길 수 있다. 날씨가 좋은 날은 바다 건너편 구룡 반도와 마카오까지도 조망이 가능하다. 하지만 안개가 끼어 있는 경우가 많아, 밝고 화려한 홍콩의 야경을 보게 된다면 당신은 행운아다. 물론, 멋진 야경 사진을 얻기 위해서 몇 시간의 기다림은 필수다. 빅토리아 피크에 올라갈 때는 트램을, 내려올 때는 피크 갤러리아 지하에 위치하고 있는 버스정류장에서 버스를 이용해 보자. 트램을 타고 올라갈 때 본 야경과는 또 다른 홍콩의 야경을 감상할 수 있을 것이다.

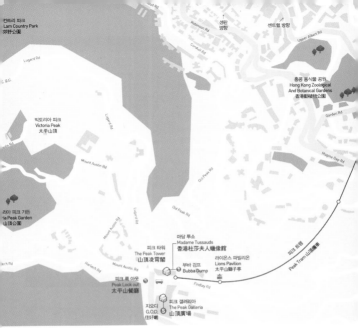

 Access

❶ 스타페리 센트럴 선착장 5번 부두 앞에서 15번 버스 이용(버스 요금 HK$9.8, 10:00~24:15, 10~15분 간격)

❷ MTR 센트럴 역 J2번 출구로 나와 도보 10분 거리의 피크 트램 이용. 또는 스타페리 센트럴 선착장 8번 부두 앞에서 15C번 버스(버스 요금 HK$4.2, 10:00~ 23:40, 15~20분 간격)를 타고 피크 트램 정류장에서 내려 피크 트램 이용(07:00~24:00 / 10~15분 간격 운행)

📍 빅토리아 피크의 두꺼비 바위

빅토리아 피크에는 홍콩 사람들이 말하는 두꺼비 모양의 바위가 있다. 그 모양의 바위가 피크 꼭대기까지 올라가면 홍콩 섬이 가라앉는다는 이야기를 우스갯소리로 하곤 한다.

📍 빅토리아 피크 제대로 즐기기

빅토리아 피크의 피크 트램, 마담투소, 스카이 테라스(피크 트램 최고층) 티켓은 홍콩 입국 후 AEL 티켓 구입하는 부스 근처에 위치한 내일투어여행사 안내데스크에서 미리 구입하면 저렴하게 이용할 수 있다. 단, 환불이 되지 않으니 미리 계획하여 구입하도록 하자.

또한 주말에는 야경을 보려는 홍콩 사람들과 관광객들이 몰려 줄을 서서 30분 이상 기다리는 일이 비일비재하다. 스케줄이 된다면 주말보다는 주중에 방문하자.

빅토리아 피크로 올라가는 산악 열차

1888년 완공된 피크 트램은 100년이 넘는 역사를 갖고 있다. 처음에는 빅토리아 피크에 사는 재벌들과 역대 총독들의 별장을 건설하면서 영국 관리들을 위한 교통수단으로 이용되었다. 1926년까지 클래스가 세 개로 나눠져 맨 앞 두 좌석은 영국 관리를 위해 비워 두었고, 퍼스트 클래스는 정부 관리와 피크에 사는 주민들, 세컨드 클래스는 군인과 경찰들을 위해 그리고 나머지는 거주자들의 집에서 일을 하는 하인들을 위한 자리였다.

45도가 넘는 가파른 언덕을 5분여 동안 운행하는 피크 트램을 타고 오르는 동안 홍콩 섬과 구룡 반도

를 한눈에 볼 수 있다. 저녁 해가 질 무렵에 오르면 멋진 야경을 감상할 수 있다. 낮에 오른다 해도 밤에 보는 야경과 달리 화려함을 벗어 버린 수줍은 새색시 같은 홍콩의 멋진 전경을 감상할 수 있다. 오른쪽에 앉으면 보다 좋은 전망을 바라볼 수 있다.

위치 스타페리 센트럴 선착장 7번 부두 앞에서 15C번 버스 이용(버스 요금 : HK$4.2, 10:00~23:40, 15~20분 간격) ＊ 현금 이용 시 잔돈은 거슬러 주지 않으니 미리 준비한다. 요금 편도 HK$32, 왕복 HK$45 / 스카이 테라스 포함 티켓 편도 HK$77, 왕복 HK$90 시간 07:00~24:00, 10~15분 간격

잊을 수 없는 감동이 펼쳐지는 홍콩의 야경 절경지

빅토리아 피크에 오르면 가장 먼저 눈에 보이는 것이 피크 타워이다. 이곳은 해발 482m의 높이에 있는 반달 모양의 건축물로 홍콩의 야경을 제대로 즐길 수 있는 장소이다. 피크 타워의 최고층에 위치한 스카이 테라스는 야경을 보기 위한 관광객들로 항상 북적인다. 스카이 테라스 외에도 기념품점과 레스토랑 등 여러 가지 시설들이 마련되어 있다. 식사

를 마친 후 피크 타워 내부에 있는 카페 퍼시픽 커피에서 맛있는 망고 주스 한잔을 마시며, 백만 불짜리 야경을 감상하는 것도 여행의 묘미가 될 것이다.

주소 126 Peak Road, The Peak 시간 07:00~24:00 / 스카이 테라스 10:00~23:00(월~금), 08:00~23:00(토~일, 공휴일) 요금 스카이 테라스 HK$50

뤼가드 로드(Rugard Road) 전망대

홍콩의 야경을 책임지는 빅토리아 피크의 숨겨진 명소 피크 타워 입구
반대편 오른쪽으로 가면 표지판이 나온다. 표지판을 따라 20여 분을
걷다 보면 홍콩의 야경을 감상할 수 있는 드넓은 전망대가 나온다. 이
곳은 피크 타워보다 사람이 많지 않아 한적하게 야경을 감상할 수 있
다. 낮에 방문한다면 산책로를 따라 가볍게 걸어 보자.

빅토리아 피크

부바 검프 Bubba Gump

영화 속 상황을 현실로 꾸민 새우 요리 전문점

부바 검프는 피크 타워 3층에 위치하고 있는 식당
으로 많은 사람들에게 사랑을 받았던 영화 〈포레스
트 검프〉에서 검프가 새우잡이를 하는 영화 속 장
면을 그대로 재연해 놓은 곳이다. 식당 내부는 영화
〈포레스트 검프〉를 떠올릴 수 있는 인테리어로 가
득해 찾는 이들에게 즐거움을 선사한다. 뿐만 아니
라 홍콩의 전경을 바라보며 식사할 수 있는 곳이어
서 더욱 매력적이다. 마가리타 종류의 칵테일을 시
키면 종업원들의 신나는 노래와 춤을 감상할 수 있
다. 새우 요리를 좋아한다면 들러 보도록 하자.

주소 Shop, 304 & 305, Level 3 The Peak Tower,
129 Peak Road, The Peak 전화 2849 2867 시간
11:00~23:00(일~목), 11:00~24:00(금·토, 공휴일)

마담 투소 Madame Tussauds 香港杜莎夫人蠟像館

세계 유명 인사들을 한자리에서 만날 수 있는 곳

세계적으로 유명한 영국의 마담 투소 밀랍 인형관이 영국, 미국, 네델란드에 이어 네 번째로 홍콩에 세워졌다. 이곳에서는 100여 개 이상의 세계적으로 유명한 스타와 유명 인사들의 밀랍 인형을 만날 수 있다. 입구에서 반기는 밀랍 인형은 성룡, 안젤리나 졸리와 브래드 피트 부부, 영화배우 출신 캘리포니아 주지사인 아놀드 슈왈츠 제네거, 이소룡, 마돈나 등 우리에게 친숙한 유명 스타들이다. 이들과 함께 가까이서 사진을 찍을 수 있으니 좋아하는 스타가 있다면 기념사진을 찍어 보자.

유덕화 밀랍 인형은 다른 인형들과 다르게 심장이 뛰는 소리를 들을 수 있으며, 엘비스 프레슬리와 비틀즈의 옆에 서면 감미로운 그들의 노래가 흘러 나온다. 마릴린 먼로 인형 옆에는 그녀가 입었던 옷과 가발이 놓여져 있으므로 그녀처럼 섹시한 포즈를 취하고 기념사진도 찍어 보자. 그리고 2015년부터 한류관이 새롭게 생겨 드라마 〈겨울연가〉 이후로 세계적인 스타 반열에 오른 배용준을 포함해서 닉쿤, 유노윤호, 최강창민, 김수현 등 많은 한류 스타들도 마담 투소에서 만날 수 있다.

또한, 마담 투소 인형관과 다소 어울리지는 않지만 무료로게 느껴질 수 있는 이곳에 활력을 불어넣어 주는 장소로 스크림이 오픈했다. '귀신의 집'과 비슷한 곳으로 어둠 속에서 튀어나오는 귀신을 보며 한여름의 더위를 시원하게 식힐 수 있다.

주소 Shop P101, The Peak Tower, No.128 Peak Road, The Peak 위치 센트럴 역 근처 익스체인지 스퀘어(Exchange Squre)에서 15번 버스 / 피크 트램 : MTR 애드머럴티(Admiralty) 역 C1번 출구에서 트램 종착역까지 도보 15분 전화 2849 6966 시간 09:00~22:00 요금 성인 HK$280, 소아(3~11세) HK$215, 경로 우대(65세 이상) HK$215 홈페이지 www.madametussauds.com *온라인 프로모션을 지속적으로 운영하고 있으니, 방문 계획이 있다면 사전에 홈페이지를 통해 구매하도록 하자. 또한 피크 트램이 포함된 콤보 티켓도 저렴하게 구입할 수 있다.

 Tip

마담 투소

닥터 필립스로부터 밀랍 인형 만드는 기술을 배운 투소는 소질이 남달랐다. 그녀는 기술을 습득해 볼테르를 시작으로 하여 벤자민 프랭클린과 왕족을 모델로 작품들을 만들었다. 그녀의 자손들이 박물관을 운영하다가 1925년의 박물관 화재로 인해 대부분의 작품이 소실되었는데 오직 그녀의 첫 작품인 볼테르와 벤자민 프랭클린만 유일하게 남았다. 마담 투소 밀랍 박물관은 최근에 런던의 주요 관광지로 성장했으며, 암스테르담과 베를린, 라스베가스, 뉴욕, 홍콩, 상하이, 워싱턴 D.C.에 박물관을 열었다. 마담 투소에 있는 밀랍 작품들은 역사적인 인물과 왕족, 영화배우, 스포츠 스타, 유명한 범죄자 등 다양한 인물들을 묘사하고 있다.

피크 갤러리아 The Peak Galleria 山頂廣場

빅토리아 피크를 대표하는 또 하나의 전망대

MAPECODE 15080

빅토리아 피크 정상에 위치한 대형 쇼핑몰로 피크 타워와 함께 빅토리아 피크를 대표하는 건물이다. 3 층에 무료 전망대가 있어 남쪽으로는 홍콩 섬 남부의 해안 풍경이, 북쪽으로는 홍콩의 전경이 시원스레 펼쳐진다. 피크 타워에 비해 찾는 사람이 많지 않아 한산하므로, 한적하게 경치를 즐길 수 있다. 카페

데코를 포함한 식당 및 레스토랑, 빵집, 슈퍼마켓 등 60여 개의 다양한 숍이 입점해 있어 잠시 쉬어 가기에도 좋다.

주소 118, Peak Road, The Peak   위치 피크 타워 바로 앞, 피크 트램 하차 후 지상 1층 맞은편   전화 2849 4343   시간 10:00~22:00

피크 룩 아웃 Peak Look out 太平山餐廳

유럽풍의 낭만적인 고급 레스토랑

MAPECODE 15081

목조와 돌을 이용한 유럽풍의 낭만적인 외관과 인테리어가 여행자의 발길을 이끄는 곳으로 높은 천장이 시원스러운 분위기를 자아내는 퓨전 레스토랑이다. 장만옥과 유덕화 등 유명한 홍콩 스타들이 즐겨 찾는 레스토랑으로 알려진 곳으로 시끌벅적한 분위기를 느껴볼 수 있다고 고급스러움을 중시하여 차분한 분위기에서 식사할 수 있다. 특히 인도식 탄두리 치킨은 인기 메뉴로 기름기가 완벽하게 제거되어 구워져 바삭하고 담백함이 일품이다. 빅토리아 피크에서의 식사는 여느 곳에 비해 조금 비싼 편이지만 친절한 직원과 분위기 있는 식사를 원한다면 한번 들러 보자.

주소 G/F, 121 Peak Road, The Peak   위치 피크 타워를 등지고 오른쪽으로 도보 1분   전화 2849 4343   시간 10:30~23:30(월~금), 08:30~01:00(토~일, 공휴일 전날)

성완

Sheung Wan 上環

골동품 가게들이 밀집한 홍콩의 차이나 타운

홍콩의 차이나 타운으로, 1941년 영국군이 처음으로 국기를 꽂은 포제션 스트리트를 중심으로 같은 해 중국의 이주민들이 정착하기 시작하였다. 할리우드 로드와 캣 스트리트는 골동품 가게들이 밀집해 있는 것으로 유명하며, 근처에는 할리우드 로드 공원을 중심으로 웨스턴 지역의 가파른 계단식 길과 경사면을 구경할 수 있다.

성완 역 주변을 중심으로 제비집, 해삼, 조개 등을 말린 건어물을 파는 상점들이 있어 항상 활기 넘치는 곳으로, 명품 쇼핑과는 달리 또 다른 즐거움을 만끽할 수 있는 곳이다. 1906년에 지어진 웨스턴 마켓은 성완 지역의 랜드마크로 트램과 함께 고풍스러움을 한껏 멋내는 곳이다.

홍콩 마카오 페리 터미널
Hong Kong Macau Ferry
Terminal

Chung Kong Rd

Chung Kong Rd

Chung Kong Rd

Chung Kong Rd

Chung Kong Rd

순탁 센터
Shun Tak Centre
信德中心

D

이비스 성완 호텔
Ibis Hongkong Central
& Sheungwan Hotel

Connaught Rd W
Connaught Rd W
Connaught Rd W

New Market St

웨스턴 마켓
Western Market
西港城

Connaught Rd C

Connaught Rd C

Connaught Rd C

Wing Lok St

하니문 디저트
Honeymoon Dessert
滿記甜品

C

성완
Sheung Wan
上環

Bonham Strand West

Des Voeux Rd C

Des Voeux Rd C

B

MTR 아일랜드 라인 MTR Island Line

A1

E4

Bonham Strand

Des Voeux Rd C

Bonham Strand

힐리우드 로드 공원
Hollywood Road Park
荷李活道公園

Queen's Rd C

A2

E2

Wing Lok St

Lower Lascar Row

New Market St

밍글 플레이스 온 더 윙
Mingle Place On the Wing

E1

E2

Bonham Strand

Jervois St

Cleverly St

무슈 샤떼
Monsieur Chatte

코스코 타워
Cosco Tower
中遠大厦

센트럴
방향

트래블 로지호텔
Travellodge Hotel

Lok Ku Rd

Lok Ku St

Possession St

제이스 가든
J's garden

센트럴 방향

체르토 오트
Quecento Otto

미세스 파운드
Mrs. Pound

차차완
Cha Cha Wan

커핑 룸
Cupping Room

딤섬 스퀘어
Dimsum Square

성기콘지
Sang Kee Congee Shop
生記品店專家

더 체어맨
The chairman
大班樓

Jervois St

홈리스 콘셉트
Homeless Concept

란콰이퐁 호텔
Lan Kwai Fong

Queen's Rd C

Tai Ping Shan St

Upper Lascar Row

티카
Teakha
茶.家

카우키 레스토랑
Kau Kee Restaurant
九記牛腩

린흥 티 하우스
Lin Heung Tea Hous
連香樓

블레이크 가든
Blake Garden
卜公花園

Bridges St

클래스파이드
Classifed

징코 하우스
Gingko House
銀杏館

페티 바자르
Petit Bazzar

홍콩 의학 박물관
Hong Kong Museum of
Medical Science
香港醫學博物館

만모 사원
Manmo Temple
文武廟

Bridges St

울라
Oolaa

쎙훙위엔
Sing Heung Yuen
勝香園

엔티크 파티세리에 티룸
Antique Patisserie Tea Room

Peel St

골드 야드
GOLDYARD

Caine Rd

Caine Rd

Aberdeen St

소호

타이청 베이커리
Tai Cheong Bakery
泰昌餅家

Castle Rd

Castle Rd

Aberdeen St

Shin Hing St

Gough St

Graham St

Peel St

Orchan Rd

Lyndhurst Terrace

Seymour Rd

Castle Rd

Robinson Rd

Robinson Rd

성완 추천 코스

홍콩의 차이나 타운으로 할리우드 로드와 캣 스트리트 주변에 골동품 가게들이 밀집해 있는 것으로 유명하다. 또한 성완 역을 중심으로 항상 활기가 넘치며, 명품 쇼핑과는 달리 또 다른 즐거움을 만끽할 수 있는 곳이다.

웨스턴 마켓
오랜 역사를 자랑하는
성완의 랜드마크

도보
10분

할리우드 로드
홍콩 최대의 골동품 거리

도보
2분

캣 스트리트
아기자기한 볼거리를 제공하는
색다른 거리

도보
10분

만모 사원
홍콩에서 가장 오래된 도교 사원

도보
3분

고흐 스트리트
아기자기한 숍과
맛집이 숨어 있는 곳

도보
5분

린흥 티하우스
홍콩의 예스러움이
묻어나는 딤섬집

웨스턴 마켓 Western Market 西港城

MAPECODE 15082

오랜 역사를 자랑하는 성완의 랜드마크

우아한 건물 외관 덕분에 성완의 랜드마크로 통한다. 에드워드 양식의 이국적인 붉은색 벽돌 건물로 되어 있는 웨스턴 마켓은 100년의 역사를 자랑하는 식민지풍 건물이다. 1900년 오픈 당시에는 두 동의 건물로 된 식료품 가게였는데 1991년 보수 공사를 거쳐 새로운 이름으로 재오픈했다. 현재는 골동품점, 기념품점, 베이커리, 레스토랑, 꽃집 등 작고 소박한 상점들이 많이 입점해 있다. 미니어처 자동차를 판매하는 '80m 버스 모델숍'과 '밀리타리아'라는 각국의 경찰 제복을 전시한 가게가 이색 매장으로 유명하다.

위치 MTR 성완 역 B번 출구에서 도보로 5분, 트램을 타고 웨스턴 마켓에서 하차 시간 10:00~19:00

할리우드 로드 Hollywood Road 荷李活道

MAPECODE 15083

홍콩 최대의 골동품 거리

한국의 인사동처럼 골동품을 취급하는 상점들이 있는 곳으로 앤티크한 분위기의 숍들이 눈에 띈다. 그림, 불상, 고가구, 그릇, 장식품, 고가의 골동품에서부터 출처를 알 수 없는 도자기까지 취급품이 다양하다. 대부분 갤러리 형식이어서 구경하는 즐거움이 크다. 골동품을 고르는 안목이 없다면 가짜 물건으로 바가지를 쓸 수 있으니 유의하는 것이 좋다.

위치 MTR 성완 역에서 퀸즈 로드 방향으로 도보 10분 시간 10:00~18:00

클래스파이드 Classifed

유럽풍의 클래식한 브런치 레스토랑

신문사의 건물을 레스토랑으로 리노베이션한 더 프레스 룸 옆에 문을 연 곳으로 지금은 더 프레스 룸은 없어지고 유럽 스타일의 식료품점에서 시작한 이곳만 영업을 한다. 홍콩 패션 피플뿐만 아니라 새로운 레스토랑을 즐기고자 하는 이들로 늘 붐빈다. 요즘에는 초기의 명성이 조금은 사라진 듯하지만 여전히 주말에는 브런치를 먹기 위한 손님들로 문전성시를 이룬다. 최고의 엄선된 치즈로 가득 찬 전용 냉장고가 있으며 현대적이고 시크한 프랑스 스타일의 인테리어로 되어 있다. 높은 천장, 안락하고 편안한 소파와 테이블, 식기 등이 프랑스 외곽의 카페를 연상시킨다. 한쪽에 놓인 메뉴판이 그날의 와인과 치즈 그리고 브런치 메뉴를 알려 준다. 연어와 같이 나오는 스크램블 에그, 블랙 캐비어, 랍스터 그리고 아보카도 클럽 등이 브런치 메뉴이다. 오픈 키친이라서 주방장이 요리하는 모습도 감상할 수 있다.

주소 108 Hollywood Road, Sheung Wan 위치 만모 사원을 지나 소호 방향으로 5분 전화 2525 3454 시간 08:00~00:00

캣 스트리트 Cat Street 摩羅商街

아기자기한 볼거리를 제공하는 색다른 거리

옛날부터 중국인들은 장물을 취급하는 사람들을 캣이라 불렀다. 이 거리는 그 장물아비가 모여서 장사를 한 곳이기 때문에 언제부터인가 캣 스트리트라는 별명을 갖게 되었다. 지금은 좁은 골목을 따라 옥, 불상, 골동품, 기타 잡동사니를 파는 작은 상점들이 줄지어 서 있다. 아기자기하고 색다른 볼거리를 제공한다.

주소 Upper Lascar Row, Sheung Wan 위치 MTR 셩완 역 A2번 출구로 나온 후 Hiller Street를 따라 도보 10분 시간 08:00~18:00

만모 사원 Manmo Temple 文武廟

MAPECODE 15086

홍콩에서 가장 오래된 도교 사원

19세기에 영국령이 되면서 만들어진 홍콩에서 가
장 오래된 사찰로, 홍콩인들의 안식처가 되고 있는
곳이다. 도교의 학문과 전쟁의 신을 모신 사원으로
문무 양도의 상징인 붓과 검이 놓여 있다. 문신은 문
자, 문필을 관장하는 성인 문창제군으로 관리 수호
신으로도 유명하다. 무신은 삼국지에 등장하는 관
우로, 액을 쫓는 신이기도 하다. HK$100를 기부
하면 붉은 종이에 이름을 적어 천장에 전등갓 모양
의 향을 매달 수 있고, 3~4일 후에 향이 다 타게
되면 소원이 이뤄진다고 한다.

주소 126 Hollywood Road, Sheung Wan 위치 MTR
성완 역 A1번 출구에서 도보 약 10분 / 센트럴 홍콩 은행 앞
에서 26번 버스 시간 08:00~18:00

고호 스트리트 Gough Street

MAPECODE 15087

숨은 맛집들이 즐비한 곳

센트럴과 성완 사이에 위치한 거리로 숨은 맛집들이
즐비하게 들어서 있다. 인테리어 숍인 홈리스, 귀여
운 강아지 소품을 파는 패위티, 진한 육수의 맛난 쌀
국수를 맛볼 수 있는 구기 레스토랑, 홍콩의 길거리
식당을 대표하는 다이파이동인 씽흥위엔 등 소호의
번잡함을 피해 현지인
들이 즐겨 찾는 장소이
기도 한다.

위치 만모 사원을 지나 할리
우드 로드 우측으로 3분 정
도 올라가다 보면 내리막길이 보인다.

119

구기 Kau Kee Restaurant 九記牛腩

MAPECODE 15088

진한 고기 육수가 맛있는 양조위의 단골집

고기 육수가 맛있는 식당으로 양조위의 단골집으로 유명하다. 그러나 양조위를 볼 수 있는 가능성은 희박해 보인다. 안심 부위를 삶아서 국수 안에 넣어 주지만 양이 부족하다면 별도 추가 주문이 가능하다. 저렴하고 부담 없이 즐길 수 있어 홍콩 사람들로 항상 붐비는 곳이다. 최근에는 한국 여행 책자에 소개가 되면서 한국인들도 즐겨 찾는 곳이 되었다. 영어는 통하지 않지만 직원이 눈치껏 영어 메뉴를 가져다 준다. 홍콩의 로컬 식당답게 다른 사람들과 자리를 합석하는 것이 당연한 곳이다. 이곳의 대표적인 메뉴는 비프가 들어간 쌀국수(beef brisket with noodles in clear soup)로 부드러운 고기 육질이 입안에서 살살 녹지만 약간 기름지다. 인기가 많아져서인지 양도 줄고 국물도 예전처럼 진하지는 않다. 각기 다른 종류의 국수 2개 정도를 주문해서 먹는 남자 손님을 쉽게 볼 수 있다.

주소 21 Gough Street, Central 위치 MTR 성완역 A2번 출구에서 도보 10분 전화 2850 5967 시간 12:30~22:30(월~토) / 일요일, 공휴일 휴무

씽흥위엔 Sing Heung Yuen 勝香園

MAPECODE 15089

홍콩의 허가받은 길거리 식당

홍콩인들에게 더욱 유명세를 타고 있는 곳으로 소위 '다이파이동'이라고 불린다. 다이파이동은 정부에서 공식적으로 허가를 받아 노상에 음식을 파는 곳을 말한다. 길거리에서 자리를 잡고 먹는 게 다소 어색하기도 하고 자리 잡기도 힘들지만 옛날 방식으로 홍콩의 음식을 경험하고 싶다면 시도해보자. 이곳의 베스트 메뉴는 토마토와 마카로니가 들어간 토마토 누들과 땅콩버터를 곁들여 구운 버터빵, 레몬꿀이 뿌려진 크런치번과 밀크티다.

주소 2 Mei Lun Street, Central 위치 구기 식당 맞은편 시간 08:00~17:00 / 일요일, 공휴일 휴무

징코 하우스 Gingko House 銀杏館

풍성한 식사와 열정적인 서비스를 받을 수 있는 곳
고흐 스트리트에서 한적하게 프랑스 요리와 이탈리
아 음식을 맛볼 수 있는 곳으로 홍콩 TV에 소개된
레스토랑이다. 서빙하는 사람들의 평균 나이가 거
의 60세 이상인데, 손님이 편하도록 응대하는 모습
이 능숙해 보인다. 이곳의 주방장은 5 STAR 호텔
주방장을 지낸 화려한 경력을 지니고 있어 음식 맛
이 여느 호텔 고급 레스토랑 못지않다. 가리비를 넣
어 만든 퉝귀니와 케이크에 아이스크림, 과일, 초콜
릿 소스를 얹고 머랭(Meringue)을 씌워 오븐에 재
빨리 구워 낸 디저트인 'Uncle Ginko Dessert'
가 인기 메뉴 중 하나이다.

주소 G/F, 44 Gough Street, Central 위치 MTR 성
완 역 A2번 출구에서 도보 10분 전화 2545 1200 시간
11:30~16:00, 18:00~23:00

성완의 타이핑산 스트리트(Taipingshan St.)

할리우드 로드를 지나 성완 방향으로 쭉
걷다 보면 나오는 타이핑산 스트리트
(Taipingshan St., 太平山街). 이곳은 평
온한 언덕이라는 뜻을 지니고 있는데 이름과
는 대조적으로 홍콩이 영국의 식민지였을 때
성완 일대에 사는 중국인들이 이곳으로 강제
이주당했던 역사가 있다. 지금은 소호의 비
싼 임대료를 피해 갤러리와 트렌디한 숍들이
하나둘 이 지역까지 올라오게 되었다.

홈리스 콘셉트 Homeless Concept

MAPECODE 15091

독창적인 디자인이 돋보이는 생활 소품 편집 매장

가구, 전등, 디자이너 아이템과 액세서리 등을 판매하는 라이프 스타일 스토어이다. 예쁘고 아기자기한 소품들이 많아 젊은 여성들이 눈길을 쉽게 떼지 못하는 곳으로 입구부터 일반 숍들과 달리 특이하다. 톡톡 튀는 아이디어 제품들과 더불어 전 세계 30여 개의 인터내셔널 브랜드, 미국 모마(Moma), 영국 블랙 앤 블럼(Black + Blum) 등 세계 각국의 디자인 상품 등을 모아 놓은 편집 매장이다.

주소 G/F, 29 Gough Street, Central 위치 MTR 셩완 역 A2번 출구에서 도보 10분 전화 2581 1880 시간 12:00~21:30(월~토), 11:30~18:30(일, 공휴일) 홈페이지 www.homeless.hk

페티 바자르 Petit Bazzar

MAPECODE 15092

어린이를 위한 편집 숍

어린이를 위한 유럽 브랜드를 총망라한 편집 숍이라 할 수 있다. 앙증맞은 가구에서부터 어린이를 위한 소품들을 다양하게 만날 수 있다. 프랑스 제품이 대부분을 차지하고 있으며 섬유 디자이너 엔클레어가 디자인한 엔클레어 쁘띠 인형과 아이를 위한 귀여운 기저귀 가방을 살 수 있는 베이커 메이드 바이 러브, 보보쇼즈 브랜드 등 한국에서 흔하게 볼 수 없는 브랜드들이 있다. 사랑하는 아이를 위한 잇 아이템을 하나씩 구입해 보자.

주소 9 Gough Street, Central 위치 MTR 셩완 역 A2번 출구에서 도보 10분 전화 2544 2255 시간 10:00~20:00(월~수), 10:30~20:30(목~토), 11:30~19:30(일, 공휴일)

Shopping 쇼핑

골드야드 GOLDYARD

MAPECODE 15093

소호에 위치한 셀렉트 숍

고흐 스트리트를 가기 전에 소호와 연결된 계단 중간에 자리한 편집 숍이다. 액세서리부터 가방, 데님, 가죽 제품, 문구류, 비치웨어, 캔들 등 품질 좋은 다양한 제품을 만날 수 있다. 트랜디한 스타일을 추구하는 남자들의 머스트 해브 아이템인 밀리터리 시계 MWC, 남성 액세서리 전문 브랜드인 더 힐사이드의 행거치프, 자켓, 덴마크 산 100% 울로 만든 스웨터

전문 브랜드인 안데르센 등 한국에서 보기 힘든 각국의 품질 좋은 상품들을 한 곳에서 만날 수 있다. 남자 친구의 선물을 고르기에 최적의 장소이다.

주소 9 Mee Lun Street, Central   위치 MTR 성완역 A2번 출구에서 도보 10분   전화 5438 8357   시간 12:00~20:00

제이스 가든 J's garden

MAPECODE 15094

유기농 버섯 전문점

성완에서 쉽게 마주하는 일반 건물류 가게와는 다르다. 품질 좋은 말린 버섯을 종류별로 구입할 수 있는 곳이다. 깨끗하게 포장된 고품질의 버섯들만을 취급하며, 특히 항암 효과에 좋은 잎새버섯(Maitake Mushroom), 노화를 막는 포르치니 버섯(Porcini Mushroom, HK$188) 등 그 종류가 다양하다. 좋은 유기농 제품을 정직하게 판매하며 오랫동안 그 명성을 유지하는 곳이기도 하다. 가격은 종류별로 상이하지만 200그램 기준으로 HK$135~HK$218 수준이다.

주소 58 Jervois St, Sheng Wan   위치 MTR 성완 역 A2번 출구 도보 3분   전화 3975 0501   시간 10:00~19:00(월~토), 일요일 휴무

123

커핑 룸 Cupping Room

MAPECODE 15095

월드 바리스타가 운영하는 브런치 카페

홍콩 바리스타 챔피언쉽과 더불어 2014년 월드 바리스타 대회에서도 준우승을 차지한 카포 치우가 운영하는 카페이다. 리펄스 베이에서 처음 오픈하고 위치를 성완으로 옮겼다. 완차이, 센트럴에도 지점을 두고 있으며 브런치 카페로 각광을 받는 곳 중 하나이다. 슬로 드립 커피는 하루에 12잔만 한정 판매하고 플렛 화이트, 에그베네딕트 그리고 시금치 파스타가 대표 메뉴이다. 브런치 메뉴는 매일 모든 시간에 주문이 가능하고 런치 메뉴는 주중 12시부터 2시 30분까지 가능하다. 가격은 HK$ 88~138이다.

주소 Shop LG, 287-299 Queen's Road Central 위치 MTR 성완 역 A2번 출구 7분 거리 전화 2799 3398 시간 08:00~17:00(월~금), 09:00~18:00(토~일)

차차완 Cha Cha Wan

MAPECODE 15096

태국 요리 전문점

제대로 된 태국 음식을 맛볼 수 있는 곳으로 런치 세트는 메인 메뉴에서 두 가지를 고를 수 있고, 티와 함께 밥이 제공된다. 런치 타임은 12:00~15:00이며 가격은 HK$ 128이다. 쏨땀(파파야 샐러드), 태국식 야채 볶음(Pak Poong Fai Mai Dang), 태국식 닭다리 튀김이 인기 메뉴 중 하나이다. 전체적으로 짠 맛이 강하기는 하지만 친절한 서비스를 받으며 기분 좋게 저렴한 태국 음식을 맛볼 수 있다.

주소 G/F, 206 Hollywood Road, Sheung Wan 위치 MTR 성완 역 E1번 출구 도보 10분 거리 전화 2549 0020 시간 12:00~15:00, 17:30~24:00

상기콘지 맛 Sang Kee Congee Shop 生記粥品專家

MAPECODE 15097

홍콩의 콘지 맛집

라우푸기 콘지 숍과 크게 다른 점은 없지만 관광객들에게 많이 알려진 곳이다. 우리나라의 죽과 비슷하지만 더 묽고 부드러워서 성완에 숙소를 잡았다면 아침에 가볍게 먹기 딱 좋다. 콘지 중에서 한국사람들의 입맛에 가장 잘 맞는 메뉴는 소고기죽으로 함께 나오는 간장에 담근 파를 곁들여 먹으면 그만이다. 양이 적지 않아서 작은 사이즈를 시켜도 한 끼 식사로 충분하다. 콘지 외에도 다양한 메뉴가 있으나 콘지를 제외한 대부분의 메뉴는 11시부터 주문이 가능하다. 아침 세트 메뉴로는 햄토스트 혹은 계란프라이를 곁들인 버터 토스트(HK$31) 중 하나를 선택하면 차나 커피를 HK$1로 주문할 수 있다.

주소 G/F, 7-9 Burd St., Sheung Wan 위치 MTR 성

완 역 A2번 출구에서 도보 5분 전화 2541 1099 시간 06:30~21:00(일요일 휴무)

듀센토 오트 Duecento Otto

MAPECODE 15098

성완의 핫플레이스로 각광받는 이탈리안 레스토랑

할리우드 로드를 쭉 따라 걷다 보면 높은 천장에 나무 구조의 건물이 나오는데 화려한 내부 디자인은 터키 디자이너의 작품으로 이목을 끌기에 충분하다. 성완에서 핫한 플레이스로 각광받는 이곳은 소호의 북적임을 피해서 이탈리아 정통 피자를 맛볼 수 있는 곳이다. 이곳의 가장 인기 있는 메뉴는 화덕에서 구워 낸 피자라고 할 수 있다. 신선한 모짜렐라 치즈

와 바질, 살라미가 올라간 디아볼라 피자가 일품이다. 또한 스파클링 와인이나 맥주를 포함한 뷔페가 HK$250로 3시까지 여유 있게 즐길 수 있다.

주소 208 Hollywood Road, Sheung Wan 위치 MTR 성완 역 A2번 출구에서 10분 전화 2549 0208 시간 12:00~24:00(월~토), 11:00~24:00(일요일)

미시즈파운드 Mrs. Pound

MAPECODE 15099

도장집으로 위장한 시크릿 퓨전 레스토랑

도장집으로 위장한 이곳은 화려한 조명이 인상적인
퓨전 레스토랑이다. 유리 장식장 안의 도장을 누르
면 문이 열린다. 시크릿 플레이스인 만큼 이곳을 찾
는 이들도 궁금해진다. 말레이시아 대표 요리인 라
삭과 한국의 비빔밥의 퓨전 요리가 이곳의 대표 메뉴
로 한장 인기를 얻고 있다. 가격은 HK$168로 비빔
밥 가격치고는 다소 비싼 편이지만 대표 메뉴의 위용
을 자랑하는 맛이니 한번 맛보자.

주소 G/F, 6 Pound Lane, Seung Wan 위치 MTR 성
완 역 E1번 출구로 도보 7분 전화 3426 3949 시간
12:00~14:30, 18:00~24:00(월~금), 12:00~24:00(토
~일)

더 체어맨 The chairman 大班樓

MAPECODE 15100

아시아 50˚ 베스트 레스토랑

입구에서 느껴지는 평범한 인상과는 달리 수상 경력
이 매우 화려한 곳이다. 여행객들보다는 현지인들에
게 더욱 알려진 이곳은 미슐랭에 소개된 만큼 사전
에 예약을 하지 않으면 식사가 어렵다. 일반 식사 가
격은 다소 비싸지만 홍콩의 타 식당과 마찬가지로 런
치 세트 메뉴는 3코스에 1인당 HK$218, 4코스에
HK$238로 저렴하다. 미슐랭의 원스타를 받았다고
맛을 크게 신뢰하지는 않지만 이곳은 분명 맛과 친
절함에 있어서는 어느 최고급 호텔에서의 식사보다
도 훌륭하다. 더욱이 그 맛이 특별한 이유는 닭과 돼
지에 좋은 사료를 먹이며 직접 키워 최고의 신선함
을 자랑하기 때문이다. 애피타이저로 나오는 모렐 버
섯, 메인 요리인 소홍주로 쪄낸 크랩 요리가 가장 인
기가 많다.

주소 No.18 Kau U Fong, Central 위치 MTR 성
완 역 A2번 출구 도보 5분 전화 2555 2202 시간
12:00~15:00, 18:00~23:00 예약 reservations@
thechairmangroup.com

티카 Teakha 茶 · 家

MAPECODE 15101

매력만점, 성완의 티카페

한적한 골목에 소박하게 자리잡은 밀크티 전문점,
티카. 성완의 끝자락 PMQ에서 가까운 이 카페는
여러 번 매스컴에 소개된 덕분에 한국인들에게 이
미 홍콩에서 꼭 가봐야 할 카페 리스트 중 하나가 되
었다. 빈티지한 인테리어에 한쪽 벽을 가득 메운 아
기자기한 소품들은 이곳에 좀 더 오래 머무르고 싶
게끔 한다. 날이 좋다면 야외에 마련된 테이블에 앉
아 여유를 즐기는 것도 좋다. 이곳의 대표 메뉴는 중
국 귀족들이 즐겨 마셨다는 세계 3대 홍차인 기문
(keemun) 밀크티와 마살라 차이티이다. 더불어
이곳의 인기를 더욱 높여주는 것은 바로 직접 만들
어 판매하는 케이크와 비스킷이다. 차를 주문하고
HK$15를 추가하면 스콘을 맛볼 수 있다.

주소 G/F, 18B Tai Ping Shan Road, Sheung Wan
위치 MTR 성완 역 A2번 출구 도보 9분 전화 2858 9185
시간 09:00~18:00(월 · 수~금), 08:30~19:00(토~일),
화요일 휴무

완차이

Wan Chai 灣仔

홍콩에서 가장 번화한 상업 지구

홍콩에서 가장 번화한 상업 지구인 완차이는 가장 일찍 개발된 지역 중 하나로 정부의 신도시 개발 계획이 세워지면서 경제의 중심지가 된 곳이다. 홍콩 식민지의 종지부를 찍었던 홍콩 반환식이 있었던 장소인 컨벤션 센터는 완차이의 상징이다. 뱃사람들의 무사함을 기원했던 홍싱 사원, 홍콩에서 가장 오래된 우체국, 360도로 돌아가는 호프웰 센터와 더불어 헤네시 로드에서 존스턴 로드로 이어지는 거리에 타이윤 재래시장이 형성되어 있어 서민들의 생활을 엿볼 수 있는 곳이다. 또한 완차이 로드에는 등가구 및 중국 고가구 등을 파는 인테리어 가구점들이 즐비하다.

골든 보히니아 광장
Golden Bauhinia Square
金紫荊廣場

Expo Dr

Expo Dr Central

Expo Dr E

완차이 스타페리 선착장

Convention Ave

Convention Ave

그랜드 하얏트 홍콩
Grand Hyatt Hong Kong
香港君悅酒店

Fenwick Pier St

Wui Rd

홍콩 연기 학원
The Hong Kong Academy
for Performing Arts
香港演藝學院

샴페인 바
Champagne Bar
그리시니
Grissini
티핀 Tiffin

Harbour Rd

TDC 디자인 갤러리
TDC Design Gallery

홍콩 컨벤션 센터
Hong Kong Convention &
Exhibition Centre
香港會議展覽中心

홍콩 아트 센터
Hong Kong Arts Centre
香港藝術中心

센트럴 프라자
Central Plaza
中環廣場

Sun Hung Kai Centre
新港基中心

Gloucester Rd

Gloucester Rd

Gloucester Rd

Gloucester Rd

케네디타운
방향

노보텔 센츄리 홍콩
Century Hong Kong

Jaffe Rd

Jaffe Rd

Jaffe Rd

Lockhart Rd

Lockhart Rd

Lockhart Rd

코즈웨이베이 →
방향

캐피털 카페
Capital Café

OZO 웨슬리 홍콩
OZO Wesley

에반 스위트
Wan Sweets

헤네시 로드 Hennessy Rd

완차이
灣仔

벌링턴 호텔
Burlington Hotel

A1
C
A2

B1

MTR 아일랜드 라인 MTR Island Line

Fleming Rd

Luard Rd

Tonnochy Rd

케이폭
Kapok

슬림스
Slim's

클럽 모나코
Club Monaco
스포일 카페
Spoil Café

테즈 룩아웃
Ted's Lookout
타 판트리
TA PANTRY

송 사이공
on Saigon

오라라
Olala

Wing's Rd

킹스 케이터링
Wing's Catering
榮式燒醬坊

복림문
Fook Lam Moon
福臨門

보 이노베이션
Bo Innovation
廚魔

더 폰
THE PAWN

오보 로그
OVO logue
紙見

서던 플레이그라운드
Southern
Playground

르팽 코티디엥
LE PAIN QUOTIDIEN

B2

Thomson Rd

A4

A5

Johnston Rd

Wan Chai Rd

오모테산토 커피
OMOTESANTO KOFFEE

Cross Ln

Cross St

Swatow St

Stewart Rd

유화 백화점
Yue Hwa
Chinese Products
裕華國貨

완차이 공원
Wan Chai Park
灣仔公園

Queen's Rd E

스타 스트리트

Star St

Queen's Rd E

신킹위엔
Sun King Yuen
Curry Restaurant
新景園

15, 66, 6, 6A, 6X번
리펄스 베이행
버스 정류장

로캉땅 스파
Spa L'occitane

Kennedy Rd

호프웰 센터
Hopewell Centre
合和中心

Queen's Rd E

OVO Home

완차이 우체국
Old Wan Chai Post Office
舊灣仔郵政局

블루 하우스
Blue House

Bowen Rd

Wan Chai Gap Rd

Kennedy Rd

Peak Rd

Bowen Rd

129

완차이 & 코즈웨이베이 추천 코스

완차이는 홍콩에서 가장 일찍 개발된 지역 중 하나이며, 코즈웨이베이는 홍콩 섬과 구룡 반도를 잇는 해저 터널 입구로, 큰 백화점들이 몰려 있는 홍콩 최대의 쇼핑가이다. 완차이와 코즈웨이베이에서 쇼핑과 식도락을 즐겨 보자.

홍콩 컨벤션 센터 & 골든 보송이미아 광장
1997년 홍콩 반환식이 열린 곳과 기념비가 있는 광장

도보 8분

그랜드 하얏트 호텔 - 티핀
빅토리아 항을 바라보며 즐기는 애프터눈 티 뷔페

도보 5분

센트럴 프라자
홍콩을 한눈에 내려다볼 수 있는 곳

도보 10분

빅토리아 공원
홍콩 섬 최대의 공원

도보 5분

패션 워크
갖가지 디자인이 총 집합해 있는 곳

트램 5분

타이윤 시장
완차이에 위치한 홍콩 최대의 재래시장

도보 5분

호프웰센터
66층 초고층 빌딩

도보 10분

자딘스 크레센트
알뜰 쇼핑이 가능한 재래시장

도보 5분

리가든스
명품 마니아를 위한 쇼핑몰

도보 7분

타임 스퀘어 & 와타미
캐주얼 브랜드가 많은 대형 쇼핑몰과 맛있는 퓨전 일식 체인점

홍콩 컨벤션 센터 Hongkong Convention & Exhibition Centre 香港會議展覽中心

MAPECODE 15102

1997년 홍콩 반환식이 열렸던 곳

연꽃잎과 비상하는 새의 날개 모양을 지닌 홍콩 컨벤션 센터는 영국이 중국에게 홍콩을 반환한 역사적인 장소로 유명하다. 1988년에 오픈한 곳으로 1년 내내 국제 박람회 및 각종 이벤트가 끊이지 않아 콘서트나 영화, 이벤트 등 엔터테인먼트를 즐길 수 있다. 스팅, 노라 존스, 비, 루치아노 파바로티 등이 공연한 곳으로 유명하다. 1997년 홍콩 식민지 반

환식을 하면서 약 4조 원을 투자하여 그 규모를 두 배로 확장한 신관이 개관되었고 2개의 대형 호텔인 르네상스 하버뷰 호텔과 그랜드 하얏트 호텔이 건물 내부에 자리하고 있어 그 규모가 어마어마하다.

주소 1 Expo Drive, Wan Chai 위치 MTR 완차이 역 A5번 출구로 나간 뒤 센트럴 프라자 공중 회랑을 따라 직진, 도보 10분 시간 09:00~17:00(월~금), 09:00~13:00(토)

©shutterstock / TungCheung

TDC 디자인 갤러리 TDC Design Gallery

톡톡 튀는 아이디어 제품 상설 전시장

홍콩 상품의 창의성과 우수한 디자인을 홍보하기 위해 홍콩 무역 진흥협회에서 직접 운영하는 상설 전시장으로 홍콩 컨벤션 센터 안에 위치하고 있다. 인테리어 소품과 손목 계산기, 원숭이 스피커, 달걀 볼펜 등 신기하고 개성 있는 아이디어 소품들과 다양한 실용적인 가전까지 수백 종류의 상품들이 전시 판매되고 있다. 공항 내에도 작은 규모로 입점해 있다.

주소 1/F, Hong Kong Convention & Exhibition Centre, 1 Harbour Road, Wan Chai 위치 홍콩 컨벤션 센터 내 전화 2161 5500 시간 10:00~19:30

홍콩 아트 센터 Hongkong Arts Centre 香港藝術中心

MAPECODE 15103

공연 문화의 메카

중국 전통 경극, 콘서트, 영화 등의 공연을 볼 수 있는 곳으로, 1977년에 개관하여 규모 및 시설의 수준은 다소 떨어지지만 공연만큼은 수준이 높다. 침사추이의 홍콩 문화 센터, 센트럴의 시티 홀과 함께 공연 문화의 메카로 떠오르는 곳이다. 입장료는 공연이나 전시별로 다르지만 홍콩 문화 센터에 비해서는 비싸다.

주소 2 Harbour Road, Wan Chai 위치 MTR 완차이 역 C번 출구에서 도보 8분 / 그랜드 하얏트 호텔을 지나 하버 로드 방향으로 5분 거리 시간 08:00~23:00(설 연휴 3일간 휴관)

Tip

아트 프로그램 무료 투어

건축물과 홍콩 예술의 역사를 알고 싶다면 홍콩 아트 센터의 무료 가이드 투어를 놓치지 말자. 매주 수요일과 토요일 3시에 투어가 시작되며 투어 시작 5분 전에 로비에 도착하면 된다. 투어 소요 시간은 45~60분이며, 투어를 원할 경우에는 방문하기 2주 전에 예약을 해야 한다.

예약 guidedtour@hkac.org.hk 전화 2582 0235

센트럴 프라자 Central Plaza 中環廣場

MAPECODE 15104

홍콩을 한눈에 내려다볼 수 있는 곳

총 78층의 높이로 홍콩에서 두 번째로 높은 센트럴 프라자는 46층의 스카이 로비가 일반인들에게 무료로 개방되는 곳이다. 2층 메인 로비에서 46층까지 고속 엘리베이터를 타고 올라갈 수 있다. 사방이 유리로 되어 있어 홍콩섬과 구룡 반도를 한눈에 볼 수 있다. 이 건물은 시간대별로 첨탑의 조명 색깔이 바뀌는 것으로 유명하다.

컨벤션 센터와 센트럴 프라자

센트럴 프라자에서 내려다본 풍경

위치 MTR 완차이 역 A5번 출구로 나온 후 공중회랑을 이용하여 도보 5분 시간 07:00~21:00(월~금), 07:00~18:00(토)

골든 보히니아 광장 Golden Bauhinia Square 金紫荊廣場

홍콩의 중국 반환 기념비가 있는 곳

MAPECODE 15105

완차이의 또 다른 상징이 된 이곳은 1997년 홍콩이 중국에 반환됨을 기념하고자 중국 정부에서 조성한 광장으로 홍콩 반환 기념의 상징이 된 기념비와 금자형 조각이 세워져 있다. 이곳에서는 매일 아침 7시 50분에 국기 게양식이, 저녁 6시에는 하강식이 열리고 중국 반환기념비에는 양쪽으로 중국어와 영어로 반환 비문이 새겨져 있다. 이 비문은 홍콩 반환 당시 장쩌민 중국 전 주석이 쓴 친필로, 외국인 여행자들은 지나치며 보는 곳이지만 중국인에게는 의미가 있는 필수 여행 코스이다.

위치 홍콩 컨벤션 센터 앞. 완차이 페리 터미널에서 도보 3분

스타 스트리트 Star Street 星街

힙한 장소로 새롭게 각광받는 낭만의 거리

MAPECODE 15106

삼청동의 시크한 레스토랑 거리를 떠올리게 하는 스타 스트리트는 윙핑 스트리트, 선 스트리트, 문스 트리트 지역을 전부 포함한다. 에드미럴티 역에서 완차이로 이어지는 이곳은 화려한 빌딩숲과 완차이의 예스러움을 함께 어우르는 곳이기도 하다.

이탈리안 커피와 디저트를 맛볼 수 있는 엘프코 커피, 코지한 분위기의 프라이빗 레스토랑 스포일 카페, 세계 각지에서 인기 있는 개성만점 제품들을 모아 놓은 홍콩 로컬 셀렉트숍인 케이폭 등 독특한 숍들이 즐비하다. 관광객들이 즐겨 찾는 장소는 아니지만 복잡한 쇼핑몰에서 벗어나 한가로이 식사를 즐기고 싶다면 센트럴의 퍼시픽 플레이스와 연계하여 둘러보자.

위치 MTR 에드미럴티 역 F번 출구로 나와 Pacific Place가 나오는 길을 따라 에스컬레이터를 타고 이동하면 무빙워크가 이어진다. 무빙워크가 끝나는 곳에 에스컬레이터를 타고 유리문을 통과하면 스타 스트리트가 나온다.

르 갸르송 사이공 Le Garcon Saigon

매혹적인 베트남 레스토랑

소호만큼이나 식당들의 부침이 심한 스타 스트리트에 위치해 있다. 이곳에 터줏대감처럼 자리를 지키고 있는 오래된 식당들을 제치고 르 갸르송 사이공

이 지금 스타 스트리트에서 가장 핫한 곳으로 손꼽힌다. 프랑스 식민지 시절의 베트남을 재현한 이곳은 베트남 남부 지역 음식 전문 레스토랑으로 가격이 다소 비싸다. 애피타이저로는 반쎄오(얇은 반죽을 구워서 그 안에 각종 채소와 새우 등을 속재료로 얹고 반달 모양으로 접어 부쳐낸 것)와 분팃느엉(구운 고기 쌀국수)이 인기 메뉴이다. 샐러드와 메인 메뉴 선택이 가능한 런치 세트는 HK$198이다.

주소 12 Wing Fung Street, Wanchai   위치 MTR 완차이 역 B1번 출구 도보 7분   전화 2455 2499   시간 12:00~14:30, 18:00~23:00

테드스 룩아웃 Ted's Lookout

라틴 아메리칸 스타일의 바

스타 스트리트와 이어지는 문 스트리트의 코너에 고즈넉하게 자리하고 있는 이곳은 시끌벅적한 란콰이퐁과는 달리 조용한 시간을 보낼 수 있어 좋다. 미니 버거, 타파스와 함께 시원한 맥주 한잔하기 그만인 곳이다. 퇴근 후에 이곳에서 모히토를 마시는 홍콩 사람들과 어우러져 편하게 친구가 될 수 있는 곳이기도 하다.

주소 G/F, Moonful Court, 17A Moon Street, Wan Chai   전화 2520 0076   시간 12:00~23:00

스포일 카페 Spoil Cafe

아늑한 분위기의 프라이빗 레스토랑

이 카페는 이름의 유래가 재미있다. 카페의 주인이 케이크와 빵을 만들어서 주위 친구들에게 나눠 주곤 했는데 그 후, 그들은 그가 만든 케이크만 먹게 되었다는 것이다. 그래서 맛있는 음식에 의해

망가졌다는 의미로 스포일(Spoil)이라는 카페 이름이 유래되었다. 좁은 공간이긴 하지만 종업원들의 친밀한 서비스를 제공받을 수 있고 음식 맛도 훌륭해서 다시 찾고 싶은 곳이다. 테이블은 모두 5개로 100% 예약제로 운영된다. 디저트로 당근 케이크과 초코 케이크는 정평이 나 있다. 아보카도와 망고, 신선한 새우가 들어간 샐러드, 새우 토마토 파스타 등이 나오는 점심 세트 메뉴도 저렴한 가격에 기분 좋게 맛볼 수 있다. 카드는 받지 않고 현금으로만 계산이 가능하다.

주소 G/F, 1 Sun Street, Wan Chai   전화 3589 5678   시간 12:00~22:30(월~토), 일 · 공휴일 휴무

슬림스 Slim's

MAPECODE 15110

미국식 펍 레스토랑

바의 이름처럼 슬림하게 길게 뻗어 있는 바 형태인 이곳은 펍 스타일의 미국식 레스토랑으로 세계 최고의 생맥주와 병맥주를 마실 수 있는 곳이다. 영국의 에일 맥주 단체에서 왕관을 수여받은 영국의 블랙쉽 맥주, 플러사의 런던 프라이드, 맥주 마니아들이 즐기는 브루클린 맥주, 벨기에 맥주 호가든에서부터 프리미어급 맥주만 취급한다. 맥주를 사랑하는 사람이라면 빼놓지 말고 들러야 할 곳이다. 안주로는 최고급 스테이크와 나초 등을 다양하게 즐길 수 있다.

주소 1 Wing Fung Street, Wan Chai 전화 2528 1661 시간 11:00~24:00(월~목),11:00~01:00(금~토), 11:00~23:00(일)

클럽 모나코 The Men's Shop by Club Monaco

MAPECODE 15111

홍콩에 처음 문을 연 남성복 전문 토탈 매장

홍콩에서 처음으로, 남성복 전문 매장으로 오픈한 곳이다. 정문은 영국의 유명 맞춤 양복점을 연상시키고, 내부는 아메리칸 빈티지 스타일로 꾸며져 있다. 선글라스에서부터 어니스트 알렉산더 가방, 런던 언커버 우산까지 댄디한 남성들의 필수 아이템이 총동원되었다고 해도 과언이 아닐 정도로 품목이 다양하다. 남자 친구나 남편에게 줄 핫한 선물을 찾고 있다면 한번쯤 들러 보자. 다른 곳과 달리 가게의 소품까지도 전부 구매가 가능하다는 점이 이곳을 더욱 특별하게 만들어 준다.

주소 Shop 4A & 4B, U/G, Bo Fung Mansion, St. Francis Yard, Wan Chai 전화 2527 7030 시간 11:00~21:00

록시땅 스파 Spa L'occitane

스파의 진수를 스타 스트리트에서

여성들에게 많은 사랑을 받는 록시땅 스파는 한국과 홍콩의 가격이 크게 차이가 나지 않는다. 그래도 이왕이면 베스트 데이 스파 상을 두 번이나 받은 이곳에서 록시땅 스파를 받아 보자. 가장 인기 있는 트리트먼트는 세포 생성과 콜라겐 합성을 도와주는 이모르뗄 에센셜 오일을 사용한 페이셜 트리트먼트로 45분에 HK$6000이다. 이모르뗄꽃은 꺾어도 시들지 않는 꽃으로 노화 방지에 효과적인 네릴 아

세테이트가 함유되어 있다. 아몬드 디톡싱 발란스 마사지는 75분에 HK$950, 아로마 마사지 60분에 HK$900 등 본인 피부 타입과 취향에 맞는 스파 코스를 선택할 수 있다.

주소 Shop No3 Star Crest, 9 Star Street, Wan Chai 전화 2143 6288 시간 11:00~22:00(월~금), 10:00~20:00(토, 일, 공휴일)

케이폭 Kapok

홍콩 로컬 셀렉트 숍

스타 스트리트 안에 위치한 홍콩 로컬 편집 숍으로 프랑스인 오너가 운영하는 곳이다. 동남아 지역에서 팝업 스토어를 통해 입소문이 나 있을 뿐 아니라 여러 매체에서 핫 쇼핑 플레이스로 손꼽는 곳이기도 하다. 홍콩에 6개의 매장이 있고 각 매장별로 구비한 제품의 종류가 서로 다르다. 홍콩 로컬 브랜드뿐 아니라 프랑스의 품질 좋은 옷, 가방 외에도 인테리어 소품 등 물건이 다양하다.

주소 3Sun Street, Wanchai 위치 MTR 에드미럴티 역에서 퍼시픽 플레이스 3과 연결되는 통로를 따라 스타 스트리트 방향으로 2분 전화 2520 0114 시간 11:00~20:00

리퉁 애비뉴 Lee Tung Avenue

MAPECODE 15114

완차이의 핫플레이스 쇼핑 거리

완차이에 새로이 생긴 쇼핑 거리 리퉁 애비뉴는 스타 스트리트와 더불어 완차이의 핫플레이스로 떠오르는 곳이다. 150m 길이의 길지 않은 쇼핑 거리로 머리 위를 장식한 빨간 호롱불들이 차이나타운을 연상시킨다. 유기농 과일차로 유명한 독일 플로테를 비롯하여 비비안탐, 윙와 베이커리, 일본의 유명한 서양식 과자점 오쿠모쿠, 다양한 메뉴를 맛볼 수 있는 핫한 원양 카페(Yuan Yang Cafe) 등 다양한 숍들이 즐비하게 늘어서 있는 곳이다.

위치 MTR 완차이 역 B2번 출구에서 도보 7분

르팽 코티디앵 LE PAIN QUOTIDIEN

MAPECODE 15115

벨기에 베이커리 브런치 카페

벨기에의 유명한 요리사인 알랭 쿠몽이 만든 곳으로 르팽 코티디앵은 '일상적인 빵'이란 뜻의 불어이다. 그가 쓴 요리책과 이름이 같다. 이곳의 빵은 유기농 밀가루로 만들어 소화가 잘 될 뿐 아니라 '건강함이 그대로 담긴 빵'이라는 철학을 내세우며 웰빙을 강조한다. 벨기에에서 시작하여 뉴욕, 런던 등 100여 개 지점을 갖고 있다. 매장 안에는 선물하기 좋은 수제 잼들과 다양한 향신료들이 예쁘게 진열되어 있다. 신선한 야채를 비롯한 유기농 재료들로 만든 오픈 샌드위치와 과일 주스까지 모두 건강식 메뉴들이어서 그런지 담백함이 돋보이는 곳이기도 하다. 브런치는 주중 11시 30분에서 14시 30분까지이며, 가격은 HK$128 정도로, HK$5~20를 추가로 내면 음료를 마실 수 있다.

주소 G 40-41, 200 Queen's Rd E, Wan Chai 위치 MTR 완차이 역 A3번 출구 도보 3분 전화 2520 1801 시간 08:00~22:00

오모테산도 커피 OMOTESANTO KOFFEE

도쿄 일본 전통 가옥에서 시작한 커피 전문점

리퉁 애비뉴에 가면 누구나 들른다는 오모테산도 커피숍. 2011년 도쿄에서 팝업 스토어로 시작된 이곳은 노후된 건물의 리노베이션으로 인해 폐점하고 홍콩으로 넘어오면서 리퉁 애비뉴의 성지처럼 되어버렸다. 내부 인테리어는 마치 실험실을 연상시킨다. 이곳의 인기 메뉴는 타마고 산도(계란 샌드위치)와 몽글몽글한 거품이 특징인 아이스 카푸치노이다. 들어가자마자 입구에서 주문과 계산을 한 후 2층 바에 주문서를 내고 기다리면 된다.

주소 200, 24-25 Queen's Road E & Lee Tung Street , Wan Chai 위치 MTR 완차이 역 A3번 출구 도보 3분 전화 2601 3323 시간 08:00~20:00(월~금), 09:00~21:00(토~일)

오보 홈 OVO Home

중후하고도 세련된 인테리어 숍

중후함과 세련됨을 동시에 지닌 인테리어 숍으로 중국풍의 독특한 인테리어 소품과 앤티크 가구가 눈에 띄는 곳이다. 숍의 중앙에는 커다란 불상과 향이 피워져 있어 마치 작은 사찰에 온 듯한 느낌을 주는 곳으로, 동양의 멋을 집안 가득 뽐내고 싶은 서양인들의 발길이 멈추는 곳이기도 하다. 주문을 하면

바다 건너 멀리라도 배달을 해준다. 하지만 굳이 물건을 구입하지 않더라도 갤러리처럼 꾸며 놓아 눈요기만 해도 만족할 만한 곳이다.

주소 1 Wan Chai Road, Wan Chai 위치 MTR 완차이 역에서 도보 7분 거리 전화 2527 6088 시간 11:00~20:00 홈페이지 www.ovo.com.hk

호프웰 센터 Hopewell Centre 合和中心

66층 규모의 초고층 빌딩

MAPECODE **15118**

1989년까지 홍콩에서 가장 높은 빌딩이었던 호프웰 센터는 66층, 216m의 높이를 자랑한다. 은행, 백화점, 레스토랑, 카페 등이 들어서 있는 호프웰 센터에서 놓치지 말아야 할 것은 파노라마처럼 펼쳐진 전망을 관람할 수 있는 통유리로 된 엘리베이터이다. 엘리베이터 이용은 무료이다. 건물 상단에는 UFO 모양으로 회전 전망이 가능한 'R66'이라는 레스토랑이 있다.

주소 183 Queen's Road East, Wan Chai 위치 MTR 완차이 역 A3번 출구에서 도보 8분

유화 백화점 Yue Hwa Chinese Products 裕華國貨

중국 상품 전문 백화점

MAPECODE **15119**

중국 물건들을 주로 파는 백화점으로 화려하지는 않지만 중국차나 약재 등 인기 있는 제품이 많다. '윈난성 차의 여신'이라는 뜻의 이우산에서 재배한 보이차, 금과공차, 백차 등 다양한 중국차를 취급한다. 5g 기준으로 HK$30, 50, 100, 150, 250로 종류에 따라 가격이 천차만별이다. 중국 약품 중 가장 인기 있는 제품은 백봉환으로 몸을 따뜻하게 해 주는 효과가 있어 여성들에게 인기가 많다. 가격은 HK$62로 청심환 같은 통에 수십 개의 환이 들어 있다.

주소 G/F , 87 Wan Chai Road, Wan Chai 위치 MTR 완차이 역 A3번 출구에서 도보 7분 전화 2836 0112 시간 09:30~20:00

타이윤 시장 Tai Yuen Street Market 太原街

완차이에 위치한 홍콩 최대의 재래시장

MAPECODE 15120

홍콩의 대표적인 재래시장으로 퀸즈 로드를 트램을 타고 지나가다 보면 항상 사람들로 북적여 활기가 넘치는 곳이다. 아이들의 장난감, 학용품, 요즘 유행하는 슬리퍼까지 저렴한 가격에 구입할 수 있다. 홍콩 서민들의 삶을 여실히 보여 주는 이곳은 여행자에게도 새로운 활력소를 불어넣어 준다.

위치 MTR 완차이 역 A3번 출구 시간 10:00~20:00

Tip

홍콩의 길거리 음식 도전하기

홍콩에서의 길거리 음식은 우리나라만큼 다양하다. 그 모양과 맛은 비슷하지만 가끔 도전하기 어려운 음식도 있다. 하지만 한국에 있는 내내 생각나는 맛도 많다. 떡볶이를 사랑하는 한국 사람들처럼 홍콩 사람들도 길거리 음식에 대한 사랑이 대단하다. 퇴근 시간에 길거리 음식을 파는 점포에는 기나긴 줄을 마다하지 않고 기다리는 홍콩 사람들을 어렵지 않게 만날 수 있다.

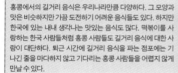

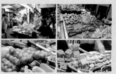

완차이 우체국 Old Wan Chai Post Office 舊灣仔郵政局

홍콩에서 가장 오래된 우체국

MAPECODE 15121

타이윤 시장을 지나면 보이는 흰색의 작은 건물이 바로 완차이 우체국이다. 1913년에 세워진 곳으로 홍콩에서 가장 오랜 역사를 자랑하는 곳이다. 1992년까지는 우체국 본연의 업무를 보았으나, 현재는 역사적인 건물로 지정되어 내부는 환경보호부의 자원센터로 이용되고 있다. 완차이 우체국 맞은편에서 리펄스베이로 가는 버스를 이용할 수 있으니, 일부러 시간을 내어 찾기보다는 타이윤 시장과 우체국을 둘러본 후 이동하면 좋을 듯하다.

위치 타이윤 시장을 지나 도보로 7분 시간 10:00~17:00(월~토), 10:00~01:00(수), 13:00~17:00(일), 화요일 · 공휴일 휴무

홍콩의 미신 풍경

홍콩의 어두운 곳, 특히 다리 밑을 지나가다 보면 신발 모양의 무언가를 탁탁 때리고 있는 사람들을 볼 수 있다. 이들은 'Villain'이라고 해서 돈을 받고 미신 행위를 해주는 사람이다. 미운 사람의 이름을 종이에 적어서 구두에 넣고 태우거나 심하게 두드려서 싫어하는 사람에게 해를 끼치거나 저주하는 일종의 미신 같은 행위이다. 이런 광경은 완차이의 캐널 로드 이스트를 지나가다 보면 쉽게 마주할 수 있다. 왠지 섬뜩한 기분이 드는 건 어쩔 수 없다.

완차이의 블루 하우스

홍콩 완차이의 블루 하우스는 동서양, 옛것과 새것이 융화된 홍콩의 문화를 상징한다. 외벽을 파란색과 노란색으로 페인트칠한 이곳은 100여 년간 홍콩 서민들의 실제 거주지였던 곳으로 주거민들의 삶을 엿볼 수 있는 곳이다. 그래서인지 홍콩 도시 개발 정책의 일환으로 보존되고 있다. 드높게 올라가는 세련된 최신식 건물들과 이상하리만큼 조화를 이루는 이 건물 덕분에 홍콩의 매력 속으로 더욱 빠져들 것만 같다.

보 이노베이션 Bo Innovation 廚魔 `15122`

홍콩의 미식가들이 인정한 곳

완차이의 역사적인 건물 더 폰(The Pawn) 오른쪽 골목길을 걷다 보면 이곳이 나온다. 홍콩의 미식가들에게 정평이 나 있는 곳이며 미슐랭 가이드에서 별 두 개를 받은 곳으로도 유명하다. 사실 맛으로 승부하기보다는 데코레이션과 요리 기법에서 창조적이라는 생각이 드는 곳으로 메인 요리보다는 런치 세트 메뉴를 즐기며 셰프의 실험적인 요리 세계에 빠져 보는 것이 나을 듯하다.

주소 Shop 13, 2F, J Residence, 60 Johnston Road, Wan Chai 위치 MTR 완차이 역 A3번 출구에서 도보 5분 전화 2850 8371 시간 런치 12:00~15:00(월~금) / 디너 19:00~00:00(월~금), 18:00~00:00(토, 공휴일) 홈페이지 www.boinnovation.com

복림문 Fook Lam Moon 福臨門

완차이의 유명한 광둥 요리 전문점

'행운과 축복이 당신의 집으로'라는 의미를 가진 이곳은 완차이에 위치한 광둥 요리 전문점이다. 이곳은 홍콩의 유명 영화배우나 주요 인사들이 즐겨 찾는 곳으로 특히 장국영이 좋아하던 3대음식점 중의 하나이다. 해산물을 메인으로 삼어 지느러미, 전복과 제비집을 주로 사용한다. 가격은 상당히 비싸지만 그에 걸맞는 최고의 요리를 선사한다. 점심 시간에는 다른 식당과 마찬가지로 딤섬을 제공한다. 침사추이와 상하이, 일본에도 분점이 있다.

주소 G/F Shop 3 & 1 to 3/F. 35-45 Johnston Road , Wan Chai 위치 MTR 완차이 역 B2번 출구에서 도보 2분 전화 2866 0663 시간 11:30~15:00, 18:00~23:00

그리시니 Grissini's 意大利餐廳

탁 트인 전망의 레스토랑

완차이 그랜드 하얏트 호텔 2층에 위치한 그리시니는 현대적이면서 모던한 느낌을 주며 탁 트인 전망이 매력적이다. 포르치니 버섯과 호박을 넣은 리소토, 모차렐라 치즈가 듬뿍 들어간 라자니아, 감자와 아스파라거스, 버섯이 들어간 양고기 스튜 등이 와인과 함께 조화를 이룬다.

주소 1 Harbour Road, Grand Hyatt 위치 MTR 완차이 역 A1번 출구에서 도보 10분 전화 2584 7722 시간 12:00~14:30, 19:00~22:30(월~금, 일), 18:30~22:30(토) 예약 hongkong.grand.hyattrestaurants.com/grissini/default-en.html

샴페인 바 Champagne Bar

MAPECODE 15125

파리의 모습을 간직한 분위기 있는 바

1920년대 파리의 모습을 재현한 포근하고 아늑한 분위기의 바이다. 오래된 프랑스 영화 속의 한 장면을 보는 듯한 분위기로 어딘가에서 샹송이 나올 것만 같은 느낌이다. 그러나 대부분의 저녁에는 라이브 재즈나 블루스를 연주하며

손님이 신청곡을 부탁하면 불러 주기도 한다. 원형의 메인 바는 항상 손님들로 붐빈다. 이름에서 알 수 있듯이 빈티지 샴페인을 다양하게 보유하고 있다.

주소 G/F Grand Hyatt Hong Kong, 1 Harbour Road, Wan Chai 위치 MTR 완차이 역 A1번 출구에서 도보 5분 전화 2584 7722 시간 17:00~02:00 라이브 공연 / 19:00~20:00, 21:15~01:00(월~금) / 19:00~20:00, 21:45~01:30(금~토) / 21:00~24:45(일)

선킹위엔 Sun King Yuen Curry Restaurant 新景園

MAPECODE 15126

돈가스 카레가 끝내주는 집

얼핏 보면 일반 중국 요리를 파는 식당으로 보여 그냥 지나치기 쉬우나, 이곳은 홍콩 현지인들 사이에서 유명한 카레집이다. 가격 또한 저렴해서 점심 시간에 길게 늘어선 줄을 쉽게 볼 수 있다. 이곳은 카레 말고도 다른 중국 요리도 팔고 있으나 워낙 카레 돈가스가 유명하여 이곳을 찾는 사람 대부분은 카레 돈가스를 먹는다. 매콤한 맛의 카레 돈가스는 흔히 먹는 일본식 카레와는 맛이 다르며, 우리 입맛에도 아주 잘 맞는다.

주소 Spring Garden Street 20, Wan Chai 위치 MTR 완차이 역 A3번 출구 존슨 로드(Johnson Road)를 건너 스프링 가든 레인(Spring Garden Lane)길을 따라 도보로 3분 전화 2574 9172 시간 11:00~15:00, 17:30~21:00(일요일 휴무)

캐피탈 카페 Capital Café 華星冰室

15127

오픈라이스에서 선정한 베스트 차찬탱

홍콩의 레스토랑 리뷰 사이트인 오픈라이스의 2012년 베스트 어워드에서 Winner 레스토랑으로 뽑힌 차찬탱으로 완차이 지역에서 최근에 가장 큰 인기를 얻고 있는 곳이다. 벽면을 채운 장국영의 사진이 블랙 앤 화이트의 깔끔한 인테리어와 잘 어울리는 곳이다. 홍콩의 차찬탱 하면 떠올리게 되는 서민적인 이미지에는 이곳의 세련되고 깔끔한 인테리어가 그리 어울리지 않는 듯하지만 저렴한 가격으로 맛있는 클럽샌드위치와 밀크티를 맛볼 수 있다.

주소 Shop B1, G/F, Kwong Sang Hong Building, 6 Heard Street, Wan Chai 위치 MTR 완차이 역 A4번 출구에서 도보 5분 전화 2666 7766 시간 07:00~23:00

더 폰 THE PAWN

MAPECODE 15128

전당포를 개조한 레스토랑

오랜 역사적 가치가 있는 곳을 리모델링한 것만으로도 방문할 가치가 충분히 있는 곳이다. 이곳의 인테리어는 홍콩의 유명 디자이너인 스탠리 윙이 담당하였으며 입구에서부터 오랜 홍콩의 향기가 짙게 묻어난다. 좁다란 낡은 돌계단을 올라가면 예전에 이곳이 전당포였음을 알려주는 주방 입구가 가장 먼저 눈에 띈다. 지금은 다만 실내장식의 기능만을 하고 있지만 다른 레스토랑에서는 볼 수 없는 예스러움이 마치 시간 여행을 하는 것 같은 느낌을 전해 준다. 메인 요리는 HK$180~300 사이이며 요리 맛은 그리 좋은 편은 아니다.

주소 62 Johnston Road, Wan Chai 위치 MTR 완차이 역 B2번 출구에서 도보 2분 전화 2866 3444 시간 12:00~01:00

MAPECODE 15129

윙스 케이터링 Wing's Catering 粵式燒雞扒

저렴하고 맛있는 치킨 요리 전문점

완차이에 위치한 치킨 요리 전문점으로 달콤한 데리야끼 소스에 부드러운 훈제 치킨을 먹을 수 있는 곳이다. 현지인들에게만 알려진 식당이어서 그런지 한자로만 주소가 쓰여 있다. 그러나 다행히도 영어로 된 메뉴판이 있어 메뉴를 고르는 데 어려움은 없다. 이곳의 대표 메뉴는 치킨 스테이크 포크로 훈제 치킨의 육즙이 그대로 살아 있어 부드럽고 맛도 좋을 뿐 아니라 저렴한 가격에 또 한번 놀라게 된다.

주소 G/F NO.7 Rialto Building, NO.2 LanDale Street 위치 MTR 완차이 역 B2번 출구에서 도보 5분 전화 2139 3598 시간 11:00~21:00(월~토), 11:00~18:00(일)

홍콩 프라이빗 키친

프라이빗 키친은 홍콩에서만 만날 수 있는 개성 있는 문화라고 할 수 있다. 가정집에 테이블 2~4개를 놓고 특색 있는 요리를 선보인다. 이러한 음식 문화를 광둥어로는 쓰팡차이(私房菜)라고 한다. 경제 불황으로 해고되었던 요리사들이 본인의 집에서 손님을 받으면서 프라이빗 키친이 시작되었다고 한다. 프라이빗 키친이라고 해서 맛이 검증되지 않았다고 생각하지도 모르겠지만 요리사들의 실력만 보면 호텔 셰프들과 견주어도 손색이 없을 정도이다. 우리나라에서는 접할 수 없는 프라이빗 키친에서 나만을 위한 멋진 요리를 즐겨 보자. 유명한 프라이빗 키친은 항상 붐비기 때문에 예약은 필수이다.

◈ 타 판트리 TA PANTRY MAPECODE 15130

요리사인 에스터가 아름다운 미모를 지닌 모델 출신이어서 그런지 그녀의 요리에서도 스타성이 느껴진다. 그녀는 랜드마크 만다린 멤버로 일한 경력이 있으며 일 년에 한두 번 정도 요리 실력을 향상시키기 위해 해외로 연수를 가는 등 쉼없이 노력한다. 1인당 HK$750 정도이며 금~일 저녁은 HK$1,050으로 가격이 훌쩍 올라간다. 10% TAX도 추가로 내야 한다. 유명 호텔의 레스토랑 가격과 비교해도 그 맛에 있어서 결코 뒤떨어지지 않는다. 일주일 전에는 미리 이메일로 예약을 해야 그녀의 멋진 요리를 맛볼 수 있다. 홍콩의 가정 요리와 더불어 다양한 와인도 맛볼 수도 있다.

주소 No.1 Electric Street, Wan Chai 위치 MTR 에드미럴티 역 F번 출구 7분 거리 전화 2521 8121 홈페이지 ta-pantry.com 예약 booking@tapantry.com

◈ 음양 Yin Yang MAPECODE 15131

완차이에 위치한 '더 폰'과 근접한 거리에 있다가 취완 지역으로 이사를 갔다. 해변가에 고즈넉하게 위치하고 있고 화려하지 않지만 정성이 담긴 음식이 오래 기억에 남는 곳이다. 접근성이 좋지 않아 여행자들이 찾아가기에는 다소 불편한 단점이 있다. 식재료를 직접 유기농으로 재배하며 계절에 따라 메뉴가 바뀌기 때문에 특별함을 찾는 여행자라면 한번 들러 보자. 가격은 1인당 HK$500~700이며 런치 메뉴는 2인 이상 HK$280 정도이다.

주소 White house, Lot 117, Ting Kau Village, Ting Kau Beach, Tsuen Wan 위치 MTR 취완 역에서 택시로 5분 거리 전화 2866 0868 시간 12:00~14:30, 19:00~22:30(월~토, 공휴일) 홈페이지 www.yinyang.hk 예약 booking@yingyang.hk

코즈웨이베이

Causeway Bay 銅鑼灣

최신 유행이 모여 있는 홍콩 최대 쇼핑 거리

코즈웨이베이는 홍콩 섬과 구룡 반도를 잇는 해저 터널의 입구로 크고 작은 쇼핑몰들이 몰려 있는 홍콩 최대의 쇼핑가이다. '작은 일본'이라고도 불리는 이 지역에서, 특히 소고 백화점은 아기자기한 일본 제품과 식료품이 많아 여성들에게 인기 있으며 세일 기간에는 항상 인산인해를 이룬다. 패션 워크와 패더슨 스트리트에서는 젊은이들이 선호하는 브랜드를 파는 편집 매장들과 젊은 디자이너들의 재치 넘치고 획기적인 아이디어 패션 아이템을 만날 수 있다.

타임 스퀘어, 리가든스, 소고, 아일랜드 버버리, 패션 아일랜드 등에서는 럭셔리 쇼핑을, 자딘스 크레센트 재래시장에서는 알뜰 쇼핑을, G.O.D, 프랑프랑, 이케아 등에서는 인테리어 제품 쇼핑이 가능하다. 홍콩에서 쇼핑할 시간이 많지 않다면 코즈웨이베이를 선택해 보자.

눈 데이 건
Noon Day Gun 午砲

힝스 디킨스
Charles·Dickens

매치 박스
The Match Box 喜馬本宮

SPY 헤니 라우
SPY Heney Lau

크로스 하버 터널
Cross Harbour Tunnel

이슌 일크 컴패니
Yee Shun Dairy Company
義顺牛奶公司

천쟝거
Chuen Cheung Kui 泉章居

18 GRAMS

엑셀시어 홍콩
The Excelsior Hong Kong
香港柏寧酒店

레이디 엠 뉴욕
Lady M NewYork

프랑크 프랑
Franc Franc

빅토리아 공원
Victoria Park
維多利亞公園

월드트레이드센터
World Trade Centre
世界貿易中心

이나섬
Initial 이나섬

봉주르 호텔
Bonjour 호텔

디스커 스파인트
MR.STEAK
Buffet a la minute

파크레인 호텔
Park Lane Hotel
웰빙 슈퍼
Wellcome

이케아
IKEA

마심스 패스트푸드
Maxim's fastfood

한주쿠 쿠보
Hanjuku Kobo 半熟工房

와이이
Watami

이치란
ICHIRAN

타우오스
Tawoo2 太湖

언더브리지 스파이스 크랩
Under Bridge Spicy Crab
江橋辣蟹

라 크레페리
La Creperie

왓슨스
Watsons

소고 백화점
Sogo 崇光

하이산 플레이스
Hysan Place

항룽 센터 Hang Lung Center

아일랜드 비버리
Island Beverly Centre

카페 드 코랄
Cafe de Coral

히기
Hee Kee
喜記

스타벅스 40번
Starbucks 40번

코즈웨이 베이
Causeway Bay 銅鑼灣

코즈웨이 비츠센터
文華菜魚九大王

이나비스 정우즈
차링 CHA LING

사테 킹
Satay King
沙嗲王

프라다
PRADA

커피 엘리 Coffee Alley

조 카페
Zoe Cafe

콩차이케이
Kong Chai Kee 江仔記

공차당
Kungwotong 公和堂

유엔 미 유 앤 미
You and Me

랜슨 플레이스
Lanson Place

페라가모
Ferragamo

구찌 Gucci

아미비타
APMITA

로이스 초콜릿
Royce Chocolate

금만정
Modern China
Restaurant

사우스 패시픽 호텔
South Pacific Hotel
南洋酒店

타임 스퀘어
Times Square
時代廣場

캣스토어 Cat Store
阿貓地攤

리가든스 1 & 2
Lee Gardens1 & 2

제이 플러스 호텔
J Plus Boutique Hotel

홀리데이 인 익스프레스
Holiday Inn Express
香港銅鑼灣快捷假日酒店

고메 Gourmet

보르도 이타시
Bordeux etc

베이프
BAPE

인 사이드 아웃
Inn Side Out

더 커피 아카데미
The Coffee Academics

유
Yu
流麻辣粉

잉키 티 하우스
Ying Kee Tea House
英記茶庄

레이싱 박물관
The Hong Kong
Racing Museum
香港賽馬博物館

해피 밸리 경마장
Happy Valley Racecourse
跑馬地馬場

HK Sanatorium&
Hospital

전타우
Tasty Congee &
Noodle Wantun Shop
正斗

옌만팡
滿地坊

MAPECODE **15132**

홍콩 섬 최대 규모의 공원

홍콩 섬 동부 코즈웨이베이 한가운데 위치한 빅토리아 공원은 1955년 간척 사업으로 빅토리아 항을 매립하여 조성한 곳이다. 이곳에는 센트럴의 황후상 광장에서 옮겨 온 빅토리아 여왕의 동상이 세워져 있는데 그로 인해 빅토리아 공원이라는 이름으로 불리게 되었다. 빅토리아 여왕의 동상은 정문으로 들어가서는 찾기가 쉽지 않다. 정면을 바라보며 오른쪽의 큰 길을 따라가면 농구장이 있고, 농구장 바로 옆에 위치하고 있다. 테니스 코트, 축구장, 수영장, 농구장 등 다양한 부대 시설이 있으며 구정이나 중추절 같은 때에는 수많은 사람들의 휴식 공간으로 애용된다.

홍콩에서 일하는 마닐라 가정 주부들이 주말만 되면 나와서 수다를 떨고 만나서 음식을 먹기도 한다. 마치 마닐라의 소도시에 와 있는 듯한 느낌과 함께 장터에 와 있는 듯한 복잡함이 공원을 가득 메운다. 한가로움을 만끽하고 싶다면 주말은 피하자.

위치 MTR 코즈웨이베이 역 E번 출구에서 도보 5분

MAPECODE **15133**

매일 축포를 쏘아 올리는 곳

1850년 당시 아편전쟁의 빌미를 제공하였고 난징조약으로 영국이 받은 홍콩 개발을 주도적으로 이끌었던 당대 최고의 그룹, 쟈딘 메디슨사가 영국 통치 시절에 자신들의 상선이 입항할 때 무역선을 맞이하기 위해 축포를 발사하였다. 하지만 이

쏘는 축포는 영국 해군의 노여움을 사게 되었고, 이후로 이에 대한 반성의 의미로 매일 12시 정각에 우렁찬 소리를 내며 1대의 대포를 쏘아 올리게 되었다. 일부러 시간을 맞춰 찾아가기보다는 지나가다가 근처에 왔다면 잠시 들러 보자.

주소 Gloucester Road, Causeway Bay 위치 MTR 코즈웨이베이 역 D1번 출구에서 도보로 10분, 월드트레이드 센터와 엑셀시어 호텔 맞은편에 위치 시간 12:00~12:20

Tip

찾아가는 길

횡단보도가 없기 때문에 찾아가는 길이 복잡하다. 그러나 엑셀시어 호텔 지하 주차장의 눈 데이건 표지판을 보고 지하도로 연결되어 있는 길을 따라가면 쉽게 다다를 수 있다.

패션 워크 Fashion Walk 名店坊

갖가지 디자인의 총집합 '패션 워크'

MAPECODE 15134

코즈웨이베이의 패션 워크 거리는 젊은 디자이너들의 재치 넘치고 획기적인 아이디어의 패션 아이템을 만날 수

있는 곳이다. 커스틴 던스트가 즐겨 입는 이자벨 마랑, 린지 로한의 어니스트 소 진, 영국 디자이너 엠마 쿡 등 이름만 들어도 알 만한 브랜드 외에도 덴마크, 타이완, 벨기에 등 세계 각국의 디자이너 가

게들이 자리하고 있어 쇼핑하기에 그만이다. 신발 브랜드 '캠퍼'를 기준으로 패더슨 스트리트와 킹스톤 스트리트로 길이 나뉘어 있으며 쓰모리 치사토, 이자벨 마랑 등 단독 매장과 명품 세컨드 브랜드인 베이비 제인 카사렐 매장과 씨 바이 클로에나를 만날 수 있다. 또한 아기자기한 숍들이 이어져 눈요기만으로도 만족스럽다.

주소 G/F Main Block Fashion Walk, Causeway Bay 위치 MTR 코즈웨이베이 역 D1번 출구, Peterson Street와 Kingston Street 일대 전화 2833 0935 시간 10:00~23:00

SPY 하니 러우 SPY Heney Lau

화려한 디자인의 홍콩 브랜드

일본, 대만, 캐나다, 마카오 등 여러 나라에 숍을 가지고 있는 홍콩 디자이너 하니 러우(Henry Lau)가 만든 브랜드이다. 하니 러우는 국제적으로 이름을 알린 홍콩의 몇 안 되는 디자이너이다. 다소 화려한 디자인에 도시적인 세련미를 가미하여 만든 이곳의 옷들은 홍콩 젊은 트렌드 세터들의 주목을 받고 있다. 세일 기간을 이용하면 질이 좋은 면 티셔츠와 셔츠를 HK$100에 구입할 수 있다. 최신 유행하는 남성복이 잘 갖춰져 있어, 남자친구나 남편에게 선물할 옷을 찾는다면 들를 만하다.

주소 Suite B, 1/F, Cleveland Mansion, 5 Cleveland St, Causeway Bay 위치 패션 워크 내 전화 3580 1197 시간 11:30~21:30

149

패더슨 스트리트 Paterson Street 百德新街

패션 유행의 중심가

쇼핑몰이 하나둘 모이면서 대규모의 아울렛 매장처럼 숍들이 즐비하게 늘어서 있다. 하버 시티나 퍼시픽 플레이스처럼 붐비지 않아 여유롭게 쇼핑할 수 있는 곳이다. 아네스 베, 비비안 웨스트 우드, 안테프리마 플라스티크, 씨 바이 클로에 등이 있으며 쓰모리 치사토는 패더슨 스트리 매장이 가장 큰 메인 숍이다. LCX 1층에는 폴앤조, 소니아 리키엘 등 한국에 없는 화장품들이 모여 있으며 캘빈 클라인, 마크 바이 마크 제이콥스, 마리콴트, 마리오 바테스쿠 매장 등이 큼직하게 자리 잡고 있다. 편집 매장인 디몹(D-MOP)에는 그라운드 제로, 페이퍼 데님 등이 입점해 있다.

이케아 IKEA

스웨덴의 인테리어 소품 총집합

이케아는 다국적 기업으로 저가형 가구, 액세서리, 주방용품들을 파는 곳이다. 실용적인 디자인과 합리적인 가격, 그리고 무엇보다 손수 조립할 수 있는 가구로 유명하다. 요즘 트랜드에 맞게 저렴한 가격에 수시로 집안 분위기를 바꿀 수 있는 인테리어 소품들이 다양하게 구비되어 있다. 한번 입구로 들어가면 매장 출구까지 내부를 돌아보게끔 구조를 만들어 놓았으니 필요한 물건이 있다면, 고민하지 말고 바로 구입하자.

주소 Basement, Park Lane Hotel, 310 Gloucester Road, Causeway Bay 위치 MTR 코즈웨이베이 역 E번 출구로 나와서 왼쪽 그레이트 조지 스트리트를 따라 도보 5분, 파크레인 호텔 지하에 위치 전화 3125 0888 시간 10:30~22:30 홈페이지 www.ikea.com.hk

Tip

세계에서 임대료가 가장 비싼 곳 2위

세계적 종합부동산 컨설팅사인 쿠시먼 앤드 웨이크필드가 매년 발표하는 조사 보고서에 의하면 '세계의 주요 번화가' 중에서 임대료가 가장 비싼 곳으로 홍콩 코즈웨이베이가 2위를 차지하였다. 코즈웨이베이의 임대료는 세계와 어깨를 나란히 하는 지역 중 하나이다. 그래서인지 불과 작년에 있던 숍들과 레스토랑조차도 줄곧 없어지는 경우가 종종 발생한다. 홍콩을 몇 달 간격으로 여러 번 방문하는 동안에도 새롭게 생기는 핫 플레이스가 있는 반면 임대료를 감당하지 못하고 사라져 가는 곳이 있었다. 홍콩에서도 가장 변화무쌍한 곳이 바로 코즈웨이베이 지역이다.

타임 스퀘어 Times Square 時代廣場

캐주얼 브랜드가 많은 대형 쇼핑몰

MAPECODE **15135**

명품이 주를 이루는 홍콩의 다른 대형 쇼핑몰들과 달리 16층 규모의 매장들에 캐주얼 브랜드로 가득하다. 아이디어가 넘치는 중저가 트렌드 제품과 스포츠 브랜드가 많다. 규모나 매장 수, MTR 역과의 연계성 등 여러모로 코즈웨이베이 최고의 쇼핑몰이다. 식료품 매장과 영국계 백화점인 레인 크로포드, 자라, 망고, 막스 앤 스펜서 등 230여 개의 매장이 문을 열고 있다. 패션 매장뿐 아니라 전자제품, 유아, 아동용품, 서점, 푸드코트, 레스토랑 등이 입점해 있어 원스톱 쇼핑이 가능하다. G/F에서 2층까지는 명품 매장이, 3~9층까지는 드레스, 정장, 캐주얼 웨어, 아동용품, 전자제품 등이, 10~14층까지는 푸드 포럼, 레스토랑 등이 있다. 또한 영화관도 갖추고 있어 쇼핑과 문화를 동시에 즐길 수 있다. 1층에는 레인 크로포드, 4층에는 막스 앤 스펜서가 있다.

주소 1 Matheson Street, Causeway Bay 위치 MTR 코즈웨이베이 역 A번 출구와 바로 연결 전화 2118 8900 시간 10:00~22:00(매장마다 상이)

금만정 Modern China Restaurant 金滿庭

타임 스퀘어에 위치한 인기 레스토랑

깔끔하면서도 비싸지도 않고, 양도 푸짐하여 200석이 넘는 자리가 항상 만원일 정도로 늘 사람들로 북적이는 곳이다. 솜씨 좋은 주방장들이 상해 요리, 북경 요리, 사천 요리 모두 맛좋게 요리해 낸다. 이곳의 대표 메뉴는 탄탄면으로 그 메뉴 하나만으로도 여러 번 수상을 했다. 추천 메뉴는 새우 요리, 돼지볶음 요리 등이다. 하지만 아무래도 한국인들의 사랑을 듬뿍 받는 것은 마파두부와 탕수육이다. 마파두부에 밥을 비벼 먹으면 김치 생각이 간절해진다.

주소 10/F, Times Square, 1 Matheson Street, Causeway Bay 위치 MTR 코즈웨이베이 역 F번 출구와 연결되는 타임 스퀘어 10층 전화 2506 2525 시간 11:45~16:30, 17:45~23:00 (월~금) / 11:45~23:00 (토~일, 공휴일)

아피비타 APIVITA

그리스에서 온 천연 화장품

진주 마스크팩이 식상하다면 유기농 화장품을 만드는 아피비타에서 마스크를 구매해 보자. 파라벤, 실리콘 등 유해한 성분이 들어가 있지 않은 천연 제품들을 판매한다. 꿀, 프로폴리스 등의 천연 성분으로 만든 화장품이지만 가격은 기능성 화장품 외에는 저렴한 편이다. 로열젤리와 네롤리 에센셜 오일이 포함된 아피비타 익스프레스 골드퍼밍 리제네레이팅 마스크는 이곳의 베스트 아이템이다. 그 외에도 황산화 작용을 돕는 녹차 등 천연 추출물을 사용한 다양한 제품들이 있다.

주소 1 Matheson St, Time Square, Causeway Bay 위치 MTR 코즈웨이베이 역 A번 출구 전화 2506 3353

바자르 Bazaar

다양한 제품을 저렴한 가격으로 구입할 수 있는 곳

타임 스퀘어 타워 1의 18층에 위치한 바자르는 소위 말하는 백화점 특설 행사장 같은 곳이다. 할인 폭은 60~90%이며, 특설 매장인 만큼 디자이너 제품부터 명품까지 다양한 브랜드의 상품을 접할 수 있다. 물론 시즌 오프인 제품이라 인기 품목은 거의 남아 있지 않지만 운이 좋다면 핫한 제품을 구매할 수도 있다. 2개 이상 제품 구입 시 추가 할인도 제공되나 할인 폭이 큰 만큼 환불 및 교환이 불가하다. 홈페이지에서 세일 행사 품목을 미리 확인할 수 있으니 들를 예정이라면 참고하도록 하자.

주소 Shop B299A, Times Square, 1 Matheson Street, Causeway Bay 위치 MTR 코즈웨이베이 역 A번 출구에서 도보 3분 홈페이지 www.timessquare.com.hk/eng/happenings.php

MAPECODE 15136 15137

리가든스 1 & 2 Lee Gardens 1 & 2

명품 마니아를 위한 쇼핑몰

코즈웨이베이에 위치한 명품만을 판매하는 쇼핑몰로, 많이 붐비지 않아 여유롭게 쇼핑할 수 있는 곳이다. 숍이 100여 개로 많지는 않지만 Lee Gardens 1에는 에르메스, 샤넬, 루이비통, 에트로, 모스키노, 프라다, 까르띠에 등 최고의 하이엔드 명품숍이 있으며, Lee Gardens 2는 1과는 다른 분위기로 아동용품, 남성복 등 좀 더 다양한 숍이 있다. 홍콩에 최초로 분점을 낸 와인 숍 베리 브라더 & 러드와 고급 립 전문 레스토랑인 Lawry's The Prime Rib이 있으며, 지하에 있는 그레이트 식품 매장은 다른 식품 매장보다 두리안이 저렴하다. 신선한 재료로 만들어진 각종 조리된 음식들도 저녁이 되면 세일을 하기 때문에 구입한 요리들로 간단하게 저녁을 해결할 수 있다.

주소 33 Hysan Avenue, Causeway Bay 위치 MTR 코즈웨이베이 역 F번 출구에서 도보로 5분 전화 2907 5227 시간 10:00~20:00

자딘스 크레센트 Jardine's Crescent 渣甸坊

알뜰 쇼핑이 가능한 재래시장

MAPECODE **15138**

우리나라의 남대문 시장을 연상케 하는 재래시장 골목으로 여성용품이 대부분이다. 좁은 골목 사이로 액세서리, 옷, 가방, 화장품, 인형 등의 다양한 잡화가 거리를 가득 채우고 있다. 품질은 좋지 않지만 다양한 스타킹을 저렴하게 구입할 수 있다. 규모는

크지 않지만 짧게나마 홍콩 재래시장의 분위기를 느껴볼 수 있다.

위치 MTR 코즈웨이베이 역 F번 출구 오른쪽으로 올라가 정면 좁은 길 시간 10:00~19:00

소고 백화점 Sogo そごう

가정용품이 다양한 일본 백화점

MAPECODE **15139**

코즈웨이베이에 위치한 일본계 백화점으로 현지 부유층 사이에서 인기 있는 곳이다. 일본에서 수입한 질 좋은 가정용품들이 다양하게 갖추어져 있어 세일 기간에는 발 디딜 틈이 없다. 지하 식품 매장에서

는 맛있고 모양도 아기자기하게 예쁜 일본 음식들과 식재료를 구할 수 있다. 9층 이벤트홀에는 우리나라와 비슷하게 각종 세일 이벤트 행사를 한다. 세일 품목은 1층 로비에서 나누어 주는 전단지를 참고하면 된다.

주소 555 Hennessy Road, Causeway Bay 위치 MTR 코즈웨이베이 역 B/D 2번 출구 전화 2833 8338 시간 10:00~22:00

MAPECODE **15140**

새로이 각광받는 쇼핑 핫스폿

홍콩 곳곳에는 마치 경쟁이라도 하듯 새로운 쇼핑 핫 스폿이 생겨나고 있는데, 코즈웨이베이에 위치한 하이산 플레이스도 그 대열에 있다. 리가든스 그룹에서 운영하는 총 17층의 대형 쇼핑몰로, 타이완 최대의 서점인 청핀서점(The Eslite Bookstore, 誠品書店)과 3층 규모의 대형 애플 스토어가 입점해 있고 120여 개가 넘는 유명 브랜드를 쉽게 접할 수 있다. 특히 6층에 있는 '에덴의 정원(Garden of Eden)'은 그 이름에 맞게 여성 의류 매장, 속옷 매장, 네일숍 등 여성 전용 공간으로 꾸며져 여성 고객들을 유혹하고 있다.

주소 500 Hennessy Road, Causeway Bay 위치 MTR 코즈웨이베이 역 F2번 출구 시간 10:00~22:00

MAPECODE **15141**

홍콩과 중국에 본사를 두고 있는 편집숍

가수들의 콜라보레이션 앨범이 유행하듯이 옷 브랜드에도 콜라보레이션이 트렌드가 되었다. 이곳은 일본의 유명 패션 브랜드인 베이프와의 콜라보를 통해 트렌디한 디자인의 제품을 출시하였으며, 그 외에도 일본 유명 남성 의류 브랜드인 소프넷, 칼하트 윕 등의 다양한 제품 역시 만나볼 수 있다. 스트리트 패션의 대가 아디다스와 주로 콜라보를 진행하는 일본 브랜드 네이버 후드와 네이버후드의 세컨드 브랜드인 루커(LUKER)도 입점되어 있다.

주소 1 Hysan Avenue, Causeway Bay 위치 MTR 코즈웨이베이 역 A번 출구 도보 5분 전화 2895 2903 시간 10:00~20:00

해파 밸리 경마장 Happy Valley Racecourse 快活谷馬場

MAPECODE **15142**

이색적인 야간 경마를 볼 수 있는 곳

1845년 세워진 타원형의 경마장으로 홍콩에서 가장 오래된 현대식 경마장이다. 경마는 9월부터 6월까지 한 시즌을 단위로 매주 수요일에 개최되

며, 특히 수요일 야간 경마는 홍콩에서 가장 흥미로운 볼거리 중 하나이다. 몇십 년 동안 홍콩 경마의 중심지로 그 역할을 해 왔지만, 현대식 시설을 갖춘 사틴 경마장이 생기면서 다소 소외되었다. 경마장 옆에 경마 박물관이 있어서 경마의 역사를 한눈에 볼 수 있다. 코즈웨이베이에서 트램을 타고 10분 거리에 있다.

주소 2 Sports Rd., Happy Valley 위치 해피 밸리행 트램을 타고 종점에서 하차, 도보로 10분 전화 2895 1523 시간 야간 경마 18:30~22:30(수요일)

젠타우 Tasty Congee & Noodle Wantun Shop 正斗

MAPECODE **15143**

해피 밸리에 위치한 면 & 죽 전문점

호홍기, 차찬탱과 같은 주인이 운영하는 곳으로 두 곳 모두 현지인들에게 인기 만점인 식당

이다. 광둥어로 '아주 좋다'란 뜻을 지닌 이곳은 죽이 유명한 식당이어서 그런지 가격이 HK$48로 다른 식당에 비해 비싼 편이다. 근처에 병원이 있어 죽을 사 가지고 가는 사람들의 줄이 항상 길게 늘어서 있는 곳이기도 하다. 해피 밸리가 아니더라도 IFC 몰에도 지점이 있고, 코즈웨이베이의 호홍기에서도 비슷한 맛의 콘지를 맛볼 수 있다. 매니저가 영어에 능통하기 때문에 주문하는 데는 어려움이 없다.

주소 21 King Kwong Street, Happy Valley 위치 MTR 애드미럴티 역 C번 출구로 나와 해피 밸리행 트램을 타고 종점 전화 2838 3922 시간 11:30~24:00

155

봉주르 Bonjour 卓悅

MAPECODE **15144**

홍콩을 대표하는 초저가 화장품 멀티숍

화장품 멀티숍인 이곳은 사사와 더불어 홍콩을 대표하는 곳으로 초저가에 화장품을 살 수 있는 곳이다. 진품만을 판매하며 품질에 있어 믿음을 주는 브랜드이기도 하다. 일부 제품은 세일 폭이 커 사사보다 가격이 싸지만 물건의 종류가 많지 않고 매장 수가 적어 일부러 찾아가야 한다는 단점이 있다.

주소 4 Cannon St, Causeway Bay 위치 MTR 코즈웨이베이 역 D1번 출구에서 도보1분 전화 2893 7830

이진 iiJin

MAPECODE **15145**

다양한 패션 스니커즈를 만날 수 있는 브랜드

처음엔 핑클 멤버인 이진이 만든 한국 브랜드인가 하는 궁금증을 일으키며 눈길을 사로잡은 곳이다. 사실 이곳은 이진이라는 디자이너가 만든 미국 브랜드로 패션 스니커즈와 웨지 슈즈가 대표적인 아이템이며, 개러지록(Garage Rock) 그룹인 소닉 유스의 멤버 킴 고든과 너바나의 커트 코베인 등의 패션과 음악에 영감을 받은 브랜드이다.

주소 Shop 310, 3/F, Hysan Place, Causeway Bay 위치 하이산 플레이스 3층 전화 3585 8409 시간 10:00~22:00

아일랜드 비버리 Island Beverly Centre 金百利商場

MAPECODE 15146

감각적인 홍콩 디자이너들의 집결지

전부 4층으로 이루어져 있으며, 트랜디한 명품 쇼핑몰은 아니지만 감각적인 홍콩 로컬 디자이너가 디자인한 구두와 액세서리, 옷 등 패션 리더들에게 걸맞는 소품과 의류 등을 곳곳에서 발견할 수 있다. 그 외에 유럽이나 일본에서 수입한 옷과 액세서리 등도 볼 수 있다. HK$300 내외에 맘에 드는 옷을 발견할 수 있다. 브랜드 제품인 경우는 간혹 가격대가 우리나라보다 더 비싼 숍들도 눈에 띈다.

주소 1 Great George Road, Causeway Bay 위치 MTR 코즈웨이베이 역 E번 출구에서 도보 5분 전화 2890 6823 시간 12:00~24:00

베이프 BAPE

MAPECODE 15147

힙합 스타일의 스타일리시한 옷을 살 수 있는 곳

스포츠 운동화와 스타일리시한 청바지, 티셔츠 등을 파는 힙합 스타일의 일본 브랜드이다. 매장 안 바닥은 유리로 되어 있으며 그 안에 움직이는 컨베이어 벨트를 통해 다양한 운동화를 볼 수 있다. 일본의 스타 기무라 타쿠야가 즐겨 찾는 숍으로 유명하며, 우리나라의 댄스 그룹 빅뱅이 즐겨 입는 옷으로 그 인기를 더하고 있다.

주소 Shop G1, G/F, 1 Hysan Ave, Causeway Bay 위치 MTR 코즈웨이베이 역 F1번 출구에서 도보 5분 전화 2890 7223 시간 12:00~22:00

이니셜 Initial

MAPECODE 15148

카페와 옷가게의 복합 공간

옷가게와 카페가 같이 공존하는 곳으로 간결하고 시
크한 느낌의 정장들이 즐비해 세련된 홍콩 직장 여
성들이 선호하는 곳이다. 쇼핑하다가 다리가 아프면
잠시 쉬면서 커피 한잔의 여유를 즐길 수도 있다.

주소 G/F, 528-530 Jaffe Road, Causeway Bay 위치
MTR 코즈웨이베이 역 D1번 출구에서 도보 3분 전화 2526
8862 시간 11:30~23:00

프랑프랑 Franc Franc

MAPECODE 15149

일본보다 더 저렴한 생활용품점

일본의 대표적인 생활용품점이라고 할 수 있는 이곳
은 일본 전역에 많은 체인점을 가지고 있는 곳이다.
홍콩에는 코즈웨이베이와 카우롱통 근처에 2개
의 체인점이 있다. 문방용품에서 목욕용품, 부엌용

품 등의 간단한 소품에서 가구, 소파 등 인테리어용
품까지 다양한 품목을 취급한다. 컬러풀하고 깔끔하
며 한편으로는 아기자기한 디자인 때문에 한국 사람
들도 좋아하는 브랜드이다. 일본에서보다 저렴해 일
본인들조차 이곳에 들러 물건을 구입한다. 이케아에
비하면 규모는 매우 작다.

주소 Shop B, G/F & 1/F, 8 Kingston Street, Fashion
Walk, Causeway Bay 위치 MTR 코즈웨이베이 역 E
번 출구로 나와 왼쪽으로 도보 1분 전화 3427 3366 시간
11:00~22:00(일~목), 11:00~22:30(금·토) 홈페이지
www.francfranc.com

차링 CHA LING

MAPECODE 15150

루이비통이 런칭한 천연 화장품 브랜드

이름만으로는 중국 브랜드라 착각하기 쉬우나 차
링은 루이비통 모에 헤네시(Louis Vuitton Moet
Hennessy)그룹에서 런칭한 화장품 브랜드이다.
보이차로 만든 유기농 화장품으로 루이비통 그룹
에 걸맞게 가격대가 매우 높은 럭셔리 브랜드이다.
전 세계에 단 6개의 지점만을 두고 있는데, 홍콩에
만 하버시티, 하이산 플레이스, 퍼시픽플레이스 3
개의 지점이 있어 제품에 관심이 있다면 홍콩에서
구입해 보자. 대부분의 제품을 직접 사용해 보고 구
매가 가능하다. 아이팩은 눈이 부었을 때 붓기를 가
라앉게 하는 특별한 아이템이며, 이곳의 베스트 아

이템은 기초라인과 트래블 키트이다.

주소 1st floor Hysan Place, 500 Hennessey Road,
Causeway Bay 위치 MTR 코즈웨이베이 역 F번 출구 도
보 2분 전화 3126 9981 시간 10:00~22:00

홍콩의 슈퍼마켓 둘러보기

홍콩의 슈퍼마켓은 대형 할인매장 같은 느낌을 주지만, 우리나라처럼 일부러 시간을 내어 일주일에 한 번 한꺼번에 장을 보러 가는 개념이 아닌 편의점 같은 곳이다. 세계 각국에서 수입된 각양각색의 과일들과 그 종류를 헤아릴 수 없을 정도의 식료품이 있어 눈요기만 해도 만족스러울 정도이다. 특히 여성 고객들에게는 이처럼 즐거운 장소가 없다. 한국에 없는 제품이 많아서 구경하는 재미가 쏠쏠하다.

📍 파컨 숍 Parkn Shop MAPECODE 15151

홍콩의 최대 재벌 그룹이 운영하는 슈퍼 스토어

포브스지에서 선정한 아시아의 최고 갑부로 선정된 홍콩 재벌인 리카싱이 소유하고 있는 청콩그룹에서 운영하는 슈퍼마켓으로, 홍콩에서 가장 큰 시장 지배력을 가지고 있는 대표적인 대형 슈퍼마켓이다. 점포의 대부분은 슈퍼 스토어의 개념으로 운영되고 있으며 홍콩뿐 아니라 마카오, 중국 전역에 260여 개의 체인점을 가지고 있다.

주소 Shop 2A, G/F, Lyndhurst Building, 2A Gage Street, Central 위치 MTR 센트럴 역 D2번 출구에서 도보 10분 전화 2815 1450 시간 08:00~22:00 홈페이지 www1.parknshop.com

📍 웰컴 슈퍼 Wellcome 惠康 MAPECODE 15152

홍콩의 대중적인 슈퍼마켓

홍콩 슈퍼마켓 체인의 양대 산맥 중 하나인 이곳은 약 60여 년의 역사를 자랑한다. 처음에는 작은 식료품점으로 시작해 지금은 홍콩에서 250여 개의 체인점을 가지고 있는 슈퍼마켓으로 성장했다. 홍콩 전역에서 볼 수 있으며 신선한 식료품과 저렴한 가격으로 홍콩 시민들의 발길을 붙잡는다. 홍콩 사람들이 자주 찾는 과자, 아이스크림, 과일 등 일상적인 물품들을 구경하면서 홍콩 시민들의 삶을 엿볼 수 있다. 파파야, 망고스틴, 람부탄 등 한국에서는 보기 힘든 열대 과일을 구입할 수 있다.

주소 25-29 Great George Street, Causeway Bay 위치 MTR 코즈웨이베이 역 E번 출구에서 도보 3분 전화 2577 3215 시간 24시간

시티 슈퍼 City Super MAPECODE 15153

고급스러운 분위기의 홍콩의 전문 마트

일본계 대형 마트로 전통 식품뿐만 아니라 유럽 및 미국에서 수입되어 온 각종 향신료, 유기농 차와 다양한 종류의 치즈를 우리나라에서 보다 20~30% 저렴한 가격에 구입할 수 있다. 특히 식자재의 고급화 및 웰빙푸드를 콘셉트로 원스톱 쇼핑을 원하는 직장인들을 타깃층으로 하고 있으며 럭셔리 웰빙 콘셉트의 '올리버'보다 가격이 저렴하다. 다양한 일본 식품을 볼 수 있으며 유럽 맥주도 저렴하다. 필립 스탁 이후 가장 촉망받는 디자이너 카림 라시드가 디자인한 FINE의 새로운 생수 또한 찾아볼 수 있다. 매장 안에 슈퍼푸드 베버리지 코너가 있어 도시락, 튀김, 샌드위치 등 조리된 식품을 사서 간단하게 식사할 수도 있다. 또한 쿠킹 클래스도 운영하는데, 참가비는 HK$250~350로 홈페이지 내(www.citysuper.com) 슈퍼라이프 컬처 클럽 코너에서 신청할 수 있다.

주소 Store Level 3, Shop 3001 Harbour City 위치 MTR 침사추이 역 C1번 출구, 하버 시티, 게이트웨이 아케이드 내 전화 2603 3488 시간 10:30~22:00(일~목, 공휴일), 10:30~22:30(금~토, 공휴일 전날)

올리버 OLIVER'S MAPECODE 15154

외국인들이 가장 선호하는 식료품점

전 세계의 수입 식품을 판매하는 센트럴의 고급 슈퍼마켓으로, 럭셔리한 인테리어로 꾸며져 있다. 홍콩에 거주하고 있는 외국인이 가장 선호하는 식료품점이다. 센트럴 프린스 빌딩 2층에 위치해 있으며 한국에서 구하기 힘든 수십 가지의 치즈와 다양한 종류의 커피, 홍차, 와인, 맥주, 풍부한 와인 컬렉션이 다양하게 구비되어 있다.

주소 Shop 201~205, Landmark Prince's Building, 10 Charter Road, Central 위치 MTR 센트럴 K번 출구 전화 2810 7710 시간 08:00~21:00(월~금), 08:30~20:00(토~일, 공휴일)

스리 식스티 Three Sixty MAPECODE 15155

홍콩의 유기농 슈퍼마켓

건강을 가장 소중히 여기는 웰빙족들이 즐겨 찾는 이곳은 유기농 슈퍼마켓으로 아시아 최초의 원스톱 마켓으로 식품만과 여러가지 상품을 구비하여 점포를 운영한다. 3층은 오가닉 제품만을 진열하여 판매하는데, 화학 제품을 사용하지 않는 웰빙 식품을 구매할 수 있다. 4층에는 다양한 수입 제품들이 구비되어 있다. 그러나 와인의 종류나 가격이 다른 슈퍼마켓에 비해 저렴하거나 다양하지는 않다.

주소 Shop 1090, 1/F Elements, Union Square, Kowloon Station 위치 MTR 구룡 역 C번 출구(침사추이 스타페리 선착장 앞 버스 정류장에서 8번 탑승, MTR 구룡 역 버스 터미널 하차) 전화 2196 8066 시간 08:00~23:00

⊙ 왓슨스 Watson's 屈臣氏 MAPECODE 15156

홍콩에서 가장 유명한 대규모 드러그 스토어

건강과 뷰티 상품을 전문적으로 취급하는 소매점이다. 서울에도 진출했으며, 홍콩을 비롯해 동남아시아 19개국에 4천여 개가 넘는 점포를 가지고 있을 만큼 아시아에서 유명하다. 여성들을 위한 약품, 화장품, 생활용품 전문숍으로 고급 화장품, 약품류, 스낵, 잡화, 생활 필수품 등을 구비하고 있다. 또한 비타민이나 잡화류도 구입 가능하다.

주소 Plaza I, No.489 Hennessy Road, Causeway Bay 위치 MTR 코즈웨이베이 역 B번 출구 전화 2608 8383 시간 11:00~22:00

⊙ 고메 Gourmet MAPECODE 15157

과일과 야채가 저렴한 곳

아시아계 소비자층을 타깃으로 한 이곳은 과일과 야채가 다른 곳에 비해 저렴하다. 예쁜 유리병에 담긴 카레, 바질 등 식재료들이 다양하고 블루치즈 종류만 무려 30가지가 넘는다. 세계 각국의 와인을 골고루 갖춘 곳이어서 요리와 와인에 관심이 많은 사람이라면 명품 쇼핑보다 이곳에서의 쇼핑이 더 즐거울 것이다. '시티 슈퍼'보다 한산하여 쇼핑하기에 편리하다.

주소 Leighton, Bowrington, Causeway Bay 위치 MTR 코즈웨이베이 역 A번 출구에서 도보 5분 전화 3693 4101 시간 10:00~22:00

⊙ 그레이트 Great Food Hall MAPECODE 15158

세계 최고 수준의 슈퍼마켓

신선한 고품질의 전 세계 농식품을 공급한다는 콘셉트로 다양한 식품을 판매하고 있다. 좀처럼 찾기 힘든 다양한 제품을 갖추고 있으며 프랑스에서 직수입한 뿔알랑(Polaine) 빵도 이곳에서만 만날 수 있다. 신선한 초밥을 사서 즉석 햄버거 숍 'Triple O's'에서 자리를 잡고 햄버거 세트 메뉴와 같이 곁들어 먹으면 저렴하고 편하게 식사를 할 수 있다. 더운 여름에는 스파클링 워터의 청량감으로 그 더위를 식힐 수 있어 좋다. 그리고 'Remy Fine Wine'에서는 한국에서 구하기 힘든 독일 알자스의 디저트 와인을 쉽게 구할 수 있다.

주소 Basement, Two Pacific Place, Queensway 전화 2918 9986 시간 10:00~22:00 홈페이지 www.greatfoodhall.com

★ 뿔알랑

뿔알랑(Poilane)은 베이커인 피에르 뿔알랑의 이름을 따서 1932년 처음으로 프랑스 파리에 문을 연 빵집이다. 이곳은 돌로 밀가루를 빻은 후 반죽해서 화덕에 빵을 굽는 옛날 방식 그대로를 고수하며 만드는 곳으로 유명해졌다. 파리의 유명한 레스토랑에서도 이곳의 빵을 쓰고 있을 정도로 빵맛이 매우 훌륭하다. 그레이트 푸드 홀에서 만날 수 있으니 이곳에서 전통 방식으로 만든 빵의 맛을 느껴보자.

Cafe 카페

캣 스토어 Cat Store 阿貓地攤

MAPECODE 15159

예쁜 고양이를 구경할 수 있는 카페

고양이를 좋아하는 사람이라면 이 곳에서 탄성을 지르게 된다. 여기저기 예쁜 고양이들이 자태를 뽐내며 먹이를 지니고 있는 손님에게로, 혹은 자기가 맘에 드는 사람에게로 가서 재롱을 부린다. 각종 음료를 팔고 있으며 빵에는 고양이 그림을 그려 준다. 소파는 고양이들이 기지개를 펴면서 뜯어낸 자국이 뚜렷하다. 홍콩의 집은 비좁고 대가족이 같이 살기 때문에 애완견이나 고양이를 키우기 적합한 장소가 없어서 이런 장소들이 더욱 인기를 얻고 있다. 회원제이지만 즉석에서 가입할 수 있는데, 맛이 좋은 곳은 아니라서 굳이 일부러 찾아가는 것을 권하고 싶지는 않다.

주소 Flat D-E, 3/F Po Ming Building, Fu Ming Street, Causeway Bay 위치 MTR 코즈웨이베이 역 B번 출구에서 도보 5분 전화 2710 9953 시간 12:00~23:00

18그램즈 18 GRAMS

MAPECODE 15160

홍콩의 프리미엄 에스프레소 카페

홍콩에 4개의 지점을 갖고 있는 호주식 프리미엄 에스프레소 카페로 신선하고 갓 볶은 커피를 제공한다. 토스트에는 홈 메이드 잼이 곁들여 나오는데 이곳의 잼은 보존제와 설탕을 적게 넣어서인지 건강해지는 느낌이다. 코즈웨이베이 지점은 다른 지점보다 규모가 작지만 그만큼 아늑해서 편안함이 느껴지는 곳이다. 이곳은 피콜로 라떼와 카페 샤카라또가 가장 인기있는 메뉴이다. 샤카라또는 에스프레소를 얼음과 함께 셰이크하여 커피의 고유의 향과 맛을 그대로 살리면서 부드럽게 마실 수 있다.

주소 Unit C, G/F. 15 Cannon Street, Causeway Bay 위치 MTR 코즈웨이베이 역 D1번 출구 도보 5분 전화 2893 8988 시간 08:00~20:00

레이디 엠 뉴욕 LADY M NEW YORK E

MAPECODE 15161

뉴욕에서 온 부티크 케이크숍

미국의 여러 매체와 레스토랑 가이드북 자각에서 3년 연속 디저트 부문 1위에 선정된 크레이프 케이크가 유명한 케이크숍이다. 우리나라에 입점하였으나 상표권 분쟁으로 철수한 곳이기도 하다. 여전히 최고의 디저트로 각광받는 이곳은 홍콩에 침사추이, 센트럴, 코즈웨이베이 지점이 있다. 얇게 겹겹이 쌓인 크레이프와 고소한 크림이 잘 어우러진 시그니처 밀 크레이프와 그린티 크레이프 케이크, 홍콩에서만 판매하는 얼그레이 밀 크레이프가 이곳의 인기 메뉴이다. 가격은 한 조각에 HK$58~75선이다.

주소 Shop C, G/F, 1-3 Cleveland Street, Fashion Walk, Causeway Bay 위치 MTR 코즈웨이베이 역 E번 출구 도보 5분 전화 2861 1866 시간 11:00~22:00

이순 밀크 컴퍼니 | Yee Shun Dairy Company 義順牛奶公司

MAPECODE 15162

우유 푸딩 전문점

마카오에 본점을 둔 우유 푸딩 전문점인 이순 밀크 컴퍼니는 4대째 70년의 역사를 가진 중국 최고의 디저트 전문점이다. 홍콩에는 5개의 분점을 가지고 있고 푸딩과 더불어 간단한 스낵과 국수, 샌드위치, 음료 등도 판매한다. 우유의 고소함과 부드러움 그리고 달콤함이 있는 우유 푸딩으로는 한 번 맛보면 또 먹고 싶어질 정도로 그 맛이 예술이다. 우유 푸딩은 뜨거운 것과 차가운 것 중 고를 수 있다. 우유 푸딩에는 계란 푸딩, 커피 맛 푸딩, 생강 푸딩 등 그 종류가 다양하니 색다른 맛을 찾는다면 시도해 보자.

주소 506 Lockhart Road, Causeway Bay 위치 MTR 코즈웨이베이 역 C번 출구에서 도보 5분 전화 2591 1837 시간 12:30~24:00

조 카페 Zoe Cafe

MAPECODE 15163

맛있는 헤이즐럿 무스 케이크를 맛볼 수 있는 곳

시골의 한적한 케이크 숍에 온 듯한 느낌을 주는 카페로 이곳의 크리스피 비스킷, 헤이즐럿 무스 케이크와 초코 무스 케이크는 맛이 일품이라서 꼭 맛봐야 할 케이크이다. 이곳은 항상 분주하기 때문에 주문을 하는 데 시간이 걸리며, 다소 불친절한 느낌마저 준다. 앉아서 여유 있게 케이크 맛을 보기보다는 테이크아웃하는 쪽을 추천한다.

주소 Bowrington, Shop G01, G/F, Holiday Inn Express 33 Sharp Street, Causeway Bay 위치 MTR 코즈웨이베이 역 A번 출구에서 도보 5분 전화 2234 7188 시간 12:30~22:30

한주쿠 코보 Hanjuku Kobo 半熟工房 `15164`

입에서 살살 녹는 치즈 타르트

먹거리에도 유행이 금세 바뀌는 홍콩에서 최근에 핫한 디저트가 바로 치즈 타르트이다. 길게 늘어선 줄이 그 인기를 대변해 준다. 북해도산 치즈와 일본산 밀가루, 프랑스산 버터로 만든 타르트는 따뜻할 때 먹으면 더욱 맛이 좋다. 유통기한은 단 하루이며 한 개 가격은 HK$22이다. 1인당 구매할 수 있는 개수가 6개로 한정되어 있다.

주소 G/F, 520 Lockhart Road, Causeway Bay 위치 MTR 코즈웨이베이 역 C번 출구 도보 3분 거리 전화 2560 2400 시간 11:00~21:00

토즈 TOTT's

MAPECODE `15165`

신나는 라이브 공연과 함께 파노라믹 야경 감상을

엑셀시어 호텔 맨 윗층에 위치하고 있는 파노라마식 야경을 감상할 수 있는 바이다. "Talk of the Town"의 뜻을 지닌 이 바에서는 아름다운 야경이 펼쳐지는 빅토리아 항구와 라이브 공연까지 즐길 수 있어 일석이조이다. 스파클링 와인 또는 모엣샹동 샴페인(Moet & Chandon Champagne)을 무제한 마실 수 있는 선데이 브런치는 적어도 2주 전에는 예약을 해야 할 정도로 인기가 높다. 월요일

과 토요일 밤 10시부터는 라이브 뮤직과 춤이 어우러지는 파티가 열린다. 이곳의 대표적인 칵테일은 'Tai-Tai'로 광둥어로 '부자 아내'란 뜻을 가졌다. 샴페인과 라즈베리 보드카와 프랑스 샤또와 라즈베리를 섞어 만든 것으로 그 맛이 독특해서 한번 시도해 볼 만하다. 또한 동서양의 퓨전 요리도 있어 인도의 탄두리부터 호주의 양고기, 스시와 회, 태국의 커리까지 다양한 요리를 맛볼 수 있다.

주소 34F, The Excelsior Hong Kong, 281 Gloucester Road, Causeway Bay 위치 MTR 코즈웨이베이 역 D1번 출구 전화 2837 6786 시간 런치 12:00~14:30(월~금) / 디너 17:00~22:30(월~토, 일요일은 21:30까지) / 라이브 바 22:00~01:00(월~목), 22:00~02:00(금~토, 공휴일) / 해피 아워 17:00~20:00(월~토), 18:00~20:00(일) / 일요일 샴페인 브런치 11:30~15:00 홈페이지 www.excelsiorhongkong.com

 Tip

엑셀시어 호텔 내부에 있는 찰스 디킨스 바(Charles-Dickens)

홍콩처럼 변화무쌍한 곳에서 무려 200년의 역사를 가진 곳으로, 영국의 유명한 소설가인 찰스 디킨스의 이름을 딴 전통적인 영국 분위기의 스포츠 바가 토즈(TOTT's)와 같은 엑셀시어 호텔 안에 있다.

MAPECODE **15166**

쌀국수가 맛 좋은 현지 식당

쌀국수가 유명한 식당으로 현지인들에게는 이미 입소문이 나 있다. 관광객에게는 전혀 알려지지 않은 곳으로 영어가 통하지 않기 때문에 메뉴 선정에 어려움이 있기도 하다. 유단허환(어묵이 들어간 쌀국수), 쎄뽀허환(각종 만두가 들어간 쌀국수) 그리고 HK$3를 추가로 내면 지초아(김)가 들어간 국수가 나온다. 우리나라 사람들 입맛에 딱 맞는 쌀국수 집으로 상초이(굴 소스+양상치 데친 것)와 함께 먹으면 가볍게 식사 대용으로 가능하다.

주소 2 Canal Road East, Causeway Bay 위치 MTR 코즈웨이베이 역 A번 출구에서 도보 5분 전화 2893 5617 시간 10:00~01:00

MAPECODE **15167**

타임 스퀘어 뒤편에 위치한 사천 요리 맛집

타임 스퀘어 근처에 위치한 사천 요리 맛집으로, 홍콩 사람들에게는 이미 정평이 나 있는 곳이다. 탄탄면이 유명하긴 하나 한국 사람들 입맛에 딱히 맞는 건 아니므로 사천식 만두국, 오일을 곁들인 가지 요리, 양념장에 재운 편육(Marinated Beef Shank)을 주문하는 것이 좋다. 단계별로 매운맛 선택이 가능하다. 식사 외에 오이가 들어간 두유 음료도 인기가 많다. 뭔가 어색한 조합이지만 그 맛이 의외로 잘 어우러진다. 오이의 상큼함이 더운 여름에 마시기 딱 좋다. 테이블이 몇 개 없어 예약은 필수이지만 금요일과 주말 저녁에는 예약을 받지 않는다.

주소 No 4. Yiu Wa Street, Causeway Bay 위치 MTR 코즈웨이베이 역 A번 출구에서 도보 4분 전화 2838 8198 시간 11:30~17:00, 18:00~23:00

미스터 스테이크 Mr. Steak Buffet a' la minute

MAPECODE **15168**

품질 좋은 호주산 스테이크

홍콩 여러 곳에 지점을 두고 있는 레스토랑으로, 깔끔한 실내에 품질 좋은 호주산 스테이크를 위주로 메뉴가 구성되어 있다. 주중에는 런치 뷔페를 HK$198로 저렴하게 즐길 수 있으며 휴일 런치는 와규와 오이스터 시푸드 뷔페로 HK$398이다. 7시 반부터 시작되는 디너 뷔페는 HK$368이며 금요일부터 일요일까지는 HK$30이 추가된다. 월요일부터 목요일, 오후 5시부터 7시까지의 초저녁 시간대에는 와규뿐 아니라 시푸드를 HK$398의 저렴한 가격으로 맛볼 수 있으며 저녁 7시 30분부터는 주중에는 HK$498, 주말에는 HK$528로 푸짐하게 맛 좋은 스테이크를 즐길 수 있다.

주소 6/F, World Trade Center, 280 Gloucester Road, Causeway Bay 위치 MTR 코즈웨이베이 역 E번 출구에서 도보 3분 전화 2881 5757 시간 12:00~14:30(런치 뷔페, 월~금 / 와규 & 오이스터 시푸드 뷔페, 토·일·공휴일), 17:00~19:00(디너 뷔페, 월~목), 19:30~22:00(디너 뷔페), 21:00~23:30(레이트 서퍼)

라 크레페리 La Creperie

MAPECODE **15169**

프랑스 정통 크레페를 맛볼 수 있는 곳

상하이, 베트남, 대만 등 동남아시아 여러 곳에 지점을 둔 크레페 전문점이다. 크레페는 얇게 편 밀가루나 메밀 반죽에 각종 재료를 올려 놓고 먹는 요리로, 식사 대용보다는 디저트로 잘 알려진 메뉴이다. 갈라트는 크레페보다 두꺼운 반죽에 햄, 치즈, 연어 등의 재료를 넣어 식사 대용으로 먹기 좋고, 달콤한 시럽과 크림, 그리고 초콜릿이 들어간 크레페는 디저트로 먹기 그만이다. 점심 세트 메뉴는 갈라트, 크레페, 음료가 포함된 가격이 HK$108~148이다.

주소 8/F, The L. Square, 459-461 Lockhart Road, Causeway Bay 위치 MTR 코즈웨이베이 역 C번 출구에서 도보 3분 전화 2898 7123 시간 12:00~23:00

천장거 Chuen Cheung Kui 泉章居

MAPECODE **15170**

홍콩의 로컬 음식을 제대로 맛볼 수 있는 곳

홍콩 로컬 식당에서 현지인들과 함께 식사하는 게 어색하거나 부담스럽지 않다면 한번 방문해 보자. 홍콩 현지인들로 늘 북적이는 곳으로 저렴한 가격에 홍콩 로컬 음식을 맛볼 수 있는 최적의 장소이다. 대표 메뉴는 HK$75의 소금구이 치킨(Baked Salty Chicken), HK$68의 야채 돼지고기 스튜(Stewed Preserved Vegetables and Pork), HK$58의 두부와 돼지고기를 넣은 군만두(Fried Bean Curd Stuffed with Minced Pork)이다. 소금구이 치킨은 살이 부드럽고 육질이 살아 있어 칠리 소스와 잘 어우러진다. 홍콩 음식의 진수를 맛보고 싶다면 이곳을 들러 보도록 하자.

주소 7/8F, Causeway Bay Plaza 1, 489 Hennessy Road, Causeway Bay 위치 MTR 코즈웨이베이 역 C번 출구에서 도보 3분 전화 2577 7311 시간 10:00~24:00

만파이 Man Fai 文輝墨魚丸大王

MAPECODE **15171**

문어 쌀국수로 유명한 식당

현지인들에게 많이 알려진 이곳은 한국인들에게는 문어 국수집으로 유명하다. 문어 국수 안에는 문어 외에도 김, 어묵, 꼴뚜기가 들어 있고 향신료는 들어가지 않아 향에 민감한 여행객이라도 편하게 식사가 가능하다. 한국인들에게는 호기심을 불러일으키는 문어 국수가 인기지만, 현지인들은 어묵 국수를 더 좋아한다. 양이 푸짐해서 한 그릇만 먹으면 속이 든든하다. 콜라겐이 풍부한 생선껍질 튀김(炸魚皮)도 한번 시도해보자. 개인적으로는 콩차이키의 쌀국수가 더 맛이 좋

지만 접근성이 좋은 이곳을 더 찾게 된다.

주소 22-24 Jardine's Bazaar, Causeway Bay 위치 MTR 코즈웨이베이 역 F1번 출구 도보 2분 전화 2890 1278 시간 08:00~02:00

이치란 ICHIRAN 一蘭

MAPECODE **15172**

코즈웨이베이의 1인 일본 라멘집

홍콩에서의 일본 라멘의 인기는 식을 줄 모른다. 지역별로 인기 있는 라멘집이 곳곳에 있고 가는 곳마다 줄을 서야 하는 진풍경을 볼 수 있으니 말이다. 일본에서도 유명한 라멘집으로 일본 라멘의 특징을 그대로 살린 곳이다. 여러 체인점이 있지만 코즈웨이베이 지역이 인기가 가장 많다. 이곳은 일본의 전형적인 1인 전용 식당으로 도서관처럼 칸막이가 되어 있고 혼자서도 편하게 식사할 수 있다. 취향에 따라 소스를 정하고 마늘과 파의 양을 체크할 수 있다. 기본 HK$89에서 추가되는 메뉴에 따라 가격이 달라진다.

주소 Shop F-1, G/F, Lockhart House Block A, 440 Jaffe Road, Causeway Bay 위치 MTR 코즈웨이베이 역 C번 출구 도보 3분 거리 전화 2152 4040 시간 24시간

호홍기 Ho Hung Kee

MAPECODE **15173**

홍콩의 대표적인 차찬탱

1946년에 오픈한 전통 있는 식당으로 타임 스퀘어 뒤편에 위치한다. 죽과 완탕면을 전문으로 하는 홍콩의 대표적인 식당으로 가볍게 식사하기 좋다. 레드 앤츠와 쌍벽을 이루고 있지만, 다소 복잡한 느낌이 드는 곳이다. 영어 메뉴가 있어 메뉴를 고르는 데는 어려움이 없다. 가장 대표적인 메뉴로는 소고기죽(Sliced Tenderlioin Congee)과 완탕면(Wantun Noodle in Soup)이 있다.

주소 Shop 1204-1205, 12F Hysan place ,500 Causewaybay 위치 MTR 코즈웨이베이 역 F2번 출구 전화 2577 6060

사테 킹 Satay King 沙嗲王

MAPECODE 15174

다양한 퓨전 음식을 맛볼 수 있는 체인 레스토랑

홍콩에서 인기 있는 체인 레스토랑으로, 내부로 들어서면 해적선 입구에 온 듯한 느낌을 준다. 맛이 훌륭하다기보다는 가볍게 다양한 퓨전 음식을 맛볼 수 있는 곳이다. 샐러드와 스타게티, 피자, 그리고 스톤 볼에 나오는 덮밥 종류는 한국인들의 입맛에 가장 맞고 포크찹 라이스와 화이트 포크 커리가 인기 메뉴 중 하나이다. 가격대는 HK$50~100으로 저렴한 편이다.

주소 5/F, The Goldmark, 502 Hennessy Road, Causeway Bay 위치 MTR 코즈웨이베이 역 F1번 출구에서 도보 3분 전화 2893 6667 시간 11:30~23:00 홈페이지 www.satayking.hk

매치 박스 The Match Box 喜喜冰室

MAPECODE 15175

홍콩의 다방 '빙셧'을 만날 수 있는 곳

차찬탱과 큰 차이가 없어 보이는 '빙셧'은 홍콩판 다방을 일컫는 말로, 디저트와 베이커리를 판매하는 카페라고 할 수 있다. 이런 차찬탱과 빙셧이 홍콩의 인기 식당 리스트에서도 항상 선두에 있는 것은 우리나라에서 떡볶이나 순대를 파는 분식 체인점이 인기몰이를 하는 것과 매우 흡사한 느낌이다. 웰빙 음식도 아니고 음식 맛이 특별하지도 않지만 가볍게 저렴한 가격으로 즐길 수 있다. 홍콩의 과거로 여행하는 듯한 느낌이라서 나름 매력이 있는 곳이다.

주소 Shop C&D, G/F, 57 Paterson Street, Fashion Walk, Causeway Bay 위치 MTR 코즈웨이베이 역 E번 출구에서 도보 5분 시간 08:00~23:00 전화 2868 0363 홈페이지 www.cafematchbox.com.hk

공화당 kungwotong 恭和堂

몸에 좋은 거북 젤리를 맛볼 수 있는 곳

청조 시대에 궁정 한방약으로 사용되던 거북 젤리를 파는 곳으로 먹고 나면 금방이라도 몸이 건강해지는 듯하다. 몸의 독소를 없애 주며 피부를 깨끗하게 해주는 효과가 있다고 하여 여성들에게 많은 인기를 모으고 있다. 가격은 HK$40로 부담스럽지 않은 가격이다. 거북 젤리라 해서 거부감이 일어날 수

있으나 먹을 때 시럽을 부어서 먹으면 한약을 달인 듯한 맛이 나므로 먹는 데 불편함은 없다. 차가운 것과 따뜻한 것 두 종류가 있지만 따뜻한 것이 약효가 더 있다고 하니 따뜻한 걸 선택하자. 만약 그래도 꺼려진다면 향이 좋고 여행에 지친 몸을 한결 가볍게 해주는 한방 약초나 국화차 혹은 24가지 야생화차(甘四味)로 대신해도 좋다. 야생화차는 쓴 맛이 강한 편이다. 가격은 한 잔에 HK$7이다.

주소 G/F, 87 Percival Street, Causeway Bay 위치 MTR 코즈웨이베이 역 A번 출구에서 도보 1분 전화 2576 1001 시간 10:30~23:45

와타미 Watami 和民居食屋

맛있는 퓨전 일식 체인점

홍콩에는 유난히 스시 체인점이 많다. 그러나 이곳은 스시 체인점이라기보다는 스시에서부터 우동, 라면 등 다양한 메뉴를 선보이는 곳이다. 그중에서 한국 메뉴인 돌솥비빔밥은 점심 메뉴로 HK$53, 미소라멘과 라이스 세트는 HK$63로 비교적 저렴한 가격에 다양하게 맛볼 수 있다. 이곳의 식재료는 일본에서 직접 공수해 오기 때문에 일본에서 먹는 맛과 거의 흡사하다. 대표 메뉴는 버터를 넣고 구운 조개관자 요리, 데리야키 치킨, 참치롤, 돼지와 새우를 넣은 만두, 장어 요리 등이며, 대부분의 메뉴는 계절별로 바뀌므로 양이 많으므로 한 개의 메뉴를 나눠 먹을 수 있다.

주소 Shop 401, 4/F, Windsor House, 311 Gloucester Road, Causeway Bay 위치 MTR 코즈웨이베이 역 E번 출구에서 도보 3분 전화 2175 3010 시간 11:30~22:30

히기 Hee Kee 喜記

MAPECODE 15178

홍콩 유명 연예인들이 많이 찾아 더욱 유명한 식당

히기를 한자 풀이를 하자면 '기쁨을 기록한다'는 의미를 가지고 있다. 배 위에서 생업을 하며 살아가던 어부들의 음식이었던 게 요리를 완차이에 자리잡게 한 사람이 바로 이곳을 운영하는 주인장이다. 이 식당은 '언더 브리지 스파이스 크랩'과 마찬가지로 유명 연예인들이 즐겨 찾는 맛집 중 하나로 한류 스타들도 이곳을 찾아 한국 관광객들에게도 이미 널리 알려졌다. 게 마늘 고추볶음 요리가 메인 메뉴이고 오징어 튀김도 맥주 안주로도 그만이다. 게 마늘 고추볶음에 사용되는 양념을 별도로 판매하고 있어 많은 관광객들이 구입해 간다.

주소 379 Jaffe Rd, Causeway Bay 위치 MTR 코즈웨이베이 역 C번 출구에서 도보 5분 전화 2575 7565 시간 12:00~04:30

태후 Taiwoo 太湖

MAPECODE 15179

유명한 해산물 레스토랑

2001년부터 2006년까지 각종 요리 대회에서 열세 번이나 수상한 경력을 지닌 유명한 해산물 레스토랑이다. 수상 경력이 있는 메뉴를 별도로 리스트해 놓아서 메뉴를 고르는 데 있어 크게 고민하지 않고 선택할 수 있다. 다양한 스타일의 해산물 요리와

광동 요리를 선보일 뿐 아니라 딤섬도 다른 유명 레스토랑 못지 않게 맛이 좋다. 삭스핀 수프는 랍스터 살이 들어가 있어 매우 맛도 좋을 뿐 아니라 가격 또한 저렴하다. 이곳의 메뉴에는 봉사료가 포함되지 않는 데다가 친절한 매니저의 서비스도 기대할 수 있는 곳이어서 해산물 레스토랑 중 여행자들의 사랑을 가장 많이 받는 곳이다.

주소 9/F, Causeway Bay Plaza 2, 463-483 Lockhart Road, Causeway Bay 위치 MTR 코즈웨이베이 역 C번 출구에서 도보 3분 전화 2893 0822 시간 10:30~15:00

언더 브리지 스파이스 크랩 Under Bridge Spicy Crab 橋底辣蟹

MAPECODE 15180

20년 이상의 전통 있는 해산물집

완차이 록하드 로드에 위치한 해산물 요리 전문점으로, 하버 터널로 이어지는 코즈웨이베이 다리 아래에 있다고 하여 '언더 브리지'라는 이름을 붙였다. 예전에 이곳은 태풍을 피하기 위해 육지로 올라오는 보트 피플들이 주로 정박하던 곳으로 20년 이상 전통을 지녔으며, 최근에 바로 옆에 깨끗한 식당으로 재개장하였다. 메뉴는 영어와 사진으로 되어 있어 주문하기 어렵지 않다. 메뉴판에는 유명 연예인

에서부터 정치인까지 이곳에 찾아온다는 광고 문구가 쓰여 있다. 스파이스 크랩 한 마리는 시세에 따라 조금씩 변동이 있으나 대략 HK$350~500이다. 한 마리 주문하면 성인 기준 3명이 먹을 수 있다.

주소 Shop 6-9, G/F., 429 Lockhart Road, Wan Chai 위치 MTR 코즈웨이베이 역 C번 출구에서 도보 5분 시간 18:00~06:00 전화 2573 7698

독톡 홍콩 이야기

우리 입맛에 잘 맞는 해산물 요리

● 드렁큰 프론 Drunken Prawn
고량주를 넣고 새우를 뜨거운 물과 함께 넣으면 그 속에서 새우가 익는다. 비린 맛이 없어져서 고소한 새우의 속살을 맛볼 수 있다.

● 전복찜 Steamed Sbalone
전복을 찐 다음 간장 소스에 파와 고수를 넣어 전복살이 쫄깃하다.

● 가리비 요리
갈릭 소스, 당면보다 얇은 면 그리고 가리비가 잘 어우러진 맛이 일품이다.

● 매운 마늘 게 요리
Garlic Deep-Fried Crab
바삭하게 튀긴 게와 튀긴 다진 마늘이 튀김의 느끼함은 없애고 고소함이 더해져 해산물 요리 중 한국인들의 입맛을 사로잡은 대표 요리다.

● 가루파 찜 Garoupa Steam
우리나라에서 쉽게 볼 수 없는 가루파는 중국과 홍콩에서 최고의 요리 재료로 각광받는 생선이다. 찜을 한 후 간장 소스에 파, 고수를 얹어 먹는 생선 요리로 우리 입맛에도 그만이다.

홍콩 섬
남부

천 가지의 표정이 살아 있는 곳

홍콩 최고의 부촌이라 할 수 있는 홍콩 섬 남부. 영국의 식민지에서 벗어나 중국의 지배를 받고 있는 홍콩은 동양과 서양의 문화가 혼합된 모습을 많이 찾아볼 수 있는데, 홍콩 섬 남부인 리펄스베이, 스탠리, 애버딘 지역에서도 다양한 문화를 만날 수 있다.

오션 파크는 홍콩 섬 남부의 대표적인 관광지로, 동양 최대의 해양 공원이다. 아이들과 함께하는 여행이라면 들러 볼 만하다. 홍콩의 대표적인 비치인 리펄스베이는 물살이 거칠지 않아 해수욕을 즐기기에 좋다. 리펄스베이를 바라보며 여유롭게 애프터눈 티를 즐겨 보자. 형형색색의 틴하우 사원도 여행자들에게 큰 볼거리를 제공해 준다. 스탠리 마켓은 고급스러운 레스토랑과 재래시장이 어우러져 이국적인 풍경을 자아내는 곳으로, 홍콩의 관광 명소 중 하나이다. 좁은 골목 사이로 홍콩의 야경을 그려낸 유화에서부터 실크 제품, 수공예품 등이 여행자들을 유혹한다. 스탠리 메인 스트리트를 채우고 있는 영국풍의 머레이 하우스와 하늘색을 닮은 건물만으로도 명소가 된 보트 하우스는 스탠리의 대표적인 볼거리이다.

홍콩 섬 남부 추천 코스

아이들과 함께라면 오션 파크를, 홍콩의 색다른 모습을 느끼고 싶다면 리펄스베이나 스탠리, 애버딘을 추천한다. 다양한 문화를 보여 주는 홍콩 섬 남부에서 홍콩 여행의 색다른 재미를 느껴 보자.

오션 파크
아시아 최대의 해양 공원

6, 6A번 버스로
10분

리펄스베이
홍콩의 대표적인 비치 리조트

택시로
10분

호라이즌 플라자
인테리어 소품부터
다양한 패션 브랜드까지 충망라한
멀티 브랜드 아웃렛

점보 레스토랑
세계 최대의 수상 레스토랑

무료 셔틀보트로
3분

도보
2분

도보
5분

더 베란다
리펄스베이에서 즐기는
분위기 있는 애프터눈 티

틴하우 상
리펄스베이의 화려한 사원

973, 73, 6X, 6번 버스로
15분

애버딘
바닷사람들의 정취를 느낄 수 있는 곳

73번 버스와
52번 미니버스로
10분

스탠리
홍콩의 작은 유럽

오션 파크

Ocean Park 海洋公園

아시아 최대의 해양 공원

홍콩 섬 남부의 애버딘과 리펄스베이 사이에 위치한 오션 파크는 동남아시아에서 가장 큰 레저 타운으로, 단순한 놀이공원이 아닌 남중국해의 아름다운 전경을 바라볼 수 있는 케이블카, 세계에서 두 번째로 긴 옥외 에스컬레이터 그리고 동남아시아에서 가장 큰 해양 수족관 등이 있어 어린이를 동반한 여행자들에게 가장 인기 있는 곳이다.

오션 파크는 산 아래의 해안 구역과 산 정상으로 나뉘는데, 해안 구역에는 비교적 가벼운 놀이 기구들과 그랜드 아쿠아리움, 귀여운 판다를 만날 수 있는 동물원 등이 있다. 산 정상에는 동양 최초로 1,000여 마리의 해파리가 전시된 해파리 전시관과 돌고래 공연이 열리는 해양 극장, 멋진 수중 경관을 볼 수 있는 상어 수족관이 있다. 또한 다양한 놀이 기구가 있는 어드벤처 랜드와 발판이 없이 공중에 떠 있는 상태에서 회전하는 헤어레이저 등을 타고 아찔한 스릴을 즐길 수 있는 스릴 마운틴이 있다.

산 아래의 해안 구역과 산 정상을 오갈 때는 케이블카와 오션 익스프레스 열차를 이용한다. 여유롭게 경치를 즐기고 싶다면 케이블카를 이용하고, 빨리 가고 싶다면 시속 10km로 3분 만에 1,300m의 터널을 통과하는 오션 익스프레스를 타면 된다. 그 밖에도 공원 곳곳에서 다양한 공연과 볼거리를 제공한다.

오션 파크 정문
•오션 파크 정문
海洋公園

로우랜드 파크
Low Land Park

키즈 랜드
Kids LAnd

Nam Long Shan Rd

오션 파크
Ocean Park
海洋公園

629번
버스 종점
(海洋公園 大樹灣)

오션 파크 후문
•大樹灣

버드 파라다이스
•雀鳥天堂

오션 극장, 파크
Ocean Theatre, Ocean Park
海洋劇場, 海洋公園

어드벤처 랜드

오션 파크 애틀 리프
Ocean Park Atoll Reef
海洋公園海洋館

하들랜드
라이드스

Access 주소 Ocean Park, Aberden 교통 ❶ 센트럴 피어 7번 선착장 앞에서 오션 파크행 629번 버스 이용(40분 소요) / 운행 시간 센트럴 → 오션 파크 09:45, 10:05, 10:25, 10:45, 11:45, 12:45, 13:45, 14:45, 15:45 오션 파크 → 센트럴 12:00, 13:00, 14:00, 15:00 요금 HK\$10.6 ❷ MTR 애드미럴티 역 B번 출구로 나와 리포 센터가 있는 드레이크 스트리트(Drake Street)에서 629번 버스 이용(25분 소요) / 운행 시간 애드미럴티 → 오션 파크 09:00~16:00, 오션 파크 → 애드미럴티 11:00~20:30 요금 HK\$10.6 전화 2552 0291 시간 10:00~18:00 요금 1일 입장 권 성인 · 12세 이상 HK\$480, 어린이(3세~11세) HK\$240

🌀 오션 파크 제대로 즐기기

오션 파크 입장료는 비싼 편이지만 각종 놀이 시설과 전시관을 이용할 때 별도의 이용료를 내지 않아도 된다. 티켓은 오션 파크정문 매표소에서 구입할 수도 있지만, 홍콩 입국 시 공항의 내일투어 인포메이션 데스크에서 할인된 가격으로 구입할 수 있다. 어트랙션을 긴 줄 없이 바로 이용할 수 있는 'Fast Track'의 가격은 어른, 어린이 모두 HK\$250으로, 최대 7개의 어트랙션을 선택하여 이용할 수 있다. 오션 파크 정문의 티켓 매표소, 열 대우림의 기프트 숍, 마린월드의 오션 파라다이스, 올드 홍콩 내의 Rickys Shack에서 구입할 수 있다.

홈페이지 www.oceanpark.com.hk

리펄스베이

Repulse Bay 淺水灣

홍콩의 대표적인 비치 리조트

리펄스베이는 넓게 펼쳐진 흰 모래와 푸른 바다, 구릉의 녹음이 조화를 이루어 홍콩의 해수욕장 중에서 가장 인기 있는 곳이다. '동양의 나폴리'라 불리는 이 아담한 규모의 해변은 물살이 거칠지 않아 해수욕을 즐기기에도 좋아 여름철 휴양지로도 손색이 없다. 해변을 따라 이어진 비치 로드에는 각종 음식점, 술집, 패스트푸드점이 있어서 관광객은 물론이고 현지인들도 즐겨 찾는 관광 명소 중 하나이다. 더군다나 풍수지리상 명당이라 하여 해변 위에는 호화 아파트와 고급 리조트 맨션이 가득하며, 주로 외국인들과 홍콩의 부자들, 홍콩 스타들이 많이 거주한다.

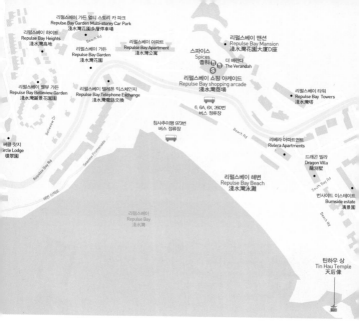

리펄스베이 가든 멀티 스토리 카 파크
Repulse Bay Garden Multi-storey Car Park
淺水灣花園多層停車場

리펄스베이 하이트
Repulse Bay Heights
淺水灣高地

리펄스베이 가든
Repulse Bay Garden
淺水灣花園

리펄스베이 아파트
Repulse Bay Apartment
淺水灣公寓

스파이스
Spices
囍料

리펄스베이 맨션
Repulse Bay Mansion
淺水灣花園大廈D座

더 베란다
The Verandah

리펄스베이 벨뷰 가든
Repulse Bay Belleview Garden
淺水灣景花園邨

리펄스베이 텔레폰 익스체인지
Repulse Bay Telephone Exchange
淺水灣電話交換

리펄스베이 쇼핑 아케이드
Repulse Bay shopping arcade
淺水灣商場

리펄스베이 타워
Repulse Bay Towers
淺水灣塔

6, 6A, 6X, 260번
버스 정류장

써클 랏지
Circle Lodge
環翠園

청사후이행 973번
버스 정류장

리베라 아파트먼트
Riviera Apartments

드래곤 빌라
Dragon Villa
龍灘墅

리펄스베이 해변
Repulse Bay Beach
淺水灣泳灘

번사이드 이스테이트
Burnside estate
濱景園

리펄스베이
Repulse Bay
淺水灣

탄하우 상
Tin Hau Temple
天后像

Access 교통 MTR 홍콩 역 D번 출구로 나와 익스체인지 스퀘어에서 6, 6A, 6X번 버스 이용(50분 소요, HK$ 7.90~8.40, 버스마다 요금 상이) / 260번 버스 이용(40분 소요, HK$10.6, 익스프레스 버스)

홍콩의 갑부 니나왕

리펄스베이에 있는 둥근 모양의 아파트는 홍콩의 갑부인 니나왕(王如心)의 소유였다. 그녀는 수천억 원의 재산을 소유했으며, 포브스지가 선정한 재계 204위에도 올랐다. 어느 날 부동산 기업 차이나렘 그룹을 운영하고 있던 남편 왕더후이(王德輝)가 납치되고 납치범들이 요구한 돈을 주었지만 그는 다시 돌아오지 못했다. 그녀는 남편이 납치되어서 경찰서에 신고하러 갈 때도 버스를 타고 갔으며, 값싼 패스트푸드를 즐겨 먹고 월평균 생활비로 36만 원을 쓸 정도로 구두쇠였다. 그 후 남편의 법적 사망 선고가 내려짐에 따라 남편의 그룹과 부동산 등을 상속받았다. 그녀는 남편의 유산을 둘러싸고 시아버지인 왕딘신(王廷歆)과 9년여간의 법정 분쟁을 벌여 홍콩을 떠들썩하게 하였다. 결국 법정 분쟁 끝에 승소하였지만 그 이후 난소암 판정을 받고 1년간의 투병 끝에 2007년 사망하였다. 니나왕의 이야기는 부자가 되는 것을 목표로 쉼 없이 달려가는 우리 인생에 큰 교훈을 주는 이야기가 아닐까 싶다.

179

틴하우 상 Tin Hau Temple 天后像

MAPECODE 15202

리펄스베이의 화려한 사원

140여 년의 역사를 가졌으며, 바다의 수호여신을 모시는 화려하고 원색적인 사원이다. 외국인들의 관광 필수 코스로 특히 한국인 가이드의 설명이 끊이지 않고 들려 온다. 문을 지나는 사람은 1,000세까지 건강하게 산다는 천세문과 여러 가지 신상 앞에는 많은 사람들이 줄을 서서 복을 기원하는 모습을 쉽게 볼 수 있다.

주소 South Bay Road, Repulse Bay 위치 리펄스베이 버스 정류장에서 도보 15분

Tip

소원을 들어주는 틴하우 사원

틴하우 사원의 검은 신상 왼편에 있는 그릇 양쪽을 세 번 문지른 다음 신상의 머리에서부터 발끝까지 쓸어 내린 후 주머니에 손을 넣으면 재복이 들어온다고 한다. 하얀 석상은 다산의 상징으로 이 석상을 만지면 아이를 낳는다는 미신이 전해져, 사람들이 줄을 지어 차례를 기다린다. 그리고 동쪽 끝에 거대한 '천후상(天后像)'이 있고 그 왼쪽 누각 앞에 '인연석(姻緣石)'이라 불리는 검은 돌이 있다. 이 돌에는 '천리를 떨어져 있어도 인연만 있으면 다시 만난다(千里姻緣一線牽)'는 의미의 글귀가 쓰여 있다. 이 돌을 만지면 짝이 없는 사람들은 자신의 인연을 만나거나 원하는 이성의 이름을 외우면 그와 결혼한다고 한다. 짝이 없는 솔로라면, 한번 시도해 보자.

리펄스베이 맨션 Repulse Bay Mansion

리펄스베이의 상징인 최고급 맨션

MAPECODE 15203

평당 수천만 원을 호가하는 리펄스베이 맨션은 리펄스베이의 상징이기도 하다. 가운데가 뻥 뚫린 구조인데 건물을 지을 당시 바다와 산을 오가는 용신의 진로를 가로막아 위험하다는 소문이 돌자 급히 설계를 변경한 것이다. 쇼핑 아케이드를 제외하고는 일반인의 출입을 철저히 통제하여 이곳에 거주하고 있는 홍콩 스타와 부호들의 사생활을 철저히 보호하고 있다. 쇼핑 아케이드에는 커피숍과 고급스러운 레스토랑, 인테리어용품 전문점이 들어서 있다.

위치 리펄스베이 버스 정류장에서 도보 5분, 입구는 리펄스베이 쇼핑 아케이드 안쪽에 있다.

스파이스 Spices

리펄스베이의 아시안 레스토랑

MAPECODE 15204

리펄스베이 맨션의 쇼핑 아케이드에 위치한 '스파이스'는 이름처럼 인도 음식부터 일본 음식까지 매콤한 아시아 요리를 먹을 수 있는 곳이다. 음식이 좀 짠 게 단점이지만 장국영이 생전에 즐겨 찾던 곳이어서 그런지 정감이 가는 곳이다. 잔디로 둘러싸인 넓은 야외 테라스에서 주스나 칵테일 한잔을 마시고 있노라면 마치 휴양도시에 와 있는 듯한 착각에 빠지게 된다.

주소 G/F, The Repulse Bay, 109 Repulse Bay Road 전화 2292 2821 시간 12:30~14:00, 18:30~21:30(월~금) / 11:30~22:30(토~일, 공휴일)

스탠리

Stanley 赤柱

홍콩의 작은 유럽

홍콩 섬의 가장 남쪽에 위치한 곳으로 1842년 영국에 양도될 때에는 작은 어촌이었으나, 지금은 홍콩 여행에서 빼놓을 수 없는 관광 명소로 손꼽힌다. '스탠리'라는 지명은 당시 국무장관으로 있던 스탠리 경의 이름을 따서 명명하였다고 한다. 리펄스베이와 함께 홍콩 섬 남부의 2대 휴양지로 손꼽히는 스탠리는 영국의 지배하에 있던 19세기 중반에 임시 수도의 역할을 했으며 지금은 대중적인 편안함으로 그 전성기를 누리고 있다. 드넓은 모래사장을 낀 해변을 따라 아름다운 레스토랑과 바들이 늘어서 있어 유럽의 작은 도시를 방불케 한다. 또한 골목길 사이사이 수공예품, 골동품, 저렴한 의류와 다양한 기념품 등을 파는 상점들이 모여 있는 재래시장이 형성되어 있어 여행자들에게 사랑을 받고 있다. 반도의 지형 덕에 삼면을 통해 감상할 수 있는 일출과 일몰 또한 스탠리에서만 볼 수 있는 멋진 풍경이다.

스탠리 플라자
Stanley Plaza
赤柱廣場 Ⓢ

고면 테라스
Gordon Terrace
北宜臺

펠리칸
Pickled Pelican
醃清鵜鶘

피자 익스프레스
Pizza Express

보트 하우스
The Boat House
本博特臺斯

16A, 16M, 40 번
버스 정류장

스탠리 메인 비치
Stanley Main Beach
赤柱灘

65, 973 번
스탠리 빌리지
버스 정류장

틴하우 사원
Tin Hau Temple
天后廟

비치스
Beaches
海灘

스탠리 경찰소
Stanley Police Station
聖德學校

머레이 하우스
Murray House
美利樓

Dymocks
딕스토어

스탠리 마켓
Stanley Market
赤柱市集 Ⓢ

St. 테레사 스쿨
St. Teresa's School
聖德蘭學校

홍콩 해양 박물관
Hongkong Maritime Museum
香港海事 博物館
오션 록 시푸드
Ocean Rock Seafood & Tapas
킹 루드비히 비어홀
King Ludwig Beerhall

스탠리 우체국
Stanley Post Office
赤柱郵政局

베이사이드 브래서리
Bayside Brasserie Ⓢ

더 바디 디자이어 스파
The Body & Desire Spa
身體與慾望溫泉

스탠리 베이
Stanley Bay
赤柱灣

선앤문 패션
Sun & Moon Fashion
日月時尚

St. 스테판스 콜리지 탕 슈 킨 스포츠 필드
St. Stephen's College Tang Shiu Kin Sports Field
聖士提反書院鄧肇堅運動場

Access 주소 Stanley Market Road, Stanley Village 교통 센트럴 역 근처 익스체인지 스퀘어(Exchange Squre)에서 6, 6A, 61, 66, 260, 262번 버스 이용(40분 소요, HK$ 7.90~10.6) / 리펄스베이에서 6, 6A, 6X, 260번 버스 이용(15~20분 소요, HK$ 4.6~6.6) 시간 10:00~17:30(월~금), 10:00~17:00(토~일)

📍 스탠리까지 가장 빠르게 가는 방법

초록색 미니버스 40번을 타면 스탠리까지 30분 만에 도착할 수 있다. 코즈웨이베이 역 B번 출구에서 헤네시 로드(Hennessy Road)를 따라 직진하다 보면 탕렁 스트리트(Tang Lung Street) 중간 정도에 버스 정류장이 있다. 요금은 HK$10이며 옥토퍼스 카드로도 지불이 가능하다. 벨이 없는 버스가 대부분이며 내릴 정류장이 되면 'Next Stop Please'라고 하면 된다. 하지만 스탠리 마켓이 종점이므로 크게 걱정할 필요는 없다.

머레이 하우스 Murray House 美利樓

MAPECODE 15205

식민지 시대의 가장 오래된 증거물

홍콩에 남아 있는 가장 오래된 식민지 시대 건물 중 하나로 총 40만 개의 벽돌로 구성된 3층 규모의 석조 건물이다. 1844년 센트럴에서 영국군 영지로 사용되었고, 1982년 센트럴 개방 정책으로 철거되었다가 건물의 역사적 가치를 인정받아 지금의 스탠리로 이전하여 1988년 재건축되었다. 2차 세계 대전 때 일본군이 홍콩을 점령했을 때 일본군 기지 및 고문실과 감옥으로 쓰였던 곳이다. 아픈 역사 속에서도 밤에는 조명을 받아 더욱 웅장하게 느껴진다. 1층에는 홍콩 해양 박물관, 2~3층에는 와일드 화이어, 스페인 음식점 미하스 등 레스토랑이 있어 분위기 있는 테라스석에서 식사를 할 수 있다.

주소 Murray House, Stanley Main Street, Stanley
위치 스탠리 메인 스트리트에서 도보로 5분

오션 락 시푸드 Ocean Rock Seafood & Tapas

MAPECODE 15206

스페니시 레스토랑

스탠리 머레이 하우스에 위치한 스페인 레스토랑으로 스페인 와인인 상그리아를 마시며 분위기 있게 식사를 할 수 있는 곳이다. 기존에 저렴한 가격으로 제공되던

런치 뷔페 메뉴는 없어졌지만, 엔초비가 들어간 샐러드, 돼지 꼬치, 구운 감자를 곁들인 치킨, 초리초가 함께 나오는 빠에야, 스파게티 등 맛 좋은 스페인 요리를 기분 좋게 먹을 수 있는 곳으로 여전히 추천하고 싶은 장소이다.

주소 102, Stanley Plaza, Murray House, Stanley
위치 머레이 하우스 1층에 위치 전화 2899 0858 시간 12:00~23:30(월~목), 12:00~24:00(금), 11:00~24:00(토), 11:00~23:00(일 · 공휴일)

스탠리 플라자 Stanley Plaza

스탠리의 핫플레이스

MAPECODE **15207**

스탠리를 대표하는 스탠리 마켓, 머레이 하우스와 어깨를 나란히 하는 새로운 핫플레이스로, 스탠리까지 가서 볼거리나 쉴 곳이 2% 부족하다고 느끼는 여행자들에게 볼거리와 쉴 곳을 다양하게 제공하는 곳이다. 머레이 하우스에는 레스토랑만 있는 반면 스탠리 플라자에는 다양한 편집 숍과 여러 프랜차이즈 매장이 있다. 1층에는 체즈 패트릭 델리, 클래스 파이드, 뉴욕 프라이즈, 스타벅스가 위치하고 있다.

주소 23 Carmel Road, Stanley 위치 머레이 하우스 맞은편 시간 08:00~23:00(가게마다 영업 시간 다름)

스탠리 마켓 Stanley Market 赤柱市場

스탠리의 흥미로운 재래시장

MAPECODE **15208**

'홍콩의 이태원'이라고 불릴 만큼 좁은 골목에 120여 개의 다양한 상점들이 즐비하다. 주로 가정용품과 의류, 가구류, 기념품, 그림, 도장, 공장 직매품과 액세서리 등을 취급한다. 의류 중에는 기획 상품으로 내 놓은 값싼 제품들이 많고 예쁜 공예품도 눈길을 끈다. 물건의 품질은 떨어지고 조잡한 편이지만 꼼꼼히 살펴보면 제법 살 만한 것을 발견할 수 있다. 정가를 붙여 놓은 상점도 종종 있지만 흥정은 필수이고 구입 후 교환과 환불은 불가능하다.

주소 Stanley Market Road, Stanley Village 위치 40번 미니버스 터미널에서 Stanley New St를 따라 내리막길로 도보 2분 시간 10:00~17:30(월~금), 10:00~19:00(토~일)

선앤문 패션 Sun & Moon Fashion

저렴한 비치웨어를 구비할 수 있는 곳

MAPECODE **15209**

공장형 아웃렛으로 HK$50 내외로 품질 좋은 옷을 고를 수 있다. 비치웨어를 준비하지 못했다면 이곳에서 저렴하게 구입할 수 있다. 물건도 다양하고 맘껏 입어 볼 수 있어서 좋다. 하지만 HK$20의 저렴한 옷이라면 입어볼 수 없다. 또한

여자들의 이너웨어를 저렴하게 HK$5~20 이내로 구입할 수 있으나 사이즈 표기가 안 되어 있어 고르기가 어렵다는 단점이 있다. 통로가 매우 비좁아 쇼핑하는 데 불편함은 있지만, 품질 좋고 저렴한 옷을 살 수 있으니 주머니가 가벼운 여행자라면 한번쯤 들러 보자.

주소 G/F, No.18A-B, Stanley Main Street, Stanley 전화 2813 2723 시간 09:30~19:00(월~금), 09:30~19:30(토, 일, 공휴일)

펠리칸 Pickled Pelican

MAPECODE 15210

스탠리에서 여유롭게 브런치를 즐길 수 있는 곳

스탠리 메인 거리는 편안한 브런치를 즐기기에 좋은 거리이다. 이곳은 다양한 메뉴는 없지만 아침 식사로 달걀, 구운 감자, 베이컨 그리고 콩 등이 함께 나온다. 일반적인 메뉴에도 불구하고 음식 맛은 매우 훌륭하다. 주중과 오후에는 다양한 종류의 맥주와 전통적인 영국식 펍 음식을 맛볼 수 있다.

주소 90 Stanley Main Street, Stanley 위치 스탠리 메인 스트리트 전화 2813 4313 시간 11:30~23:00(월~일)

보트 하우스 The Boat House

MAPECODE 15211

낭만적인 유럽식 레스토랑

스탠리의 명물로 파란 보트 모양의 낭만적인 유럽식 레스토랑인 이곳은 먹는 즐거움과 더불어 보는 즐거움까지 더해 준다. 스탠리 비치를 바라볼 수 있는 2층 테라스석은 늘 인기 만점이다. 흡합 요리나 샌드위치, 파스타 등 가벼운 식사를 할 수 있다. 크림 파스타는 그 맛을 잊지 못해 다시 홍콩을 찾고 싶을 정도로 맛있다.

주소 G/F, 86-88 Stanley Main Street, Stanley 위치 스탠리 버스 터미널을 등지고 스탠리 마켓 로드를 지나 왼쪽으로 스탠리 메인 스트리트와 만나는 지점 전화 2813 4467 시간 11:30~22:00(일~목) 11:30~23:00(금~토, 공휴일)

킹 루드비히 비어홀
King Ludwig Beerhall

MAPECODE **15212**

바다를 바라보며 맥주 한잔하기 좋은 독일 전통 펍

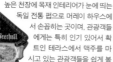

높은 천장에 목재 인테리어가 눈에 띄는 독일 전통 펍으로 머레이 하우스에서 손꼽히는 곳이다. 관광객들에게는 특히 인기 있어서 확 트인 테라스에서 맥주를 마시고 있는 관광객들을 쉽게 볼 수 있다. 매일 밤 밴드의 음악을 들으며 시원한 독일 맥주를 맛볼 수 있다. 대표적인 안주는 우리나라의 족발과 흡사한 맛의 독일식 돼지 족발(Pork Knuckle)인데, 겉이 바삭하게 구워져서 맛있다. 침사추이에도 지점이 있다.

주소 Shop 202, 2/F, Murray House, Stanley 위치 스탠리 메인 스트리트에서 도보로 5분 전화 2899 0122 시간 12:00~24:00(월~금), 11:00~24:00(토, 일, 공휴일)

MAPECODE **15213**

피자 익스프레스 Pizza Express

피자 맛과 분위기가 환상 궁합을 자랑하는 곳

센트럴의 소호에도 지점이 있는 유명한 피자 체인점으로, 항상 사람들로 북적이는 곳이기도 하다. 스탠리의 피자 익스프레

스는 메인 스트리트에 위치하고 있어 찾기도 쉬울 뿐 아니라, 확 트인 전망으로 여행온 기분을 더욱 만끽할 수 있는 장소 중 하나이다. 치즈가 듬뿍 들어간 토마토 라자냐와 모짜렐라 피자 맛이 일품이다. 주중 오전에 이곳에 들른다면 12시 30분 전에 계산하고 자리를 뜨는 조건으로 15% 할인해 준다.

주소 90 Stanley Main Street, Stanley 위치 스탠리 메인 스트리트 전화 2813 7363 시간 11:00~22:00

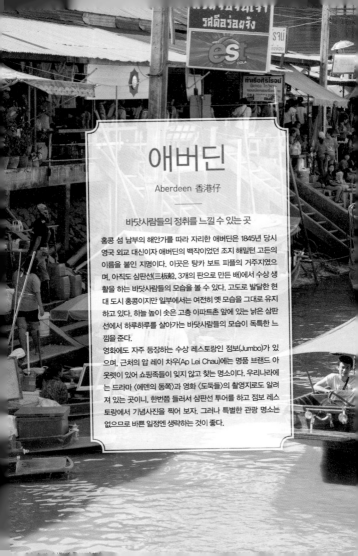

애버딘

Aberdeen 香港仔

바닷사람들의 정취를 느낄 수 있는 곳

홍콩 섬 남부의 해안가를 따라 자리한 애버딘은 1845년 당시 영국 외교 대신이자 애버딘의 백작이었던 조지 해밀턴 고든의 이름을 붙인 지명이다. 이곳은 탕카 보트 피플의 거주지였으며, 아직도 삼판선(三板船, 3개의 판으로 만든 배)에서 수상 생활을 하는 바닷사람들의 모습을 볼 수 있다. 고도로 발달한 현대 도시 홍콩이지만 일부에서는 여전히 옛 모습을 그대로 유지하고 있다. 하늘 높이 솟은 고층 아파트촌 앞에 있는 낡은 삼판선에서 하루하루를 살아가는 바닷사람들의 모습이 독특한 느낌을 준다.

영화에도 자주 등장하는 수상 레스토랑인 점보(Jumbo)가 있으며, 근처의 압 레이 차우(Ap Lei Chau)에는 명품 브랜드 아웃렛이 있어 쇼핑족들이 잊지 않고 찾는 명소이다. 우리나라에는 드라마 〈에덴의 동쪽〉과 영화 〈도둑들〉의 촬영지로도 알려져 있는 곳이니, 한번쯤 들러서 삼판선 투어를 하고 점보 레스토랑에서 기념사진을 찍어 보자. 그러나 특별한 관광 명소는 없으므로 바쁜 일정엔 생략하는 것이 좋다.

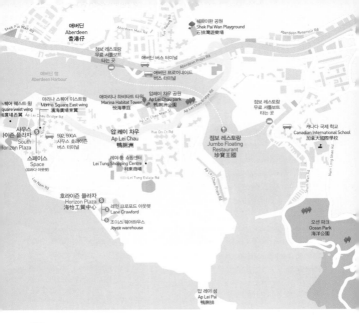

애버딘
Aberdeen
香港仔

Shek Pai Wan Rd

Aberdeen Main Rd

셱파이완 공원
Shek Pai Wan Playground
石排灣遊樂場

Aberdeen Reservoir Rd

정보 레스토랑
무료 셔틀보트
타는 곳

애버딘 버스 터미널

애버딘 프로머네이드
버스 터미널

애버딘 항
Aberdeen Harbour

마리나 스퀘어 이스트윙
Marina Square East wing
濱海廣場東翼

애마리나 하버타트 타워
Marina Habitat Tower
悅海華庭

압레이 차우 공원
Ap Lei Chau park
鴨脷洲海濱公園

에파이완 공원

~퀘어 웨스트 윙
quare west wing
海廣場西翼

Ap Lei Chau Bridge Rd

592, 500A
사우스 호라이즌
버스 터미널

압 레이 차우
Ap Lei Chau
鴨脷洲

Ap Lei Chau Main Rd

캐나다 국제 학교
Canadian International School
加拿大國際學校

정보 레스토랑
무료 셔틀보트
타는 곳

~이즌 플라자
quare plaza
海怡廣場東翼

사우스
이즌 플라자
South
Horizon Plaza

스페이스
Space
(브랜드 아웃렛)

Lei Nam Rd

리통 쇼핑센터
Lei Tung Shopping Centre
利東商場

Lei Tung Estate Rd

Yue On Ct Rd

정보 레스토랑
Jumbo Floating
Restaurant
珍寶王國

Ap Lei Chau Praya Rd

Nam Long Shan Rd

오션 파크
Ocean Park
海洋公園

호라이즌 플라자
Horizon Plaza
海怡工貿中心

레인 크로포드 아웃렛
Lane Crawford

조이스 웨어하우스
Joyce warehouse

압 레이 싱
Ap Lei Pai
鴨脷排

 Access 교통 MTR 홍콩 역 D번 출구로 나와 익스체인지 스퀘어에서 70번 버스 이용, 종점인 애버딘 버스 터미널에서 하차(30분 소요, HK$4.70)

삼판선 투어

애버딘의 해상 교통수단

삼판선은 애버딘 주민들의 해상 교통수단이자 수상
가옥 역할을 하던 배로, 이곳에서 생활하는 어부들
의 모습을 가까이서 볼 수 있어 지금은 많은 관광객
들의 투어 상품으로 이용되고 있다.

위치 애버딘 버스 터미널에서 하차, 지
하도를 건너 해변 산책로로 나가면 삼
판선과 점보 레스토랑 무료 셔틀보트
를 탈 수 있다. / 삼판선 30분 소요,
HK$30~50, 흥정은 필수

호라이즌 플라자 Horizon Plaza 海怡工貿中心

MAPECODE **15214**

인테리어 소품부터 다양한 패션 브랜드까지 총망라한 멀티 브랜드 아웃렛

홍콩 최대의 창
고형 쇼핑 아웃
렛으로 리윙 거
리에 위치해 있
다. 이곳에는
생활 소품부터
가구, 패션 브

랜드 등이 입점해 있어 알뜰 쇼핑족에게는 더없이
즐거운 곳이다. 하지만 다소 유행이 지난 옷들이 있
어 실망할 수도 있다. 21층에서 22층에 오르려면

에스컬레이터가 없어 엘리베이터를 이용하기 때문
에 층간 이동이 불편하다. 10층에는 모스키노와 폴
스미스, 21층에는 조이스 웨어 하우스, 25층에는
백화점 아웃렛 레인 크로포드, 27층에는 막스마라
등이 있다.

주소 2 Lee Wing St., Ap Lei Chau 위치 센트럴 역 익
스체인지 스퀘어(Exchange Square)에서 압 레이 차
우행 90, 91번과 M590번 버스를 타고 종점에 하차,
도보 10분, 택시로는 기본 요금 전화 2814 8313 시간
10:00~19:00

스페이스 Space

MAPECODE **15215**

프라다와 미우미우를 싸게 살 수 있는 명품 아웃렛

프라다와 미우미
우 마니아라면 빠
뜨리지 말고 들러
야 하는 곳이다.
매장이 크지 않으
며, 품목 또한 다
양하지는 않다.

하지만 운이 좋아 원하는 제품을 구매할 수 있다면
금상첨화. 브랜드 회사가 직접 운영해 100% 진

품만 판매하니 믿고 구입해도 된다. 일부 제품은 정
상 가격에서 90% 이상 싸게 판매하기도 한다. 남
들과 다른 것을 추구한다면 미우미우의 구두 코너
를 놓치지 말 것. 가격은 10만~20만 원대이다.

주소 2/F, South Horizons Plaza (East Wing),
South Horizon Plaza 위치 센트럴 역 익스체인지 스퀘
어(Exchange Square)에서 M590번 버스를 타고 종점
에서 하차 전화 2814 9576 시간 10:00~18:00(공휴
일은 12:00~18:00)

점보 레스토랑 Jumbo Restaurant 海上畫舫

MAPECODE **15216**

세계 최대의 수상 레스토랑

세계에서 가장 큰 규모를 자랑하는 점보 레스토랑은 2,000여 명을 수용할 수 있는 3층짜리 수상 식당으로 주말에는 예약이 필수다. 1976년에 약 45억 원을 들여 완공한 곳으로 홍콩 호화 레스토랑의 대명사로 불린다. 홍콩의 대표적인 해산물 수상 레스토랑으로 맛으로 승부하기보다는 그 규모와 화려함으로 관광지로서 더욱 각광을 받고 있다. 점보는 애버딘의 수면 위에 떠 있는 하나의 해상 왕국 혹은 수상 궁전 같은 분위기를 자아내고 있다. 내부 또한 중국 황실의 연회장을 연상시킬 만큼 금빛 찬란한 화려함으로 중무장하고 있다. 밤이 되면 수천 개의 화려한 등불이 이곳을 밝힌다. 금분을 칠한 용

으로 호화스러운 장식을 한 이곳에서는 광둥식 요리와 신선한 해산물을 제공하고 있다. 2층에는 중국 황실의 황제가 앉던 의자를 그대로 재현해 놓았는데 보좌에서 기념사진 찍는 것도 잊지 말자.

주소 Shum Wan Pier Dr., Wong Chuk Hang, Aberdeen 위치 센트럴에서 7, 70번, 코즈웨이베이에서 72, 77번, 침사추이에서 애버딘으로 가는 973번을 타고 애버딘에서 내려 점보 레스토랑으로 가는 무료 셔틀보트 이용 전화 2553 9111 시간 11:00~23:30(월~토),

07:00~23:30(일, 공휴일) 무료 셔틀보트 10분 소요, 11:00~23:00(월~금), 07:00~ 23:30(토·일, 공휴일) / 점보 레스토랑에서 음식을 먹지 않아도 셔틀보트 이용이 가능하다.

구룡 반도

홍콩의 역사가 살아 숨 쉬는 곳

홍콩 섬이 금융 및 경제의 중심지라면, 구룡 반도는 150년 이상의 식민지 역사와 5000년 이상의 중국 전통문화가 살아 숨 쉬는 곳으로, 홍콩의 매력적이고 독특한 문화를 엿보기에 충분하다.

구룡은 '아홉 마리의 용'이라는 뜻으로 구룡 반도(九龍 半島) 이남 지역을 말하며, 면적은 대략 11.1km²이다. 20세기 초 홍콩 총독을 지냈던 나단 경이 이 지역을 본격적으로 개발한 후 국제 무역항으로 발전을 거듭하였고, 현재는 동양 최대의 상업 지구로 급부상하였다.

시계탑이 서 있는 해변 산책로와 도심 속 휴식처인 구룡 공원, 스타의 거리, 하버 시티와 캔톤 로드의 명품 거리, 홍콩의 가장 아름다운 야경을 바라볼 수 있는 빅토리아 항, 홍콩의 역사를 한눈에 볼 수 있는 역사 박물관, 전통 있는 페닌슐라 호텔에서의 애프터눈 티, 구룡 북서쪽에 위치한 홍콩인들의 삶을 엿볼 수 있는 몽콕의 레이디스 마켓과 템플 스트리트의 야시장까지 고루 볼 수 있다. 지금은 홍콩 섬 곳곳에도 새로운 쇼핑 명소들이 뜨기 시작하면서 예전의 명성만은 못하지만 하버 시티와 더불어 더 원, K11, 아이 스퀘어 등의 쇼핑센터들이 하나둘씩 생겨나기 시작했다. 새롭게 거듭나는 도시이지만 여전히 우리가 떠올리는 홍콩의 예스러움과 역사가 살아 있는 이곳이 구룡 반도이다.

침사추이

Tsim Sha Tsui 尖沙咀

홍콩의 야경을 감상할 수 있는 최고의 지역

침사추이는 구룡 반도의 남북으로 뻗어 있는 네이던 로드의 남쪽에 위치하고 있으며, 구룡 반도의 최대 번화가이자 중심부로서 빅토리아 항을 끼고 있어 홍콩 야경을 감상할 수 있는 최고의 지역이기도 하다. 화려한 번화가와 뒷골목의 풍경이 조화를 이루어 각종 영화, 드라마의 배경으로도 자주 등장한다. 또한 저녁 8시만 되면 어김없이 '심포니 오프 라이트'가 홍콩 섬의 고층 건물들을 하나하나 가리키며 그 화려한 불빛을 하늘에 수놓는다. 홍콩의 쇼핑 아이콘이라고 해도 과언이 아닌 침사추이는 발품 팔며 재미있게 쇼핑할 수 있는 곳이다. 작은 길 사이로 길게 늘어서 있는 보세숍부터 하버 시티의 고급 명품 브랜드까지 다양한 쇼핑을 즐길 수 있다. 명품에 관심이 없다면 우리나라의 명동 골목과 이대 앞 같은 분위기의 보세숍에서 쇼핑을 즐겨 보자.

🌐 홍콩의 스타페리

구룡과 홍콩 섬을 잇는 스타페리는 홍콩의 명물로 위층이 1등석이고 아래층이 2등석이다. 빅토리아 항을 가르며 달리는 스타페리는 밤에 더 화려한 모습을 드러낸다. 개찰구 앞에서 현금 혹은 옥토퍼스 카드로 토큰 구입이 가능하다. 월~금요일은 HK$2.50, 주말과 공휴일은 HK$3.40으로 매우 저렴하다.

침사추이

로얄 퍼시픽 호텔
The Royal Pacific Hotel
皇家太平洋酒店

ISA아웃렛
ISA Outlet
ISA 撝品館

카페 온 더 파크
Cafe on the Park
咖啡園餐廳

구룡 공원
Kowloon Park
九龍公園

차이나 홍콩 페리 터미널
China Hong Kong
Ferry Terminal
中國客運碼頭

Gateway Blvd

하버 시티

돈키치 돈가스 시푸드
Tonkichi Tonkatsu Seafood
東丰日本吉列專門店餐廳

Hong Kong Heritage
Discovery Centre

돈키치 돈가스 시푸드
Tonkichi Tonkatsu Seafood
東丰日本吉列專門店餐廳

88피 가든 누들 앤 콘지 키친
Happy Garden Noodles & Congee Kitchen
怡園粥麵小館

비청항
Bee Cheng Hiang
美珍香

카오룽 모스크
Kowloon Mosque
九龍清真寺

침사추이 역
Tsim Sha Tsui
尖沙咀站

마카오 레스토랑
Macau Restaurant
澳門茶餐廳

Watson's
屈臣氏

게이트웨이 호텔
Gateway Hotel
香港海港酒店

마시모 두띠
Massimo Dutti

코스
COS

밀란
PYLONES

UCC 커피숍
UCC Coffee Shop

카페 드 코랄
Cafe de Coral

실버코드
Silvercord
新港中心

게이트웨이 아케이드
The Gateway Acade
海港城

하버 시티
Harbour City
海港城

지오디
G.O.D. 住好啲

아이티 세일 숍
I.T Sale Shop I.T 銷售店

스텐다드
코즈웨이베이
973 번 버스 정류장

밀란 스테이션
Milan Station
美麗站

렌데부스
Rendezvous
足飽吉

니콜라스 앤 베어스
Nicholas & Bears
尼古拉斯和熊

스카이 모텔
Sky Motel

미라도 맨션
Mirador Mansion
美麗都大廈

싱럼쿠이 星林閣
SING LUM KHUI
Rice noodle house

i-SQUARE

시티 슈퍼
City Super

슈퍼스타 시푸드 레스토랑
Superstar Seafood
海星海鮮酒家

트위스트
twist

스위트 다이너스티
The Sweet Dynasty
糖朝

에이바
Eyebar

DFS 갤러리아
DFS Galleria

랭함 호텔
The Langham Hong Kong
香港朗廷酒店

당 코트
Tang Court 唐閣

네드 켈리스 라스트 스탠드
Ned Kelly's Last Stand

홍콩 호텔
Kowloon Hotel
九龍酒店

페라가모
Ferragamo
菲拉格

비 + 에이뷔 b+ab

레오니다스 그랜드 플레이스
Leonidas Grand Place

오션 센터 (OC)
Ocean Centre
海運中心

ZARA

아쿠아
AQUA

미니버스
미니버스

더 솔즈베리 YMCA 호텔
The Salisbury YMCA of Hong Kong
香港基督教青年會

금링금로우
GLAMGLOW

1881 헤리티지
1881 Heritage
英皇鐘錶珠寶

레인 크로포드
Lan Crawford

스프링 문
Spring Moon

페닌슐라 부티크
Peninsula Boutique

더 로비
The Robby

니콜라스 앤 베어스
Nicholas & Bears
尼古拉斯和熊

오션 터미널 (OT)
Ocean Terminal
海運大廈

쿠치나
Cucina

스타 하우스 플라자
starhouse plaza
星光星達

상하이 탕
Shanghai Tang
上海灘

가디
Gaddi's 吉地士

루이비통
Louis Vuitton
路易威登

아베비 ABEBI

더 마르코 폴로 홍콩 호텔 아케이드 (H+)
The Marco Polo Hong Kong Hotel Acade
馬可孛羅商場

치코 Cbicos

페이셔스 Facesss

비비안 웨스트우드 카페 Vivienne
Westwood Cafe

비엘티 스테이크
BLT STEAK

스타페리 선착장
Star Ferry Pier
天星小輪碼頭

피킹 가든 北京楼
Peking Garden

침사추이 버스정류장
Tsim Sha Tsui

시계탑
Clock Tower
時計塔

홍콩 관광청

세레나데
Serenade 映月樓

홍콩 문화 센터
Hong Kong Cultural Centre
香港文化中心

스페이스 Space

펠릭스 Felix

필스 앤 캐시미어
Peals and Cashmere

샤넬 Chanel

홍콩 우주 박물관
Hong Kong Space Museum
香港太空館

홍콩 예술관
Hong Kong Museum of Art
香港藝術館

심포니 오브 라이트
A Symphony of Lights

구룡 퍼블릭 피어
Kowloon Public Pier

빅토리아 항
Victoria Harbour

196

침사추이 추천 코스

구룡 반도의 최대 번화가이자 중심부로, 빅토리아 항을 끼고 있으며 홍콩 야경을 감상할 수 있는 최고의 지역이다. 화려한 번화가와 뒷골목의 풍경이 조화를 이루어 각종 영화, 드라마의 배경으로 자주 등장하기도 한다.

스타의 거리
홍콩 스타들의
핸드 프린트가 있는 곳

도보 5분 →

홍콩 우주 박물관
우주 과학의 궁금증을 풀어 주는
둥근 돔 모양의 박물관

도보 5분 →

스프링 문
홍콩의 대표적인 딤섬 레스토랑

↓ 도보 5분

윙와케이크 숍
에그롤 쿠킹 클래스, 매주 일요일
11:30~12:45, 13:30~14:45

← 도보 5분

홍콩 역사박물관
홍콩의 역사를 한눈에
볼 수 있는 곳

← 도보 10분

하버 시티
700여 개의 매장이 입점해 있는
메가톤급 쇼핑몰

↓ 도보 10분

페닌슐라
호텔 그 이상의 가치를 지닌 호텔

← 도보 5분

심포니 오브 라이트
매일 저녁 8시에 시작되는 홍콩
최대의 볼거리, 레이저 쇼

← 도보 3분

페킹 가든
베이징덕으로 유명한 레스토랑

스타의 거리 Avenue of Stars 星光大道

MAPECODE 15301

홍콩 스타들의 핸드 프린트가 있는 곳

'스타의 거리'는 빅토리아 항을 끼고 인터컨티넨탈 호텔에서 홍콩 문화 센터까지의 약 400m 정도의 거리를 말한다. 스타페리 선착장에서 해변로를 따라 이어지는 산책로이며, 낭만적인 분위기 때문에 '연인의 거리'라고도 불린다. 그 이름에 걸맞게 야경을 감상하며 연인끼리 데이트하기에 안성맞춤이다.

홍콩 스타들의 조형물과 핸드 프린팅으로 로스앤젤레스에 있는 스타의 거리와 흡사하게 만들어 놓았다. 그러나 도심 한복판에 있는 로스앤젤레스의 스타의 거리와 달리 홍콩의 거리는 빅토리아 항을 바라보며 거리를 거닐 수 있어 더욱 낭만적이다. 장국영, 이소룡, 주성치, 장만옥, 임청하 등 유명한 배우의 핸드 프린팅에는 손을 대고 사진을 찍기 위해 줄을 서는 사람들로 가득하다. 그러나 안타깝게도 장국영의 핸드 프린팅에서는 그의 이름 석자만이 외롭게 그 자리를 지키고 있다. 홍콩 영화를 좋아하는 사람이라면 결코 놓치지 말자. 좋아하는 홍콩 스타의 핸드 프린팅을 찾아 기념사진을 찍는 것도 좋은 추억이 될 것이다.

주소 Waterfront, Tsim Sha Tsui 위치 침사추이 역 F번 출구와 연결된 지하도를 지나서 J4번 출구로 나가 도보로 5분 거리 / 스타페리 선착장 근처 시계탑에서나 해변 산책로를 따라 걸으면 보임

※ 현재 보수 공사로 인해 임시 폐쇄되었으며, 2019년 상반기 오픈 예정이다. 브루스리의 동상과 여러 스타들의 핸드 프린팅은 가든 오브 스타에서 만날 수 있다. (가든 오브 스타 가는 법 : MTR 이스트 침사추이 역 P1번 출구)

홍콩 문화 센터 Hong Kong Cultural Centre 香港文化中心

MAPECODE 15302

홍콩 예술의 전당

스타의 거리에서 시계탑과 함께 야경을 한껏 빛내주는 외관을 가진 홍콩 문화 센터는 출입문을 제외하고는 창문이 하나도 없다. 홍콩의 아름다운 외관을 해친다고 하여 건축 당시에 논란이 많았던 곳이기도 하다. 현재 이곳은 각종 콘서트와 시사회가 끊임없이 열리는 곳으로 매주 목요일과 토요일은 로비에서 무료 공연이 펼쳐진다. 또한 1~2월에 열리는 아트 페스티벌의 주요 무대가 되는 곳으로, 공연 일정 등은 홍콩 문화 센터 홈페이지에서 확인할 수 있다.

주소 10 Salisbury Road, Tsim Sha Tsui 위치 스타페리 터미널 뒤편에 있는 시계탑 바로 옆에 위치 시간 09:00~23:00 홈페이지 www.hkculturalcentre.gov.hk

MAPECODE **15303**

홍콩을 대표하는 상징적인 탑

침사추이 스타페리 터미널 옆에 위치하고 있으며, 이 시계탑 앞쪽에는 분수대가 있어 홍콩 사람들의 약속 장소로 애용된다. 시베리아 횡단 열차가 지나가는 기차역이었고, 1978년 구룡 역이 홍함(Hung Hom) 지역으로 이전한 후 45m 높이의 시계탑만 남아 당시의 역사를 말해 주고 있다. 현재는

침사추이의 랜드마크로, 홍콩 문화 센터와 어우러져 멋진 야경을 선보인다. 시계탑이 없었다면 홍콩 문화 센터의 특별한 외관도 이토록 두드러지지는 못했을 것이다.

위치 스타페리 터미널을 등지고 오른쪽으로 도보 2분

Tip

스타벅스에서 쉬어가기

빅토리아 항을 끼고 스타의 거리를 걷다 보면 수많은 인파와 더위에 지치게 된다. 그럴 때 잠시 쉬어가기 좋은 곳이 있다. 더위에 지쳤다면 호텔에 라운지 바가 아니더라도 빅토리아 하버를 바라보며 쉬어갈 수 있는 최적의 장소이다.

MAPECODE **15304**

중국 문화와 예술을 알 수 있는 곳

홍콩 예술관은 중국의 골동품, 도자기, 서예 작품 1만 3천여 점이 전시되어 있는 미술관이다. 1층에는 중국 골동품, 2층에는 서예 작품과 현대 미술 작품이 전시 중이며, 3층에는 토기 청동기, 4층에는 수묵화 등을 전시하고 있다. 예술관을 좀 더 상세히 보고 싶다면 하루에 두 차례(오전 11시, 오후 4시) 실시되는 무료 영어 가이드 투어

에 참여해 보자. 매주 수요일에 무료로 입장할 수 있으나 오후에는 무료 배부 분량이 한정되어 있으니, 수요일에 무료로 이용하려면 오픈 시간에 맞춰서 찾는 것이 좋다.

주소 10 Salisbury Road, Tsim Sha Tsui 위치 침사추이 역 E번 출구에서 정면으로 도보 10분 / 스타페리 선착장에서 도보 5분, 홍콩 문화 센터 바로 옆 열 시간 10:00~18:00(목요일 제외), 10:00~20:00(토) 요금 HK$10 홈페이지 www.hk.art.museum
* 현재 대규모 리노베이션 및 확장 공사로 인해 관람이 불가능하다. 2019년 오픈 예정.

홍콩 우주 박물관 Hong Kong Space Museum 香港太空館

둥근 돔 모양의 박물관

MAPECODE 15305

거대한 은백색 돔 모양의 건물로 되어 있는 홍콩 우주 박물관은 천문학과 우주 과학에 관련된 전시물들을 한자리에서 볼 수 있는 곳이다. 입구에는 NASA로부터 받은 우주복이 관람객을 맞이한다. 1층에는 천문학과 우주 과학 관련 전람실이, 2층에는 세계 굴지의 규모와 설비를 자랑하는 플라네타리움 우주 극장이 있다. 우주 극장에서는 옴니맥스 쇼와 스카이 쇼가 열리는데, 입장료 외에 HK$32의 금액을 별도로 지불해야 한다. 옴니맥스는 반구형태의 화면에 영상을 쏘아서 입체감을 한층 살려준다. 또한 우주 과학에 대한 궁금증을 우주 박물관 홈페이지에 올려 놓으면 메일로 친절하게 답변을 해 준다.

주소 10 Salisbury Road, Tsim Sha Tsui 위치 MTR 침사추이 역 F번 출구와 연결된 J4 출구에서 정면으로 도보 2분, 홍콩 문화 센터 옆 전화 2721 0226 시간 13:00~21:00(화요일 제외), 10:00~21:00(토, 일, 공휴일) 홈페이지 www.hk.space.museum

Tip

 저렴한 박물관 패스 이용하기

홍콩에 있는 대부분의 박물관은 한 장의 패스로 입장이 가능하다. 홍콩 예술관, 역사 박물관, 우주 박물관, 과학 박물관 중에서 세 곳 이상을 둘러보고 싶다면 7일 이내에 사용이 가능한 박물관 패스를 이용하자. 세 곳뿐만 아니라 홍콩 문화유산 박물관, 홍콩 해안 경비 박물관, 쑨문 기념관도 가능하다. 그리고 되도록이면 박물관 일정을 오전에 잡는 것이 시간을 활용하기에 좋다. 패스 가격은 HK$30으로 관련 박물관과 홍콩 관광청 현지 안내 센터에서 구입할 수 있으며 수요일에는 무료 입장이 가능하다.

구룡 공원 Kowloon Park 九龍公園

도심 한복판에 위치한 쉼터

MAPECODE 15306

침사추이 번화가 한복판에 위치한 공원으로, 홍콩의 빌딩숲에서 오아시스처럼 자리잡고 있다. 이 공원은 원래 영국군이 주둔하고 있던 곳이었으나 지금은 홍콩인들의 지친 심신을 쉴 수 있게 해 주는 특별한 장소이다. 총 4만 5천 평의 공원에는 분수대와 중국 정원, 카오룽 모스크 등이 있어 현지인들이 아침 운동을 하는 장소로도 애용된다. 특히 더운 여름에는 대규모 야외 수영장에 들러 한껏 수영 솜씨를 뽐내doe 좋다. 야외 수영장은 4월~9월까지 실내 수영장은 1년 내내 운영한다. 옥토퍼스 카드로도 입장할 수 있다.

주소 Nathan Road, Tsim Sha Tsui 위치 MTR 침사추이 역 A1번 출구에서 네이던 로드를 따라 도보로 1분 거리 시간 06:00~12:00, 13:00~17:00, 18:00~22:00

MAPECODE 15307

영화 속의 배경지

영화 〈중경삼림〉의 배경이 되었던 곳으로 영화 팬들이 성지처럼 거쳐 가는 곳이다. 낡은 외관만큼 홍콩의 세월을 보여 준다. 화려하게 변해 가는 네이던 로드에 세월의 흔적을 남기려는 듯 청킹 맨션은 여전히 굳건히 자리하고 있다. 인도 레스토랑에서 나온 인도 사람들이 호객 행위를 하는 모습이 마치 인도에 온 듯한 착각을 불러 일으키기도 한다. 예전에는 범죄의 온상으로 알려졌던 곳이기도 하다. 저렴함을 추구하는 배낭여행객들이 묵는 게스트하우스도 있지만 숙박은 그리 권장하지 않는다.

주소 36-44, Nathan Road, Tsim Sha Tsui 위치 MTR 침사추이 역 G번 출구에서 도보 2분

MAPECODE 15308

홍콩 최고의 볼거리

심포니 오브 라이트는 홍콩의 볼거리 중 으뜸으로 꼽히는 레이저 쇼로, 8시부터 시작되는데, 좋은 자리에서 감상하기 위해 일찍부터 사람들이 몰리기 시작한다. 웅장한 음악 소리와 함께 화려한 레이저가 홍콩의 마천루를 이루는 유명한 빌딩들을 하나하나 가리킨다. 음악 효과 없이 바라보던 야경하고는 달리 색다른 느낌을 선사한다. 여기저기 홍콩의 밤하늘을 화려하게 수놓는 레이저를 바라보고 있노라면 홍콩의 아름다운 야경에 흠뻑 취하게 된다. 빅토리아 피크에 올라갈 시간적 여유가 없다면 이곳에서 화려하고 멋진 야경을 감상해도 좋다.

위치 침사추이 스타의 거리와 홍콩 문화 센터 사이 해안 산책로 시간 20:00~20:20

1881 헤리티지 1881 Heritage 英皇鐘錶珠寶

침사추이에 떠오르는 쇼핑 핫플레이스

MAPECODE **15309**

1881 헤리티지는 과거 영국 식민지 시절 빅토리아 양식으로 지어져 100년의 역사를 간직한 건물이다. 예전에 해양 경찰 본부였던 건물을 홍콩의 한 기업 이사들이 후 리노베이션하여 홍콩의 럭셔리 부티크 몰로 2009년 11월 재탄생시켰다. 1층에는 1881 헤리티지의 과거와 현재를 보여주는 사진들이 전시되어 있고, 까르띠에, IWC, 비비안탐, 상하이 탕 등

명품 브랜드들이 입점해 있다. IWC플래그십 부티크 오픈쇼에는 우리나라 가수 비가 초대되어 이슈가 되기도 하였다. 쇼핑을 목적으로 하기보다는 사진을 찍는 장소로 인기몰이를 하고 있는 곳으로 페닌슐라와 더불어 침사추이의 명소가 되었다. 전망대 표시가 있는 곳을 따라 올라가면 시원한 바람을 가르며 헤리티지의 건물과 호텔 전경을 바라볼 수 있다.

주소 Canton Road, Tsim Sha Tsui 위치 MTR 침사추이 역 E번 출구, 하버 시티 마르코폴로 호텔 맞은편 시간 10:00~22:00

상하이 탕 Shanghai Tang 上海灘

중국풍의 세계적인 의류 브랜드

치파오뿐 아니라 현대적인 의상까지도 중국풍의 느낌을 제대로 살린 세계적인 의류 브랜드이다. 홍콩의 인기 연예인은 물론 할리우드 스타 안젤리나 졸리도 즐겨 입는다. 현대적이고 우아한 디자인의 중국풍 드레스가 여배우들의 섹시함을 한층 더해 준다. 독특한 중국풍의 문양으로 디자인된 실크 제품들이어서 가격대는 비싼 편이다.

주소 House 1, 2A Canton Road, Tsim Sha Tsui 위치 MTR 침사추이 역 E번 출구, 하버 시티 마르코폴로 호텔 맞은편 전화 2368 2932 시간 10:30~20:30

MAPECODE **15310**

홍콩의 역사를 한눈에

박물관 중에서 가장 많은 볼거리가 있는 곳으로, 선사 시대부터 영국의 식민지 시대를 거쳐 중국으로 반환된 후 현대에까지 이르는 홍콩의 역사를 한눈에 볼 수 있다. 총 8개의 전시실로 이루어져 있으며 9만여 점의 유물과 실제 크기의 전차, 영상 자료들을 전시하고 있다. 1~4전시실이 있는 1층은 시대별 유물과 자연사 박물관 편으로 고대 동물과 화석 등의 구석기 시대를 재현해 놓았다. 5~8전시실이 있는 2층은 아편 전쟁부터 일본의 통치를, 홍콩의 근대사에 이르기까지의 홍콩의 거리, 전통 가옥 등을 재현해 놓았으며 실제 크기의 정크선과 트램 등이 전시되어 있어 기념사진을 촬영하기에도 좋다. 또한 홍콩의 역사를 쉽게 이해할 수 있도록 영상물을 상영하는 곳도 곳곳에 있다. 우리가 흔히 떠올리는 박물관의 느낌과는 사뭇 다르게 매우 흥미 있는 볼거리가 다양하다.

주소 100 Chatham Road South, Tsim Sha Tsui East 위치 MTR 침사추이 역 B2번 출구에서 침사추이 이스트를 향해 케너른 로드를 따라 도보 약 10분 전화 2724 9042 시간 10:00~18:00(월, 수~토), 10:00~19:00(일, 공휴일), 화요일 휴관 요금 HK$10, 수요일 무료 입장 홈페이지 www.hk.history.museum

---

MAPECODE **15311**

재미있는 과학 놀이터

홍콩 역사 박물관을 마주하고 있는 홍콩 과학 박물관에서는 500여 점의 전시품을 만져 보고 작동해 볼 수 있다. 아이들에게 특히 인기가 있어 자녀와 함께 여행한다면 빼놓지 말고 가보도록 하자. 과학적인 원리를 이해하고 체험할 수 있도록 직접 만져 보거나 장치나 기계를 작동하게 하는 전시물들이 어린이들의 흥미를 자아내기에 충분하다. 컴퓨터, 로봇, 가상 현실, 빛, 에너지 등 여러 가지 테마로 나누어져 있어 재미있게 과학의 기본 원리를 익힐 수 있

다. 전시품 중 60%는 직접 체험할 수 있는 것들이지만 최첨단 시설로만 이루어진 것은 아니므로 큰 기대를 하기보다는 아이들의 체험 학습장으로 이용해 보도록 하자.

주소 2 Scuence Museum Road, Tsim Sha Tsui East 위치 홍콩 역사 박물관 맞은편 시간 13:00~21:00(월~수, 금), 10:00~21:00(토~일), 목요일 휴관 홈페이지 www.hk.science.museum

페닌술라 The Peninsula Hong Kong 半島酒店

호텔 그 이상의 가치

MAPECODE **15312**

침사추이에서 가장 유명한 호텔인 페닌술라는
1928년 빅토리아풍으로 지어진 건축물로 그 외관
부터가 눈길을 확 사로잡는다. 이곳 로비에서 맛볼
수 있는 애프터눈 티는 침사추이를 대표할 만한 아
이콘이기도 하다. 그래서 투숙객뿐 아니라 관광객
들의 발길이 끊이지 않는 곳이다. 전통이 있는 우아
한 애프터눈 티 세트는 투숙객이 아니라면 예약을
할 수 없기 때문에 긴 줄을 서는 것은 감수해야 한
다. 호텔 지하와 2층에는 명품 쇼핑 아케이드가 있
어 쇼핑을 하기에도 그만이다. 밤이 되면 페닌술라
호텔의 화려함과 함께 힘차게 솟아오르는 분수가
마치 영국의 궁전을 연상케 해 지나가는 이들에게
볼거리를 제공해 준다.

주소 The Peninsula Salisbury Road, Tsim Sha
Tsui 위치 홍콩 우주 박물관 길 건너편에 위치, 침사추이
역 E번 출구로 나와 도보 2분 전화 2920 2888 홈페이지
www.hongkong.peninsula.com

스프링 문 Spring Moon 嘉麟樓

페닌술라에 있는 딤섬 식당

페닌술라 호텔에
위치한 광동 요리
를 전문으로 하는
중식당으로 홍콩
의 대표적인 명문
식당이다. 전통적

인 중국풍의 인테리어가 고풍스러우면서도 고급스
러움을 자아낸다. 인기 있는 메뉴는 머스터드 소스
가 곁들여진 돼지 바비큐 요리와 전복, 삭스핀이 들
어간 수프이다. 스프링 문은 전문적으로 차에 대한
교육을 받은 웨이터들이 24종류가 넘는 차를 서빙

하는 것으로 더욱 유명해졌다. 특
히 흥미로운 것은 차를 서빙하는
카운터에서 박물관에서 막 가져온
듯한 진기하고 아름다운 찻잔들이
진열되어 있는데, 이 중에서 자신이 원

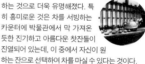

하는 잔으로 선택하여 차를 마실 수 있다는 것이다.

주소 The Peninsula, Salisbury Road, Tsim
Sha Tusi 위치 침사추이 역 E번 출구로 나가 정면으
로 도보 2분 전화 2696 6760 시간 11:30~14:30,
18:00~22:30(토 · 일요일, 공휴일에는 11시부터 오픈)
홈페이지 hongkong.peninsula.com

펄스 앤 캐시미어 Peals and Cashmere

좋은 품질의 홍콩의 고급 브랜드

페닌술라 아케이드에 있는 홍콩 브랜드인 펄스 앤
캐시미어는 좋은 품질로 중국 일대 5성급 호텔 숍에
서 가장 사랑받는 브랜드이다. 주문 생산 방식으
로 몽고에서 수입한 염소의 털로 제작하여 매우 가
벼운 제품을 만들어 내고 있어 단골 고객층이 계속
늘어나고 있다. 디자인이 다소 고전적이기도 하지
만 장갑이나 선물용으로 좋은 품질의 파시마나를
구입할 수 있어 관광객들의 발길 또한 끊이지
않는다.

주소 Peninsula Hotel Shopping Arcade,
Salisbury Road, Tsim Sha Tsui 위치 페닌술라 호텔
내 쇼핑 아케이드 전화 2315 3188 시간 09:00~19:00

MAPECODE 15313

구룡 반도의 중심 거리

영국 총독의 이름을 따서 지었으며, 구룡 반도의 중심이 되는 거리로 양옆에는 각종 상점과 호텔들이 즐비하다. 이 거리는 침사추이에서 몽콕까지 길게 이어져 골든마일로 불리던 곳이다. 브랜드 의류에서부터 액세서리, 완구용품에 이르기까지 긴 쇼핑거리가 구룡을 남북으로 관통하면서 길게 형성되어있다. 네이던 로드의 동쪽은 전자제품을 판매하는 상가들이 즐비하며, 번화가와 유흥가들이 늘어서있다. 화려한 홍콩의 밤거리를 느끼고 싶다면 이곳을 거닐어 보자.

Tip

네이던 로드의 계란빵

침사추이 네이던 로드를 따라 조던 역 방향으로 걷다 보면 계란빵을 사려고 줄을 선 긴 행렬을 볼 수 있다. 빵을 굽는 데 사용하는 구식의 불판을 보고 있으면, 이곳의 유명세만큼이나 오랜 세월의 흔적을 느낄 수 있다. 계란빵과 와플 모두 종류와 상관없이 한 개에 HK$18 정도이다. 울룩불룩한 계란판 모양의 계란빵은 고소하고 부드러운 맛이 일품이며, 달콤한 꿀을 발라 주는 와플 또한 맛이 좋다.

MAPECODE 15314

침사추이의 명품 쇼핑 거리

우리나라의 청담동 거리와 비슷한 분위기로 화려하고 번화한 침사추이의 대표적인 명품 쇼핑 거리이다. 영화 〈첨밀밀〉에서 주인공인 여명과 장만옥이 자전거를 타고 지나가던 곳으로 더욱 유명해진 곳이기도 하다. 전 세계 명품 브랜드들이 즐비하게 늘어서 있고 스타페리 선착장에서 멀지 않은 곳에 위치하고 있어 센트럴에서 숙박을 하더라도 쉽게 들를 수 있는 곳이다. 이곳에 위치한 루이비통 매장은 구룡 반도 내에서 가장 큰 규모를 자랑한다. DKNY, 돌체 앤 가바나, 프라다, 디올, 까르띠

에, 에스까다, 토즈 등 전 세계 명품 브랜드들이 있어 한국에서 아직 출시되지 않았거나 품절된 명품을 쇼핑하기에 안성맞춤이다. 상점들은 대부분 오전 10~11시 사이에 오픈해서 저녁 8시~9시 사이에 문을 닫는다. 홍콩의 명품 거리에 우리나라 화장품 브랜드인 설화수가 자리 잡고 있어 우리나라 화장품의 인기를 가늠할 수 있다.

주소 Canton Road Tsim Shat Sui 위치 침사추이 역 A1번 출구 오른쪽 길을 따라서 뒤쪽으로 올라가면 캔톤 로드 큰 길이 나온다. 시간 10:00~21:00(매장에 따라 다름)

하버 시티 Harbour City 海港城

MAPECODE 15318

700여 개의 매장이 입점해 있는 메가톤급 쇼핑몰

침사추이에 위치한 하버 시티는 7개의 백화점과 약 700여 개의 매장이 밀집해 있는 초대형 쇼핑몰로 명품의 거리로 알려져 있는 캔톤 로드에 위치하고 있다. 홍콩에서도 최대의 규모를 자랑하는 곳으로 오션 터미널(OT), 마르코폴로 홍콩 호텔 아케이드(HH), 오션 센터(OC), 게이트웨이 아케이드(GW)의 4개 아케이트가 연결되어 있다. 큰 규모 때문에 헤매기 쉬우니 입구에서 쇼핑몰 지도를 받아 원하

는 매장을 찾는 것이 시간을 절약하는 방법이다. 고급 브랜드는 물론 화장품, 스포츠 용품, 편집숍까지 다양하게 입점해 있으며 아직 한국에 수입되지 않은 브랜드를 저렴한 가격에 구입할 수 있는 기회를 제공하기도 한다. 지하 1층에는 어린이 용품점이 주로 입점해 있고, 2층에는 레인 크로포드 백화점과 화장품 전문 매장인 페이시스, 3층은 젊은이들의 사랑을 한몸에 받는 브랜드 숍의 총 집합체인 LCX가 입점해 있다. 가끔 LCX에서는 품질 좋은 스위스 화장품을 70% 이상 할인하는 행사를 하기도 한다.

주소 3-27, Caton Road ,Tsim Sha Tsui 위치 MTR 침사추이 역 A1번 출구에서 도보로 7분 전화 2118 8666 시간 10:00~21:00(상점마다 다르다) 홈페이지 www.harbourcity.com.hk

니콜라스 앤 베어즈 Nicholas & Bears

어린이 드레스와 정장을 구입할 수 있는 곳

신생아부터 3~6세의 어린이까지 입을 수 있는 영국 명품 아동 브랜드로 각광을 받고 있다. 특히 돌잔치나 행사 때 입을 드레스나 정장을 구입하기 적당한 곳으로 엘리먼츠와 리가든스 2에도 입점해 있으며, 세일 기간을 이용한다면 저렴하게 구입할 수 있다. 현재 우리나라에도 입점해 있다.

주소 Zone OT G06, Harbour City,Canton Road, Tsim Sha Tsui 전화 2317 0628 시간 11:00~21:00

아베비 ABEBI

유아용 명품 편집 매장

홍콩에서 인기 있는 유아용품 전문점으로 겐조, 소니라 리키엘, DKNY, 마크 바이 마크 제이콥스, 돌체 앤 가바나, 아르마니, 시네모타 등의 아동 의류 및 신발을 살 수 있는 아동 명품 편집 매장이다. 의류보다는 신발 종류가 다양하며 하버 시티 외에 리가든스 2에도 입점해 있다. 세일 폭도 크고 제품 종류도 다양하다.

주소 Zone OT G10, Habour City, Canton Road, Tsim ShaTsui 전화 2375 7480 시간 11:00~22:00

치코 Chicco

기능성을 겸비한 육아용품 전문 브랜드

이탈리아의 육아용품 전문 브랜드로, 아이를 위한 스킨 제품이나 칫솔부터 임산부를 위한 제품까지 판매한다. 우리나라에도 입점이 되어 있지만 홍콩에서 좀 더 다양한 제품을 만날 수 있다. 영·유아용품은 연령별로 창의력을 발달시킬 수 있도록 고안된 기능성 제품들이어서 엄마들의 사랑을 듬뿍 받고 있다.

주소 Shop G05, Ocean Terminal, Harbour City Canton Road, Tsim Sha Tsui 전화 2115 9608 시간 10:30~22:00

글램글로우 GLAMGLOW

할리우드에서 온 인생 머드팩

하버시티에 매장이 3개나 될 만큼 홍콩에서 인기를
실감하게 만드는 브랜드이다. 할리우드 셀러브리티들의
인생 머드팩으로도 유명하다. 이곳의 인기 상품인
머드팩은, 모공 속 피지를 깔끔하게 잡아 주는
슈퍼클렌즈와 딥클렌징이 가능한 갤럭틱클렌즈도
한국에서 사는 것보다 저렴하게 구입이 가능하다.

주소 Marco Polo Hongkong Hotel Arcade, Lane
Crawford L2 201 위치 MTR 침사추이 역 A1번 출구에
서 도보 7분 전화 2157 1153 시간 11:00~21:00(일
~목), 11:00~22:00(금~토)

페이시스 Facesss

다양한 화장품 브랜드를 한곳에서

침사추이 하버 시티 내에 입점해 있는 페이시스는
사사(Sasa)와 함께 홍콩에서 화장품 브랜드를 총
망라한 숍으로 인기 있는 곳이다. 아직 우리나라에
입점되지 않은 화장품을 찾아볼 수 있기 때문에 더
욱 인기를 끌고 있다. 사사보다는 좀 더 여유 있게
테스트해 보고 설명을 들을 수 있어 화장품을 고르
기에는 그만이다. 환율이 올라 가격적인 면에서는
한국 면세점과 크게 차이가 나지는 않지만 맥, 베네
피트, 바비브라운 등 우리나라 여성들에게 인기 있
는 제품들이 종류별로 다양하게 구비되어 있다.

주소 Shop OT 202, Harbour City, 3 Canton Rd.,
Tsim Sha Tsui 위치 오션터미널 2층 입구 들어가자마자
왼쪽 끝 전화 2118 5622 시간 10:00~21:00

필론 PYLONES

귀여운 캐릭터 주방용품

프랑스의 유명 인테리어 소품숍으로 전 세계에 체인점을 가지고 있으며, 기발하고 독특한 상상력과 아이디어, 화려한 색깔로 된 다양한 제품들이 관광객뿐만 아니라 현지 사람들의 눈길까지 사로잡는다. 이 곳을 상징하는 드레스를 입은 캐릭터들이 마치 놀이동산에 온 듯한 느낌마저 주고 있어 어른, 아이 할 것 없이 모두 동심의 세계로 돌아간 듯한 착각에 빠지게 된다. 작고 예쁜 주방용품이 많아 시간 가는 줄 모르고 머물게 되는 곳이다.

주소 Shop 3229 Gateway Arcade, Harbour City 위치 침사추이 하버 시티 게이트웨이 아케이드 내 전화 3188 5928 시간 10:30~21:00 홈페이지 www. happypylones.com

넛츠포드 테라스 Knutsford Terrace 諾士佛臺

MAPECODE 15316

가볍게 맥주 한잔하기 좋은 곳

넛츠포드 테라스는 구룡 공원 건너편 킴벌리 로드 끝자락에 위치한 곳으로 '구룡 반도의 란콰이퐁'이라는 애칭을 가졌다. 유럽에 온 듯한 느낌이 드는 분위기의 골목길에 맛 좋고 분위기 있는 레스토랑이 줄지어 있어 홍콩 현지인들보다 관광객들이 많이 모이는 곳이다. 숙소가 침사추이라면 저녁에 맥주 한잔을 즐기러 나오기 좋은 곳이다. 규모 면에서는 다소 실망스럽지만 맛과 분위기는 추천한다.

주소 Knutsford Terrace, Tsim Sha Tsui 위치 MTR 침사추이 역 B1번 출구로 나와서 도보로 10분

엘 시드 EL CID

홍콩 안의 스페인

홍콩에서 정통 스페인 요리를 맛보고 싶다면 멋진 풍경이 있는 이곳에 가 보자. 넛츠포드 테라스, 하버 시티, 스탠리 등에 지점이 있으며 고가의 음식이지만 전반적으로 맛이 훌륭하며 스페인풍의 옷을 입은 악사들이 흥겨운 노래를 불러 주기도 해 분위기 있는 식사를 즐기기에 충분하다.

주소 G/F Knutsford Terrace, Tsim Sha Tsui 위치 MTR 침사추이 역 B1번 출구에서 도보로 6분 거리 전화 2312 1898 시간 12:00~14:30, 18:00~24:00

실버코드 Silvercord 新港中心

다양한 캐주얼 브랜드를 살 수 있는 쇼핑 스폿

MAPECODE 15317

캔톤 로드의 하버 시티 맞은편에 위치한 실버코드는 하버 시티에 비하면 그 규모가 매우 작지만 시간이 넉넉지 못한 여행자들에게는 쇼핑하기에 적당한 곳이다. 지하에는 푸드코트와 인테리어숍 G.O.D가 입점해 있어 원스톱 쇼핑이 가능하다. 멀티숍 아웃렛으로 아이티 세일 숍(I.T Sales Shop), 디 몹(D-mop), 비+에이비(b+ab) 등과 여러 캐주얼 브랜드가 주로 입점해 있어 젊은 홍콩인들에게 사랑받는 곳이기도 하다.

주소 30 Silvercord, Canton Road, Tsim Sha Tsui 위치 캔톤 로드 하버 시티 맞은편 전화 2735 9208 시간 12:00~22:00

바+에이비 b+ab

젊은층의 사랑을 받는 브랜드

20대 초·중반 여성들이 사랑하는 현지 브랜드로 일본과 중국으로도 진출하여 큰 인기를 끌고 있다. 개성 있는 스타일에 가격도 크게 비싸지 않아 만족할 수 있다. 간판과 인테리어가 귀엽고 예쁘며 액세서리나 가방, 구두들도 살펴볼 만하다. 귀엽고 사랑스러운 디자인이 유난히 많아서 홍콩 여성들의 인기를 모으고 있다. 미라마 쇼핑 센터와 타임 스퀘어, 랭함 플레이스에 입점해 있다. 단, 환불과 교환이 안되니, 저렴하다고 맘에 들지 않는 물건을 구입하는 일은 없도록 하자.

주소 Shop B21, Basement 1, The Sun Arcade 위치 MTR 침사추이 역 E/H번 출구에서 도보 3분 전화 2317 6983 시간 12:00~20:30

Tip

쇼핑몰 푸드코트

유명한 레스토랑일지라도 시간이 부족해 찾아가지 못하거나 길을 헤매다면 그림의 떡이다. 이런 문제점을 한번에 해결해 주는 곳이 있다. 바로 쇼핑몰 지하에 위치한 푸드코트이다. 쇼핑을 하면서 휴식을 취할 수도 있고 식사를 할 수 있어 두 가지 모두를 충족시켜 주는 최적의 장소라 할 수 있다. 실버코드 지하 '푸드퍼블릭'에서는 세계 각국의 요리를 한 자리에서 맛볼 수 있어 여행자들에겐 안성맞춤이다. 또한 퍼시픽 플레이스 '그레이트'에서는 신선한 초밥과 다양한 샌드위치를, 타임 스퀘어의 푸드코트에서는 음료수가 포함된 런치 세트를, 랜드마크에 입점된 '스리 식스티'에서는 유기농 야채로 만든 과일 주스를 맛볼 수 있다.

그랜빌 로드 Granvile Road 加連威老道

MAPECODE **15318**

보세족을 위한 쇼핑 거리

홍콩 중저가 쇼핑 브랜드와 보세숍이 모여 있는 곳으로 우리나라의 홍대나 이대 골목과 같은 느낌이 드는 곳이다. 홍콩의 패션을 주도하는 20대들이 많이 모여서인지 저렴하면서도 유행을 선도하는 브랜드들이 그랜빌 로드를 빼곡히 메우고 있다.

주소 Granville Road Tsim Shat Sui 위치 MTR 침사추이 역 B1출구 오른쪽으로 걸어가다 첫 번째 골목

미라마 쇼핑 센터 Mirama Shopping Cente

MAPECODE 15319

캐주얼 브랜드의 총집합

네이던 로드에 위치한 미라마 쇼핑 센터는 명품 브랜드보다는 캐주얼 브랜드가 주를 이루고 있다. 최근에는 새롭게 리모델링하여 쾌적한 분위기를 선사하고 있다. 특히 젊은이들에게 인기 있는 유니클로 대형 매장과 디 몹(D-mop), 무지(MUJI), 비비안 웨스트 우드(Vivien Westwood) 그리고 가수 서인영이 입어 알려진 일본 20대 여성들에게 최고의 인기를 누리고 있는 일본 브랜드인 슬라이(SLY) 등 다양한 브랜드가 이곳에 입점해 있어 홍콩인들과 관광객들의 발길이 끊이지 않는다. 특히 이곳의 아큐브 렌즈는 한국인들에게 저렴하다는 입소문이 나 있어 한국어가 능통한 점원도 있다.

주소 132-134 Nathan Road Tsim Sha Tsui 위치 MTR 침사추이 역 B1번 출구 시간 11:00~22:00

식스티 에잇 6IXTY 8IGHT

저렴한 가격에 품질 좋은 옷을 구입할 수 있는 곳

홍콩의 속옷 브랜드로 다양한 속옷을 저렴한 가격에 구입할 수 있는 곳으로 품질도 가격 대비 훌륭하다. 미라마 쇼핑몰 외에도 하버 시티, 하이산 플레이스에 입점되어 있다. 각 지점별로 할인 행사들이 상이하다. 할인된 가격으로 구매한 품목은 환불이 되지 않으니 꼭 착용해 보고 구입하도록 하자. 최신 유행하는 디자인에 착용감도 매우 훌륭하나 사이즈가 다양하지 않다는 단점이 있다.

주소 Shop 110-13, 1/F, Miramar Shopping Centre, No. 132 Nathan Road, Tsim Sha Tsui 위치 MTR 침사추이 역 A2번 출구 5번 출구 전화 2376 1678 시간 11:00~23:00

파크 레인 쇼핑가 Park Lane Shoppers Boulevard 柏麗購物大道

MAPECODE **15320**

끝이 보이지 않는 쇼핑가

네이던 로드의 구룡 공원 옆에 있는 쇼핑가이다. 길을 따라 시계와 보석류, 중저가 패션 브랜드숍이 빽빽이 일렬로 서 있는 쇼핑의 거리로 그 끝이 보이지 않는다. 나이키, 스타카토, 코지 등이 있어 홍콩의 젊은층이 많이 찾는 곳이기도 하다. 거리 끝에는 중국산 각종 공예품과 생활용품을 다양하게 갖춘 유화 백화점 소점포가 입점해 있어 홍콩의 분위기가

물씬 풍기는 기념품을 구입하기 좋으며, 건강식품 및 차를 구입하기도 수월하다.

주소 Park Lane Shopper's Boulevard, Tsim Sha Tsui 위치 MTR 침사추이 역 A1 출구로 나와 왼쪽으로 도보 1분, 구룡 공원 입구 옆 시간 10:00~22:00(상점마다 다름)

스타카토 Staccato

편안함을 제공하는 홍콩 로컬 구두 브랜드

홍콩 로컬 구두 브랜드로 편한 신발을 찾는 이들에게 그만이다. 부드러운 가죽으로 만들어서인지 반으로 접힐 정도로 탄력성이 좋다. 구두 안에는 라텍스 쿠션을 넣어서 걸을 때 편안함이 특징이기도 하다. 편안하다고 구두의 디자인이 다른 제품에 비해 뒤떨어진다는 건 아니다. 플랫슈즈부터 하이힐까지 그 종류 또한 다양하

다. 2월과 8월 세일 시즌에 구입하면 매우 저렴하게 구입할 수 있으니 세일 시즌을 공략해 보자.

주소 Shop G54, Park Lane Shopper's Boulevard, Tshim Sha Tsui 위치 MTR 침사추이 역 A1번 출구에서 도보 1분 전화 2744 7949 시간 10:30~22:00

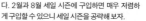

플래그 데이

거리를 지나다 보면 지하철 역 입구나 상가 주변의 인파가
모이는 곳에서 학생들이 스티커를 붙여 주는 모습을 쉽
게 볼 수 있다. 이들은 모금 활동을 하는 학생들로 '플래
그 데이(Flag Day)' 행사에 참여하고 있는 것이다. 이
활동은 대학 진학 시 가산점으로 적용된다. 우리나라
학생들에게 봉사 활동 시간을 주어서 사회 참여 활동을
유도하는 것과 비슷하다.

한 번 스티커를 붙이게 되면 하루 동안 다른 곳에서 이런 모금함
을 만나더라도 더 이상 기부금을 내라는 강요를 받지 않는다. 격
주에 한 번 있는 플래그 데이 때 초등학생들이 엄마 손을 잡고 자
원 봉사자로 나서기도 한다. 자녀의 손을 잡고 주말 나들이를 하
는 홍콩 사람들은 어김없이 HK$1라도 넣어 준다. 불우 이웃에 대
한 사랑을 가르치려는 배려 때문일 것이다.

낚시하는 할머니

침사추이에 위치한 스타페리 선착장을 지나다 보면 바닥에
보이는 작은 틈 사이로 뭔가를 하고 있는 할머니를 만날 수
있다. 이 할머니는 선착장 바닥에 난 작은 구멍에 낚싯줄을
달아서 그 틈 사이로 낚시를 하고 있는 것으로, 낚시를 하는
할머니의 모습이 간절해 보인다. 그러나 이를 이상하게 여
기는 사람은 아무도 없다. 홍콩 사람들은 할머니의 낚시하
는 모습을 자주 볼 수 없기에 그녀를 보는 사람들은 운이
좋은 날이라고 한다.

홍콩 쇼핑의 메카 침사추이

홍콩 섬에 현대적인 쇼핑몰들이 대거 출현하면서 사람들이 홍콩 섬으로 몰려들고 있음에도 불구하고 침사추이는 그 인기가 식을 줄 모르는 홍콩 쇼핑의 스테디셀러 같은 곳이다. 홍콩 영화에 어김없이 등장하는 가장 홍콩다운 거리 풍경과 네이던 로드를 시작으로 럭셔리 명품숍이 줄지어 늘어서 있는 캔톤 로드, 그 규모가 어마어마해 하루 종일 쇼핑을 해도 그 시간이 턱없이 부족한 초대형 하버 시티와 젊은이들의 취향만을 고려한 브랜드만 총집합해 놓은 실버코드, 여기에 덤으로 빅토리아 항을 바라보며 즐길 수 있는 백만 불짜리 야경까지 침사추이는 홍콩 여행길에 빠져서는 안 되는 곳이다.

코스 COS
MAPECODE 15321

H&M의 프리미엄급 브랜드

H&M 계열의 새로운 프리미엄 브랜드이다. 세계 각지의 인기를 증명하듯 한국 청담동에도 상륙했으나 홍콩 지점에서 좀 더 다양한 품목을 만나볼 수 있다. 전체적으로 심플한 분위기로, 여성들에게 인기 있는 아이템과 모던한 니트, 셔츠가 다양하게 구비되어 있다. SPA 브랜드이지만 가격대가 높은 편인데, 그만큼 품질이 한층 고급화되어 있다. 세일 기간을 이용해서 구입해 보자.

주소 Gateway Arcade, Harbour City, 3-27 Canton Road, Tsim Sha Tsui 위치 스타페리 피어에서 도보 10분, MTR 침사추이 역 A1번 출구에서 도보 7분 전화 2117 9433 시간 10:00~22:00

사사 Sasa

MAPECODE 15322

화장품 할인 매장

홍콩 내에 40여 개의 지점을 가지고 있는 홍콩 최대 규모의 화장품 할인 매장이다. 고가에서부터 중저가 까지 120여 개가 넘는 다양한 화장품 브랜드를 한곳에서 구입할 수 있다. 면세점보다 저렴한 가격에 구입할 수 있어 우리나라 여성 여행객들이 빠지지 않고 들르는 곳이기도 하다. 품목별로 상이하지만 너무 저렴해서 진품 여부에 대해 의심을 받곤 하는데 중간 과정을 생략한 유통을 통해 가격을 낮추었기 때문에 유통 기한만 확인한다면 크게 문제될 것은 없다. 그래도 신경이 쓰인다면 백화점에 입점해 있는 화장품 전문 매장인 '페이시스'를 이용해보도록 하자.

주소 G/F, 25-25A Granville Road, Tsim Sha Tsui 위치 MTR 침사추이 역 B1번 출구에서 도보 3분 전화 2366 9383 시간 10:00~23:00

지 스퀘어 G SQUARE

MAPECODE 15323

침사추이에 위치한 아기자기한 쇼핑몰

GI 쇼핑몰이 없어지면서 몇 개의 상점이 이곳으로 옮겨 왔다. 작은 상점 몇 개가 군집하고 있어 눈요기하기 좋지만 좁은 통로를 지나야 하는 불편함을 감수해야 한다. 대형 쇼핑몰이 침사추이에 하나씩 생기면서 그랜빌 로드의 명성은 예전같지 않지만 개성 있는 홍콩 로컬 디자이너들의 제품을 저렴한 가격으로 만날 수 있는, 그랜빌 로드의 대표 쇼핑 명소다.

주소 43 Granville Road, Tsim Sha Tsui 위치 MTR 침 사추이 역 B1번 출구에서 도보 5분 전화 2739 8366 시간 12:00~22:00

자라(침사추이점) ZARA

MAPECODE 15324

세계인의 사랑을 받는 스페인 브랜드

스페인에서 만든 매스티지 브랜드로 근래 들어 아시아에서 그 인기가 날로 높아지고 있는 의류 브랜드이다. 시즌 오프 세일 기간에는 최고 70% 이상의 파격적인 가격으로 할인하기도 한다. 저렴한 가격과 감각적인 디자인 탓에 눈이 휘둥그레져 이것저것 고르게 된다. 자라 키즈와 남성 라인도 있어 선물하기에 딱이다. 우리나라에는 2008년 4월에 오픈했지만 그 종류와 가격대가 홍콩에 비하면 큰 매력이 없다.

주소 Shop 2328, 2/F, Gateway Arcade, 3-27, Canton Road, Tsim Sha Tsui 위치 MTR 침사추이 역 A1번 출구 전화 2629 1858 시간 10:00~21:00

밀란 스테이션 Milan Station 美蘭站 MAPECODE 15325

명품 세컨드 숍

홍콩에서 가장 유명한 중고 명품 숍으로 정품만을 거래하는 곳이다. 중고라고 해서 오래된 제품을 판매하는 것이 아니라 최신 유행 아이템도 구입할 수 있다. 홍콩 전 지역에 여러 개의 지점을 가지고 있고 각 숍에는 각기 다른 종류의 가방을 구비하고 있다. 대부분 상품의 보관 상태는 좋아서인지 시즌이 얼마 지나지 않은 제품의 경우는 사실상 새 제품과 큰 가격 차이를 보이지 않는 것도 있다. 유행에 민감하여 가방을 자주 바꾸고자 한다면 한번쯤 들러볼 만하다.

주소 81 Chatham Road, Tsim Sha Tsui 위치 MTR

침사추이 역 B2번 출구 도보 5분 전화 2366 0322 시간 10:00~22:00

아이티 세일 숍 I.T Sale Shop MAPECODE 15326

침사추이에 위치한 명품 아웃렛

홍콩의 패션을 이끄는 패션 멀티숍 아이티가 운영하는 명품 아웃렛으로 침사추이 실버코드 쇼핑몰 3층에 위치해 있다. 돌체 앤 가바나, 커스튬 내셔널, 소니아 리키엘, 츠모리 치사토, 꼼데 가르

송 등 유럽과 미국, 일본에서 인기 있는 브랜드들을 50% 이상, 최고 90%까지 할인된 가격으로 판매한다. 평소 컬러풀하고 개성 있는 옷 스타일을 좋아하는 사람들은 한번쯤 가볼 만하다. 디스플레이가 깔끔하지는 않지만 정성껏 찾다 보면 좋은 물건을 고

를 수 있다. 한화로 40~50만 원짜리 명품 구두를 10만 원대에 팔기도 한다.

주소 Shop 27 2/F Silvercord 30 Canton Road, Tsim Sha Tsui 위치 MTR 침사추이 역 A1번 출구 전화 2992 0235 시간 11:30~21:30(월~목), 12:00~22:00(금~일)

Tip

홍콩의 로망, 쇼핑의 모든 것

홍콩 하면 가장 먼저 떠오르는 단어는 바로 쇼핑이다. 그래서인지 홍콩은 쇼퍼홀릭들이 가장 사랑하는 곳이며, 세일 기간이 아니더라도 항시 많은 사람들이 북적이는 곳이다. 홍콩 쇼핑의 목적은 명품 쇼핑이라고 할 수 있다. 홍콩은 면세 지역이기에 한국보다 저렴하게 명품을 만날 수 있으며, 한국보다 훨씬 다양한 품목으로 우리를 유혹한다.

홍콩에는 일 년에 두 번 커다란 시즌 오프 세일 기간이 있는데 7~8월의 여름 정기 세일과 크리스마스, 구정 연휴 동안의 세일 기간에는 그 어느 때보다 저렴하게 구매할 수 있다. 세일의 폭은 20~30%에서 시작해 세일 막바지에는 70~90%에 이르기도 한다. 하지만 세일 막바지에는 원하는 품목과 치수가 없는 경우가 대부분이다. 세일 기간이 아니어도 아웃렛 매장은 치열한 경쟁 없이 저렴하고 여유롭게 쇼핑할 수 있어서 좋다. 이런 면에서 홍콩은 쇼퍼홀릭들에게 가장 매력적인 장소임에 틀림없다.

ISA 아웃렛 ISA Outlet　　　MAPECODE 15327

침사추이에 위치한 명품 아웃렛

침사추이에 총 4개의 매장이 있는 아웃렛으로 펜디, 프라다, 발리, 아르마니, 구찌, MU스포츠 등의 명품 알뜰 쇼핑이 가능한 곳이다. 옷뿐 아니라 다양한 액세서리도 한곳에서 쇼핑할 수 있어 더욱 매력적이다. 명품 아웃렛 편집 매장은 홍콩 시내 곳곳에 위치해 있으며 매장별로 상품은 차이가 있지만 20~40%까지 이월 제품을 저렴하게 살 수 있다. HK$1,000 이상이면 VIP 카드 발급이 가능하다. VIP는 할인된 가격에서 5% 추가 할인을 받을 수 있다.

주소 LG/F, China Hong Kong City 33 Canton Road, Tsim Sha Tsui 위치 MTR 침사추이 역 A1번 출구에서 도보 5분 전화 2366 5820 시간 11:00~21:00

더 원 The ONE　　　MAPECODE 15328

홍콩의 유행을 한눈에 볼 수 있는 쇼핑 핫플레이스

침사추이 네이던 로드에 자리잡은 쇼핑몰로 홍콩의 유행을 한눈에 볼 수 있어서 젊은이들에게 가장 인기 있는 곳이다. 하버 시티의 명품 쇼핑몰의 규모와 비교할 수 없지만 최신 일본 유행 브랜드를 총망라해 놓은 곳이다. 일본 인기 캐주얼 브랜드인 유나이티드 애로, 나노 유니버스와 함께 인기를 끌고 있는 저널

스탠더드와 클래식 여성 의류 브랜드 에모다도 만날 수 있다.

주소 10 Nathan Road, Tsim Sha Tsui 위치 MTR 침사추이 역 B1번 출구에서 도보 3분 전화 3106 3640 시간 10:00~22:30(매장에 따라 다름)

마시모두띠 Massimo Dutti　　　MAPECODE 15329

가족 제품이 좋은 스페인 의류 브랜드

마시모두띠는 자라보다 퀄리티가 높으며 가성비가 좋은 스페인 브랜드이다. 한국에도 이미 매장이 있으나 홍콩에서 판매하는 라인과 다소 차이가 있다. 가격대가 SPA 브랜드라기보다는 디자이너 브랜드에 가깝다. 의류의 가격대는 다소 비싸지만 심플한 디

자인의 고퀄리티 가죽 벨트는 세일 기간이 아니어도 저렴해서 선물하기 그만이다. 스타일리시한 디자인과 더불어 가벼움에 중점을 둔 패딩도 주력 상품이다.

주소 Shop Gateway Arcade 2214A, 2/F, Harbour City, 3-27 Canton Road, Tsim Sha Tsui 위치 MTR 침사추이 역 A1번 출구에서 도보로 7분 전화 2175 0110 시간 10:00~22:00

K11 쇼핑몰 K11   MAPECODE 15330

쇼핑몰과 갤러리가 결합한 핫플레이스

홍콩의 갑부 애디이런 청이 만든 쇼핑몰과 갤러리를 결합한 문화·쇼핑의 복합적인 장소로 침사추이 중심에 2009년 오픈했다. 곳곳에서 예술품들을 쉽게 접할 수 있어 문화 예술과 함께 쇼핑을 즐길 수 있는 침사추이의 핫 플레이스로 각광받는 곳이다. 입구에서부터 식빵으로 만들어 놓은 모나리자가 인상적이다. 하버 시티의 엄청난 규모에 비할 수는 없지만 아기자기한 볼거리와 최신 유행을 한곳에서 보거나 즐길 수 있는 최적의 장소이다.

주소 18 Hanoi Road, Tsim Sha Tshi   위치 MTR 침사추이 역 D2번 출구   전화 3188 8070   시간 10:00~22:00(매장에 따라 다름)

아이 스퀘어 i-SQUARE   MAPECODE 15331

쇼핑과 식사를 한번에 즐길 수 있는 곳

청킹 맨션 맞은편 침사추이가 네이던 로드에 오픈한 쇼핑몰로 예전 하얏트 리젠시 호텔 자리에 위치하고 있다. 지하에는 마켓 플레이스, 상층부에는 음식점들이 다양하게 있어 쇼핑을 하다 출출하면 식당을 찾기도 편리하다. 특히 6층에 있는 일본 라멘집 'Santouka', 한국의 수제 버거인 '크라제 버거', 매운 게 요리 전문점 '희기', '허니문 디저트', 인테리어

소품 숍인 'LOG-ON'이 입점해 있어 젊은층의 취향에 맞는 맞춤 쇼핑과 함께 식사가 가능한 곳이다.

주소 63 Nathan Road, Tsim Sha Tsui   위치 MTR 침사추이 역 C1번 출구에서 도보 2분   전화 3665 3333   시간 09:00~23:30(매장에 따라 다름)

쇼핑으로 혹사된 다리를 위한 발 마사지

쇼핑의 메카인 침사추이에서 쇼핑을 하다 보면 누구나 지치기 마련이다. 피곤한 몸을 이끌고 쇼핑을 한다면 알찬 쇼핑이 되기는 어려울 것이니 저렴하고 서비스 좋은 발 마사지를 통해 쇼핑으로 혹사된 발과 몸의 피로를 풀어 보자.

🦶 족예사 Rendezvous 足藝舍 MAPECODE 15332

한국인 여행객들 사이에서 소문난 곳

하이퐁 로드에 위치한 족예사는 한국인 여행객들 사이에서 유명해진 곳이다. 간판과 가격표에 모두 한글이 적혀 있어 편리하다. 시설이 좋지는 않지만, 쇼핑으로 지친 발에 휴식을 주기에는 그만이다. 발 마사지는 50분에 HK$198, 바디 마사지는 50분에 HK$239, 아로마 바디 마사지는 50분 HK$269이다. 바디 마사지보다 발 마사지를 추천한다.

주소 8/F, Zhongda Building, No. 38-40 Haiphong Road, Tsim Sha Tsui
위치 MTR 침사추이 역 A1번 출구에서 도보 5분 거리 전화 2618 0681 시간 10:00~24:00

🦶 톱 컴포트 TOP COMFORT 水云莊 MAPECODE 15333

현지 교민들에게 인기 있는 정통 스파

홍콩의 마사지는 휴양지에서 받는 동남아 마사지와는 다르다. 손의 압으로 혈을 눌러 화려하고 깔끔한 여행객 대상의 마사지 숍보다는 조던, 몽콕에 산재한 현지인들 대상의 마사지 숍을 추천한다.

몽콕점
주소 7/F, Good Hope Building, 612-618 Nathan Road, Mong Kok 위치 MTR 몽콕 역 E2번 출구에서 도보 7분 전화 2781 2030 시간 11:00~24:00

홍콩의 빅세일 놓치지 않기

홍콩의 여름 쇼핑 페스티벌은 보통 6월 30일부터 8월 말까지이며 겨울 쇼핑 페스티벌은 날짜가 정해져 있지 않고 11월 말에서 설날 전까지 이어진다. 이 기간에는 다양한 명품을 적게는 30%에서 많게는 80%까지 싸게 살 수 있다. 홍콩의 세일 표시는 %가 아닌 절(折)로 표기한다. 절(折)은 '꺾는다'는 뜻으로 '가격을 꺾는다'는 의미이다. 즉, 1절은 90%, 3절은 70% 의 세일폭을 의미한다. 우리나라에도 잘 알려진 H&M과 ZARA 등 중저가 브랜드도 표시된 금액에서 추가 할인이 되니 세일 품목이 다양하고 세일 폭이 큰 홍콩에서의 쇼핑은 더욱 매력적이다. 또한 나인웨스트의 신발도 우리나라에서 구입하는 금액의 절반 이하로 구입할 수 있는 찬스를 노려볼 수 있다. 간혹 브랜드별로 상이하나 두 세벌 이상의 옷을 구매하면 할인된 가격에서 10~20% 추가 할인을 해주는 경우도 있으니 꼼꼼히 체크해 보도록 하자.

또한 홍콩에는 유난히 편집 매장이 많다. 이곳에서 원하는 브랜드를 싸게 구입할 수 있는 기회를 엿보자. 일본 인기 브랜드인 그라운드 제로, 마우지 제품이 많은 디 몹(D-Mop), 유럽이나 일본 브랜드가 많은 아이티 세일 숍(I.T. Sale Shop) 등에서 개성 있는 옷을 찾고자 한다면 틈틈이 살펴보도록 하자.

● QTS (Quality Tourism Services)

홍콩 관광청이 마련한 품질 인증 제도

음식의 위생 상태나 제품의 짝퉁 여부에 대해 불안하다면 QTS(Quality Tourism Services) 마크가 있는 상점과 레스토랑을 찾아 보자. 이 마크는 엄격하게 평가를 통과한 업체에게만 주는 것으로 관광객들에게 믿을 수 있는 가격과 서비스를 제공한다는 뜻이다. 이는 일종의 KS 마크와 같은 것으로 QTS가 있는 상점, 레스토랑은 가격이 정확하게 명시되어 있고, 진품임을 믿을 수 있다.

● 아무리 더운 날씨에도 긴팔 가디건은 필수!

넓디넓은 쇼핑몰을 편하게 다니려면 편한 신발과 더불어 긴팔 옷이 필요하다. 홍콩은 매우 습해서 실내에서는 에어컨을 매우 강하게 틀기 때문에 방심했다가는 자칫 감기에 걸릴 수 있다. 멋도 좋지만 건강도 함께 챙기길 바란다.

구분	여성복									남성복(정장)			
사이즈 조견표													
한국	XS 44 85	S 55 90		M 66 95		L 77 100		XL 88 105		95	100	105	110
이탈리아	36	38	40	42	44	46	48	50	52	46	48	50	52
영국	8		10	12	14	16	18	20	26	36	38	40	42
프랑스	32	34	36	38	40	42	44	46	48	46	48	50	52
미국	2	4	6	8	10	12	14	16	18	36	38	40	42

● 쇼핑 시간 절약법

세일 기간에 마음에 드는 상품이 있다면 그 자리에서 구매하는 것이 좋다. 충동 구매는 절대 금물이지만, 마음에 드는 상품을 두고 고민하다가 다시 상점을 찾았을 때는 이미 그 물건이 없을 수도 있기 때문이다.

세일 기간에는 긴 줄을 서서 옷을 갈아입어야 하는 번거로움이 있기 때문에 줄자를 이용해 본인의 치수를 재면, 옷을 입어 보는 시간을 줄일 수 있다. 대신 세일 품목은 환불이나 교환이 안 되는 것이 대부분이니 이 점에 유념해야 한다.

찰리 브라운 카페 Charlie Brown Cafe 15334

찰리 브라운과 커피 한잔

미국에서 연재된 TV 애니메이션 〈피너츠〉의 주인공인 찰리 브라운을 테마로 만든 이색 카페이다. 그의 애완견 스누피, 언제나 피아노를 치는 슈로더, 슈로더를 짝사랑하는 루시의 좌충우돌 이야기를 다룬 내용으로 많은 사람의 사랑을 받았던 애니메이션이다. 홍콩에서는 관광 명소로 자리매김을 한 곳으로 찰리를 사랑하는 팬들의 발길이 끊이지 않는다. 귀여운 캐릭터 상품과 캐릭터 모양의 케이크까지 매장을 가득 메우고 있어 보는 이들에게 즐거움을 선사한다. 카페라떼를 주문하고 캐릭터를 그려 달라고 하면 정성껏 커피 위에 스누피를 그려 준다. 부드러운 카페 한 잔으로 잠시 동심의 세계로 빠져 보자.

주소 G/F, 58-60 Granville Rd., Tsim Sha Tsui 위치 MTR 침사추이 역 B2번 출구 전화 2366 6315 시간 09:00~22:30

비비안 웨스트우드 카페 Vivien Westwood Cafe

MAPECODE 15335

눈이 즐거워지는 카페

이 브랜드를 좋아하는 여성이라면 호기심에 들러 보게 되는 비비안 웨스트우드 카페. 비비안 웨스트우드는 영국의 대표적인 패션 브랜드로, 체크 무늬와 십자가, 원형 모양의 로고가 유명하다. 카페에서 쓰는 모든 접시와 커피잔에도 브랜드 로고가 새겨져 있다. 화려한 문양과 더불어 각양각색의 화려한 모양을 뽐내는 케이크를 눈으로 즐길 수 있어 좋다. 맛은 평범하다는 평이 많으나 큰 기대감이 없이 방문한다면 눈이 즐거워지는 카페이다.

주소 Shop OT305A, 3/F, Ocean Terminal, Harbour City, 3-27 Canton Rd., Tsim Sha Tsui 위치 MTR 침사추이 역 A1번 출구에서 도보로 7분 전화 318 2646 시간 11:00~21:00

다즐링 카페 Dazzling Café

MAPECODE 15336

대만의 유명한 디저트 카페

대만의 유명한 카페가 하나씩 홍콩에 상륙하기 시작했다. 다즐링 카페는 여심을 사로잡는 디저트 카페 중 하나이다. 인기 메뉴는 허니 토스트와 아이스크림 스트로베리 와플이다. 각종 과일과 아이스크림으로 화려하게 장식한 허니 토스트는 눈과 입이 동시에 즐거워진다. 또한, 명란젓 크림 파스타가 맛이 좋아, 식사와 디저트를 동시에 해결할 수 있는 카페이다.

주소 Shop 22, L3, The ONE, 100 Nathan Road, Tsim Sha Tsui 위치 MTR 침사추이 역 B1번 출구 전화 2312 6099 시간 12:00~22:00

톡톡
홍콩 이야기

홍콩의 죽

홍콩의 아침은 죽으로 시작해서 죽으로 끝난다고 해도 과언이 아닐 정도로 죽은 홍콩 사람들의 가장 대표적인 음식이다. 홍콩의 죽은 맛과 종류가 다양하다. 홍콩의 대표적인 죽의 종류로는 전복이 들어가는 빠우위쭉(鮑魚粥), 쇠고기가 들어가는 아우욕쭉(牛肉粥), 돼지고기가 들어가는 사우욕쭉(瘦肉粥), 흰살 생선이 들어가는 위핀쭉(魚片粥)이 있다. 이 중에서 소고기와 전복이 들어간 죽이 우리나라 사람들 입맛에 잘 맞는다. 홍콩

사람들이 죽을 시킬 때 항상 따라다니는 메뉴가 있는데, 바로 야우티우(油條, 기다랗게 튀긴 빵)이다. 야우티우는 중국 송나라 때의 충신 악비 장군을 살해한 진회와 그의 부인 왕 씨를 밀가루 모양으로 만들어서 기름에 튀겨 먹은 데서 시작되었다고 한다. 음식의 유래로는 살벌하지만 죽과 궁합이 잘 맞는 음식이다.

아이바 Eyebar

MAPECODE **15337**

오픈 바가 돋보이는 아이 스퀘어의 명소

난하이 넘버원(Nanhai No.1) 레스토랑 안쪽에 자리 잡고 있으며, 분위기 있게 칵테일 한잔하기에 그만인 곳이다. 이곳의 이름은 옛날 중국에서 선원들에게 나쁜 일이 생기지 않도록 하기 위해 뱃머리에 눈을 그렸던 풍습에서 따왔다. 아이 스퀘어 30층에 위치해서 빅토리아 항의 전경과 아름다운 야경을 볼 수 있다. 오픈 바의 바텐더는 선원 복장을 연상시키는 유니폼을 입고 친절하게 서빙을 해 준다. 심포니 오

브 라이트를 보기 위해서 들러도 좋은 곳이다. 매주 수요일 HK$220을 내면 와인 뷔페를 즐길 수 있고, 오후 6시부터 9시까지 선셋 아워에는 칵테일 30% 할인과 맥주 50% 할인을 받을 수 있다.

주소 30F, i Square, 63 Nathan Road, Tsim Sha Tsui 위치 MTR 침사추이 역 C1번 출구에서 도보 2분 전화 2487 3988 시간 11:30~01:00(일요일은 24:00까지)

카페 온 더 파크 Cafe on the Park **15338**

신선하고 맛 좋은 뷔페

로열 퍼시픽 호텔 내 2층에 위치한 현대적이면서 스타일리시한 레스토랑으로 아시아와 서양 음식을 고루 갖춘 뷔페이다. 맛있는 음식, 친절한 서비스와 함께 구룡 공원을 바라보며 식사할 수 있는 곳으로 침사추이의 유명한 식당 가운데 하나이다. 다양한 메뉴가 매력적이며, 신선한 해물을 저렴하고 푸짐하게 먹을 수 있는 곳이어서 인기몰이 중이다. 아침 뷔페는 HK$195, 평일 런치 뷔페는 HK$338, 디너 뷔페는 HK$618, 주말 런치 뷔페는 HK$418, 디너 뷔페는 HK$668이다.

주소 2/F, Hotel Wing, The Royal Pacific Hotel and Towers, 33 Canton Road, Tsim Sha Tsui 위치 하버 시티 옆 로열 퍼시픽 호텔 2층 전화 2738 2322 시간 06:30~21:30 / 런치 뷔페 12:00~14:30(주중), 11:30~15:30(주말) / 디너 뷔페 18:00~21:30

파인푸드 Fine Foods 帝苑餅店

MAPECODE 15339

디저트의 시작과 끝을 볼 수 있는 곳

이스트 침사추이 로얄 가든 호텔 1층
에 자리한 곳이다. 다른 곳에서 보기
힘든 풋사과 디저트(Green apple
cheese cake)는 화이트 초콜릿으
로 모양을 만들고 그 안에는 으깬 사
과, 쿠키, 그리고 크림치즈를 듬뿍 넣어
달콤하면서도 풋사과 빛깔만큼이나 상큼하다. 이
외에도 망고 케이크 하나가 통째로 올라간 케이크부터 페
이스트리 등 종류가 매우 다양하다. 조각케이크 가
격은 HK$42~45로, 세트 메뉴인 음료와 케이크는
HK$90에 먹을 수 있다. 단, 테이크 아웃이 아닌 경

우는 10%의 TAX를 내야 한다.

주소 G/F, The Royal Garden, 69 Mody Road, Tsim
Sha Tsui 위치 MTR 침사추이 역 P2번 출구 도보 3분
전화 2733 2045 시간 11:00~23:00

모치 카페 Mochi Café

MAPECODE 15340

일본식 퓨전 우동집

직접 뽑은 탱탱한 면과 진한 국물이 특징인 모치 카
페의 우동은 오랫동안 홍콩 사람들의 입맛을 사로잡
았다. 뚝배기에 담겨 나오는데, 진한 일본식 라면 육
수와 우동 면의 조합이 특이하다. 대표 메뉴는 소고
기 우동(Premium Beef Handmade Udong in Hot
Stone Pot), 부드러운 족발찜(Mocho Roasted

Pork Feet), 와푸 샐러드(Wafu Salad With
Crabmeat & Tomato dressing)이다. 얼큰한 국물
이 그리울 때 들러보자.

주소 G/F, 19-23 Hart Avenue, Tsim Sha Tsui 위
치 MTR 침사추이 역 N3번 출구에서 도보 5분 거리 전화
3598 6282 시간 12:00~17:00, 18:00~23:00

태평관 Tai Ping Koon 太平館餐廳

홍콩 연예인이 자주 가는 차찬텡

1930년대에 오픈한 태평관은 역사가 말해 주듯이 이곳에서 몇십 년을 동고동락한 종업원들이 많다. 나이가 느긋한 직원에게서는 이 식당의 세월만큼 노련함이 엿보인다. 음식 맛도 좋아 홍콩 현지인과 외국인 관광객 모두에게도 인기가 많은 곳이다. 이곳에서 꼭 먹어 봐야 할 요리는 구운 비둘기 요리(Roast Pigeon), 포르투갈 스타일의 구운 닭 요리 그리고 스위트 소스 치킨 윙이다. 볶은 쇠고기 쌀국수는 우리나라의 자장면과 흡사하여 부담 없이 즐기기에 그만이다. 'Baked Souffle'는 인기 메뉴로 미리 20분 전에 주문을 해야 먹을 수 있으며 가격은 HK$92로 디저트로 먹기에 그만이다.

주소 40 Granville Road, Tsim Sha Tsui 위치 MTR 침사추이 역 B1번 출구에서 도보 5분 전화 2721 3559 시간 11:00~24:00

비첸향 Bee Cheng Hiang 美珍香

싱가포르에 본점을 둔 육포 전문점

홍콩에 다녀온 사람들은 한번쯤 맛보았을 맛있는 육포를 파는 집이다. 석쇠에서 구워낸 매콤달콤하게 양념된 그 맛이 일품이다. 기존 육포의 개념을 탈피한 부드러운맛으로 맥주와 곁들이면 안주로도 손색이 없다. 곳곳에 지점이 많아서 육포를 사기 위해서 긴 줄을 설 필요는 없다. 돼지고기, 베이컨, 소고기 중 선택할 수 있으며, 매운맛과 바비큐 맛의 육포가 우리나라 사람들 입맛에 가장 맞는다. 선물용으로 개별 진공 포장이 되어 있는 것을 선택하는 것이 좋으나, 최근에는 세관을 통과할 수 없는 품목에 포함되어 아쉽게도 국내에는 들어올 수가 없게 되었다.

주소 Shop C, G/F Daily House. 35-37 Haiphong Road, Tsim Sha Tsui 위치 MTR 침사추이 역 A1번 출구 시간 09:00~23:00

슈퍼스타 시푸드 레스토랑 Superstar Seafood Restaurant 鴻星海鮮酒家

MAPECODE **15343**

딤섬과 해물 요리 전문점

홍콩에서 유명한 광둥 해물 요리 전문점으로 다른 식당과 마찬가지로 점심에는 딤섬 메뉴를 제공한다. 홍콩 전역에 10여 개의 지점을 두고 있으며 다른 딤섬 식당에는 없는 독특한 모양의 딤섬 메뉴가 많은 것으로 유명하다. 200여 종의 딤섬 중에서 100여 종의 동물 모양 딤섬이 인기를 끌고 있다. 아이와 함께라면 눈이 즐거워지는 펭귄 모양의 딤섬, 토끼 모양의 딤섬을 먹어 보자. 맛보다는 보는 즐거움에 만족하자. 오전 10시에서 12시 45분까지는 HK$11.8~HK$18.8로 저렴하게 맛들수 있다.

주소 3/F, Grand Centre, 8 Humphreys Ave, Tsim Sha Tsui 위치 MTR 침사추이 역 N2번 출구에서 도보 2분 거리 전화 2628 0698 시간 10:00~23:00

당 코트 Tang Court 唐閣

MAPECODE **15344**

홍콩 최고의 광둥 요리 전문점

세계 최고의 호텔 레스토랑 수상 경력을 지닌 곳으로 홍콩에서 최고의 광둥 요리를 맛볼 수 있다. 이름에서 알 수 있듯이 독특하고 아름다운 인테리어는 중국 왕조의 황금기인 당나라 시대를 그대로 재현해 놓은 듯한 분위기로 이곳을 찾는 사람들에게 황제가 된 듯한 기분을 만끽하게 해준다. US 매거진에서 선정한 최고의 레스토랑으로 뽑혔으며, 홍콩 최고의 레스토랑인 만큼 가격은 만만치 않으나 이곳의 분위기와 맛을 보면 돈이 전혀 아깝지 않다.

주소 Langham Hotel, 8 Peking Road, Tsim Sha Tsui 위치 MTR 침사추이 역 C1번 출구에서 도보 3분 전화 2132 7898 시간 12:00~15:00, 18:00~23:00

Restaurant 식당

쿠치나 Cucina 意大利餐廳

MAPECODE **15345**

캔톤 로드에 위치한 전망 좋은 이탈리안 레스토랑

홍콩의 베스트 이탈리안 레스토랑 톱 10에 포함된 곳으로 하버시티 바로 옆 마르코폴로 호텔 6층에 위치하고 있다. 빅토리아 하버를 바라볼 수 있는 전망과 훌륭한 음식 솜씨가 유명하다. 세미 런치 뷔페는 HK$328로 샐러드 바, 메인 요리 하나, 거기에 HK$58을 추가하면 하우스 와인까지 제공된다. 주말 런치 뷔페 세트는 1인당 HK$628이다. HK$98를 더하면 무제한 와인을 제공받을 수 있다.

주소 6/F, Marco Polo Hong Kong Hotel, Harbour City, 3-27 Canton Road, Tsim Sha Tsui 위치

MTR 침사추이 역 A1번 출구 전화 2113 0808 시간 12:00~24:00

네드 켈리스 라스트 스탠드 Ned Kelly's Last Stand

MAPECODE **15346**

정통 호주식 펍에서 재즈 감상

네드 켈리라는 호주 영웅의 이름을 따서 만든 정통 호주식 펍이다. 실내 분위기는 화려하지는 않지만 편안함을 느낄 수 있으며, 매일 밤 9시 30분부터 새벽 1시까지 딕시랜드 재즈를 무료로 즐길 수 있어 더욱 매력적이다. 익숙한 재즈 선율에 몸을 맡기고 친구와 함께 가볍게 한잔하기에 좋은 곳이다. 안주로는 육즙이 가득한 소시지, 비프 스

튜, 피시 앤 칩스, 치즈 햄버거 그리고 코티지 파이 등이 인기 메뉴이다.

주소 11 Ashley Road, Tsim Sha Tsui 위치 MTR 침사추이 역 C1번 출구에서 도보 5분 전화 2376 0562 시간 11:30~02:00(재즈 공연 21:30~01:00), 해피 아워 11:30~21:00

> **Tip**
> **네드 켈리는 누구일까?**
> 네드 켈리는 호주판 로빈후드라고 할 수 있다. 호주가 영국 식민지였던 시대에 실존한 인물로, 그는 식민지 시대에 영국 경찰과의 잦은 마찰로 인해 모함을 받아 누명을 쓰게 되었고, 도주 과정에서 영국 경찰을 살해하게 되었다. 하지만 가난한 자들의 편에 서서 영국에 저항하게 되면서 호주의 영웅이 되었다.

페킹 가든 Peking Garden 北京樓 `15347`

베이징 덕으로 유명해진 레스토랑

맥심에서 운영하는 북경 오리구이(베이징 덕) 전문 레스토랑으로 고급스러운 분위기에서 식사할 수 있는 곳이다. 베이징 덕은 원나라부터 전해오는 전통 요리로 굽는 과정만 12단계를 거친다. 오리의 겉은 바삭하고 속살은 부드럽다. 오리가 나오면 직원이 살을 발라 먹기 좋게 접시에 담아준다. 한 마리를 주문하면 두 접시 정도의 양이 나온다. 한 마리 가격은 HK$380으로 세 사람이 먹기에 적당하다. 반 마리는 주문을 받지 않으며 남았을 경우 남은 재료로 다른 요리를 별도로 주문하거나 포장해갈 수 있다.

주소 3/F, Star House, 3 Salisbury Road, Tsim Sha Tsui 위치 스타페리 선착장에서 도보 3분 전화 2735 8211 시간 11:30~15:00, 15:30~23:30 비용 HK$86~HK$188

Tip

북경 오리구이(베이징 덕) 맛있게 먹는 방법

1. 밀전병을 접시에 놓는다.
2. 그 위에 감칠맛 나는 야장 소스를 적당히 찍은 오리고기를 올린다.
3. 오리의 특유의 냄새를 없애 주기 위해 오이와 양파를 개인 취향에 맞게 적당히 올린다.
4. 밀전병을 쌈 싸듯이 돌돌 말아서 먹는다.

돈키치 돈가스 시푸드 Tonkichi Tonkatsu Seafood 丼吉日本吉列專門店餐廳 MAPECODE `15348`

홍콩의 유명한 돈가스 전문점

우리나라에서도 흔히 볼 수 있는 돼지고기에 빵가루를 입혀 튀긴 돈가스를 파는 식당이다. 홍콩에서 맛있는 돈가스 전문점으로 정평이 나 있는 곳이다. 홍콩 여러 곳에 지점이 있으며 점심 시간에는 1시간이 나 줄을 서기도 한다. 고소하고 바삭바삭한 왕새우 튀김과 굴 튀김, 게살 크로켓이 이곳의 대표 메뉴이다. HK$250로 돈가스를 먹기에는 조금 비싸다는 생각이 들기도 하지만 느끼하지 않고 담백한 맛이 일품이다. 홍콩에서 보기 드물게 밥과 양배추 샐러드를 무한 리필해 주는 곳이기도 하다.

주소 Shop L401, 4/F, The ONE, 100 Nathan Rd., Tsim Sha Tsui 위치 MTR 침사추이 역 A1번 출구에서 도보 10분 전화 2314 2998 시간 11:00~16:30, 18:00~22:30

제니 베이커리 Jenny Bakery 珍妮餅店

달콤함과 부드러움이 최상인 쿠키

어떤 매력이 이곳으로 발길을 이끄는지는 정확히
알 수 없지만 달콤함과 부드러움은 타의 추종을 불
허한다. 긴 줄을 서서 기다림의 끝에 맛보는 쿠키
의 맛이 결코 달콤하기만 한 것은 아니지만 일명 '마
약 쿠키'라고 불리는 이유가 분명히 있다. 가격은 4
MIX(4가지 맛)가 HK\$70(소), 8 MIX(8가지 맛)가
HK\$120(소)로, 쿠키치고는 다소 비싸다. 침사추
이점과 성완점 모두 사람이 많으니 일찍 서두르는
것이 좋다. 1인당 살 수 있는 개수가 정해져 있지만
그날그날에 따라 다르다.

침사추이점
주소 Shop 24 Ground Floor, Mirador Mansion 54-
64 Nathan Road,Tsim ShaTsui 위치 MTR 침사추
이 역 D2번 출구에서 도보 2분 전화 2311 8070 시간
09:00~18:30

성완점
주소 15 Wing Wo Street, Ground Floor, Sheung
Wan 위치 MTR 성완 역 E2번 출구 전화 2524 1988 시
간 10:00~19:00

마카오 레스토랑 Macau Restaurant 澳門茶餐廳

마카오 요리 전문점

평범한 서민 식당이지만 저렴하고 맛있는 마카오
음식을 먹을 수 있는 곳으로 홍콩 사람은 물론 외국
인들에게도 인기가 많다. 과거 포르투갈의 식민지
였던 마카오의 요리는 포르투갈 요리법에서 많은
영향을 받았다. 인기 메뉴는 아기 비둘기 구이와 커
리, 마카오 바비큐 콤비네이션 등이 있다. 마카오에
가지 않는다면 이곳에서 마카오식 에그 타르트를
맛보는 것도 좋을 듯하다.

주소 Lokville Commercial Bldg., 25-27 Lock
Road, Tsim Sha Tsui 위치 MTR 침사추이 역 A1번 출
구로 나가 왓슨스 쪽으로 길을 건너 오른쪽 첫 번째 골목으로
들어가 조금 올라가면 오른쪽에 위치 전화 2366 8148 시
간 24시간

 Tip

홍콩에서 맛집 찾기
음식점을 찾는 게 고민이라면 호텔의 레스토랑을 찾아 보자. 특급 호텔의 경우를 제외하고 대부분의 런치
세트 메뉴는 가격도 저렴할 뿐 아니라 맛도 좋다. 호텔이 부담스럽다면 줄을 많이 서 있는 식당을 선택해 보
자. 가장 손쉽게 검증할 수 있는 방법 중의 하나이다.

비엘티 스테이크 BLT STEAK

MAPECODE 15352

뉴욕 3대 스테이크

아시아 지역에서 홍콩에 이어 두 번째로 한국에서
오픈을 하였다. '수요미식회'에 소개되면서 더욱
유명해진 이곳은 한국에서 맛보는 가격보다 저렴
하게 스테이크를 즐길 수 있다. 하버시티 뷰를 감
상하며 식사를 할 수 있는 몇 안되는 곳이기도 하
다. 적당하게 구워진 스테이크의 육즙이 나와 부
드러움을 더한다. 부드러운 스테이크를 맛보기를
원한다면 미디움 레어가 가장 좋다. 미디움 웰던
은 그냥 웰던 수준이다. 뷰가 좋아도 야외석은 스
타페리에 몰려드는 사람들로 늘 북적이기 때문에
실내석을 추천하며, 키즈 메뉴도 별도로 있어 가
족과 함께 가기 좋다. 런치 뷔페와 브런치는 가성
비가 좋기로 유명하다.

주소 Shop G62, G/F, Ocean Terminal, Harbour
City, 3-27 Canton Road, Tsim Sha Tsui 위

치 MTR 침사추이 역 L5번 출구 도보 5분   전화 2730
3508   시간 12:00~23:00, 12:00~15:00(평일 런
치 뷔페), 12:00~16:00(주말 런치 뷔페)   예약 www.
diningconcepts.com

요시노야 Yoshinoya 吉野家

MAPECODE 15353

1인용 핫팟을 맛볼 수 있는 곳

일본 패스트푸드점으로, 따뜻
한 국물에 찰진 밥을 먹고 싶
다면 이곳을 들러 보자. 가
장 인기 있는 메뉴는 규동
이지만 작은 냄비에 불을
붙여 직접 끓여 먹는 1인용
핫팟을 맛보는 것도 좋을 듯하
다. 가격이 저렴한 만큼 고기의 질이

그리 좋지는 않지만 국물에 직접 우동면을 넣어 먹
는 미니 핫팟을 즐겨 보자.

주소 Shop B1, Basement, Tern Plaza, 5 Cameron
Road, Tsim Sha Tsui 위치 MTR 침사추이 역 B1번 출
구에서 도보 3분 전화 2721 0719 시간 07:00~22:00

 Tip

초이삼

홍콩 사람들이 밥을 먹을 때나 국수를 시켜 먹을 때 항상 따라다니는 것
이 초이삼(油菜心)이다. 시금치와 비슷하게 생긴 야채에 기름을 넣고
물에 살짝 데친 다음에 굴 소스를 찍어 먹으면 그 맛이 일품이다. 그 맛
이 보기와는 달리 중독성이 있어 한국에서도 그리워지곤 한다.

성림거 SING LUM KHUI Rice noodle house 星林居

MAPECODE 15354

한국인에게 더 유명한 운남 쌀국수

여러 가지 토핑을 선택해서 주문하는 방식으로 주
문서를 받으면 그 안에 체크를 하면 된다. 첫 칸은
국물이 있는 것과 없는 것을 선택, A는 토핑, C는 맵
기 조절, D는 신맛 정도, E는 별도 요구 사항을 체크
한다. 대부분 토핑은 버섯, 어묵, 소고기 등을 추가
하고 별도 요청 사항에서는 주로 부추와 숙주를 추
가하는데, 토핑은 하나당 HK$4~6이고 별도 요청
사항으로는 토핑은 무료이다. 토핑으로 상
추를 주문하면 소스와 함께 데쳐 나오는데, 느끼한
맛을 조금이나마 잡아준다.

주소 Shop A, G/F, No. 23 Lock Road, Tsim Sha

Tsui 위치 MTR 침사추이 역 A1번 출구 도보 2분 전화
2416 2424 시간 11:00~23:00

노마드 Nomads

MAPECODE 15355

저렴하고 푸짐한 몽골리안 음식

재료를 본인이 직접 선택해 자기만의 요리를 주문
할 수 있는 몽골리안 뷔페 레스토랑이다. 신선한 야
채, 육류, 해산물, 국수 등 다양한 재료가 있어 선택
의 폭이 넓다. 수프와 샐러드 바를 이용하는 동안 선택
해 온 식재료를 주방장이 데리야키 소스와 핫 소스
를 이용해 요리해 준다. 럭스 매너 호텔 앞 AEL 무
료 셔틀버스가 서는 정류장 바로 앞에 위치해 있다.
의자는 모두 양털로 만든 시트로 되어 있어 마치 몽

고에 온 듯한 분위기를 자아낸다. 점심 뷔페는 주중
에 HK$98로 매우 저렴하다. 푸짐한 식사를 즐기고
싶다면 꼭 들러 보자.

주소 55 Kimberly Road, Tsim Sha Tsui 위치 킴
벌리 로드, 킴벌리 호텔 맞은편 전화 2722 0733 시간
12:00~14:30, 18:30~22:30 가격 평일 런치 HK$98,
주말 런치 HK$118, 디너 HK$228

가디 Gaddi's 吉地士

MAPECODE 15356

500여 년의 명성을 이어가는 고급 레스토랑

전통을 중시하는 페닌슐라 호텔에 위치한 이곳은 50여 년 동안 한자리에서 명성을 이어가고 있다. 중세의 프랑스로 거슬러 올라간 듯한 고풍스러운 느낌을 그대로 반영하여 클래식하게 식사를 즐기고 싶은 사람에게 추천한다. 우리나라 사람들의 입맛에 딱 맞는 프렌치 레스토랑이다. 멋진 야경은 없어도 정성스럽고 고급스러운 음식이 눈과 입을 즐겁게 해주는 곳이다. 랍스터를 넣어 허브를 뿌린 라비올리니(HK$380)와 거위간과 저온에서 구운 비둘기 요리(HK$680), 머랭 위에 셔벗무스와 딸기를 올린 디저트(HK$180)는 입맛을 자극하기에 충분하다.

주소 Salisbury Road, Kowloon 위치 MTR 침사추이 역 L3번 출구에서 도보 1분 전화 2315 3171 시간 12:00~14:30, 19:00~22:30 예약 www.peninsula.com/Hong_Kong/en/Dining/Gaddis/default.aspx#/Hong_Kong/en/Dining

파인즈 FINDS

MAPECODE 15357

스칸디나비안 레스토랑

핀란드, 아이슬란드, 노르웨이, 덴마크, 스웨덴의 영문 이름 첫 글자를 따서 만든 이름으로 북유럽 요리를 맛볼 수 있는 곳이다. 얼음을 모티브로 한 시원한 인테리어가 모던하고 자연적인 분위기를 살린다. 북유럽의 정취를 한껏 느끼게 해 주고 있어 많은 이들에게 사랑을 받고 있다. 대표 메뉴는 훈제 연어인데 핀란드산 나무에 직접 훈제하여 나무 향이 그대로 살아 있는 것이 특징이다. 북유럽식 바가 준비되어 있어서 칵테일 등도 맛볼 수 있다. 최근에 센트럴 소호에서 침사추이로 이전하여 새롭게 단장한 인테리어로 오픈하였다.

주소 1/F, The Luxe Manor 39 Kimberley Road, Tsim Sha Tsui 위치 MTR 침사추이 역 B1번 출구 킴벌리 호텔 맞은편 전화 2522 9318 시간 06:30~10:30(브렉퍼스트), 12:00~14:30(런치), 19:00~22:30(디너), 15:00~21:00(해피 아워)

홍콩의 로컬 패스트푸드

홍콩에는 서민들이 사랑하는 맛 좋고 저렴한 패스트푸드점이 많다. 홍콩 패스트푸드점의 가장 큰 장점은 저렴한 가격에 맛 좋은 음식을 먹을 수 있다는 것! 덕분에 오랫동안 홍콩인들의 사랑을 받아왔다. 그러나 최근에는 하나둘씩 외곽 지역으로 옮겨 가거나 조금씩 사라지고 있다. 예전보다 조금 더 발품을 들여야 하는 곳도 있지만 저렴한 가격에 맛 좋은 음식을 부담 없이 즐길 수 있는 곳들을 소개한다.

🔵 맥심 Maxim's fast food 美心 MAPECODE 15358

맥심 그룹에서 운영하는 패스트푸드점

어떤 메뉴를 고르더라도 실패할 확률이 매우 적은 곳으로 홍콩인들의 사랑을 듬뿍 받는 패스트푸드점이다. 간단하고 맛있게 먹을 수 있으나 식사 시간이 되면 항상 긴 줄을 서서 기다려야 하는 단점이 있다. 이곳의 쌀국수는 얼큰한 한국 음식이 생각나지 않을 정도로 시원한 국물 맛이 일품이다. 폭찹 라이스 또한 인기 메뉴 중 하나인데, 지점에 따라 판매되지 않는 곳도 있다. 최근에는 맥심 또한 점점 다운타운에서 외곽으로 하나둘씩 자리를 옮겨 가는 중이어서 쾌적한 공간의 맥심을 찾기가 어려워지고 있다.

주소 1/F, Po Hon Building, 24-30 Percival St., Causeway Bay 위치 MTR 코즈웨이베이 역 C번 출구에서 도보 1분 전화 2838 6173 시간 07:00~22:00 홈페이지 www.maxims.com.hk

➲ 페어우드 Fairwood 大快活 MAPECODE 15359

저렴하면서도 맛 좋은 음식이 있는 곳

홍콩의 세계적인 디자이너인 앨런 찬이 디자인을 해 큰 이
슈를 몰고 온 홍콩의 대표적인 패스트푸드점이다. 아침, 점
심, 저녁 메뉴가 각각 정해져 있다. 미트볼 스파게티, 조미
료가 첨가되지 않은 건강식, HK＄ 62로 맛볼 수 있는 핫팟
까지 다양한 종류를 섭렵할 수 있다. 특히 각종 닭고기와
오리고기를 소스에 얹은 덮밥이 이곳의 인기 메뉴 중 하나
이다. 저렴하면서도 맛 좋은 음식을 찾는 주머니 가벼운

여행자에게 적극 추천하고 싶은 곳이다. 시원한 아이스티와 함께 홍
콩의 로컬 푸드에도 도전해 보자.

주소 Grand Centre, 8 Humphreys Ave, Tsim Sha Tsui 위치 MTR 침사추이 역 A2번 출구에서 도보 3분 전화
2856 4468 시간 07:00~21:30(토요일은 22:00까지) 홈페이지 www.fairwood.com.hk

➲ 카페 드 코랄 Cafe de Coral 大家樂 MAPECODE 15360

간단한 요리를 맛볼 수 있는 곳

홍콩 시내에서 홍콩 공항까지 홍콩 전역에 위치하고 있는 인기 만점인
패스트푸드점이다. 일반적으로 패스트푸드라 하면 정크푸드를 떠올
리기 십상인데 이곳에서는 덮밥, 볶음밥, 국수 등 신선한 야채와 곁들

인 각종 메뉴를 맛볼 수 있다. 볶음밥은 그 양이 어마어마해 혼자 먹기
버거울 정도이다. 패스트푸드이지만 요리해서 직접 자리에 가져다주는
메뉴도 있다. 주문 방법은 입구 카운터에서 음식을 주문하고 카운터에
전표를 내고 음식을 받아 오는 셀프 시스템이다. 메뉴가 다양해서 고르
는 재미가 있는 곳으로 옥토퍼스로도 결제가 가능하다. 공항 지점은 비
행기 탑승 시간을 기다리며 허기를 달래기에 그만이다.

주소 Shop 2307, 2/F, Gateway Arcade, Harbour City, 17 Canton Road, Tsim Sha Tsui 위치 MTR 침사추이
역 A1번 출구 도보 5분 전화 2175 0181 시간 07:00~21:00 홈페이지 www.cafedecoral.com

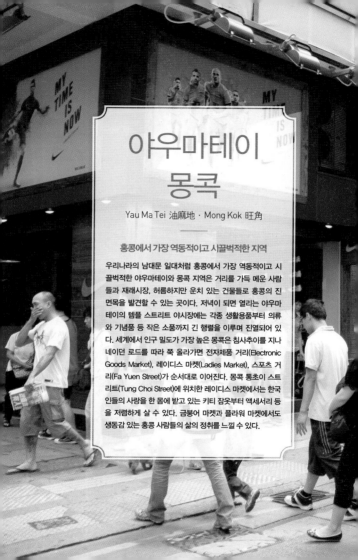

야우마테이
몽콕

Yau Ma Tei 油麻地 · Mong Kok 旺角

홍콩에서 가장 역동적이고 시끌벅적한 지역

우리나라의 남대문 일대처럼 홍콩에서 가장 역동적이고 시끌벅적한 야우마테이와 몽콕 지역은 거리를 가득 메운 사람들과 재래시장, 허름하지만 운치 있는 건물들로 홍콩의 진면목을 발견할 수 있는 곳이다. 저녁이 되면 열리는 야우마테이의 템플 스트리트 야시장에는 각종 생활용품부터 의류와 기념품 등 작은 소품까지 긴 행렬을 이루며 진열되어 있다. 세계에서 인구 밀도가 가장 높은 몽콕은 침사추이를 지나 네이던 로드를 따라 쭉 올라가면 전자제품 거리(Electronic Goods Market), 레이디스 마켓(Ladies Market), 스포츠 거리(Fa Yuen Street)가 순서대로 이어진다. 몽콕 통초이 스트리트(Tung Choi Street)에 위치한 레이디스 마켓에서는 한국인들의 사랑을 한 몸에 받고 있는 키티 잠옷부터 액세서리 등을 저렴하게 살 수 있다. 금붕어 마켓과 플라워 마켓에서도 생동감 있는 홍콩 사람들의 삶의 정취를 느낄 수 있다.

Dundas St

몽콕
방향
MTR 뭉콕 역 MTR Mong Kok Station

Canton Rd
Portland St
Nathan Rd
Reclamation St
Shanghai St
Wyle Rd

Dundas St

Ferry St
Pitt St
Hamilton St

Canton Rd
A1

YMCA 인터내서널 하우스
YMCA International House
YMCA 國際賓館

Pitt St
B2

야우마테이 역
Yau Ma Tei Station
油麻地站

Shek Lung St

Waterloo Rd

상하이 스트리트 마켓
shanghai street market
上海街市場

킹스 파크
King's Park
京士柏

Shek Lung St

Tung Kun St

Man Ming Lane

Pak Hoi St
Reclamation St

Wing Sing Lane

윙 싱 호텔
Wing Sing Hotel
永星酒店

미도 카페
Mido Cafe 美都餐室

탄하우 사원
Tin Hau Temple
天后廟

Public Square St

제이드 마켓(비취 시장)
Jade Market
玉器市場

Market St

Kansu St

Kansu St

Pak Hoi St

이튼 호텔
Eaton Hotel
逸東酒店

Ning Po St

Reclamation St
Woosung St
Shanghai St

네이던 호텔
Nathan Hotel
彌敦酒店

템플 스트리트 야시장
Temple Street Night Market
廟街夜市

노보텔 네이던 로드 구룡 홍콩
Novotel Nathan Road Kowloon Hong Kong
香港九龍諾富特酒店

Nanking St

템플 스파이스 크랩
Temple Spice Crabs
寺香料海蟹

Gascoigne Rd

프라 미스 병원
Pla Forces Hospital
人民解軍醫院

Nathan Rd

A
B1
B2

Jordan Rd

조던 역
Jordan
佐敦

Jordan Rd

킹 조지 브이 공원
King George V Park
英王喬治五世公園

구릉 역
Elements
圓方

엘리먼츠
Elements
圓方

Bowring St

렌트 에이 룸 홍콩
Rent-A-Room Hong Kong
租來的室香港

구룡 크리켓 클럽
Kowloon Cricket Cluby
九龍木球會

Woosung St
Shanghai St

C2
C1

죽가장
Bamboo Village
竹家莊

상욱 호텔
Shamrock Hotel
新樂酒店

호호 상하이
Ho Ho Shanghai
上海何何

오스틴
Austin
柯士甸

Austin Rd

Bp 인터내서널 하우스
Bp International House
龍堡國際賓館

스타 카페
Star Cafe
明星咖啡館

Hillwood Rd

에드미얼티
방향

239

몽콕

섹션케이 방향
Section K 방향

프린스 에드워드 역
Prince Edward Station
太子站

플라워 마켓
Flower Market
花墟道

새 공원
Bird Garden
園圃街省鳥花園

로얄 플라자 호텔
Royal Plaza Hotel
帝京酒店

Lai Chi Kok Rd

Prince Edward Rd West

스포츠 거리
Fa Yuen Street
花園街

금붕어 마켓
Goldfish Market
金魚街

Bute St

몽콕 이스트 역
Mong Kork East Station
旺角東站

Sai Yee St

Sai Yeung Choi St

Tung Choi St

Fa Yuen St

Mong Kok Rd

Portland St

몽콕 역
Mong Kork Station
旺角站

캔톤 로드 자랭시장
Canton Road Market
廣東道街市

Argyle St

레이디스 마켓
Ladies Market
女人街

모던 토일렛
Modern Toilet
便所

랭함 플레이스
Langham Place
朗豪坊

코디스 홍콩 앳 랭함 플레이스
Cordis Hong Kong
at Langham Place

에이치엔엠
H&M

키엘
Kiehl's

밍 코트
Ming Court

어풀리 초콜릿
Awfully chocolate

스시 원
Sushi One
一壽司

탑 컴포트
TOP COMFORT
水云莊

요시노야
YOSHINOYA
吉野家

스탠퍼드 호텔
Stanford Hotel
斯坦福酒店

전자제품 거리
Electronic Goods Market
電子產品市場

그랜드 로얄 디저트
Grand Royal Dessert
嘉逸皇冠甜點

건슨 스트리트
Yau Ma Tei
油麻地

시노 센터
Sino Centre Shopping Arcade
信和中心商場

Dundas St

Hamilton St

Reclamation St

Shanghai St

Nathan Rd

YMCA 인터내셔널 하우스
YMCA International House
YMCA 國際賓館

야우마테이 역
Yau Ma Tei Station
油麻地站

야우마테이 & 몽콕 추천 코스

거리를 가득 메운 사람들과 재래시장, 허름하지만 운치 있는 건물들에서 홍콩의 진면 목을 발견할 수 있으며, 홍콩인들의 삶의 정취 또한 느낄 수 있다.

난린 가든
다이아몬드 힐에 위치한 중국 정원

MTR로 2분
(MTR 쿤통 라인
웡타이신 역 하차)

웡타이신 사원
홍콩 최대의 도교 사원

MTR로
5분

그레이하운드 카페
다양한 태국 퓨전 음식과 달콤한
크레페를 맛볼 수 있는 레스토랑

도보
5분

랭함 플레이스
몽콕의 새로운 쇼핑 메카

도보
5분

스포츠 거리
각종 스포츠용품과
운동화를 파는 거리

도보
15분

레이디스 마켓
홍콩의 대표적인 야시장

도보
5분

**톱 컴포트
(TOP COMFORT)**
현지 교민들에게
인기 있는 정통 스파

템플 스트리트 야시장 Temple Street Night Market 廟街夜市

MAPECODE **15361**

홍콩의 남대문 거리

템플 스트리트는 우리나라의 남대문과 비슷한 분위기의 야시장으로 남자들을 위한 용품을 주로 팔아서 '남인가'라고 불리기도 한다. 저녁 7시가 넘어 개장을 하고 밤 10시쯤 되어야 제대로 된 분위기를 느낄 수 있다. 각종 기념품부터 지포라이터, 액세서리, 골동품 등을 구매할 수 있으며, 구경하는 재미도 쏠쏠하다. 노점상마다 가격과 품질이 많이 다를 수 있으니 구매할 때에는 꼼꼼히 따져 보고 흥정도 잘해야 한다. 운이 좋으면 경극을 공짜로 볼 수 있고 재미삼아 점도 볼 수 있다.

주소 Temple Street, Yau Ma Tei 위치 MTR 야우마테이 역 C번 출구에서 도보 7분 시간 19:00~24:00

템플 스파이스 크랩 Temple Spice Crabs

MAPECODE **15362**

야식으로 즐기는 저렴한 해산물

홍콩의 화려한 밤을 수놓는 템플 스트리트 야시장에서 다양한 해산물을 저렴한 가격에 마음껏 먹어 볼 수 있는 곳으로, 홍콩 사람들의 삶을 간접적으로 나마 느껴 볼 수 있다.

주소 Temple Street, Yau Ma Tei 위치 MTR 조던 역 A번 출구로 나와서 오른쪽 세 번째 골목에서 우회전 시간 16:00~23:00

242

미도 카페 Mido Cafe 美都餐室

MAPECODE 15363

50년 역사를 자랑하는 홍콩의 대표 차찬탱

홍콩의 대표적인 차찬탱으로 홍콩 드라마와 영화의
배경이 된 곳이기도 하다. 오랜 역사를 보여주듯 낡
은 건물이 이곳의 트레이드 마크라고 할 수 있다. 맛
에서는 그리 특별함을 느낄 수 없지만 홍콩만의 특
별한 분위기를 느끼고 싶다면 추천하고 싶은 곳 중
하나이다. 완차이에 전당포를 개조한 식당인 '더 폰
(THE PAWN)'도 이곳과 마찬가지로 홍콩스러움
을 느낄 수 있지만 이곳처럼 내부까지 그대로 남
둔 곳은 흔치 않기 때문이다. 이곳의 인기 메뉴로
는 원앙차로 불리는 Tea Mixed with Coffee와
Papaya Bread & Butter, 폭찹 라이스이다. 차
종류는 HK$17, 식사 메뉴는 보통 HK$50 정도
이다.

주소 G/F, 63 Temple Street 위치 MTR 아우마테
이 역 C번 출구에서 도보로 7분 전화 2384 6402 시간
08:30~21:45, 수요일 휴무

엘리먼츠 Elements 圓方

구룡 역의 새로운 쇼핑 명소

MAPECODE 15364

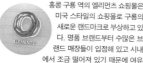

홍콩 구룡 역의 엘리먼츠 쇼핑몰은
미국 스타일의 쇼핑몰로 구룡의
새로운 랜드마크로 부상하고 있
다. 명품 브랜드부터 수많은 브
랜드 매장들이 입점해 있고 시내
에서 조금 떨어져 있기 때문에 여유
롭게 쇼핑을 즐길 수 있지만 동양의 풍수 사상을 기본
으로 메탈, 나무, 물, 불, 땅의 주제에 맞게 조화로운
분위기를 연출하였으며, 다양한 레스토랑과 아이스
링크장까지 겸비하고 있다. 자연 채광이 실내를 비
추는 구조와 쇼핑몰 중간마다 놓인 의자처럼 쇼핑
중 편하게 쉴 수 있도록 배려한 엘리먼츠의 서비스

가 남다르다. 다른 쇼핑몰에 비해 붐비지 않기 때문
에 품절된 제품이나 사이즈를 구하기 수월하다.

주소 1 Austin Road West, Tsim Sha Tsui 위치
MTR 구룡 역 C번 출구(침사추이 스타페리 선착장 앞, 버스
정류장에서 8번 탑승, MTR 구룡 역 버스 터미널 하차) 전
화 2735 5234 시간 10:30~21:00(상점마다 상이)

판도라 Pandora

개성 있는 나만의 팔찌를 구입할 수 있는 곳

참(Charms)이라는 장
식품을 골라 나만의 팔
찌를 만들 수 있는 덴마
크 브랜드이다. 이미 한
국에도 매장이 들어와
있을 뿐 아니라 고소영
이 모델로 나와 더욱 인기몰이 중인 액세서리 전문

점이다. 전 세계적으로 인기를 끌고 있는 핫 아이템
중 하나임을 증명이라도 하듯 홍콩에서도 이 매장
앞에는 늘 줄이 길게 늘어서 있다. 한국에서 구매하
는 것보다는 1~2만원 정도 저렴하다.

주소 Shop 1010, Elements, Tsim Sha Tsui 위
치 구룡 역 엘리먼츠 쇼핑몰 내 전화 2362 8893 시간
10:00~21:00

제이드 마켓(비취 시장) Jade Market 玉器市場

MAPECODE 15365

건강에 좋은 비취를 내 손 안에

홍콩의 명소 중 하나인 제이드 마켓은 비취를 전문으로 판매하는 비취 시장이다. 중국에서는 선명한 녹색의 비취를 몸에 지니고 있으면 무병장수한다는 믿음 때문에 비취에 대한 관심이 높다. 이곳에는 다양한 종류와 가격대의 비취가 있다. 하지만 진품이 아닌 모조품들도 있으니 함부로 고가의 상품을 구입하지 않는 게 좋다.

주소 Kansu Street, Yau Ma Tei 위치 MTR 야우마테이 역 C번 출구에서 도보 7분 시간 10:00~16:00

레이디스 마켓 Ladies Market 女人街

MAPECODE 15366

삶의 향기가 느껴지는 홍콩의 대표적인 야시장

홍콩에서 가장 유명한 야시장 중 하나로 이 일대가 여성 의류, 패션 소품을 취급하는 노점상으로 가득해서 '레이디스 마켓'이라는 이름이 붙었다. 짝퉁 명품 등은 관광객에게 바가지를 씌우는 일이 많기 때문에 흥정을 잘하고 여러 가게를 둘러보는 것도 요령이다. 레이디스 마켓의 큰 장점은 무엇보다도 다양한 상품군과 저렴한 가격이다.

주소 Tung Choi Street, Mong Kok 위치 MTR 몽콕역 E2번 출구에서 넬슨 스트리트를 따라 도보 3분 거리 시간 12:00~23:30

몽콕의 새로운 쇼핑 메카

MAPECODE **15369**

중저가 브랜드가 다양하고 10~20대의 최신 트렌드를 볼 수 있어 젊은층이 선호하는 곳이다. 세련되고 모던한 인테리어가 인상적인 쇼핑몰로 MTR 몽콕 역과 바로 연결되어서 이용하기도 매우 편리하다. 1층에는 화장품 브랜드, 2층에는 패션과 액세서리, 4층에는 대형 푸드코트가 있다. 5~6층에는 의류, 캐릭터 상품과 신발을 저렴하게 구입할 수 있는 익스트라 바자가 들어와 있다. It, FCUK, 미스식스티, 오즈크 등을 비롯해 홍콩 사람들의 마니아층이 매우 두터운 패트릭스 콕스와 버버리 블루라벨도 만날 수 있다. 이곳에는 홍콩에서 두 번째로 긴 에스컬레이터가 있는데 무려 83m 길이로 4층에서 8층 극장 입구로 연결되어 있다. 랭함 플레이스는 타임지가 선정한 아시아의 명소로, 호텔이면 루브르에 버금가는 박물관 역할을 하는 곳으로 소개되기도 하였다. 세일 시즌은 6~8월 여름과 12~2월 겨울 단 두 번뿐이다. 우리나라 백화점과 비슷한 구조이지만 좀 더 복잡하다.

주소 8 Argyle Street, Mong Kok 위치 MTR 몽콕 역 C3번 출구 전화 2148 2160 시간 11:00~23:00

딤딤섬 Dimdimsum DIM SUM Specialty Store 點點心點心專門店

딤섬의 진수를 맛볼 수 있는 딤섬 전문점

몽콕 역에서 가깝게 위치하고 있어 근처에 가게 된다면 부담 없이 들러 보자. 저렴한 가격에 맛 좋은 딤섬을 푸짐하게 먹을 수 있는 곳으로, 14:30~17:30까지 주문하면 20% 할인해 주기도 한다. 딤섬의 최강자인 예만방과 비교하자면 2% 부족하지만, 저렴한 가격에 다양하게 먹어 볼 수 있다는 장점과 더불어 일반 대중화된 딤섬집들과 비교하면 그 맛에서 결코 뒤지지 않는다.

주소 G/F, 112 Tung Choi St., Mong Kok 위치 MTR 몽콕 역 B2번 출구에서 도보로 3분 전화 2309 2300 시간 11:00~02:00

금붕어 마켓 Goldfish Market 金魚街

MAPECODE 15368

형형색색 화려한 물고기의 향연

형형색색의 예쁜 물고기를 파는 금붕어 마켓으로 한 마리씩 비닐 봉지에 담아 판다. 다양한 물고기들이 많은데 우리 눈으로 보기에는 다소 기괴한 모양의 금붕어들도 있다. 이름을 알 수 없는 물고기들이 새로운 주인을 기다리는 듯 봉지에 한 마리씩 들어가 있는 모습이 안쓰럽다. 봉지에 들어 있는 금붕어들은 대부분 매우 저렴하지만 상상을 초월할 만큼 비싼 고가의 금붕어들도 있다. 중국인들은 집안에 어항을 놓고 물고기를 키우면 복이 들어온다고 생각해서 물고기 사랑이 각별하다.

주소 Tung Choi Street, Mong Kok 위치 MTR 프린스 에드워드 역 B2 출구 왼쪽으로 두 번째 길 시간 10:00~19:30

플라워 마켓 Flower Market 花墟道

화려한 꽃들의 향연을 볼 수 있는 곳

MAPECODE 15369

MTR 프린스 에드워드 역 부근에 위치한 플라워 마켓은 우리나라 강남 터미널의 꽃시장보다는 규모가 작으나 독특한 매력을 가지고 있다. 각종 허브 식물, 이국적인 꽃 등 우리나라에서는 보지 못하는 독특한 품종의 꽃들이 많으며 홍콩의 많은 호텔과 레스토랑들이 이곳에서 꽃을 사간다. 그리고 설날이 되면 오렌지색의 열매가 열리는 과일들이 즐비하게 늘어선다. 그 이유는 재운을 상징하는 금색의 열매가 열리는 나무의 수요가 폭발적이기 때문이다. 그중에서 금귤 나무는 더욱 인기가 좋으며, 금빛 귤이 주렁주렁 달려 있는 것이 더 비싸다. 이 귤의 맛이 아주 새콤달콤해서 맛이 좋으나, 홍콩 사람들은 이 열매를 따 먹으면 재운이 사라진다고 생각하기 때문에 따 먹지는 않는다.

주소 Flower Market Road, Mong Kok 위치 MTR 프린스 에드워드 역 B1출구에서 도보 3분 시간 07:00~22:00

새 공원 Bird Garden 園圃街雀鳥花園

MAPECODE 15370

새를 위한 모든 것을 살 수 있는 곳

플라워 마켓을 따라 올라가다 보면 막다른 길에 새
공원이 위치하고 있다. 공원이라고 해서 큰 규모와
많은 볼거리를 생각한다면 실망하기 십상이다. 이
곳에는 새와 새장은 물론 예쁜 먹이통, 도자기로 된
물통, 새 먹이, 새 액세서리 등 새에 관한 모든 것이
있으며 오전 7시부터 오후 8시까지 개장한다. 또한
할아버지들이 새장을 들고 나와서 자신들이 키우는
새를 자랑하는 장소이기도 하다. 그러나 시간 여유
가 없다면 굳이 들르지 않아도 되는 곳이다.

위치 MTR 프린스 에드워드 역 B1번 출구 플라워 마켓을
지나서 100m 정도 지나서 좌측

스포츠 거리(화윈 거리) Fa Yuen Street 花園街

MAPECODE 15371

각종 스포츠용품의 거리

각종 스포츠용품과 운동화를 파는 스포츠 거리는
여행자뿐 아니라 현지인들에게도 인기가 높다. 운
동화, 그중에서도 스니커즈 거리로 유명하며 아디
다스, 나이키, 푸마 등 유명 브랜드의 단독 매장부터
멀티 매장까지 다양하다. 가격도 매우 저렴해서 한

국보다 30~50% 정도 할인된 가격으로 구매할 수
있다.

주소 Fa Yuen Street, Mong Kok 위치 레이디스 마켓
에서 도보 3분 시간 11:00~23:00

MAPECODE 15372

홍콩 최대의 도교 사원

홍콩에서 최고의 웅장함을 자랑하는 도교 사원으로 반세기 전 구룡의 산기슭에 세워진 사원이다. 화려하고 다채로운 조각품으로 장식되었다. '윙타이신'은 건강을 상징하는 인물로 절강성의 양치기 소년였는데 한 명성 있는 사람으로부터 수은으로 모든 병을 고칠 수 있는 약을 만들어내는 기술을 익히게 되었다. 그 이후 은둔 생활을 하던 그와 그의 양들을 찾아 헤매던 동생이 그를 찾게 되었고 윙타이신은 동생이 애타게 찾아 헤매던 잃어버린 양들을 대신하여 하얗고 둥근 돌을 양으로 만들었다는 전

설이 전해지고 있다. 오늘날 가족의 건강과 고민 해결을 위해 찾는 홍콩인들로 항상 붐비는 곳이다. 사원을 찾는 이들은 숫자가 적힌 막대기가 들어 있는 대나무 통을 이용해서 미래를 점쳐 보기도 한다. 윙타이신 사원에 들러 행운이 있는 점괘가 나오기를 기대하며 미래를 점쳐 보자.

주소 Chuk Yuen 위치 MTR 윙타이신 역 B2번 출구로 나와 도보 3분 전화 2327 8141 시간 07:00~17:30

MAPECODE 15373

다이아몬드 힐에 위치한 중국 정원

다이아몬드 힐에 위치한 난린 가든은 대도시 속에 자리를 잡고 있으며, 마치 옛 중국으로의 시간 여행을 떠난 듯한 느낌을 주는 곳이다. 이곳은 당나라 시대의 모습을 재현해 놓은 곳으로 곳곳에 놓여 있는 아기자기한 연못들과 전각들이 어우러져 멋진 풍경을 자아낸다. 산책로를 따라 걷다 보면 폭포수를 발견하게 된다. 그 밑에는 놀랍게도 채식 위주로 식단을 꾸민 레스토랑이 보인다. 시원한 물줄기 속으로 가려져 있는 레스토랑은 마치 요술을 부려 놓은 듯한 느낌이다. 로터스 테라스를 지나면 치린 수도원(Chi Lin Nunnery)으로 연결된다. 치린 수도원은

1930년도에 세워졌으며 비구니들이 부처의 가르침을 받던 수도원으로, 건물을 지을 때 철못을 사용하지 않았다고 한다. 어둠이 짙어 올 무렵의 난린 가든은 더욱 화려한 자태를 뽐낸다.

주소 60 Fung Tak Road, Diamond Hill 위치 MTR 다이아몬드 힐 역 C2번 출구로 나가면 난린 가든으로 향하는 표시등이 곳곳에 놓여 있다. 몽콕 역에서 하차하면 바로 건너편에 노스포인트로 가는 쿤통 라인(Kwun Tong Line)으로 갈아탈 수 있다.
시간 06:30~19:00(수도원 09:00~16:30)

스타 카페 Star Cafe MAPECODE 15374

양고기 스테이크가 맛있는 레스토랑

레스토랑 같지 않은 입구에 많은 사람들의 행렬이 줄을 잇는다. 런치 세트 메뉴는 HK$45~HK$69 사이로 홍콩인들보다는 외국인들이 주로 찾는다. 발사믹 식초가 곁들여진 샐러드는 신선하고 그 맛이 상큼할 뿐 아니라 양도 푸짐하다. 양고기 스테이크는 부드럽고 특히 특제 소스 맛이 일품이다. 메뉴판은 특이하게도 칠판에 적힌 메뉴를 의자 위에 올려서 준다. 아직은 관광객들에게 잘 알려지지 않은 곳이지만, 가격도 부담스럽지 않고 맛도 좋으니 한번쯤 꼭 들러 보자.

주소 136-138 Golden Gate, Austin Road, Commercial Building, Tsim Sha Tsui 위치 MTR 조던 역 D번 출구에서 도보 5분 전화 2736 1722 시간 11:45~15:30, 18:00~23:45

그레이하운드 카페 Greyhound Cafe MAPECODE 15375

한가로이 태국 퓨전 음식을 즐길 수 있는 곳

IFC 몰에도 입점되어 있는 레스토랑으로 이름과는 어울리지 않게 태국 음식을 맛볼 수 있는 곳이다. 늘 긴 줄을 서야 하는 IFC 몰점에 비해 이곳은 좀 더 한가하다. 태국 전통 음식인 팟타이, 똠얌 쿵뿐 아니라 치킨윙 등 다양한 음식을 맛볼 수 있다. 그중 가장 추천할 만한 것은 크레페 케이크이다. 보

기에도 예쁠 뿐 아니라 식감 또한 부드럽고, 달콤하여 여성들의 입맛을 사로잡기에 충분하다. 음식이 조금 짜다는 흠이 있는 곳이지만 대체적으로 한국인의 입맛에 맞는 편이다.

주소 Shop 301-302, 3/F., Moko, 193 Prince Edward West, Mong Kok 위치 MTR 프린스 에드워드 역 B2번 출구 혹은 MTR 몽콕 역 B3번 출구에서 도보 7분 전화 2394 6000 시간 08:30~23:00(월~토), 11:00~23:00(일)

히쉬잇 HeSheEat

MAPECODE 15376

베스트 디저트숍, 그도 그녀도 먹는다

'그도 그녀도 먹는다'는 익살스런 이름을 가진 이곳은 홍콩의 맛집 정보 사이트 '오픈라이스'에서 베스트 레스토랑으로 선정되기도 했다. 디저트집으로 유명하지만 파스타와 리조또 메뉴가 있어 식사도 가능하다. 이곳의 대표적인 디저트는 셰프의 추천 메뉴인 레몬 크레페롤이다. 크레페롤 안에 들어간 레몬 소스와 카러멜 소스가 어우러져 달콤함이 배가된다. 핫케이크(Berrylicious Hot Cake)도 이곳의 베스트 메뉴이다.

주소 Shop 4, G/F, Ngai Hing Mansion, 22 Pak Po Street, Mong Kok 위치 MTR 몽콕 역 E2번 출구 도보 8분 전화 5571 3056 시간 13:00~01:00

죽가장 Bamboo Village 竹家莊

MAPECODE 15377

한국인들이 좋아하는 매운 요리 전문점

매운 요리 전문점으로 한국 사람들의 입맛에 잘 맞아서 한국 관광객뿐 아니라 홍콩에 거주하는 한국 사람들이 즐겨 찾는 곳이기도 하다. 내부에 들어서면 실내 포장마차 분위기를 풍겨 더욱 친숙하게 느껴지는 곳이기도 하다. 매운 게 요리와 조개 볶음, 칠리와 간장을 곁들은 홍합 볶음 요리가 가장 인기 있다. 홍합 볶음에 곁들여 나오는 소스의 맛이 좋아 따로 밥을 시켜 비벼 먹으면 그 맛 또한 일품이다.

주소 G/F, 265-267 Jordan Road Temple Street, Jordan 위치 MTR 조던 역 C2번 출구에서 도보 5분 전화 2735 5476 시간 18:00~04:45

홍콩의 다양한 음료들

홍콩의 음료는 과일 주스와 두유 그리고 쩐주라이차 등 종류가 매우 다양하다. 길거리 혹은 카페
나 레스토랑에서 홍콩의 다양하고 맛있는 음료를 맛보자.

◈ 생과일 주스

길거리에서 바로 즉석에서 갈아준다. 우리나라에서는 100% 생과일 주스가 많
지 않지만 홍콩의 과일 주스는 100% 생과일 주스다. 가격 또한 HK$15~20 사
이로 매우 저렴하다. 더운 여름에 쇼핑하다가 한잔 마시면 아주 시원하다.

◈ 망고 음료

허유산은 디저트 전문점으로 생 망고와 코코넛을 함께 넣어 시원한 맛
을 내는 망고 음료를 판매한다. 캔에 넣어 가공된 것을 파는 게 아니라
바로 즉석에서 만들어 준다. 허유산은 공항에도 위치하고 있으나 시
내에 있는 허유산보다는 비싸다.

◈ 밀크티

홍차를 즐겨 마시는 이가 많아서인지 홍콩의 밀크티는 유난히 진하고 맛이 좋
다. 홍차의 진한 향과 부드러운 연유의 고소한 맛이 어우러진 밀크티를 한잔
마셔 보자.

◈ 진주차, 쩐주라이차 珍珠奶茶

우리나라에서 버블티로 한창 인기몰이를 했던 것으로 타피오카 열매로
만든 찹쌀떡 같은 쫄깃쫄깃한 알맹이가 들어간 것이며, 여성들에게 특히
인기가 많다.

◈ 두유

슈퍼마켓에서 구입할 수 있다. 맛이야 우리나라의 것과 비슷하겠지만 건강을 생각한다면 현지의 고소한 두
유 한잔을 마셔 보자.

홍콩 주변 섬

홍콩의 또 다른 매력

홍콩의 매력은 야경과 쇼핑만이 전부가 아니다. 페리를 타고 30분만 나가면 새로운 세상이 펼쳐진다. 홍콩에 여러 번 다녀온 여행자라면 홍콩 주변 섬 중에 가장 대표적인 란타우 섬과 라마 섬을 찾아가 보자. 천편일률적인 쇼핑과 음식 여행이 아닌 주변 섬 여행은 홍콩의 또 다른 매력을 만나기에 충분하다.

란타우 섬은 도시적인 홍콩 섬과는 달리 한가롭고 조용한 시골 풍경을 가진 아름다운 곳으로 현지인들이 주말을 이용해 찾는 인기 장소이기도 하다. 아시아에서 두 번째로 오픈한 디즈니랜드, 세계 최장의 길이를 자랑하는 옹핑 360 케이블카 그리고 홍콩 국제공항(첵랍콕 공항)이 생기면서 란타우 섬은 더욱 매력적인 장소로 각광을 받기 시작하였다. 그리고 라마 섬은 주윤발의 고향으로 더욱 유명하며 서양인들이 많이 살고 있어 출퇴근 시간이면 서양인들로 붐비는 곳이다.

란타우 섬

Lantau Island 大嶼山島

디즈니랜드가 있는 쾌적한 섬

해발 934m의 란타우는 홍콩 섬의 2배 규모로 섬 전체가 국립공원으로 지정되어 있다. 1998년 란타우 섬에 홍콩 국제공항이 생기면서 해변 휴양지인 디스커버리베이, 홍콩 디즈니랜드, 세계 최장 케이블카인 옹핑 360 케이블카 등 레저 시설들이 하나둘 생겨나게 되었다. 그 전까지 정치적 망명자들이나 범법자들이 많은 홍콩 내의 불모지였던 란타우는 이제 쾌적한 환경을 자랑하는 신도시로 각광받고 있다. 거주자가 겨우 6만여 명밖에 되지 않기 때문에 자연환경이 잘 보존되어 있고 한적하며, 산과 해변으로 이어지는 멋진 자연경관이 이곳을 더욱 돋보이게 한다. 중국식 선상 가옥을 그대로 간직하고 있는 아름다운 어촌 마을 타이오, 옹핑 고원 그리고 세계 최대 청동 좌불상이 있는 포린사가 대표적인 관광지이다.

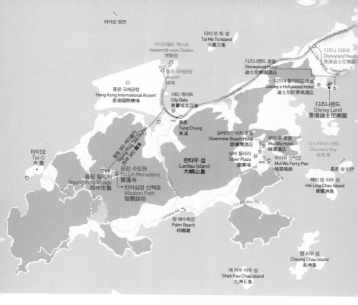

마카오 방면

타이모 토 섬
Tai Mo To Island
大嶼刀島

디즈니 리조트
Disneyland Resort
香港迪士尼樂園

아시아월드 엑스포
Asiaworld-expo Station
博覽館

디즈니랜드 호텔
Disneyland Hotel
迪士尼樂園酒店

홍콩 국제공항
Hong Kong International
Airport
香港國際機場

디즈니 할리우드 호텔
Disney's Hollywood Hotel
迪士尼好萊塢酒店

시티 게이트
City Gate
東薈城名店倉

디즈니랜드
Disney Land
香港迪士尼樂園

통청
Tung Chung
東涌

실버마인 비치 호텔
Silvermine Beach Hotel
銀礦灣酒店

무이 우 호텔
Mui Wo Hotel
梅窩酒店

디스커버리 베이
Discovery Bay

타이오
Tai-O
大澳

포린 수도원
Po Lin Monastery
寶蓮寺

옹핑 빌리지
Ngong Ping Village
昂坪市集

란타우 섬
Lantau Island
大嶼山島

실버 플라자
Silver Plaza
銀廣場

무이워 선착장
Mui Wo Ferry Pier
梅窩碼頭

홍콩 섬 방면

반야심경 산책로
Wisdom Path
智慧路徑

헤이 링 차우 섬
Hei Ling Chau 島
喜靈洲島

팜 해수욕장
Palm Beach
棕櫚灘

청 차우 섬
Cheung Chau island
長洲島

섹 카우 차우 섬
Shek Kau Chau island
九洲石島

Access 교통 ❶ 센트럴 피어 6번 선착장에서 무이워 페리를 타고 도착 후 2번 버스 이용 [일반 페리 1시간 소요, 비용 HK$15.90(월~토), HK$23.50(일요일 · 공휴일) / 쾌속 페리 35분 소요, 비용 HK$31.30(월~토), HK$44.90(일요일 · 공휴일) / 버스 40분 소요, 비용 HK$17.20(월~토), HK$27(일요일 · 공휴일)]
❷ MTR 통청(Tung Chung) 역 B번 출구로 나와 옹핑 360 케이블카 이용 (15분 소요, 비용 HK$150)

란타우 섬은 홍콩 국제공항(쳅락콕 공항)이 있는 섬으로 총 260여 개의 섬으로 이루어진 홍콩에서 가장 큰 섬이다. 이곳에서 홍콩의 명물인 옹핑 360 케이블카를 타고 20여 분 가면 세계 최대 크기의 청동 좌불상이 있는 포린 수도원에 도달하게 된다. 청동 좌불상까지 올라가는 계단은 총 268개로 광둥어 발음으로 '행운이 온다'는 뜻과 흡사하다.

란타우 섬 & 라마 섬 추천 코스

홍콩에서 페리를 타고 30분만 가면 또 다른 세상이 열린다. 홍콩에 여러 번 다녀온 여행자라면 홍콩 주변 섬의 색다른 매력에도 빠져 보자.

옹핑 빌리지
홍콩 전통문화 체험장

도보
10분

반야심경 산책로
란타우 섬의 백미

도보
10분

포린 수도원
세계 최대 청동 좌불상이 있는 사원

옹핑 빌리지에서
21번 버스 이용.
20분 소요

옹핑 360 케이블카를
타고 통총 역에서 내려
MTR 디즈니랜드 리조트 라인 이용.
35분 소요

타이오 마을
수상 가옥 마을

디즈니랜드
화려한 볼거리를 제공하는
테마파크

옹핑 360 케이블카 Ngong Ping 360 Skyrail

란타우 섬의 명물

MAPECODE **15401**

옹핑 빌리지에 가기 위해서는 통총 역에서 옹핑 360 케이블카를 이용해야 한다. 옹핑 360 케이블카는 란타우 섬의 통총 역에서 옹핑 빌리지까지 25분이 소요되는 5.7km 길이의 케이블카로 보통의 케이블카는 직선으로 뻗어 올라가지만, 이 케이블카는 두 번이나 방향을 틀어서 올라간다. 케이블카를 타고 올라가다 보면 란타우 공원과 남중국해, 홍콩 국제공항, 포린 수도원에 있는 세계 최대의 청동 좌불상을 공중에서 바라볼 수 있으며, 날씨가 맑으면 마카오의 탁 트인 전망까지도 감상할 수 있다.

위치 홍콩 역에서 통총 역까지 MTR로 30분 거리, MTR 통총 역 하차 후, B번 출구로 나가 통총 케이블카 터미널 쪽으로 도보 5분 **요금 케이블카**(왕복) 어른 HK$210, 어린이 HK$100 **시간** 10:00~18:00(월~금), 10:00~18:30(토), 09:00~18:30(일 · 공휴일) **홈페이지**www.np360.com.hk **구입장소**옹핑 360 케이블카 터미널, MTR 홍콩, 코즈웨이베이, 침사추이, 홍함, 몽콕 이스트 역 고객 서비스 센터 및 공항 입국장 여행사 인포메이션 센터

Tip

주의

케이블카 점검 기간 시 운휴하기 때문에 출발하기 전 홈페이지에서 운영 여부를 꼭 확인하여 헛걸음하지 않도록 하자.

옹핑 빌리지 Ngong Ping Village 昂坪市集

홍콩 전통문화 체험장

MAPECODE **15402**

케이블카에서 내리면 바로 옹핑 빌리지로 이어진다. 옹핑 빌리지는 다채로운 쇼핑을 비롯해 맛깔나는 먹을거리, 풍부한 볼거리가 있고, 중국의 전통문화를 체험할 수 있는 곳이다. 부처와의 산책과 원숭이 설화 극장, 찻집 등이 테마로 구성되어 있으며, 싯다르타의 생을 보여 주는 극장에서는 비바람과 안개 등 각종 첨단 영상을 통한 특수 효과가 인상적이다. 원숭이 설화 극장은 중국의 옛 이야기를 재미있게 연극으로 보여 주는 곳으로 아이들의 흥미를 끌 수 있는 곳이다.

포린 수도원 Po Lin Monastery 寶蓮寺

MAPECODE 15403

세계 최대 청동 좌불상이 있는 사찰

홍콩에서 가장 오래되고 큰 사찰인 포린 수도원에 가면 세계 최대 청동 좌불상을 볼 수 있다. 포린 수도원은 1903년에 건립되었는데 처음에 이곳은 수도승들의 은신처로 사용

되었다. 야외에 있는 청동 좌불상은 높이 26m, 무게 약 200톤의 규모로 맑은 날엔 마카오에서도 보일 정도다. 색채가 선명한 보살상과 아미타여래 등에게 기원하는 장소 외에도 숙박 장소가 있어 하루 머물면서 일출을 보는 것도 가능하다. 청동 좌불상은 영화 〈무간도〉에서도 등장한 바 있다. 포린 수도원에서 조금 걷다 보면 반야심경의 복사본을 볼 수 있는 반야심경 산책로를 만날 수 있다.

위치 **버스** 통총 타운 센터에서 23번, 무이워에서 2번, 타이오에서 21번을 타고 종점 하차 / **케이블카** 옹핑 스카이 레일로 옹핑 빌리지로 하차, 도보 5분 시간 사원 10:00~18:00, 천단대불 10:00~17:30

반야심경 산책로 Wisdom Path 寶蓮寺

MAPECODE 15404

란타우 섬의 백미

홍콩의 문화유산으로 포린 수도원에서 내려와 오른쪽으로 난 길로 쭉 15분 가량을 걷다 보면 반야심경 산책로가 나온다. 이곳의 명칭처럼 이 길을 걷노라면 지혜가 생길 것만 같은 느낌이다. 신비롭게 서 있는 나무 기둥에는 불교의 경전 중에서 반야심경

의 내용이 새겨져 있고 마지막에 서 있는 나무 기둥에는 아무런 글귀도 새겨져 있지 않다. 이는 마음 속에 자신만의 소망을 새기라는 의미라고 한다. 경건함까지 느껴지는 이 산책로는 란타우 섬의 백미라고 할 수 있다.

타이오 Tai-O 大澳

수상 가옥 마을

MAPECODE 15405

홍콩 쿵푸 문화 센터
Hong Kong Shaolin Wushu Culture centre
香港少林武術文化中心

타이오
Tai-O
一大澳

핑크 돌고래 투어
배 타는 곳

버스 터미널

란타우 섬의 북서쪽에 위치한 타이오 마을은 물 위에 떠 있는 대나무 수상 가옥 '팡옥(棚屋)'을 볼 수 있는 곳이다. 타이오 마을로 들어가는 입구에는 갓 잡아올린 신선한 생선들과 오랜 전통 방식대로 소금에 절인 건어물을 파는 상점들이 늘어서 있다.

이곳에서는 바다로 멀리 나가지 않고서도 핑크 돌고래 투어를 할 수 있어 새로운 관광지로 각광받고 있다.

위치 ❶ MTR 홍콩 역 E1번 출구로 나와 IFC 몰을 지나 센트럴 피어 6번 선착장에서 란타오 무이위로 가는 페리를 타고 도착 후 1번 버스 이용(45분 소요) / 비용(버스) HK$10.70(월~토), HK$17.70(일요일·공휴일) ❷ MTR 퉁청 역 B번 출구 11번 버스 이용(45분 소요) / 비용 HK$19.20 ❸ 웡핑 빌리지에서 출발할 경우에는 21번 버스 이용(20분 소요) / 비용 HK$6.60(월~토), HK$14(일요일·공휴일)

홍콩 쿵푸 문화 센터 Hong Kong Shaolin Wushu Culture Centre 香港少林武術文化中

타이오에서 소림 무술을 익히다

타이오에서 20여 분을 걷다 보면 무술 영화에 자주 등장하는 소림가 무술의 진면목을 볼 수 있고 체험할 수도 있는 쿵푸 문화 센터를 만날 수 있다. 전통 무술 동작을 배울 수 있는 프로그램은 오전 10시에서 시작해서 오후 4시로 끝나는 하루 코스가 있는데 1인당 요금은 HK$250이다. 프로그램은 북경 표준어로 진행된다.

홈페이지 www.shaolincc.org.hk

핑크 돌고래 투어

수상 가옥과 돌고래를 볼 수 있는 투어

보트를 타고 섬을 한 바퀴 돌며 수상 가옥과 핑크 돌고래를 볼 수 있는 투어이다. 핑크 돌고래 투어는 타이오의 백미라고 할 수 있는데, 수상 가옥을 돌아보고 바다로 가서 핑크 돌고래를 기다린다. 예전에는 핑크 돌고래가 자주 출몰했지만, 최근에는 개체 수가 점점 줄어들어 볼 수 있는 확률이 낮아지고 있다. 투어시간은 20분 정도이며 가격은 HK$ 25이다.

MAPECODE `15406`

홍콩의 또 다른 면모를 느낄 수 있는 곳

화려한 홍콩의 쇼핑몰과 북적대는 거리에 지쳤다면 디스커버리베이로 향해 보자. 센트럴 피어에서 페리로 30분만에 갈 수 있는 홍콩의 또 다른 비하인드 플레이스가 바로 디스커버리베이다. 페리를 타고 도착하자마자 정면에 고급 빌라들이 가장 먼저 눈에 들어온다. 화려함보다는 조용하게 즐길 수 있는 곳으로 홍콩의 숨은 매력을 찾아볼 수 있다. 특정 레스토랑이나 카페에서 HK$150 이상을 쓰면 1인당 페리를 무료로 탑승할 수 있다. 터미널 앞 부스에서 영수증에 도장을 받고 페리 터미널에서 영수증을 보여 주면 된다.

위치 센트럴 피어 3번 선착장에서 디스커버리베이행 페리를 타고 약 25분 소요

MAPECODE `15407`

화려한 볼거리를 제공하는 테마파크

2005년 9월에 오픈한 홍콩 디즈니랜드는 미국의 디즈니랜드와 그 규모를 비교한다면 실망할 수 있겠으나, 독특한 공연과 어트랙션을 갖춘 홍콩 최대의 테마파크이다. 2개의 직영 호텔인 홍콩 디즈니랜드 호텔과 디즈니 할리우드 호텔을 중심으로 테마파크와 10분 간격으로 운행하는 셔틀버스를 이용하면 좀 더 편리하게 즐길 수 있다. 홍콩의 테마파크는 개성 넘치는 4개의 테마랜드로 되어 있고 여기에 25개의 어트랙션과 공연이 준비되어 있다. 19세기 미국 거리를 재현해 놓은 메인 스트리트, 인기 만화영화 〈라이언 킹〉을 영화만큼이나 흥미로운 브로드웨이식 뮤지컬로 재구성한 '페스티벌 오브 더 라이언 킹'이 공연되는 어드벤처 랜드 그리고 미키와 디즈니 캐릭터들로 연출된 '디즈니 골든 미

키'와 3D 영상으로 상영되는 '미키의 필러 매직'이 대표적인 판타지 랜드의 어트랙션이다. 그리고 〈토이스토리2〉를 주제로 한 버즈 라이트에 이어 애스트로 블라스터가 투모로우 랜드의 볼거리를 제공해 준다.

2008년에는 5개의 어트랙션과 엔터테인먼트가 새롭게 선보였다. 첫 번째는 머펫 모빌랩으로 괴짜 과학자 허니듀 박사와 조수 비커를 주인공으로 하는 움직이는 실험실이고, 두 번째는 미국 영화 흥행작인 〈하이스쿨 뮤지컬〉을 테마로 움직이는 무대와 치어리더들의 퍼레이드를 따라 진행되는 신명나는 거리 공연이며, 세 번째는 〈잇츠 어 스몰 월드〉로 아기자기하게 꾸며 놓은 세계를 돌아볼 수 있다. 디즈니 캐릭터인 피터팬과 알라딘, 뮬란과 함께 각 나라 전통 의상을 입은 인형들을 찾아볼 수 있어 재미를 한층 더해 준다. 네 번째는 인기만화 영화인 〈니모를 찾아서〉 속 캐릭터인 거북이 크러쉬가 잠수함 내부처럼 꾸며 놓은 극장을 찾은 방문객에게 대화를 시도한다. 다섯 번째는 미키마우스의 초창기 모습부터 세계적으로 사랑받는 디즈니 캐릭터와 스토리를 탄생시킨 '픽사'의 애니메이션 탄생 기법들을 자

세히 살펴볼 수 있고, 〈토이스토리〉 속 캐릭터들의 움직임을 3D 영상을 통해 볼 수 있다. 또한, 2017년 1월에 새롭게 선보인 아이언맨 익스피리언스 어트랙션이 현재 인기몰이 중이다.

위치 MTR 퉁청 라인의 써니베이 역(25분 소요)에서 홍콩 디즈니랜드 전용선인 디즈니랜드 리조트 라인으로 환승. 리조트 라인은 미키를 테마로 꾸민 세계 유일의 리조트 전용선이다. 요금 어른 HK$619, 어린이 HK$458

Tip

디즈니랜드와 풍수 사상

홍콩의 디즈니랜드는 개점 당시 정문의 위치를 12도 정도 옮기기로 결정함과 동시에 개장일도 길일인 9월 12일로 정하였다. 그리고 공원 내의 건물들이 완성될 때마다 고사를 지낼 정도로 풍수 사상을 세심하게 반영한 곳이다. 또한 이곳의 연회장은 그 면적에서부터 정확하게 888㎡로 맞춰 화제가 되었다. 이로 인해 결혼식장으로 쓰이는 연회장은 신혼부부들에게 행복을 보장해 주는 장소로 각광받고 있어 홍콩인들의 풍수 사상을 엿볼 수 있다.

라마 섬

Lamma Island 南丫島

홍콩의 아름다운 섬 마을

라마 섬은 홍콩에서 세 번째로 큰 섬으로 홍콩 섬 동남쪽에 위치하고 있으며, 주윤발의 고향으로 잘 알려진 곳이기도 하다. 라마 섬은 특히 외국인들이 많이 거주하는 마을로도 유명하다. 구석구석 이어지는 골목 사이로 예쁜 상점들과 레스토랑에 앉아서 음식을 먹거나 차를 마시는 외국인들의 모습이 홍콩과는 또 다른 이국적인 분위기를 느끼게 해 준다. 홍콩에서 가장 아름다운 도시로 불리는 라마 섬은 용수완(Yung Shue Wan)과 소쿠완(Sok Kwu Wan) 두 포구로 들어갈 수 있다. 가장 일반적인 반나절 코스는 용수완으로 배를 타고 들어가서 1시간 30분 정도의 트레킹 코스를 즐기는 것으로, 홍콩섬의 아름다운 해변과 선박들을 감상하게 된다. 너무나도 포근한 마음에 해야 할 일도, 바쁘게 움직이는 사람들도 눈에 보이지 않아 여유롭게 나를 돌아보게 된다. 트레킹을 마치고 내려오면 소쿠완의 포구로 이어지게 된다. 소쿠완에서 유명한 레인보우 레스토랑에서 놀랄 만큼 저렴하고 신선한 해산물 요리를 맛보도록 하자.

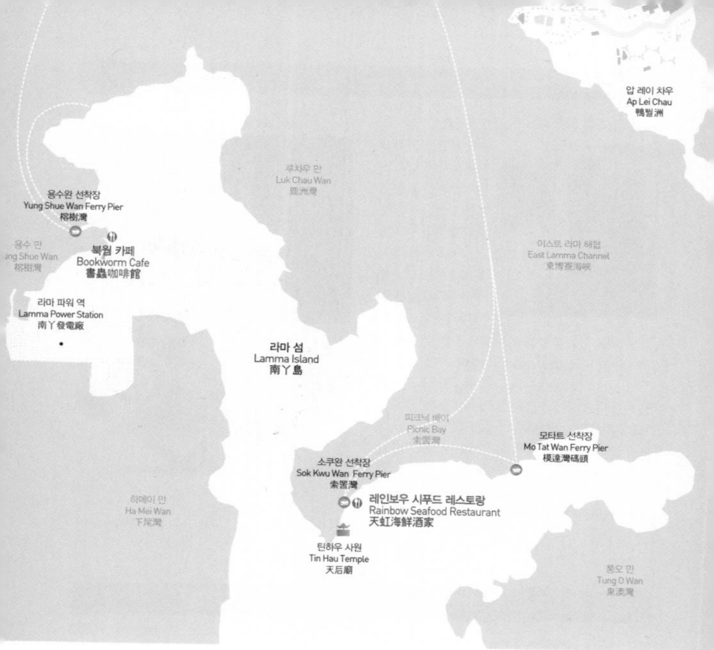

압 레이 차우
Ap Lei Chau
鴨脷洲

룩차우 만
Luk Chau Wan
鹿洲灣

용수완 선착장
Yung Shue Wan Pier
榕樹灣

용수 만
Yung Shue Wan
榕樹灣

북웜 카페
Bookworm Cafe
螽蟲咖啡館

이스트 라마 해협
East Lamma Channel
東博寮海峽

라마 파워 역
Lamma Power Station
南丫發電廠

라마 섬
Lamma Island
南丫島

피크닉 베이
Picnic Bay
索罟灣

모타트 선착장
Mo Tat Wan Ferry Pier
模達灣碼頭

소쿠완 선착장
Sok Kwu Wan Ferry Pier
索罟灣

레인보우 시푸드 레스토랑
Rainbow Seafood Restaurant
天虹海鮮酒家

하메이 완
Ha Mei Wan
下尾灣

틴하우 사원
Tin Hau Temple
天后廟

퉁오 만
Tung O Wan
東澳灣

Access 교통 MTR 홍콩 역 E1번 출구로 나와 IFC 몰을 통과하여 공중 회랑을 지나면 센트럴 피어 4번 선착장에서 라마 섬의 용수완 혹은 소쿠완 선착장으로 이동하는 페리를 탑승할 수 있다(약 30분 소요). 버스 시간 용수완 : 30분 간격 / 소쿠완 : 1시간 간격(시간대별로 상이) 요금 용수완 : HK$17.80(월~토), HK$24.70(일요일 · 공휴일) / 소쿠완 : HK$22(월~토), HK$31(일요일 · 공휴일) / 옥토퍼스 카드 가능 홈페이지 www.hkkf.com.hk

주말에는 저렴한 해산물을 먹기 위해 이곳을 찾는 홍콩 사람들이 많기 때문에 주중에 스케줄을 맞추는 게 좋다. 어느 쪽으로 가든지 같은 코스를 도는 것이지만, 1시간 30분 정도 트레킹을 한 후 '레인보우 시푸드 레스토랑'에서 신선한 해산물을 먹기 위해 용수완에서 소쿠완으로 가는 코스를 잡는 것이 좋다.

북웜 카페 Bookworm Cafe

채식주의자를 위한 메뉴가 있는 북카페

MAPECODE 15408

아늑하고 아기자기 하면서 우리나라의 헌책방과 같은 분위기도 느낄 수 있는 북카페이다. 두부 버거, 시금치 라자냐, 구운 가지 요리 등 채식주의자들을 위한 다양한 음식을 즐길 수 있다. 메뉴 이름을 위트 있게 지은 '양치는 소녀의 파이(Shepherdess Pie)'와 '여신의 파이(Goddess Quiche)' 둘 다 맛이 훌륭하다. 빠듯한 홍콩 여행 중에서 한번쯤 조용함과 느긋함을 느껴보고자 하는 사람들에게는 천국과도 같은 곳일 수도 있다. 조용히 카페에 앉아 책도 읽으며 여유를 가져 보도록 하자. 오픈 시간은 10시라고 하지만 사실상 오후 늦게 여는 경우도 있으니 이른 아침 시간은 피하도록 하자.

주소 79 Yung Shue Wan Main Street, Lamma Island 전화 2982 4838 시간 10:00~19:00(월~금), 09:00~22:00(토, 공휴일), 09:00~21:00(일)

레인보우 시푸드 레스토랑 Rainbow Seafood Restaurant 天虹海鮮酒家

무료 페리 서비스를 제공하는 레스토랑

MAPECODE 15409

라마 섬 최고의 인기 시푸드 레스토랑으로 수조에서 싱싱한 해산물을 선택하면 원하는 조리법대로 요리해 준다. 세트 메뉴는 인원 수대로 선택할 수 있으며, 바닷가재, 게, 새우, 오징어, 조개류, 생선 등 싱싱한 해산물을 다양한 양념과 조리법으로 만든 요리를 맛볼 수 있다. 해산물 요리의 가격은 HK$50~360이며, 양에 따라 가격이 다르다. 튀긴 게에 꿀로 만든 달콤한 소스를 얹은 요리(Fried Crab With Honey & Pepper)는 이곳의 대표 메뉴로 한국 사람의 입맛에도 잘 맞는다. 이곳은 무료 셔틀 페리를 제공하는 것으로도 유명한데 센트럴 9번 선착장과 침사추이 퍼블릭 선착장에서 탑승할 수 있다. 그러나 주중에는 운행하지 않는다.

주소 16-20, 23-24, First St, Sok Kwu Wan waterfront 위치 센트럴이나 침사추이에서 무료 셔틀 페리 이용 가능(예약 시) 전화 2982 8100 시간 06:00~22:00

근교 여행

● 마카오

마카오 반도 · 타이파 섬 · 꼴로안 섬 · 코타이 스트립

마카오

동서양 만남의 역사, 마카오

오랜 시간 동안 포르투갈의 식민지였던 마카오는 홍콩에서 약 64km 떨어진 곳에 위치하며 마카오 반도, 타이파 섬, 꼴로안 섬, 섬 사이 매립지인 코타이 스트립 등으로 구성되어 있다. 홍콩에서 페리로 1시간 거리인 마카오는 홍콩과는 또 다른 매력을 발산한다. 총면적이 28km²로 서울의 종로구만 한 작은 크기이지만, 이 작은 땅에 세계 문화유산이 무려 25개가 넘고, 역사적인 가치를 지닌 마카오의 건축물들은 이곳의 대표적인 관광 상품이다. 이러한 건축물들은 레스토랑, 카지노와 어우러져 낮과 밤에 또 다른 모습으로 변모하여 카멜레온 같은 매력을 자랑한다.

중국은 해외 자본을 마카오에 투자하여 레저 도시를 형성했다. 덕분에 마카오는 카지노뿐 아니라 아시아 자동차 경주 선수권 대회인 그랑프리 대회를 비롯해서 스카이 점프, 승마, 골프, 해양 스포츠까지 골고루 즐길 수 있는 곳이 되었다. 또한 드라마 〈궁〉의 촬영지인 꼴로안 섬이 알려지면서 한국인들에게 더 많은 사랑을 받기 시작하였다. 뿐만 아니라 서양의 정취가 살아 있는 독특한 베네시안 리조트, 카지노 호텔, 컨벤션 사업 등의 활성화로 매년 관광객들이 급증하고 있다. 베네시안 리조트는 드라마 〈꽃보다 남자〉가 촬영된 곳으로도 유명하다.

마카오로 많은 관광객이 몰리는 이유는 아마도 뿌리 깊은 문화유산, 역사적 건물들과 지중해 해변과 어울릴 법한 성 바울 성당과 까모에스 정원 그리고 포르투갈 식민지 시대에 영향을 받은 독특한 음식 문화 때문일 것이다.

Macao Information

마카오 기초 정보

마카오

마카오는 16세기 중엽부터 포르투갈의 식민지 지배를 받아 오다가 20세기 중반에 중국이 포르투갈과 외교를 수립하면서 마카오 영토권을 주장했고, 1999년 12월 20일 마카오의 주권이 중국으로 반환되었다. 중국 정부의 '1국가 2체제' 방침에 따라서 홍콩과 더불어 특별행정구로 분류되었다. 외교, 국방 부분은 중국 정부가 담당하고 나머지

는 50년간 마카오인에 의한 통치가 보장되게 되었다. 면적은 여의도의 세 배로 중국 본토와 연결된 마카오 반도와 타이파, 꼴로안 섬으로 나뉜다.

마카오의 역사

마카오는 '아마'라고 불리는 여신의 이름에서 유래하였다. 폭풍우를 만난 선원들 앞에 아마 여신이 나타나 폭풍우를 가라앉혀 무사히 바다를 항해하고 돌아왔다는 전설로부터 생긴 명칭이다. 1513년 주하이 강 하구에 포르투갈 탐험가인 알바레스가 상륙한 이후 마카오는 홍콩과 더불어 동양과 서양을 잇는 관문이 되었으며, 1553년 포르투갈은 중국과의 무역을 위해 관리들에게 뇌물을 주고 마카오 거주권을 획득하였다.

이로써 마카오는 중국 문화와 유럽 문화가 만나는 접점이 되었고 마카오가 점차 성장해 가면서 유럽 열강들이 마카오를 손에 넣기 위해 여러 차례 시도했다. 네덜란드도 5차례 침공을 해왔는데 마카오에 네덜란드 거리가 생긴 것도 이에서 유래한 것이다. 그러나 1622년에 잠시 상륙했다가 포르투갈에 의해 다시 쫓겨가게 된다. 아편전쟁으로 홍콩이 영국에 할양되면서 포르투갈은 마카오(澳門) 반도 전역과 타이파, 꼴로안 두 섬을 점령했다. 그리고 청나라와 포르투갈은 조약을 맺어 식민지를 합법화하게 된다.

그러다 1955년 중국이 영토 반환을 주장하기 시

작했고 1967년 문화혁명으로 마카오는 중국의 영향력 아래 있게 되었다. 그 이후 1976년 포르투갈 정부는 마카오 입법 의회에 자치권을 부여했고, 결국 1999년 12월 20일 마카오는 중국의 특별 행정구로 중국에 반환되었다.

마카오의 기후

마카오의 기온은 연평균 섭씨 20°C 이상이며, 비가 많이 오는 편이다. 여행의 최적기는 10월에서 12월로 이 시기에는 맑은 날이 많고 습도가 낮은 편이다. 5월에서 9월 사이에는 무덥고 비로 인해 습도가 높은 편이다.

마카오의 인구

마카오의 전체 인구는 50만 명이며 그중 중국인은 95%, 포르투갈인은 2%, 필리핀인은 1% 정도이다. 대부분의 마카오 사람들은 불교 신자이다.

마카오의 통화

마카오의 화폐는 파타카(Pataca)를 줄여 MOP로 표기한다. MOP1은 우리나라 돈으로 160원 정도로 마카오 달러는 국내에서 환전이 안 되므로 홍콩 달러로 환전해 가면 된다. 마카오에서는 홍콩 달러도 통용이 된다. 단, 홍콩 달러를 내더라도 거스름돈은 마카오 달러로 주는 경우가 많기 때문에 거스름돈을 받을 때는 홍콩 달러로 달라고 하자.

마카오의 비자

홍콩과 마찬가지로 90일간 무비자이다.

1. 홍콩 → 마카오

홍콩에서 마카오로 가는 가장 손쉬운 방법은 페리를 이용하는 것으로 1시간 정도면 마카오에 도착한다. 마카오로 가는 페리는 터보젯(Turbo Jet)과 코타이젯(Cota Jet) 두 개의 페리가 있다. 마카오 출발편은 홍콩 출발편에 비해 세금 관계로 조금 더 비싸다. 홍콩에서 마카오로 주말 여행을 떠나는 사람과 카지노를 하기 위해 가는 사람들로 항상 붐비기 때문에 되도록이면 주말을 피해 일정을 잡는 것이 좋다.

페리 종류	운행 시간	요금
터보젯 (Turbo Jet)	성완→마카오 07:00~23:59 (15분 간격)	주중 HK$ 164 주말 HK$ 177 야간 HK$ 200 (17:10~06:30) *시즌별로 시간 변동
	마카오→성완 07:00~23:59 (15분 간격)	주중 HK$ 153 주말 HK$ 166 야간 HK$ 189 (17:10~06:30) *시즌별로 시간 변동
	마카오→구룡 07:05~22:35 (30분~1시간 간격)	
코타이젯 (Cota Jet)	성완→마카오 07:00~23:30 (30분 간격)	주중 HK$ 165 주말 HK$ 177 야간 HK$ 201
	구룡→마카오 08:15, 10:15, 11:15, 12:15, 13:15	주중 HK$ 165 주말 HK$ 177 야간 HK$ 201 (18:00~23:59)
	마카오→성완 07:00~01:00 (30분 간격)	주중 HK$ 154 주말 HK$ 167 야간 HK$ 190
	마카오→구룡 10:45, 11:45, 16:45, 17:45, 18:45, 19:45	주중 HK$ 154 주말 HK$ 167 야간 HK$ 190 (17:10~18:00) *시즌별로 시간 변동

*1인당 1개의 수하물 무료(20kg 이내)

**홍콩에서 마카오로 들어가기 위해서는 반드시 여권을 소지하여야 한다.

터보젯 www.turbojet.com.hk
코타이젯 www.cotaiwaterjet.com

◎ 홍콩 마카오 페리 터미널

MTR 성완 역 D번 출구와 연결된 에스컬레이터 이용(순탁 센터 3층)

순탁 센터

터보젯

Tip 페리 티켓 구입

페리 티켓은 주말이나 공휴일이 아니라면 자신이 원하는 시간대의 티켓을 쉽게 구할 수 있다. 페리 티켓 구매 후 시간을 앞당기는 것은 가능하나, 출발 시간보다 늦은 편으로의 변경은 안 되기 때문에 되도록이면 시간 여유를 갖고 예약 및 티켓 구입을 하는 것이 좋다.

티켓부스 티켓 부스

마카오 페리 터미널

◈ 차이나 페리 터미널

MTR 침사추이 역 A1번 출구, 하버 시티에서 로 얄퍼시픽 호텔 방향으로 직진하면 중항성(中港 城) 건물이 나온다. 중항 성 건물로 들어가서 에 스컬레이터를 타고 3층 으로 가면 된다.

Tip 홍콩 국제공항 페리 터미널

홍콩 도착 후 출국 심 사를 거치지 않고 FERRY라 고 써 있는 E1 / E2 방향으로 이동하여 바로 마카오행 페 리를 탑승할 수 있다. 단, 짐을 부칠 경우 1시간 이 후 페리 이용이 가능하다.

| 운행 시간 | 12:15, 14:15, 16:15, 19:00, 21:00 (홍콩→마카오, 65분 소요) |
| | 07:15, 10:15, 11:55, 13:55, 15:55 (마카오→홍콩, 65분 소요) |

요금 어른 HK$254, 소아 HK$196, 유아 HK$140

*피크 시간에는 추가 운행되기도 함.

◈ 입국하기

한국에서 홍콩으로 입국할 때와 마찬가지로 출입국 카드를 작성해야 한다. 홍콩 입국 시 'Immigration'에 제출하고 남은 서류를 보여 주 고 마카오 페리 안에서 나눠 주는 출입국 카드를 작 성한다. 마카오에서 홍콩에 들어갈 때도 이와 같은 절차를 밟으면 된다.

입국 심사대 통과

'ARRIVAL' 표지판을 따라가면 입국 심사대가 나 온다. 입국 심사대 'VISITOR' 사인이 있는 곳에 줄을 서서 여권과 출입국 카드를 제출하고 심사대 를 통과한다. *입국 신고서 뒷장은 마카오를 출국 할 때 제출해야 한다.

마카오 관광 안내소 방문

마카오 페리 터미 널에 도착하면 1 층에 마카오 관광 안내소가 있으니 마카오 지도를 챙 겨서 이동하도록 하자.

🚌 마카오 교통 정보

Tip 마카오 터미널에는 의자가 없다?

홍콩으로 돌아갈 때는 마카오 페리 시간에 맞춰 터미널에 도착하자. 마카오 터미널에는 의자가 없어서 앉아서 기다릴 곳이 없어 불편하다. 이는 카지노로 인해 돈을 잃고 방황하는 이들이 노숙을 못하게 하기 위함이라고 한다.

≫ 페리 터미널에서 마카오 시내 들어가기

페리 터미널에서 나와 호텔로 가는 무료 셔틀버스와 시내 버스, 택시를 이용할 수 있다. 세나도 광장으로 갈 경우 3, 10A번 시내 버스를 타면 20분 정도 소요된다. 호텔로 바로 이동할 경우 호텔 무료 셔틀버스를 이용하자.

호텔 무료 셔틀버스

마카오의 주요 호텔에서 무료 셔틀버스를 제공하고 있다. 페리 터미널과 공항에서 모두 이용이 가능하며 해당 호텔의 투숙객이 아니어도 가능하다. 입국장을 나와 지하도로 연결된 통로를 나와 길 건너편으로 가면 정류장이 있다. 무료 셔틀버스는 호텔별로 운영 시간이 상이하지만 대부분 자정까지 운영을 한다.

시내 버스

버스 운행 시간은 노선별로 상이하며 요금은 마카오 시내에서 평균 MOP3.20~4.20 정도. 거스름돈은 안 주기 때문에 동전을 미리 준비하는 것이 좋다. 홍콩에서 편리하게 사용할 수 있는 옥토퍼스 카드는 마카오에서는 사용이 안 된다.

버스 요금은 마카오 반도 내는 MOP3.20, 타이파

빌리지와 마카오 공항 내는 MOP2.80, 꼴로안 빌리지와 헥사비치 내에서는 MOP2.80, 마카오 → 타이파 MOP4.20, 마카오→꼴로안 MOP5 정도이다.

- 아마 사원, 해사 박물관(A-MA Temple, Maritime Musume) ↔ 페리 터미널(Ferry Terminal) 1A, 10A번
- 아마 사원(A-MA Temple) ↔ 신마로(세나도 광장) 5번
- 아마사원↔산마로↔타이파 11번
- 아마사원↔플로랄 정원(기아 요새) 2번
- 플로랄 정원(기아 요새)↔마카오 타워 9A번
- 페리 터미널(Ferry Terminal)↔관음상(Kum Iam Statue) ↔ 관음당(Kum Iam Temple) 12번
- 관음상↔타이파 22번
- 페리 터미널↔타이파 28A번
- 타이파 빌리지 11, 15, 22, 30번
- 꼴로안 15, 21, 21A, 25, 26, 26A번
- 마카오 타워 11, 18, 21, 21A, 22, 23, 25, AP1번
- 페리 터미널 10, 10A, 10B, 12, AP1번
- 세나도 광장 17, 18, 19번

Tip 마카오 패스

마카오 패스는 홍콩의 옥토퍼스 카드와 마찬가지의 기능을 가진 교통 카드이다. 편의점에서 구입이 가능하며 최소 충전 금액은 MOP100이며 보증금은 MOP30이다. 보증금은 귀국 시 환불받을 수 있는데, 구매한 지 2개월 내에 환불할 경우에는 MOP5의 수수료를 제외하고 남은 금액을 환불받을 수 있다. 단, 보증금을 환불받으려면 마카오 패스 고객센터로 직접 찾아가야 한다. 버스는 45분 내에 무료로 환승이 가능하다.

- **환불 가능 장소** : 뉴월드 트레이드 마카오 고객센터(Nape World Trade Centre Macau Pass Customer Service Centre 新口岸世貿客戶服務中心) / 운영 시간 10:00~19:00

택시

기본요금은 1.6Km당 MOP17이며 260m당 MOP2이 올라간다. 타이파 섬으로 이동할 경우 대략 MOP40 정도가 나온다. 차내와 트렁크에 짐을 실을 경우 MOP3을 추가로 지불해야 하고, 마카오 반도에서 꼴로안은 MOP5, 타이파에서 꼴로안은 MOP2가 추가된다.

2. 우리나라 → 마카오

인천 국제공항에서 마카오까지 아시아나 항공, 대한 항공, 에어 마카오 등이 운항 중이며 운항 시간은 약 3시간 40분이 소요된다. 비싸진 홍콩의 물가로 인해 마카오로 입국해서 숙박을 하고 홍콩을 둘러보는 여행객들이 증가하는 추세이다.

◈ 입국하기

마카오 남쪽 타이파 섬에 위치한 마카오 국제공항은 버스 터미널 정도의 작은 규모로 국제선과 국내선 청사가 한 곳에 있다. 'Visitor' 라인인지 확인 후 줄을 서서 마카오 입국 카드와 여권을 제시하면 입국 스탬프를 찍어 준다. 수하물을 찾고 세관을 지나면 입국 완료다.

◈ 공항에서 마카오 시내 들어가기

시내 주요 호텔과 마카오 페리 터미널을 순환하는 호텔 무료 셔틀버스와 시내 버스, 택시를 이용하여 이동할 수 있다. 버스는 매일 20분 간격으로 있고 시내 중심까지는 약 20~30분 가량 소요되고, 페리 터미널까지는 약 30분~40분 정도 소요된다. 택시는 페리 터미널까지 약 15분 가량 소요된다.

호텔 무료 셔틀버스

게이트를 나와 오른쪽으로 나와서 길을 건너면 호텔에서 운영하는 무료 셔틀버스 정류장이 있다. 대부분의 카지노 호텔들이 고객들을 위해 무료로 제공하고 있다.

운영 시간 11:00~21:00(15분~20분 간격)

시내 버스

공항 게이트를 나와 왼쪽의 버스 타는 곳(한글 표기) 표지판을 따라가면 정류장이 나온다. 마카오 반도까지는 대략 15분 정도 소요된다. 중국 국경과 마카오 국제공항을 순환하는 AP1번 버스와 타이파 빌리지와 주요 관광지를 잇는 26번 버스 등이 있다.

택시

마카오 공항에서 택시를 탔을 때 MOP5가 추가된다. 마카오의 택시는 검은색인데, 카지노에서 돈을 다 잃고 가라는 의미라는 이야기도 있다. 대부분의 택시 운전사들은 영어가 통하지 않기 때문에 목적지로 이동하려면 한자로 써서 알려 주어야 한다.

마카오 공항↔시내 버스 노선

버스 번호	루트	요금	시간
AP1	**Portas do Cerco → Airport (Circular)** 중국 국경(Portas do Cerco / Terminal), 마카오 페리 터미널(Terminal Marítimo), 코타이 페리 터미널(Pac On Terminal), 마카오국제공항(Aeroporto de Macau)	4.2	06:30~24:20
MT1	**Praca de Ferreira do Amaral (Hotel Lisboa) →Taipa, Airport (Circular)** 리스보아 카지노 호텔(Praca Ferreira Amaral), 코타이 페리 터미널(Pac On Terminal), 마카오 국제공항(Aeroporto de Macau)	4.2	07:00~09:11, 16:00~19:10
MT2	**Praca de Ferreira do Amaral (Hotel Lisboa) →Airport (Circular)** 리스보아 카지노 호텔(Praca Ferreira Amaral), 마카오 국제공항(Aeroporto de Macau), 베네시안 리조트(Venetian Resort), 타이파 임시 페리 터미널(Taipa Ferry Terminal)	4.2	07:00~10:00, 16:00~20:00
26	**Fai Chi Kei↔Coloane** Fai Chi Kei(Rua Norte do Patane), 레드 마켓(Mercado Vermelho), 아마 사원(Templo A Ma), 코타이 페리 터미널(Pac On Terminal), 마카오 국제공항(Aeroporto de Macau), 콜로안(Vila de Coloane)	5	07:00~23:06
21	**Ponte Horta↔Coloane** P.PonteHorta / Trav.Lido, 아마 사원(Templo A Ma), 마카오 타워(Torre de Macau), 코타이 페리 터미널(Pac On Terminal), 마카오 국제공항(Aeroporto de Macau), 콜로안(Vila de Coloane)	4.2	06:30~23:00

마카오 전도

일하 꿍
Ilha Verde
青洲

주하이
Zhuhai
珠海

중국 국경
Av. Norte do Hipodromo

Av. de Consetheiro Borja

경견장
Canidromo
逸浿場

Est. Marginal do Hipodromo

몽하 요새
Fortaleza de Mong Ha
望廈炮台

Av. de Venceslau de Morais

관음당
Kunlam Temple
觀音堂

Av. de Amizade

Av. Marginal do Lam Mau

Av. do Aim. Lacerda

Av. de Coronel Mesquita

Av. de Horta e Costa

R. da Ribeira do Patane

저수지
Reservatorio Reservoir
貯水庫

까모에스 정원
Camoes Grotto & Gardens
白鴿巢公園

마카오 중심부
마카오 中心部

플로라 정원
Flora Garden

성 안토니오 성당
St. Anthony's Church
花王堂前地

온테 요새
Forteleza Do Monte
大炮台

케이블카 탑승자

기아 요새
Guia Fortress
東望洋炮台

그랑프리 박물관
Grand Prix Museum
賽車博物館

성 바울 성당
Ruins of St. Paul's Church
大三巴牌坊

마카오 박물관
Macau Museum
懷舊博物館

마카오 페리 터미널
Macau Ferry Terminal
港澳碼頭

성 도미니카 성당
St. Dominic's Church
聖玫瑰堂

로우 카우 맨션
Lou Kau Mansion
盧家大屋

와인 박물관
Wine Museum
葡萄酒博物館

세나도 광장
Largo Do Senado Square
議事亭前地

성 아우구스틴 성당
St. Augustine's Church
聖奧斯定教堂

피셔맨즈 와프
Fisherman's Wharf
懷門漁人碼頭

돔 페드로 5세 극장
Dom Pedro V Theater
崗頂劇院

호텔(카지노) 밀집 지역

락스 호텔
Rocks Hotel
萊斯酒店

성 로렌스 성당
St. Lawrence's Church
聖勞倫斯教堂

Av. da Amizade

Av. Cidade de Sintra

리토랄
Litoral
海灣餐廳

Rua da Barra

남반 호수
Lagos De Nam Van
南灣湖

원마카오 호텔
Wynn Macau Hotel
澳門永利酒店

홍콩 방향

아마 사원
A-Ma Temple
媽閣廟

펜야 성당
Church Of
Our Lady Of Penha
西望洋聖堂

MGM 그랜드 호텔
MGM Grand Hotel
美高梅金殿

관음상
Kun Lam statue
觀音像

해사 박물관
Marine Museum
海事博物館

Av. Dr. Sun Yat-Sen

마카오 타워
Macau Tower
懷門旅遊塔

Av. Panoramica do Lago

Av. Dr. Sun Yat-Sen

마카오 반도
마카오 半島

베네시안 마카오 리조트 호텔
Venetian Macao
Resort Hotel

뱀부 Bambu 溪竹

타이파 섬
Taipa
氹仔

마카오 국제공항
Macau International Airport
澳門國際機場

모르뜨 Porto. 波爾圖

쿤하 거리 官也街
Rua da Cunha

타이파 주택 박물관
Taipa House Museum
龍環葡韻住宅式博物館

덤보 Dumbo 小飛象

피노키오
Cozinha Pinocchio
木偶葡國餐廳

포시즌 호텔 Four Season Hotel 四季酒店

코타이 스트립
Cotai Strip
路氹金光大道

로드 스토우즈 베이커리
Lord Stow's Bakery
澳門安德魯餅店

꼴로안 섬
Coloane
路環

그랜드 꼴로안 리조트
Grand Coloan Resort & Hotel

꼴로안 빌리지
Coloane Village
路環村

Estrada Dique

Ponte Gov

Estrada do Istmo

Taipa

성 프란시스 자비에르 성당
St. Francis Xavier Church
聖方濟各教堂

타이파 섬, 꼴로안 섬 방향

주하이

마카오 둘러보기

1. 마카오 반도 – 산 마로 San Ma Lo

'새로운 거리'라는 뜻을 가진 산 마로는 마카오를 대표하는 곳으로 알메이다 리베로 거리(Av. de Almeida Ribeiro)를 말한다. 가장 눈에 띄는 곳은 포르투갈에서 가져온 돌로 만든 물결 무늬의 모자이크가 돋보이는 세나도 광장이다. 크림 색깔의 성 도미니크 성당에서부터 세계 문화유산으로 지정된 마카오의 상징 성 바울 성당이 이어지는 바로 이 거리가 마카오의 대표적인 관광지이다.

2. 타이파섬 Taipa

면적 3.8km²의 작은 섬으로 중국 무역의 중계항으로 이용된 곳이다. 포르투갈의 문화가 살아 숨 쉬는 곳으로 마카오 반도와 다리로 연결되어 있다. 포르투갈 공관을 개조한 타이파 주택 박물관과 정통 포르투갈 음식을 맛볼 수 있는 레스토랑이 많은 쿤하 거리는 많은 관광객들이 즐겨 찾는 곳이다.

3. 꼴로안섬 Coloane

마카오에서 가장 시골스럽고 평화로운 곳이다. 드라마 〈궁〉의 촬영지로 우리나라 관광객들에게 가장 친숙한 지역이기도 하다. 조용한 꼴로안 빌리지는 마카오의 불야성을 이루는 화려한 카지노와 크게 대조된다. 평화롭고 한적한 이곳은 북한의 김정일의 장남인 김정남이 거주한 곳으로도 알려져 있다.

4. 코타이 스트립 Cotai Strip

타이파와 꼴로안을 잇는 대규모 매립지로, 이로 인해 마카오는 면적이 점차 늘어나고 있다. 이곳에는 대규모 카지노 호텔이 경쟁하듯이 하루가 다르게 세워지고 있다.

마카오 중심부

까모에스 정원
Camoes Grotto & Gardens
白鴿巢公園

성 안토니오 성당
St. Anthony's Church
花王堂前地

성 바울 성당
Ruinas de Sao Paulo
大三巴牌坊

몬테 요새
Fortaleza Do Monte
大砲台

마카오 박물관
Macau Museum
澳門博物館

폰트 16
Sofitel Macau at Ponte 16 Hotel
十六浦索菲特大酒店

이스트 아시아 호텔
East Asia Hotel
東亞酒店

샘소나이트 아웃렛
Samsonite Outlet

골로안 섬행
버스 정류장

성 도미니크 성당
St. Dominic's Church
聖玫瑰堂

센트럴 호텔
Central Hotel

웡치키
Wong Chi Kee

로우 카우 맨션
Lou Kau Mansion
盧家大屋

저청원롄카
Choi Heong Yuen Bakery
咀香園餅家

카페 오문
Cafe Ou Mun
敍舊區門

세나도 광장
Largo Do Senado Square
議事亭前地

성 아우구스틴 성당
St. Augustine's Church
聖奧斯定教堂

카미사리아 센트럴
Camisaria Central Lda

에스카다
Escada

성 요세 성당
St. Joseph's Church
聖若瑟堂

메트로폴 호텔
Metropole Hotel

자드 가든
Jade Garden

초타이풍
Chow Tai Fook

돔 페드로 5세 극장
Dom Pedro V Theater
崗頂劇院

파빌리온 마켓
Pavilions Market

카페 이나타
Margarets Cafe Nata
澳門瑪嘉烈蛋撻店

신트라 호텔
Sintra Hotel
新麗華酒店

성 로렌스 성당
St. Lawrence's Church
聖勞倫斯教堂

R. de Coelho do Amaral
R. de Tomas Vieira
Largo Sa Conpanha
R. de Santo Antonio
R. Dom Belchior Carneiro
R. do Teatro
R. de Sao Paulo
R. dos Cinco de Outubro
R. da Palha
R. de Gamboa
R. da Felicidade
R. de Almeida Ribeiro
R. dos Mercadores
R. de Pedro Nolasco da Silva
R. do Monte
R. Central
Av. da Praia Grande
Av. Commercial de Macau
Av. de Infante Dom Henrique
Av. Dr. Mario Soares
Calcada do Monte
Estr. do Repouso

플로라 정원
Flora Garden
케이블카

R. de Alm. Costa Cabral

R. de Afonso de Albuquerque

Estr. do Cemitério

R. do Campo

Av. de Sidónio Pais

승리 기념 공원
Jardim da Vitória

Estr. da Vitória

R. de Tomás Vieira

R. do Campo

Estr. do Cemitério

R. de Henrique de Macedo

기아 요새
Guia Fortress
東望洋砲台

로얄 호텔
Royal Hotel

바스코 다가마 기념비
Vasco da Gama Monument

Estr. da Vitória

기아 호텔
Guia Hotel

Calçada do Gaio

휠라
FILA

나이키
NIKE

R. nova à Guia

Estr. do Visc. de S. Januário

마쓰야
Matsuya

Estr. dos Parses

그랑프리 박물관
Grand Prix Museum
賽車博物館

와인 박물관
Wine Museum
葡萄博物館

Av. de Rodrigo Rodrigues

가버먼트 병원
Government Hospital

Estr. de S. Francisco

킹스웨이 호텔
Kingsway Hote

R. de Luís Gonzaga Gomes

Av. de Rodrigo Rodrigues

밀리타 드 마카오
Militar de Macau

호텔 그랜저
Hotel Grandeur
酒店徵宏

Av. da Amizada

R. de Berlim

비벌리 호텔 앤 플라자
Beverly Hotel & Plaza
貝弗利廣場酒店

홀리데이 인 마카오
Holiday in Macau
假日在澳門

뉴월드 엠페러 호텔
New World Hotel
新世界大酒店

포추나 호텔
Fortuna Hotel
財神酒店

R. de Xangai

호텔
Hotel

R. de Foshan

호텔 프레지던트
Hotel President
酒店總統

Av. da Amizada

DFS 컬렉션
DFS Collection

R. Cidade de Sintra

다이너스티 플라자
Dynasty Plaza
王朝廣場

R. da Amizada

R. Cidade de Santarém

279

마카오 추천 코스

마카오는 역사 깊은 문화 유산, 역사적 건물들, 지중해 해변과 어울릴 법한 성 바울 성당과 까모에스 정원, 포르투갈 식민지 시대에 영향을 받은 오감을 자극하는 독특한 음식 문화로 많은 관광객에게 색다른 매력을 선사한다.

Best Tour

세나도 광장 & 성 바울 성당
마카오를 상징하는 광장과
대표 성당 유적지

도보 10분

몬테 요새
마카오 전체를 조망하는
전망대 역할

도보 2분

마카오 박물관
마카오의 역사를 한눈에

도보 15분

세나도 광장 앞에서
26A번 버스 이용,
15분

로드 스토우즈 베이커리
맛있는 에그타르트의 명당사

도보 5분

꼴로안섬
드라마 (궁) 촬영지로 유명한 곳

까모에스 정원
김대건 신부 동상을
만날 수 있는 곳

택시 10분

쿤하거리
포르투갈 전통 요리를 맛볼 수
있는 곳

도보 10분

타이파주택박물관
20세기 포르투갈인들의 생활상을
엿볼 수 있는 곳

택시 10분

피셔맨즈 와프
마카오의 테마 파크, 마카오 페리
터미널에서 5분 거리

세나도 광장 Largo Do Senado Square 議事亭前地

MAPECODE 15501

마카오를 상징하는 광장

시의회 건물이 있는 주 도로에서 성 도미니크 교회
까지 이어지는 3,700m의 바닥이 물결 모양 모자
이크로 제작된 세나도 광장은 낮과 밤의 느낌이 확
연히 다르다. 규모가 그리 크지는 않지만 광장 주변
에 있는 파스텔 톤의 유럽풍 건물과 어우러져 작은
유럽을 방불케 한다. 광장 주변을 돌아보면 마카오
를 다 봤다고 할 수 있을 정도로 마카오의 분위기를
한껏 느낄 수 있는 곳이다. 세나도는 포르투갈어로
'시청'이라는 뜻으로, 이곳을 지나 마카오 여행의
하이라이트인 관광지들이 펼쳐진다.

위치 시내 중심에 위치. 2, 3, 3A, 4, 5, 6, 7, 8A, 10, 10A,
11, 18, 19, 21A, 26A, 33번 버스 이용, 세나도 광장 하차

 Tip

> **호텔 무료 서틀버스 제대로 활용하기**
>
> 페리 터미널 지하도를 건너면 호텔마다 운행하는 서틀버스를 무료로 이용할 수 있다. 숙박을 하지 않더라도
> 무료 이용이 가능하다. 운행 시간은 호텔마다 차이가 있으나 보통 9시부터 밤12시까지 운행된다. 마카오
> 페리 터미널에서 세나도 광장을 갈 경우에는 그랜드 리스보아, 신트라 호텔의 무료 서틀버스를 이용하고 마
> 카오 페리 터미널에서 타이파로 갈 경우 베네시안 호텔, 하드락 호텔, 갤럭시 호텔의 무료 서틀버스를 이용
> 하면 된다. 그리고 갤럭시 호텔에서 운행하는 무료 서틀버스는 시티 오브 드림, 베네시안 호텔, 타이파 빌리
> 지의 주요 호텔까지 운행하기 때문에 이용하기 수월하다. 운행 간격은 보통 10~15분 정도다.

성 바울 성당 Ruins of St. Paul's Church 大三巴牌坊

마카오를 대표하는 성당 유적지

17세기 초 이탈리아 예수회 선교사가 마카오에 가톨릭을 전파하기 위해 설계한 성당으로 마카오를 대표하는 성당 유적지이다. 종교 박해를 피해 나가사키에서 온 일본인들의 도움으로 1637년부터 20여 년간 건축되었다. 처음에는 예수회의 대학으로 사용되다가 1835년 태풍과 세 번의 화재로 인해 본관이 붕괴되었고, 현재는 5단 구조의 정면 벽과 계단, 지하 납골당만 남아 안타까움을 자아내지만 오히려 그로 인해 세계 어느 곳에서도 볼 수 없는 마카오의 상징물이 되었다.

정면 벽에는 성직자들의 청동상이 있으며, 성당의 외벽에는 에덴 동산, 십자가, 천사, 악마, 중국 용과 일본 국화, 포르투갈 항해선, 아시아에서 점차 정착하기 시작한 가톨릭의 전파 과정 등을 정교한 조각으로 새겨 놓았다. 지하에는 선교사들의 유골과 16~19세기의 가톨릭 성화와 조각품을 전시한 마카오 종교 미술 박물관이 있다.

주소 Rua de B. Carneiro 위치 세나도 광장에서 도보 10분 시간 10:00~18:00

몬테 요새 Fortaleza Do Monte 大炮台

마카오 전체를 조망할 수 있는 전망대 역할을 하는 요새

17세기 초에 성 바울 성당과 비슷한 시기에 예수회가 세운 곳으로, 네덜란드 함대가 마카오를 공격하던 1622년 당시에는 겨우 절반 정도만 건축된 상태였다. 그러나 이 요새의 대포에서 발사된 포탄이 네덜란드의 화약고에 명중하여 전쟁을 결정적으로 승리로 이끌었고 마카오를 구하게 되었다. 10여 대의 대포가 요새를 빙 둘러 사방을 향해 배치되었지만 지금은 마카오의 시가지를 훤히 볼 수 있는 전망대 역할을 하고 있다.

주소 Santo Antonio, Macau 위치 성 바울 성당 옆, 마카오 박물관에서 에스컬레이터를 타고 1분 거리 시간 (5월~9월) 06:00~19:00, (10월~4월) 07:00~18:00

마카오 박물관 Macau Museum 澳門博物館

마카오의 역사를 한눈에

MAPECODE 15504

1998년에 개관한 마카오 박물관은 몬테 요새 옆에 위치하고 있다. 450여 년 동안의 마카오의 역사와 마카오인들의 생활상을 담은 6,000여 점의 유물을 전시하고 있다. 홍콩 역사 박물관에 비해 그 규모는 매우 작으나 파란만장한 역사를 지닌 마카오를 이해하는 데 도움이 된다. 박물관은 총 3층으로 마카오의 역사를 쉽게 이해하도록 1층에는 유럽과 중국의 문화가 융화되기 전 마카오의 기원 및 발전에 대한 내용을 담고, 2층에는 마카오의 대중 예술과 전통 생활 방식을 보여 주고 있으며, 3층은 마카오의 현재의 모습을 보여 주고 있다.

주소 112 Praceta do Museu de Macau Santo Antonio 위치 2, 3, 3A, 5, 7, 8A, 10, 10A, 26, 33번 버스 이용 시간 10:00~18:00(화~일), 월요일 휴관 요금 MOP15(학생 MOP8), 매월 15일 무료 입장 홈페이지 www.macaumuseum.gov.mo

 Tip

마카오 박물관 패스

마카오의 그랑프리 박물관, 와인 박물관, 해사 박물관, 마카오 박물관, 린제수 박물관 등 박물관 6곳을 입장할 수 있는 패스이다. 5일 동안 사용 가능하며 성인의 경우 MOP25이며, 18세 미만 청소년과 60세 이상은 MOP12에 저렴하게 구입할 수 있다.

성 도미니크 성당 St. Dominic's Church 聖玫瑰堂

MAPECODE 15505

마카오 최초의 성당

바로크 양식의 건물로 17세기 스페인의 도미니크 수도회에 의해 세워졌고, 1997년 완벽하게 복구되었다. 하얀색과 초록색 창문으로 건물 외관을 장식하였고, 크림 빛 성당의 내부는 화려한 장식의 제단과 아기자기하면서도 디테일 장식으로 더욱 성스럽게 느껴진다. 아름답고 섬세한 건물과는 대조적으로 포르투갈에 맞서 스페인을 지지하던 장교가 이곳 제단에서 살해되기도 한 격동의 세월을 머금고 있다. 현재는 박물관으로 공개되고 있으며, 로마 가톨릭 성당의 역사를 보여 주는 조각과 그림, 물품을 전시하고 있다. 매년 5월에 있는 파티마 행렬이 이 성당에서 출발한다.

주소 Largo de Sao Domingos 위치 세나도 광장에서 도보 2분 시간 10:00~18:00

로우 카우 맨션 Lou Kau Mansion 盧家大屋

MAPECODE 15506

마카오의 건축 양식을 보여 주는 대표적인 건축물

중국의 부유한 사업가인 '로우 카우'와 그의 가족이 1910년까지 거주하던 저택이다. 2층으로 이루어진 회색 벽돌 건물로, 중국과 서양의 건축 양식이 혼합된 마카오만의 독특함을 나타내는 대표적인 건축물이다. 넓은 공간은 아니지만 굴 껍질로 만든 창문과 저택의 구조가 매우 특이하다. 로우 카우는 박애주의에 입각하여 사람들에게 낮은 가격으로 쌀을 팔았고 학교를 짓기도 하였다. 1890년에 포르투갈 왕에게 기사 작위를 받았으며 마카오에 그의 이름을 딴 거리 이름도 생겨났다.

주소 7 Travessa da Se 위치 성 도미니크 성당 맞은편 시간 09:00~17:00(월요일 휴무)

까모에스 정원 Camoes Grotto & Gardens 白鴿巢公園

김대건 신부의 동상을 만날 수 있는 곳

MAPECODE 15507

16세기 포르투갈의 유명한 시인이자 영웅인 루이스데 까모에스를 기리는 공원이며, 우리나라 천주교 신부인 김대건 신부의 동상이 있는 곳으로 우리에게는 큰 의미가 있는 곳이기도 하다. 분수대를 지나 공원 중간쯤에 까모에스의 흉상이 있고 그 길을 따라 안으로 들어가면 두루마기와 갓을 쓴 김대건 신부의 동상이 서 있다. 김대건 신부의 동상은 그가 마카오에서 서품을 받은 것을 기념하여 한국 천주교 주교회의에서 1985년에 설립하였다. 잘 다듬어진 나무들 사이로 그늘을 찾아 장기를 두거나 오손도손 이야기를 나누는 동네 주민들이 유난히 많다.

주소 Praca de Luis de Camoes, Macau 위치 성 바울 성당 왼편으로 난 골목길을 따라 도보 10분 / 8A, 17, 18, 19, 26번 버스 시간 06:00~22:00

성 안토니오 성당 St. Anthony's Church 花王堂前地

결혼식이 많은 꽃의 성당

MAPECODE 15508

1558년부터 1560년까지 2년여에 걸쳐 건축된 마카오에서 가장 오래된 세 곳의 성당 중 하나이다. 처음에는 나무로 지어진 목조 건물이었으나 석조 건물로 재건축하면서 지금의 모습을 갖추게 되었다. 성 안토니오는 포르투갈 리스본에서 태어난 성인으로 궁중 기사의 아들로 태어나 15세 되던 해에 아우구스티노회에 입회한 후 사제로 서품이 되었다. 성당 외벽에는 부활을 의미하는 종나무, 사다리, 비둘기 조각, 예수의 수난을 의미하는 면류관, 채찍이 그려져 있다. 이곳은 포르투갈인들이 결혼식을 많이 하여 '꽃의 성당'이라고 불리기도 한다. 1700여 년 전 김대건 신부가 18세에 마카오로 건너와 공부한 장소이기도 하다. 성당 안에 김대건 신부의 동상이 놓여 있고 매주 토요일 오후 5시 30분에는 한국어로 주일 특전 미사를 봉헌한다. 김대건 신

부의 숨결이 느껴져서인지 성당에 들어서면 경건한 마음이 든다.

주소 Rua de Santo António 위치 세나도 광장에서 도보 20분 시간 07:30~17:30

마카오에서 대중교통 이용하기

마카오의 버스에서는 거스름돈을 거슬러 주지 않기 때문에 동전을 미리 준비한다. 그리고 주요 관광지의 명칭을 포르투갈어와 중국어로 표기하므로 눈에 익혀 두자.
마카오와 타이파 섬을 연결하는 노선 11, 22, 28A, 30, 33, 34번, 공항 버스 AP1
마카오-타이파-콜로안 섬을 연결하는 노선 21, 21A, 25, 26, 26A번

돔 페드로 5세 극장 Dom Pedro V Theater 崗頂劇院

중국 해안 도시 중 최초의 유럽풍 극장

MAPECODE **15509**

1960년대에 건설된 이 극장은 유럽식 신고전주의 양식의 극장이다. 현관 홀의 고급스러운 상들리에와 문에 드리워진 붉은 커튼, 내부 청중석 상단의 발코니, 벨벳으로 덮인 좌석, 유리로 조각된 문 손잡이 등이 이 커다란 극장의 품격을 더욱 높여 준다. 현재는 각종 연주회와 '세비아의 이발사' 등의 유명한 오페라가 공연되고 있는 곳으로 마카오에서 가장 오래되고 화려한 쇼인 '크레이지 파리' 쇼의 무대가 되기도 하였다. 내부는 공연이 있을 경우에만 공개가 된다. 제2차 세계 대전 동안에는 중국과 홍콩의 피난민들을 위한 대피소로 이용되기도 하였다.

주소 Largo de Santo Agostinho 위치 성 아우구스틴 성당 바로 맞은편

성 아우구스틴 성당 St. Augustine's Church 聖奧斯定教堂

신학교로 지어진 성당

MAPECODE **15510**

스페인 아우구스틴 수도회에 의해 1586년 신학교로 지어졌다. 3년 후에 포르투갈 사람들의 손에 넘어가게 되면서 성당으로 재건립되었다. 노란색 외관의 벽이 이국적인 분위기를 자아내며, 대리석으로 뒤덮인 높은 제단에는 예수님이 십자가를 지고 있는 모습의 상을 볼 수 있다. 이 상은 예전에 한 번 가톨릭 성당으로 옮겨진 적이 있는데, 이 아우구스틴 성당으로 돌아왔다는 전설이 전해진다. 이를 계기로 매년 사순절 첫 번째 일요일에는 '파소스'라고 하는 행사가 열리는데, 밤부터 다음 날까지 예수상을 나르는 거리 행렬이 이어진다.

주소 Largo de Santo Agostinho 위치 세나도 광장에서 도보 5분, 성 아우구스틴 광장 옆 시간 10:00~18:00

Tip

파소스 성채 행렬
성 아우구스틴 성당의 예수상이 저절로 움직였다는 내용을 바탕으로 재현되는 퍼레이드로 십자가를 지고 있는 예수상을 모시고 마카오 시내를 돌아다니는 행렬이다. 마카오에서 최대 규모로 진행되는 천주교 행사로 많은 볼거리를 제공한다.

© 마카오 관광청

성 로렌스 성당 St. Lawrence's Church

선원들의 무사 항해를 기원하던 곳

MAPECODE 15511

마카오 남쪽 해안을 바라보는 언덕 위에 십자가 모양으로 지어진 성당으로 마카오에서 가장 오래된 성당으로 꼽히는 곳이다. 이곳은 마카오에 온 초기 포르투갈 선원들이 무사하게 항해를 마치도록 선원 가족들이 기도하던 곳이다. 1560년에는 목조 건물로 지어졌으나 1846년 현재의 모습인 석조 건물로 재건되었다. 성당 외부는 바로크의 영향을 받은 신고전주의 양식의 건축물로 중국풍의 타일을 이용한 지붕과 터키옥이 박힌 천장, 이중 계단과 안뜰이 있는 것이 특징이다. 성당 주변에는 부촌이 형성되어 있는데 사람들은 이를 성당의 영광으로 풍요로운 삶을 영위할 수 있다고 말한다.

주소 Rua de S. Lourenço 시간 10:00~16:00 위치 세나도 광장 맞은편 펜야 성당으로 가는 길목, 도보 8분

아마 사원 Temple de A - Ma 媽閣廟

마카오에서 가장 오래된 도교 사원

MAPECODE 15512

마카오의 수호신인 아마 여신을 모시고 있는 곳으로 마카오에서 가장 오래된 도교 사원이다. 매년 음력 3월 23일 벌어지는 아마 여신의 생일잔치 때는 안뜰에서 악령을 물리치기 위한 폭죽을 터뜨리면서 축제가 시작된다. 마카오의 명칭도 아마의 장소를 뜻하는 아마가우(A-Ma-Gau)에서 유래되었다. 전설에 따르면, 광동으로 가고 싶어 하던 아마(A-Ma)라는

가난한 소녀를 한 어부가 태워줬는데 폭풍우가 몰아쳐서 모두가 조난당했다. 다행히 소녀를 태운 어부의 배는 무사하였다. 마카오에 도착한 뒤, 사라진 소녀는 여신의 모습으로 나타났고, 이 모습을 본 어부가 그 장소에 사원을 짓게 되었다. 이곳 사원의 중앙문을 지나면 거대한 바위가 서 있는데 이곳에는 전통 항해에 사용하던 물건들이 새겨져 있다. 또 다른 쪽에는 기도를 드리고 있는 사람들의 모습을 새겨 놓았다.

주소 Rua de S. Tiago da Barra 위치 세나도 광장에서 도보 20분 / 세나도 광장에서 10, 10A번 버스 이용. 아마 사원에서 하차 시간 08:00~18:00

MAPECODE **15513**

모든 뱃사람과 탐험가에게 바치다

중국과 포르투갈 선원들이 처음으로 마카오에 도착했던 역사적인 장소에 자리잡고 있다. 배 모양의 벽면과 항구 스타일의 창문으로 꾸며진 해사 박물관은 포르투갈과 중국 간의 해양 관계에도 초점을 맞추고 있다. 입구에 '모든 뱃사람과 탐험가를 위해 바친다'라는 문구가 적혀있으며, 전시품 중에는 모형 배뿐 아니라 제1번 부두에 정박해 있는 실제 선박도 전시되어 있다.

주소 Largo do Pagode da Barra, No 1 위치 세나도 광장에서 10, 10A 버스 이용, 아마 사원에서 하차 시간 10:00~17:30(수~월, 화요일 휴관) 요금 성인 MOP10, 어린이 MOP5

MAPECODE **15514**

마카오의 멋진 전경을 볼 수 있는 곳

펜야 성당에서 내려다본 풍경

마카오 반도 남쪽 끝 펜야 언덕 위에 위치한 성당으로 마카오에서 가장 아름다운 성당으로 정평이 나 있다. 이곳은 주교의 거주지이기도 하며, 파티마 축제 행렬의 마지막 도착지이기도 하다. 그래서 매년 포르투갈 마리아 축제일인 5월 13일, 단 한 번의 미사를 드린다. 이곳은 마카오 시내를 한눈에 내려다볼 수 있는 곳으로, 이곳에서 바라보는 마카오 타워는 매우 가깝게 느껴진다. 성당으로 올라갈 때 주변에 부촌이 형성되어 있어 다양한 구경거리를 감상할 수 있다.

주소 Penha Hill, Macau 위치 세나도 광장에서 도보 15분, 아마 사원에서 도보 10분 시간 09:00~17:30(겨울철 10:00~16:00)

Tip

파티마 축제

파티마는 포르투갈 빌라노바데오렘에 있는 마을의 이름으로 세 명의 목동 앞에 성모 마리아가 나타나 죄의 회개를 권유한 데서 유래하여 세계적인 순례지가 되었다. 마카오의 '파티마 축제'가 바로 이 기적을 기념하는 축제이다. 성모 마리아를 처음 목격한 목동을 의미하는 흰옷을 입은 여성들이 성모 마리아상을 들고 성 도미니크 성당에서 펜야 성당까지 운반하는 행렬을 한다. 그리고 순례 행렬의 주인공인 성모 마리아상이 성당 안으로 옮겨지면서 축제는 막을 내린다.

기아 요새 Guia Fortress 松山炮台

중국 최초의 등대가 있는 곳

MAPECODE 15516

마카오에서 가장 높은 곳을 차지하고 있는 기아 요
새에 있는 등대는 1856년에 지어진 중국의 최초의
등대이다. 오늘날까지도 마카오 주변을 향해하는
배들의 나침반 역할을 하고 있다.

등대 옆에는 '까를로스 빈센트'라는 포르투갈인에
의해 세워진 예배당이 있다. 이곳은 기아 요새의 부
속 건물로 지어진 것으로 건물을 복원하는 과정에
서 벽화가 발견되었다. 예배당 벽화에는 중국 옷을
입은 천사들이 그려져 있어 이곳을 더욱 특별하게
만들어 준다. 기아 언덕 밑에 플로라 정원에 케이블
카(Guia Cable Car, 松山纜車)가 있어 정원을 둘
러본 후 케이블카를 타고 오르면 요새에 쉽게 다다
를 수 있다. 케이블카 이동 시간은 1분 20초이다.

주소 Colina da Guia 위치 2, 6, 9, 9A, 12, 17, 18, 19,
22, 23번 버스를 타고 플로라 정원(Flora Garden)에서
하차, 왼쪽이 공원 입구 시간 09:00~18:30 요금 무료(케
이블카 요금 : 편도 MOP3, 왕복 MOP5)

그랑프리 박물관 Grand Prix Museum 賽車博物館

레이싱에 관한 모든 것

MAPECODE 15516

아시아 자동차 경주 F3 선수
권 대회인 마카오 그랑프리
40주년을 기념해 1933년
에 개관한 이곳은 그랑프리
와 관련된 소품들을 관람할
수 있는 박물관이다. 과거의
레이싱 실전 차량과 우승을
차지했던 경주용 자동차 그리고 우승자들에 대한
영상물과 사진 등이 전시되어 있어 자동차 마니아
들이 방문하기에 좋다. 관광 정보 센터 내 지하에 위
치해 있고, 와인 박물관과 바로 연결되어 있다.

주소 Centro De Actividades Turisticas 위치 버
스 1A, 3, 3A, 10, 10A, 12, 28A, 32번을 타고 Centro
Actividades Turisticas에서 하차하면 맞은편에 있다.
시간 10:00~18:00, 화요일 휴관 요금 무료.

＊현재 리모델링 공사에 들어가 임시 휴관 중이다.

Tip

마카오의 그랑프리 대회

마카오의 그랑프리 대회는 자동차뿐 아니라 모토사이클 등 다양한 차종별 대회가 열리고 음식 축제와 시티
프린지 축제도 함께 열려 이 기간에 맞추어 여행을 한다면 축제와 더불어 공연과 전시를 한꺼번에 볼 수 있
다. 그랑프리 대회는 홈페이지(www.macau.grandprix.gov.mo)를 통해 행사 일정을 확인할 수 있고 티켓
가격은 연습 경주는 MOP50, 실전 경주는 MOP130~900으로 좌석의 종류와 유무에 따라 차이가 난다.

와인 박물관 Wine Museum 葡萄博物館

MAPECODE 15517

와인 시음과 함께 와인 역사 기행

그랑프리 박물관과 함께 마카오 관광 센터에 위치하고 있는 이곳은 아주 작은 규모로 볼거리도 풍부하지 않지만, 고대에서부터 현재까지의 와인 제조 과정과 역사를 쉽게 알 수 있도록 전시하고 있다. 또한 포도주가 어떻게 아시아에 전파되었는지에 대한 과정과 마네킹에 나라별 전통 작업복을 입혀 전시하고 있다. 이곳에서 가장 눈길을 끄는 볼거리는 500년이나 되었다는 포도 압착기, 증류기 같은 기계들과 현존하는 포르투갈 와인 중에 가장 오래된 1815년산 와인이다. 박물관 티켓에 붙어 있는 시음권을 제시하면 와인을 시음할 수 있다.

주소 Centro De Actividades Turisticas 위치 버스 1A, 3, 3A, 10, 10A, 12, 28A, 32번을 타고 Centro Actividades Turisticas에서 하차하면 맞은편에 있다. 전화 798 4108 시간 10:00~18:00, 화요일 휴관 요금 무료 ※현재 리모델링 공사에 들어가 임시 휴관 중이다.

피셔맨즈 와프 Fisherman's Wharf 澳門漁人碼頭

MAPECODE 15518

마카오의 테마 파크

HK$19억을 투자하여 개장한 마카오의 관광 명소로 로마의 콜로세움, 티베트의 포탈라 궁, 네덜란드의 작은 마을 등을 그대로 재현해 놓은 가족 단위의 관광객을 위한 테마 파크이다. 테마에 따라 3개의 구역으로 이루어져 있는데, 첫 번째는 다이너스티 부두(Dynasty Wharf)로 당나라 시대의 건축물을 본 뜬 선상 카지노를 볼 수 있다. 두 번째는 동양과 서양의 만남(East Meets West)을 테마로 불꽃과 연기를 뿜어내는 인공 화산, 로마식 원형 극장, 중세 시대의 성곽 등 다양한 엔터테인먼트 시설이 있다. 그리고 세 번째는 전설의 부두(Legend Wharf)로 문화 센터와 나란히 위치하고 있어 쇼핑몰과 레스토랑, 바, 아케이드, 클럽 등도 갖추고 있다. 그러나 그 규모가 매우 작아서 다소 실망할 수 있다. 볼거리는 부족하지만 레스토랑, 바, 쇼핑 센터, 컨벤션 센터, 야외 공연장, 호텔 등 모든 것이 이 한곳에서 해결된다. 투어 버스를 이용하여 한 바퀴 돌아보는 데 드는 요금은 MOP10이므로, 투어 버스를 이용해 보는 것도 좋겠다. 밤에는 불빛이 화려해 야경을 즐기기에 좋다.

주소 Fisherman's Wharf, Macau 위치 페리 터미널에서 7, 8, AP1번 버스 이용 시간 24시간 전화 8299 3300 홈페이지 www.fishermanswharf.com.mo

락스 호텔 Rocks Hotel 萊斯酒店

MAPECODE 15519 (H)

마카오의 부티크 호텔

마카오가 자랑하는 부티크 호텔로 총 3층에 72개의 작은 규모로 3,000여 개의 객실을 갖추고 있는 베네시안 호텔과 비교되기도 한다. 그렇지만 피셔맨스 와프 내에 위치하고 있어 오션 뷰가 매우 아름다운 곳이다. 호텔 1층에 위치한 빅스 카페의 티세트가 유명하다. 메뉴는 캐비어가 올라간 샌드위치와 초콜릿까지 다양하다. 일찬 티타임을 즐기고 싶다면 락스 호텔로 향해 보자.

주소 Fisherman's Wharf, Macau 위치 페리 터미널에서 7, 8, AP1번 버스 이용 전화 2878 2782 시간 티 세트 : 15:00~17:30(월~토), 티 뷔페 : 15:00~17:30(일)

관음당 Kunlam Temple 觀音堂

MAPECODE 15520

마카오 최대 규모의 사원

마카오의 3대 사원 중 하나로 약 600년 전 13세기에 세워졌다. 도교와 유교가 융화된 대표적인 불교 사원으로 현재의 절은 1627년 명나라 때 증축된 것으로 마카오 최대 규모를 자랑한다.

사찰 안에 빽곡히 매달려 있는 사선형 모양의 향들이 이곳의 인기를 가늠케 한다. 과거, 현재, 미래를 나타내는 겹쳐진 세 개의 향이 오래도록 향을 내뿜는다. 사찰 안에 들어가기 전 마당 안에는 부적 같은 것이 매달려 있는 나무를 볼 수 있다. 이것은 오랫동안 항해를 나가는 어부들이 아내가 바람 피우는 것을 막기 위해 속옷을 넣어 나무에 묶는 미신 행위라고 한다. 사찰 안으로 들어가면 관세음보살을 모시고 있는 본당이 나온다. 이곳 벽면에는 중국 18현인의 상이 있는데 특이한 것은 〈동방 견문록〉을 통해 동양을 서양에 알린 마르코 폴로상이 있다는 것이다.

그리고 사찰 뒷편으로 가면 뜻밖의 역사의 현장을 엿볼 수 있는데, 1844년 청나라와 미국이 처음으로 우호통상조약을 맺었을 때 사용하던 탁자이다. 탁자를 뒤로하고 정원 안으로 들어가면 포대화상이 있는데 포대화상의 배와 손을 문지른 후 호주머니에 손을 넣으면 재운을 가져온다고 하여 이를 찾는 이들이 끊이지 않는다.

주소 Avenida do Coronel Mesquita, Macau 위치 세나도 광장에서 12, 18, 28C 버스 이용 시간 08:00~17:00

 Tip

포대화상

포대화상은 배가 불룩 튀어 나온 뚱뚱한 몸집에 항상 웃고 있는, 중국 명나라 때의 스님이다. 지팡이에 커다란 자루를 메고 다니면서 그 안에 들어 있는 것들을 사람들에게 나눠준다고 해서 포대 스님이라고 불렸다. 그는 사람들의 길흉화복을 점쳐 주거나 기이한 행적을 남긴 것으로 유명하다. 중국에는 이러한 포대화상이 재물을 가져다준다는 믿음이 있는데, 아마도 그가 사람들에게 아낌없이 나누어 주었기 때문이 아닐까 싶다.

관음상 Kun Lam Statue 觀音像

MAPECODE 15521

마카오의 또 하나의 상징

마카오의 바닷가에 우뚝 솟아 있는 관음상은 마카오 타워와 함께 마카오의 상징이다. 마카오의 중국 반환을 기념하여 1999년에 세워진 동상이다. 관음상은 불교의 관세음보살과 천주교의 성모 마리아가 합쳐진 온화한 모습이고, 높이는 20m이며, 저

녁이 되면 조명 아래 그 우아한 자태를 더욱 뽐낸다. 동상 아래에는 종교 관련 서적이 전시되어 있다.

주소 Avenida Dr. Sun Yat Sen, Macau 위치 마카오 문화 센터에서 도보 10분 거리 / 마카오 페리 터미널에서 17번 버스 이용 시간 10:00~18:00(전시관)

성 프란시스 자비에르 성당 St. Francis Xavier Church 聖方齊各教堂

MAPECODE 15522

순교자의 유골을 모시는 곳

1928년 동양의 선교사라고 불리는 프란시스 자비에르 신부의 유골을 안치하기 위해 만들어진 성당으로, 일본인과 베트남인 순교자의 유골을 모시고 있는 곳이기도 하다. 바로크 양식의 노란색 외관, 파란문과 빨간색 등이 밝은 분위기를 연출하는 반면, 예배당 천장에 그려진 하늘과 비둘기는 신성한 분위기를 연출한다. 벽면에 그려진 그림 속에는 중국 여신이 아기를 안고 있어서 '중국판 성모 마리아'라고 불린다. 이는 중국과 포르투갈 문화가 융화되었음을 알려 준다.

주소 Rua do Caetano, Largo Eduardo Marques, Coloane 위치 세나도 광장에서 15, 21, 21A, 25, 26, 26A번 버스 이용

마카오의 럭셔리 호텔이자 최대 쇼핑몰

MAPECODE 15523

라스베이거스의 대표적인 호텔인 베네시안 호텔이 마카오의 타이파 섬에 세계 최대 규모의 카지노를 오픈하였다. 축구장 3개 크기의 면적으로 그 크기가 어마어마하다. 내부에 3,000여 개의 객실과 350여 개의 상점, 40여 개의 레스토랑이 있다. 이곳에는 베니스의 도제 궁전, 베니스 종탑, 리알토 다리 등 이탈리아 베니스의 대부분을 그대로 재현했고 쇼핑 공간이 턱없이 부족했던 마카오에 대형 쇼핑 아케이드가 형성되면서 쇼핑까지 가능하게 되었다. 쇼핑몰 가운데로 흐르는 인공 수로에서 곤돌라를 타면 이탈리아 칸초네를 맛깔스럽게 불러 준다. 곤돌라 탑승 시간은 20분 정도 소요되며, 요금은 MOP128이다.

주소 Estrada da Baía de N. Senhora da Esperança, s/n, Taipa 위치 페리 터미널에서 베네시안 호텔 무료 셔틀버스 이용(10분 소요) 전화 2882 8877 홈페이지 www.venetianmacao.com

샌즈 리조트 패스

샌즈 리조트 패스는 베네시안 호텔 컨시어즈에서 방 키를 보여 주면 구입이 가능하다. 가격은 HK$399이며 기존 패키지 가격에서 17% 할인된 패키지로 쇼핑, 다이닝, 엔터테인먼트에 사용 가능하다. 마카오 화폐 MOP100의 리워드와 베네시안 호텔의 뱀부(Bambu)나 더 골든 피콕(The Golden Peacock)에서의 중식 뷔페, 또는 샌즈 코타이 센트럴 윰차(Yum Cha)에서의 세트 메뉴 중 한 가지를 선택하는 식사와 1인 곤돌라 승선권이 포함되어 있다. 샌즈 리조트 럭셔리 패스 티켓은 HK$818로 26% 할인된 패키지로 판매된다.

마카오의 작은 라스베이거스

마카오의 카지노 재벌인 스탠리 호(Stanley Ho)는 1962년부터 2001년 말까지 40년 동안 마카오 정부의 비호 아래 카지노계의 독점적 지위를 누려 지금의 카지노 부국을 일궜다. 그가 한 해 정부에 낸 세금만 해도 6억 달러 이상으로 마카오 정부 수입의 절반을 넘는다. 마카오의 도로와 수도 등 모든 사회간접자본이 호에게서 나왔다고 해도 과언이 아니다. 이러한 마카오가 지금 골드러시의 새 역사를 쓰고 있다. 카지노 업계의 큰손들이 마카오로 진출, '동양의 라스베이거스'로의 변신이 한창이다. 라스베이거스를 제치고 카지노 매출 1위에 등극했으며, 이로 막대한 수입을 올린 재정 흑자의 마카오 정부는 전 국민에게 현금을 지급하기도 하였다.

하우스 오브 댄싱 워터 The House of Dancing Water

MAPECODE **15541**

마카오 관광객들의 필수 코스가 된 댄싱 워터 쇼
베네시안 호텔의 태양의 서커스와 어깨를 나란
히 하고 있는 공연으로 원형으로 이루어진 큰 무
대와 2,000석 규모의 극장임에도 인기가 워낙 많
아서 예약을 하지 않고서는 볼 수 없다. 예약은 홈
페이지(www.thehouseofdancingwater.
com)에서 가능하고 좌석 위치에 따라 티켓 가격은
HK$530~1,480이다. 공연 장소는 시티 오브 드
림 호텔이다.

마카오 타워 Macau Tower 懊門旅遊塔

MAPECODE **15524**

마카오의 중국 반환 2주년을 기념해 만든 타워

마카오의 중국 반환 2주년을 기념해
서 만든, 338m 높이의 타워로, 마카
오의 밤을 아름답게 수놓는 곳이다.
MOP788을 내면 마카오 타워 61층
전망대의 외곽 상판을 직접 걷는 스카
이 워크를 체험하고 인증서, 기념 CD,
티셔츠를 받을 수 있다. 스카이 점프
는 전망대에서 번지 점프를 하는 것으로 인증서, 멤
버십 카드, 티셔츠를 포함하여 MOP2,288의 비
용이 든다. 세계에서 가장 높은 번지 점프대가 있는
이곳에서 TV 프로그램 〈런닝맨〉의 출연자인 배우
송지효가 미소를 머금으며 점프를 하여 더욱 유명
해지기도 했다. 보기만 해도 아찔하지만, 역동적이
고 색다른 경험을 원한다면 한번 도전해 보자.

주소 Largo de Torre de Macau 위치 페리 터미널
에서 32, 23번 버스 이용. 마카오 타워에서 하차 시간
10:00~21:00(월~금), 09:00~21:00(토~일) / 스카
이 워크 · 스카이 점프 · 번지 점프 11:00~19:30(월~
목), 11:00~22:00(금~일) 요금 전망대 어른 MOP135,
소아 MOP70 / 스카이 워크 MOP788 / 스카이 점프
MOP2,288 / 번지 점프 MOP3,288 홈페이지 www.
macautower.com.mo

쿤하 거리 Rua do Cunha 官也街

MAPECODE 15525

포르투갈 전통 요리를 맛보다

마카오에서 타이파 대교를 건너 차로 10분 거리에 위치한 쿤하 거리 곳곳에는 포르투갈 레스토랑과 유러피안 레스토랑이 즐비하다. 걸어서 다닐 수 있을 정도로 거리가 짧으며, 포르투갈 전통 요리를 맛보기 위한 관광객들의 발길이 끊이지 않는 곳이다. 마카오의 옛모습을 그대로 간직한 타이파는 마카오 명물 과자를 파는 상점, 기념품을 파는 상점, 그리고 레스토랑이 밀집해 있는 곳으로 먹거리 골목을 형성하고 있다. 전통 포르투갈 음식을 맛보기 위해서는 이곳 쿤하 거리로 이동하면 된다. 특히 일요일에는 벼룩시장이 열려 관광객들에게 큰 볼거리를 제공해 준다.

주소 Rua do Cunha, Taipa 위치 11, 22, 28A, 33, 34번 버스 이용. Rua Correia Da Silva에서 하차 / 하 드락 호텔과 크라운 호텔에서 운행하는 무료셔틀 이용 (12:00~21:00 월~목, 11:00~21:00 금~일)

Tip

마카오의 씨에스타

포르투갈의 영향을 받은 마카오는 레스토랑에서 씨에스타가 적용된다. 런치 시간과 디너 시간 중간에 세 시간 정도를 준비 시간이라고 볼 수 있는데 이 시간에는 영업을 하지 않는 레스토랑이 대부분이니 이 시간에 레스토랑을 찾아다니는 일은 피하도록 하자.

타이파 주택 박물관 Taipa House Museum 龍環葡韻住宅式博物館

MAPECODE 15526

20세기 포르투갈인들의 생활상을 엿보다

타이파 주택 박물관은 20세기 초에 포르투갈 고위 관리가 지은 집을 마카오 정부가 사들여 만든 박물관으로 타이파 섬 관광의 1순위로 꼽히는 곳이다. 라임색의 화려한 5채의 호화 주택 중 3채를 박물관으로 개조하여 옛 포르투갈인의 생활상을 살펴볼 수 있으며 박물관 외의 주택은 프라이빗 파티를 위해 대여를 해 주기도 한다. 포르투갈 주택에는 전통 의상을 입은 마네킹이 전시되어 있고, 마카오 주택 박물관에는 포르투갈 사람들이 살았던 거실, 침실, 욕실 등을 그대로 전시해 놓았다. 그리고 마카오 섬의 주택에는 타이파 빌리지의 모습을 담은 사진들을 전시해 놓았다. 저녁이 되면 펼쳐지는 멋진 야경 덕에 데이트 코스로도 유명하다. 화려한 조명 아래 멋지게 늘어서 있는 보라수 나무들과 어우러진 파스텔 톤의 박물관이 더욱 근사하게 보인다.

주소 Avenida da paaia, Taipa 위치 11, 22, 28A, 15, 30, 33, 34, 35번 버스 이용 전화 2882 7103 시간 10:00~18:00, 월요일 휴무 요금 MOP5(화요일 무료)

마카오의 카지노 파헤치기

카지노 게임은 크게 두 가지로, 블랙잭과 바카라, 룰렛, 포커 등으로 이루어진 테이블 게임과 누구나 쉽게 시도해 보는 슬롯머신이 있다. 절제력과 결단력이 있는 여행자라면 재미 삼아 카지노를 즐기는 것도 마카오 여행의 묘미다.

🔹 바카라

영화 〈007〉에서 제임스 본드가 자주 하는 카드 게임이다. 카드의 합이 9에 가깝게 만드는 게임으로 딜러가 갖고 있는 카드의 끝자리 숫자가 내가 갖고 있는 끝자리 숫자보다 낮으면 이긴다. 테이블 게임 중에서는 가장 손쉽게 즐길 수 있는 게임이다.

카드를 받았을 때 카드의 수를 읽는 방법은 아래와 같다.

K+Q=0   6+7=3   4+J+A=5

플레이어의 처음 두 카드의 합이 1/2/3/4/5/10일 경우에는 카드 한 장을 더 받을 수 있고 6/7이 나오면 그대로 놓아두고 8/9가 나오면 뱅커는 추가카드를 받을 수 없다.

🔹 블랙잭

테이블 게임 중에서는 진행 속도가 가장 빠른 게임이다. 카드의 합을 21에 가깝게 만드는 게임으로 딜러의 카드 합보다 높으면 이긴다. J, K, Q는 10으로 계산하고 A는 1또는 11로 계산한다. 21이 되기 전까지 카드는 계속 받을 수 있다.

예를 들어 두 장의 카드가 8과 에이스라면 19로 계산해서 딜러와 견주어 볼 수 있으며, 21에 더 가깝게 가기 위해서 한 장의 카드를 더 받을 수도 있다. 블랙잭은 A와 10, J, Q, K 중 한 장을 합쳤을 때를 말한다.

블랙잭이 되면 판돈의 1.5배를 벌 수 있다. 그러나 21이 넘어버리면 버스트라고 해서 게임이 종료될 수 있으니 주의해야 한다. 또한 블랙잭은 카지노 입장에서는 메리트가 많지는 않지만 그렇다고 해서 블랙잭을 해서 돈을 딸 수 있는 확률 또한 적은 편이다.

◎ 룰렛

게임이 쉽기 때문에 초보자들이 주로 애용하는 게임으로, 게임 방법은 38개의 홈이 파여진 둥근 판에 공을 굴려서 나온 숫자나 색깔에 맞추면 상금을 받을 수 있다. 숫자나 색깔 모두 카지노에 유리하게 되어 있다.

◎ 슬롯머신

일반적으로 할머니, 할아버지들께서 주로 시간을 보내시는 곳으로 기계를 만져서 뜨겁다면 그걸 선택하라는 이야기가 종종 있다. 별다른 기술을 배울 필요가 없어서 여행객들이 주로 선택하는 게임이다.

★ 마카오 터미널에서 호텔 무료 셔틀버스를 이용해 타이파로 이동

마카오 터미널에서 타이파로 이동하려면 호텔에서 운영하는 무료 셔틀버스를 이용하면 된다. 타는 곳은 마카오 페리 터미널 맞은편에 위치해 있다(길을 건너기 위해서는 지하도를 건너야 한다). 대부분의 관광객들이 베네시안 호텔에서 운영하는 무료 셔틀버스를 이용하기 때문에 많은 줄을 서서 기다린다. 번잡할 경우에는 코타이 스트립의 하드락 호텔과 크라운 호텔에서 운영하는 무료 셔틀버스를 이용해 보자.

★ 타이파 쿤하 거리로 이동

코타이 스트립에 위치한 쿤하 거리로 이동하기 가장 쉬운 방법은 시티 오브 드림스(City of Dreams) 리조트에서 운영하는 무료 셔틀을 이용하는 것이다. 이 무료 셔틀은 쿤하 거리까지 월~목요일은 12:00~21:00까지, 금~일요일은 11:00~21:00까지 무료로 운영된다. 타는 곳은 하드락 호텔 정문에서 우측 방향으로 150m가량 직진하면 우측 유리문을 통과하여 호텔 뒷편에 위치하고 있다. 내려서 농구 코트가 보이면 내린 곳에서 직진한 후 골목이 끝나는 곳, 버블티를 파는 '에스키모'가 보이는 곳에서 우회전한다.

티 타임 & 브런치 카페

마카오에는 이국적인 느낌의 건축물과 더불어 카페가 유난히 많다. 이곳에서는 맥도날드와 스타벅스처럼 쉽게 접할 수 있는 곳이 아닌, 현지인들이 즐겨 찾는 카페를 소개하고자 한다. 그들만의 문화가 담겨 있는 아기자기한 카페에서 에그타르트와 직접 구워낸 포르투갈식 빵을 맛보자.

카페 오문 Cafe Ou Mun 咖啡區門　15527

가볍게 쉬어 가기 좋은 곳

신선한 원두를 볶아내어 향이 좋은 커피와 직접 갓 구워낸 에그타르트, 컵케이크과 유기농 쿠키까지 다양하게 섭렵할 수 있다. 이곳 주인이 만드는 빵이 인기가 좋아 빵을 만드는 공장을 만들었을 정도라고 한다. 세나도 광장에서 맥도날드 카페 코너를 돌면 번잡하지 않은 조용한 골목 안에 위치해 있어 잠시 쉬어 가기 좋은 곳이다.

주소 R/C 12 Travessa de S. Domingos 위치 세나도 광장에서 맥도날드로 난 골목길을 따라 쭉 올라가면 오른쪽으로 된 하얀 간판의 카페가 있다. 전화 2837 2207 시간 08:00~23:00(화~일), 월요일 휴무

MAPECODE 15528

카페 에스키모 Cafe E.S. Kimo 台北小泉居

버블티로 유명한 카페

마카오는 유난히 버블티가 인기가 많다. 버블티의 원조라고 할 수 있는 이곳은 양도 많고 맛도 좋아서 그 이름값을 톡톡히 한다. 진한 밀크티가 매우 인상적이고, 홍콩의 차찬탱처럼 간단한 토스트와 식사가 가능하다. 더운 날씨에 잠시 쉬어 가기 좋은 곳이기도 하며, 밀크티 가격은 MOP$28이다.

주소 175 R. do Regedor, Macao 위치 타이파 빌리지 맥도날드 옆 전화 2882 5305 시간 11:00~24:00

카페 이나타 Margaret's Cafe e Nata 澳門瑪嘉烈蛋撻店　　MAPECODE 15529

마카오 에그타르트의 최고봉

하루 종일 에그타르트를 구워 내며 20종류 이상의
샌드위치와 머핀 등을 판매하는 곳으로 항상 사람들
로 붐빈다. 신트라 호텔 근처에 위치하고 있으며, 각
종 신선한 과일 주스도 있는데, 상큼한 음료가 마시
고 싶다면 시원한 수박 주스를 추천한다. 이곳의 샌
드위치 또한 맛이 좋아 늦은 오후에는 거의 다 팔려

냉장고 진열대에 빵과 주스가 거의 남아 있지 않다.

주소 G/F, 17A Rua. Alm Costa Cabral R/C,
Avenida de Almeida Ribeiro　위치 신트라 호텔
(Shitra Hotel)에서 큰 길을 따라 직진 도보로 10분 거리
전화 2871 0032 시간 08:30~18:00, 수요일 휴무

로드 스토우즈 베이커리 Lord Stow's Bakery 澳門安德魯餅店　　MAPECODE 15530 15531 15532

에그타르트의 원조

드라마 〈궁〉의 촬영지
인 꼴로안 섬과 더불
어 꼭 가봐야 할 곳으
로 로드 스토우즈 베
이커리가 꼽힌다. 이
베이커리는 꼴로안
빌리지에만 무려 3곳
이나 된다. 꼴로안 버
스 정류장 맞은편에
위치한 로드 스토우즈 가
든 카페는 벽돌 건물과 나
무 문, 커스터드 조명이 에그타르트 크림만큼 감
미로운 분위기를 연출한다. 항구(Ponte Cais de
Coloane)를 향해 꼴로안 빌리지를 정처 없이 걷다
보면 가장 최근에 생긴 로드 스토우즈 카페와 마주

친다. 바삭하고 고소한 패이스트리 위에 커스터드
크림과 계란이 잘 어우러진 이곳의 대표적인 메뉴
인 에그타르트를 저렴한 가격으로 즐길 수 있다. 에
그타르트는 한 개에 MOP9이다. 신선한 과일 주스
와 방금 구워 내오는 크로와상도 인기 메뉴 중 하나
이다.

로드 스토우즈 베이커리
주소 1 Rua do Tassara, Coloane　전화 2888 2534
시간 07:00~22:00

로드 스토우즈 가든 카페
주소 G/F C Houston Court 21 Largo do
Matadouro, Coloane Village　전화 2888 1851　시
간 09:00~17:00(월), 09:00~22:00(화~일)

로드 스토우즈 카페
주소 Largo do Matadouro, Coloane Village　전화
2888 2174 시간 09:00~18:00

원치키 Wong Chi Kee 黃枝記粥麵店 `15533`

마카오의 역사 깊은 완탕면

1946년에 오픈한 역사 깊은 완탕면집으로 마카오에 본점을 두고 있다. 이곳의 대표 메뉴인 새우완탕면은 계란을 넣어 반죽한 부드럽고 쫄깃한 면발이 신선한 새우와 잘 어우러진다. 하지만 얼큰한 맛을 즐겨 먹는 한국인들 입맛에 딱히 잘 맞지는 않는다. 게살이 듬뿍 들어간 콘지의 고소하고 담백한 맛이 우리나라 사람들 입맛에 가장 맞으며, 소이 소스치킨 윙 또한 베스트 메뉴 중 하나로 가격은 HK$75이다.

주소 17 Largo do Senado, Avenida de Almeida Ribeiro 위치 세나도 광장 왼쪽 초입 분홍색 건물 전화 2857 4310 시간 08:30~23:00

저향원병가 Choi Heong Yuen Bakery 咀香園餅家 MAPECODE `15534`

마카오의 대표적인 쿠키 전문점

마카오에서 가장 유명한 쿠키 전문점으로 70년이 넘는 전통을 자랑한다. 마카오 시내를 걷노라면 이 상점의 쇼핑백을 들고 가는 사람들의 행렬을 쉽게 마주할 수 있다. 외국 관광객들뿐 아니라 주말을 이용해 관광 온 홍콩 사람들이 선물을 사기 위해 자주 들르는 곳이다. 마카오를 방문하는 사람들이 필수 코스로 여길 정도로 그 유명세가 대단하다. 여러 종류의 쿠키 맛을 볼 수 있도록 시식 코너가 있으니 맛을 본 후 고르도록 하자. 고소한 아몬드 쿠키와 에그롤이 가장 인기 있는 품목 중 하나이다. 육포도 저렴하게 팔고 있으나 비첸향 육포보다는 부드러운 맛이 덜하다.

주소 209 Avenida de Almeida Ribeiro 위치 성 바울 성당 유적지 초입 전화 2835 5966 시간 10:00~22:00

에스까다 Escada

MAPECODE 15535

저렴하게 포르투갈 음식을 맛볼 수 있는 곳

마카오를 찾는 관광객들에게 이미 너무도 잘 알려진 곳으로 세나도 광장 오른쪽 첫 번째 골목 계단을 따라 올라가면 노란색 외관이 유난히 눈에 띄는 곳이다. 저렴한 가격에 매케니즈 음식을 맛볼 수 있는 곳으로 조개찜과 피리피리 후추를 사용해 자극적이고 매운 맛을 내는 아프리칸 치킨 그리고 크랩커틀렛, 해물밥 등이 이곳의 추천 메뉴이다. 세라두라를 디저트로 해서 커피 한 잔과 함께하면 그만이다. 매일 추천 메뉴를 입구에 놓인 칠판에 적어 놓으니 그날의 추천 메뉴를 선택해도 후회하지 않을 것이다.

주소 8 Rua da se 위치 세나도 광장 오른쪽 우체국 건물을 지나 첫 번째 골목을 따라 올라가면 2층에 위치 전화 2896 6900 시간 12:00~15:00, 18:00~22:00 비용 세트 메뉴 1인당 MOP300

리토랄 Litoral 海灣餐廳

MAPECODE 15536

매케니즈 푸드 전문점

오랜 전통을 가진 매케니즈 푸드 전문점으로 마카오 사람들도 그윽한 분위기와 옛 정취를 찾아 즐겨 오는 레스토랑이다. 마카오의 독특한 레시피를 전통 있게 이어가고 있으며, 아마 사원 근처에 위치하고 있다. 이곳의 인기 메뉴는 오리 밥(Baked Duck Rice), 감자와 마늘로 요리한 대구구이(Grilled Cod Fish with Potato and Garlic)로 가격은 각각 MOP150이다. 그리고 속을 채운 오징어와 마늘 소스로 양념을 한 조개 요리가 대표 메뉴이다.

주소 261-A Rua do Almirante Sergio 위치 아마 사원에서 도보 7분 거리 전화 2896 7878 시간 12:00~15:00, 18:00~22:30(월~금)

덤보 Dumbo 小飛象

MAPECODE 15537

전통 포르투갈식 음식으로 유명한 레스토랑

포르투갈 음식으로 유명한 레스토랑으로 홍콩의 배우들도 즐겨 찾는 곳이다. 1층에는 식재료와 쿠키 등을 팔고 2층에는 넓은 좌석이 있어 단체 관광객들에게도 인기 만점이다. 귀여운 아기 코끼리 캐릭터 모양의 간판이 금방 눈에 띈다. 소문에 의하면 이 레스토랑의 원래 주인이 젊은 여자와 사랑에 빠져 와이프에게 위자료로 이 레스토랑을 넘겨 주었다는 설과 남편이 처음에 운영했던 피노키오 식당 옆에 버젓이 식당을 차렸다는 설이 있다. 어떤 설이 맞는지는 확인이 안 되지만 포르투갈 레스토랑의 대표 주자인 것만큼은 확실하다.

주소 Rua Do Regedor Loja a R/C, Hei Loi Tang Kong Cheong, Taipa 위치 쿤하 거리 전화 2882 7888 시간 12:00~23:00

MAPECODE 15538

피노키오 Cozinha Pinocchio 木偶葡國餐廳

30년 전통의 포르투갈 레스토랑

타이파 빌리지 쿤하 거리에 있는 식당으로, 50여 종이 넘는 포르투갈 음식을 맛볼 수 있다. 덤보 식당의 원래 주인 아저씨가 덤보 식당 근처에 오픈한 30년 전통을 가진 레스토랑으로 좀 더 넓은 곳으로 이전하였다. 카레 게 요리와 바칼하우(대구 살) 크로켓이 대표 메뉴이다. 매콤한 새우 요리도 인기 있는 메뉴 중 하나이다. 맛은 덤보 레스토랑과 비슷하다.

주소 Rua Do Sol N.4, Taipa 위치 쿤하 거리 좌측 맨 끝자락 전화 2882 7128 시간 12:00~23:30

뱀부 Bambu 瀲竹

MAPECODE 15539

베네시안 호텔 내에 위치한 뷔페 레스토랑

일반적으로 5성급 호텔의 레스토랑은 비싸다고 생각한다. 하지만 베네시안 호텔 내에 위치한 뱀부 레스토랑은 저렴한 가격으로 신선한 해산물과 디저트 등 다양한 종류의 음식을 즐길 수 있는 뷔페 레스토랑이다. 뷔페 런치는 11시부터 오후 3시까지로, 다른 레스토랑에 비해 런치 타임이 여유로워서 가족들과 함께 편하게 식사할 수 있다. 3세~12세의 어린이는 절반 가격에 제공한다(런치 : 성인 MOP238, 소아 MOP118 / 디너 : 성인 MOP398, 소아 MOP198).

주소 Shop 1033, The Venetian Macau Resort Hotel 위치 베네시안 리조트 호텔 내 전화 8118 9990 시간 11:00~15:00(런치), 18:00~22:00(디너)

포르토 Porto 波爾圖葡國餐

MAPECODE 15540

맛 좋은 카레 크랩을 먹을 수 있는 곳

맛 좋은 포르투갈 음식을 먹을 수 있는 곳으로, 점심 세트 메뉴는 비교적 저렴한 편이다. 매운 카레 크랩은 매콤한 맛이 일품이다. 크랩은 시세에 따라 가격이 책정되지만 보통 MOP250 이하로 먹을 수 있다. 카레가 듬뿍 나오기 때문에 밥을 시켜 비벼 먹으면 금상첨화. 이곳에서 캐주얼하게 매케니즈 요리를 즐겨보자.

주소 Taipa, Rua do regedor.Edf,Chuen Fok San Cheun, Fasei, Baoco4, R/C lojam 위치 쿤하 거리 가기 전 메인 도로 우측 맥도날드 라인을 따라 도보로 2분 거리 전화 2882 3318 시간 11:00~22:30

마카오의 음식 문화

매케니즈 푸드 Macanese Food

마카오는 홍콩과 마찬가지로 각국의 음식을 다양하게 접할 수 있는 도시다. 전 세계의 요리 중에 서도 으뜸으로 꼽히는 광동 요리뿐 아니라 포르투갈의 정통 요리까지 제대로 맛볼 수 있다. 광동 요리와 포르투갈 요리가 더해져 탄생한 퓨전 음식을 '매케니즈 푸드'라고 한다. 오직 마카오에서 만 맛볼 수 있는 독특한 음식인 매케니즈 푸드와 함께하면 마카오 여행이 더욱 특별해질 것이다.

● 세라두라
마카오를 대표하는 디저트인 세라두라는 진한 크림과 비스킷 가루를 재료로 하여 층층이 얹어 만든 디저트이다. 세라두라에 과일, 커피, 녹차, 망고 등을 가미하여 여 러 종류의 세라두라를 탄생시키기도 하였다. 차갑고 부드러운 크림 맛이 달콤해서 디저트로 제격이다.

● 커리 크랩
올리브 오일, 양파, 마늘 등과 카레 가루, 카레 페이스트를 넣어 만든다. 통통하게 살이 오른 크랩과 카레 소스의 매콤한 맛이 잘 어우러져 우리 입맛에도 그만이다. 카레 소스에 밥을 비벼 먹으면 그만이다. 그러나 레스토랑마다 독특한 레시피를 선 보이기 때문에 같은 맛을 기대하기는 어렵다.

● 바칼하우 크로켓
포르투갈 요리에서 빼놓을 수 없는 재료가 바로 소금에 절인 대구, 바칼하우이다. 대구를 2~3일 동안 물에 담가 소금기를 뺀 다음 여러 가지 요리에 사용하는데, 대 표적인 요리가 바칼하우 크로켓이다. 잘게 부순 바칼하우에 감자를 으깨어 뭉쳐 같 이 튀겨낸 음식으로 주로 애피타이저로 고소하고 바삭한 맛이 잘 어울린다.

● 아프리칸 치킨
매케니즈 푸드의 대표적인 음식으로 닭과 함께 월계수 잎, 마늘, 소이 소스, 피리피 리 후추 등을 넣어 재어 놓았다가 오븐에 구워낸다. 피리피리 후추를 사용해 자극적 이고 매운 맛이 특징이나 우리 맛에 익숙한 매운 맛을 기대하기는 어렵다. 유래는 포 르투갈 항해사가 아프리카 신대륙을 발견한 후 들여온 향신료를 써서 이름이 유래되 었다는 설과 양념 소스가 매워서 아프리카에 있는 것처럼 더워진다는 설이 있다.

● 해산물 밥
포르투갈식 해산물 밥으로 새우, 홍합, 게살 등 다양한 해산물이 들어가 해물 리조 또를 연상케 하는 음식이다. 토마토 퓨레나 고춧가루를 넣는 해물밥도 있지만 다소 느끼한 맛이 강하다.

마카오 스트리트 푸드 Macau Street Food

홍콩의 길거리 음식이 다양하듯 마카오에도 다양한 길거리 음식이 존재한다. 여행길에 간단하게 배고픔을 해결할 수 있는 돈가스 빵부터 과일 주스까지 우리 입맛에 잘 맞기에 마카오의 길거리 음식은 더욱 친숙하게 다가온다.

◉ 돈가스 빵

마카오의 길거리 음식 중 대표적인 음식으로 폴깃한 빵 안에 부드러운 돈가스가 들어 있어 우리 입맛에도 잘 맞는다. 일본의 돈가스 샌드위치와 맛이 비슷하고 저렴한 가격이라 간단하게 식사 대용으로도 가능하다.

◉ 블랙페퍼 빵

대만식 돼지고기 후추빵이다. 고소한 빵 안에 각종 야채와 후추가 들어 있어 맛은 만두와 흡사하다.

◉ 피쉬볼

어묵과 피쉬볼 등 다양한 종류의 어묵 꼬치가 있어 그중 마음에 드는 꼬치를 골라 그릇에 담아서 바로 뜨거운 국물에 삶아 준다. 삶은 후에는 카레소스를 뿌려 먹는 것으로, 향이 강하다.

◉ 생과일 주스

세나도 광장에서 성 바울 성당 쪽으로 난 길을 걷다 보면 생과일 주스를 저렴하게 파는 가게가 있다. 생과일 주스와 말린 과일, 초콜릿, 사탕 등을 무게로 달아서 파는 곳으로 이곳에서 파는 과일 주스는 홍콩에서 맛본 것보다도 더 신선하고 과일 조합이 잘 이뤄져서 맛 또한 좋다. 과일 주스 가격은 MOP18~25 사이로 매우 저렴하다.

◉ 아몬드 쿠키

마카오의 명물인 아몬드 쿠키는 쿤하 거리나 세나도 광장에서 성 바울 성당으로 올라가다 보면 육포와 함께 쿠키를 파는 상점들에서 찾아볼 수 있다. 이 거리를 지나면서 시식을 할 수 있다. 우리나라의 송화 가루로 만든 다식과 비슷한 맛이 나면서 고소한 맛이 일품이다. 에그롤과 아몬드 쿠키를 직접 만드는 과정도 쉽게 볼 수 있다.

추천 숙소

©shutterstock / GuoZhongHua

Hong Kong Hotel
홍콩의 숙소

HOTEL 홍콩 섬

홍콩의 강남이라 불릴 정도로 홍콩 섬의 호텔들은 화려함과 편리함으로 그 유명세를 톡톡히 하고 있다. 소호에서부터 센트럴, 란콰이퐁, 코즈웨이베이에 이르기까지 MTR과 트램을 이용하여 편하게 이동할 수 있다. 부티크 호텔도 생겨나서 여성 여행자들의 눈길을 사로잡는 곳이기도 하다.

JW 매리어트 호텔 홍콩 JW Marriott Hotel Hong Kong 香港JW萬豪酒店　　　MAPECODE 15601

비즈니스맨들이 선호하는 호텔

홍콩을 찾는 비즈니스맨들에게 인기 높은 호텔로 대부분의 룸에서 하버 뷰가 보인다. 투숙객에게 무료로 개방되는 수영장과 다양한 편의 시설을 갖추고 있다. 퍼시픽 플레이스와 바로 연결되어 있고, 빅토리아 피크, 홍콩 공원, 스타 스트리트와 근접한 곳에 연결되어 있어 이동에 편리하다. 베개와 침구가 폭신하며 매우 안락하다.

주소 Pacific Place, 88 Queensway　위치 퍼시픽 플레이스와 바로 연결(MTR 에드미럴티 역 F번 출구 5분 거리)　교통 AEL 홍콩 역에서 하차, 호텔 무료 셔틀버스 H1번을 이용, 호텔 앞에서 하차　전화 2810 8366　요금 HK$2,800~4,000　홈페이지 www.jwmarriotthongkong.com

홀리데이 인 익스프레스 코즈웨이베이 홍콩

MAPECODE 15602

Holiday Inn Express Causeway Bay Hong Kong 香港銅鑼灣快捷假日酒店

코즈웨이베이 중심에 있어 쇼핑이 편리한 곳

코즈웨이베이 중심에 위치해 있어 비즈니스 여행객들에게 인기가 있다. 뿐만 아니라 타임 스퀘어 바로 앞에 위치하고 있어, 코즈웨이베이 근처 쇼핑을 목적으로 두었다면 이곳이 제격이다. 객실 요금에 인터넷과 조식이 포함되어 있다.

주소 33 Sharp Street, East, Causeway Bay 위치 타임 스퀘어 바로 앞에 위치 교통 AEL 홍콩 역에서 하차 후 무료 셔틀버스 H2번을 타고 파크 레인(Park Rane) 호텔에서 하차 후 택시로 5분 거리 전화 3558 6688 요금 HK$860~1,100 홈페이지 www.hiexpress.com/hotels/us/en/hong-kong/hkgcw/hoteldetail

포 시즌스 호텔 홍콩 Four Seasons Hotel Hong Kong 四季酒店

MAPECODE 15603

화려한 부대시설을 자랑하는 대형 호텔

총 399개의 럭셔리한 객실을 보유하고 있고, 4개의 수영장과 빅토리아 하버가 내려다보이는 휘트니스 센터 등의 부대 시설이 있다. 슈퍼 럭셔리(Super Luxury) 객실, 최고급 레스토랑, 최고 수준의 스파 A(샴페인 발 마사지, 캐비어 얼굴 마사지 등)로 상상 이상의 서비스를 제공한다. 홍콩 역까지 연결되어 있고, 스타 페리 터미널도 가깝다.

주소 8 Finance Street, Central, Hong Kong 위치 홍콩 역과 IFC 몰과 연결되어 도보 5분 거리 교통 공항에서 AEL 탑승 후 홍콩 역에서 하차 후 E 출구 Connaught Road 방향으로 나와 도보 5~10분 소요(IFC 몰 근처) 전화 3196 8888 요금 HK$2,900~4,000 홈페이지 www.fourseasons.com/hongkong

이비스 셩완 호텔 Ibis Hongkong Central & Sheungwan Hotel

MAPECODE 15604

합리적인 가격의 위치 좋은 호텔

세계적인 프랑스 호텔 체인으로 도시 중심지에 합리적인 가격으로 인기가 많은 비즈니스급 호텔이다. 교통이 편리한 위치에 깔끔하고 저렴한 숙소를 원하는 여행객들의 욕구를 충족시켜 줄 수 있다. 그러나 홍콩 지역의 특성상 방의 크기는 작은 편이다. 시티뷰보다는 하버뷰가 좁은 방의 답답함이 덜 하다. 하버뷰로 선택할 경우 HK$150~200을 추가로 지불해야 한다.

주소 No. 28 Des Voeux Road West,Sheungwan 위치 MTR 셩완 역 B번 출구에서 도보 10분 교통 AEL 홍콩 역에서 하차 후 무료 셔틀버스 H2번을 타고 호텔에서 하차 전화 2252 2929 요금 HK$800~1,400

시티 가든 호텔

MAPECODE `15605`

City Garden Hotel 城市花園酒店

조용하고 교통이 편리한 호텔

시노 그룹에서 운영하는 호텔 중 하나로 1988년에 지어졌다. 비즈니스 중심지인 코즈웨이베이에서 그리 멀지 않은 곳에 위치해 있어 홍콩 섬 내로 이동이 편리하다. 조용하고 교통도 편리해서 인기가 많은 곳 중 하나이다. 아침 식사가 훌륭한 편은 아니지만, 홍콩 섬의 다른 지역에 비해 저렴하다. 방 안에는 아이팟 플레이어가 구비되어 있고, 수영장, 헬스장을 무료로 이용할 수 있다. 30일 전에 미리 예약을 하면 30% 할인 혜택이 있다.

주소 9 City Garden Road, North Point 위치 MTR 포트리스 힐 역 B1번 출구, 도보로 5분 거리 교통 공항버스 A11번 타고 Fortress Hill에서 하차 후 도보 2분 거리 전화 2887 2888 요금 HK$600~1,100 홈페이지 www.sino-hotels.com/City_Garden_Hotel/en/default.aspx

밍글 플레이스 온 더 윙 Mingle Place On the Wing

MAPECODE `15606`

저렴한 가격에 편리한 숙소

작지만 깔끔한 호텔로 MTR 성완 역에서 1분 거리에 있어 소호, 센트럴 지역으로의 이동이 편리할 뿐 아니라 홍콩 역에서도 택시로 5분 거리여서 공항으로 이동하기도 매우 편리하다. 싱글룸은 다소 좁은 편이지만 laststay.com 사이트를 이용하면, 한국 민박보다 저렴한 가격으로 이용할 수 있다. 저렴한 숙소에 좋은 교통편을 원하는 여행자라면 추천하고 싶다. 인터넷도 무료로 이용할 수 있다. 하지만 특급 호텔에 준하는 서비스는 기대하지 않기를 바란다. 그리고 3성급 호텔이라고 하기에는 규모가 조금 작다.

주소 105 Wing Lok Street, Sheung Wan 위치 홍콩역에서 내려서 택시를 타고 5분 거리 / 성완 역 A2번 출구에서 1분 거리 전화 2805 2278 요금 HK$400~900 홈페이지 www.mingleplace.com/wing

트래블로지 호텔 Travellodge Hotel

MAPECODE **15607**

현대적인 실내 장식이 돋보이는 곳

홍콩 섬의 골동품 거리인 할리우드 로드에 위치하고 있으며, 가격대가 저렴하고 센트럴, 소호와 가까워 비즈니스 여행객들이 선호한다. 동서양의 조화를 모토로 한 인테리어로, 객실이 크거나 화려하지는 않지만 아기자기하면서도 현대적으로 꾸며져 있다. 총 6개의 이그제큐티브 스위트 룸과 142개의 룸을 갖추고 있으며 IFC 몰, 홍콩 역과 주요 관광지를 연결하는 셔틀버스를 무료로 운영하여 관광객들에게 편의를 제공한다. 세면대가 욕실 부스 밖에 나와 있어 물이 흐를 수 있으니 조심해야 한다. 아침에는 모닝빵과 스콘이 무료로 제공된다.

주소 263 Hollywood Road, Central 위치 MTR 셩완 역 A2번 출구에서 택시로 3분 거리 교통 AEL 홍콩 역 하차 후 택시로 5분 거리 전화 2850 8899 요금 HK$800~1,200 홈페이지 www.travelodgehotels. asia/hotel/travelodge-central-hollywood-road

---

사우스퍼시픽 호텔 South Pacific Hotel 南洋酒店

MAPECODE **15608**

고급스러운 서비스와 저렴한 가격

독특한 원형 건축물의 이 호텔은 코즈웨이 베이에 위치하고 있고, 고급스러운 서비스를 유지하면서 가격은 HK$800(Standaroad Room) 정도로 저렴한 편이다. 여행사 커미션을 뺀 자체 홈페이지에 온라인 스페셜 요금을 제공하는 곳으로 실속파에게 인기 있는 곳이다.

주소 23 Morrison Hill Road, Wan Chai 위치 타임 스퀘어 근처(MTR 코즈웨이베이 역 A번 출구, 도보로 7분 거리 교통 AEL 홍콩 역에서 무료 셔틀버스 H2번을 타고 파크 레인 호텔이나 엑셀시어 호텔에서 내린 후 택시로 5분 거리(길이 복잡하므로 택시를 타는 편이 낫다.) 전화 2572 3838 요금 HK$700~1,300 홈페이지 www. southpacifichotel.com.hk

---

 Tip

저렴한 숙소를 원하고 영어에 익숙한 여행자라면

각종 호텔 가격을 비교해 놓은 호텔스컴바인(hotelscombined.co.kr) 사이트를 이용해 보자. 항공권에도 땡처리가 있듯이 호텔에도 임박한 날짜의 객실을 세일하여 제공하는 경우가 있다. 관심 있는 호텔을 발견하면, 호텔 내 사이트에 들어가서 호텔의 위치와 객실 내부를 볼 수 있으며, 3박 이상 투숙 시 1박 무료 등 각종 프로모션이 많이 진행되고 있다.

색다른 경험을 하고 싶다면 에어비앤비(www.airbnb.co.kr)를 이용해 보자. 에어비앤비는 자신의 주거지를 빌려 주고 이용할 수 있도록 제공해 주는 숙박 공유 사이트이다. 방 하나 혹은 집 전체를 빌릴 수 있어 여행하는 동안 현지인처럼 지내는 듯한 착각에 빠지기도 한다. 하지만 호텔 예약 사이트에 비해 해당지역별 검색이 불편하고, 후기도 워낙 주관적이기 때문에 숙소를 정할 때는 신중해야 한다. 후기가 좋은 숙소의 경우 대부분 조기 예약되므로 사전 예약은 필수이다. 보안이 걱정된다면 호텔을 이용하는 것이 좋다.

디 엑셀시어 홍콩

MAPECODE 15609

The Excelsior Hotel Hong Kong 香港怡東酒店

다양한 시설을 갖춰 편리한 곳

총 863개의 객실과 21개의 스위트룸을 보유하고 있고 전 객실에 위성 TV 및 광대역 인터넷 접속 등의 편의 시설을 갖추기도 한다. 호텔 내 개별 오피스, 컴퓨터, 인터넷 등을 포함한 비즈니스 센터, 휘트니스 센터, 냉방 시설을 갖춘 실내 테니스 라운지 등을 마련하고 있다.

주소 281 Glouchester Road, Causeway Bay 위치 코즈웨이베이 역 D1 출구에서 도보 5분 거리 교통 AEL 홍콩 역 하차 후 무료 셔틀버스 H2번을 타고 호텔 앞에서 하차 전화 2894 8888 요금 HK$1,800~4,000 홈페이지 www.excelsiorhongkong.com

제이 플러스 부티크 호텔 J Plus Boutique Hotel

MAPECODE 15610

부티크 호텔의 선두 주자

부티크 호텔의 선두 주자로 프랑스 디자이너인 필립 스탁이 디자인하였으며, 2004년 6월에 코즈웨이베이 중심가에 오픈하였다. 집이라는 뜻의 광둥어 발음을 딴 JIA라는 명칭으로 리노베이션을 한 후 제이 플러스 부티크 호텔로 이름을 바꾸었다.

소파와 테이블 등은 전부 필립스탁의 손을 거쳤으며, 내 방도 이렇게 꾸미고 싶다는 행복한 상상을 하게 된다. 웨딩 촬영을 하기에도 어울릴 만한 곳이다. 총 25층에 54개의 룸으로 이루어진 이곳에는 All-Marbled 키친과 욕실이 있다. 투숙객에게는 홍콩 유명인들이 많이 애용하는 '드래곤 아이' 레스토랑의 10% 할인권을 제공하며, 럭스 시티 가이드북(LUXE CITY GUIDE, HK$80)을 무료로 제공한다. 룸에 들어서면 제이 플러스 호텔에서 자체 제작한 음악이 흘러나온다. 1층의 오피아(OPIA)는 최고의 레스토랑으로 선정되기도 한 퓨전 프렌치 레스토랑으로, 레스토랑 가이드서에도 종종 등장한다. 낮에는 로비에 간단한 스낵류와 음료가 준비되어 있어

오가다 잠시 앉아서 쉬기에도 좋다. 호텔 출입구는 버튼을 누르면 문을 열어 주는 방식으로, 투숙객들만 드나들 수 있도록 되어 있다.

주소 1-5, Irving Street, Causeway Bay 위치 MTR 코즈웨이베이 역 F번 출구에서 도보 5분 전화 3196 9000 요금 HK$1,100~1,700 홈페이지 www.jplushongkong.com

아름다운 전망을 가진 호텔

빅토리아 하버의 아름다운 전망을 가진 특1급 호텔로 리키 마틴, 카일리 미노그, 휘트니 휴스턴 등 세계적인 스타들이 홍콩을 찾을 때마다 묵는 곳으로 잘 알려져 있으며, 비, 배용준 등 대표적인 한류 스타들이 머무는 호텔이기도 하다. 중화권 최대의 재벌 그룹에서(리자청) 운영하는 호텔 체인인 하버 플라자(Harbour Plaza) 호텔 중 가장 디럭스한 호텔로 특히 호텔 옥상에 위치한 한쪽 벽면이 통유리로 된 Roof Top 수영장은 TV나 매거진을 통해 널리 알려져 많은 사랑을 받고 있다. 홍콩의 특급 호텔 중 비교적 가격이 높지 않은 편으로, 가격 대비 가치가 아주 높은 호텔이다. 호텔 근처에 양·중식 식당과 큰 마트가 있으며, 해변가산책로도 이용이 가능하다.

주소 20 Tak Fung Street Whampoa Garden, Hung Hom, Kowloon 위치 MTR 훙함 역에서 5분 거리 교통 AEL 구룡 역 하차 후 무료 셔틀버스 K1번을 타고 호텔 앞에서 하차(매일 10분 간격) / 공항 도착 후 호텔 리무진 버스 이용(1인당 HK$700, 45분 소요) 전화 2621 3188 요금 HK$1,700~2,300 홈페이지 kowloon. harbourgrand.com

란콰이퐁 호텔 Lan Kwai Fong

MAPECODE 15612

아시아 최고의 부티크 호텔

33층에 162개의 룸으로 이루어진 이 호텔은 아시아 최고의 부티크 호텔로 선정되기도 한 곳으로, 호텔 내에서 홍콩 항을 바라볼 수 있다. 호텔 내부와 로비 등 전체적인 분위기가 오리엔탈 스타일로 디자인되어 있고, 창가에 앉아서 차를 마실 수 있는 공간을 별도로 마련해 여행자들에게 안락함을 선사한다. 세계 각국의 음식들을 맛볼 수 있는 소호 거리와 란콰이퐁과도 가까워 이동하기에 좋다.

주소 3 Kau U Fong, Central 위치 MTR 센트럴역 D2번 출구에서 도보 10분 전화 3650 0000 요금 HK$1,200~1,400 홈페이지 www.lankwaifonghotel.com.hk

랑송 호텔 Lanson Place

MAPECODE 15613

편안하고 세련된 부티크 호텔

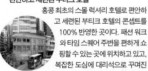

홍콩 최초의 스몰 럭셔리 호텔로 편안하고 세련된 부티크 호텔의 콘셉트를 100% 반영한 곳이다. 패션 워크와 타임 스퀘어 주변을 편하게 쇼핑할 수 있는 곳에 위치하고 있고, 복잡한 도심에 대리석으로 꾸며진 외관의 모습이 워낙 고풍스러워 마치 궁 안에 들어가는 듯한 느낌을 준다. 1층에서 엘리베이터를 타고 2층으로 이동하면 호텔리어가 안내해 준다. 총 168개의 객실에는 주방 시설도 갖춰져 있어 특히 장기 투숙객에게는 더할 나위 없이 편리한 곳이다. 24시간 운영하는 헬스 클럽, DVD 무료 대여, 코인으로 사용할 수 있는 무인 셀프 세탁실도 있다. 투숙객들에게는 아르베 레스토랑과 레리 프라임 립 등 유명한 레스토랑에서 10% 할인을 받을 수 있는 쿠폰을 제공한다. 월~금요일은 완차이 역과 센트럴, AEL 홍콩역까지 무료 셔틀버스가 운행된다.

주소 133 Leighton Road, Causeway Bay 위치 MTR 코즈웨이베이 역 F번 출구에서 도보 5분 전화 3477 6888 요금 HK$1,600~2,000 홈페이지 www.lansonplace.com

플래밍 The Fleming

MAPECODE 15614

여성 고객을 위한 세밀함이 돋보이는 곳

입구에서 항상 웃는 얼굴로 맞이 하는 직원들이 정겨운 곳이다. 홍콩 섬의 중심인 센트럴과 도 택시로 이동하면 기본요 금 정도 나오며 빅토리아 피크의 야경을 쉽게 감상할 수 있다. 완차이에 위치하고 있으나, 홍콩 역과도 가까워 택시 로 이동하기 편하다. 레이디스 룸을 별도로 마련해 서 여성 고객층을 타깃으로 차별화를 시도하였다. 샤워용품들이나 작은 소품 하나하나까지도 레이디 스 룸에는 세심함이 엿보인다.

주소 41 Fleming Road, Wan Chai 위치 MTR 완차이 역 A2번 출구 전화 3607 2288 요금 HK$1,000~1,200 홈페이지 www.thefleming.com.hk

LKF 호텔 LKF Hotel

MAPECODE 15615

특급 호텔 같은 규모와 세련된 느낌의 호텔

룸버스 인터내셔널 그룹의 체인 호텔인 LKF 호텔 은 29층, 95개의 객실로 이루어져 있고, 모던하면 서도 세련된 느낌을 자아낸다. 이 호텔의 가장 큰 특 징은 다양한 나라의 투숙객들을 상대할 수 있는 다 양한 국적의 스태프들이다. 투숙객들에게 편안한 서비스를 제공하기 위한 배려가 아닐까 싶다. 란콰 이퐁의 중심에서 홍콩의 화려한 밤의 분위기를 만끽할 수 있는 곳으로 호텔 23층에 위치한 '아주 르 바'는 그 명성을 더욱 드높게 하고 있다. 란콰이 퐁 중심지에 위치한 입지 조건을 갖추고 있음에도 호텔 내부가 비좁지 않고, 마치 특급 호텔에 와 있는 듯한 착각을 불러일으킨다. 요즘 트렌드인 캡슐 에 스프레소 머신을 구비하고 있어 커피 마니아들에게 도 주목받고 있다.

주소 33 Wyndham Street, Lan Kwai Fong, Central 위치 MTR 센트럴 역 D1번 출구 전화 3518 9688 요금 HK$2,400~2,600 홈페이지 www.hotel-LKF.com. hk

벌링턴 호텔 Burlington Hotel

MAPECODE 15616

4성급 비즈니스 호텔

새로 오픈한 호텔인 만큼 룸컨디션은 최상이다. 완차이 컨벤션 센터 근처에 위치하고 있어 비즈니스 여행객들에게 인기만점인 호텔이다. 최근에는 완차이 지역에 리통 애비뉴 등의 핫한 곳들이 생겨나면서 이곳 숙소도 인기를 얻고 있다. 호텔 바로 앞에 트램도 이용 가능하기 때문에 홍콩 섬 센트럴 지역의 비싼 호텔보다는 가성비 좋은 완차이 지역의 호텔들도 이용할 만하다. 전자레인지에 커피 머신까지 갖춰져 있어서 편리하다.

료 셔틀버스 H1번 타고 엠파이어 호텔에서 하차, 도보로 5분 / 공항버스 A11번 타고 Hennessy Road에서 하차 전화 3700 1000 요금 HK$750~1,500 홈페이지 www.burlingtonhotelhongkong.com

주소 55 Hennessy Road, Wanchai 위치 MTR 완차이역 C번 출구 도보 6분 교통 AEL 홍콩 역에서 하차 후 무

노보텔 센츄리 홍콩 Novotel Century Hong Kong

MAPECODE 15617

교통이 편리한 4성급 호텔

완차이 컨벤션 센터에서 도보 10분 거리로 출장 여행자들이 즐겨 찾는 숙소이다. 홍콩 섬 이동은 트램을 이용하면 편리한데, 이곳은 트램 정류장과 가까워 더욱 인기가 좋다. 침사추이로 이동할 경우 완차이 스타페리와도

도보로 5분 거리여서 교통이 매우 편리하다. 최근 리노베이션이 이뤄져 객실이 깨끗하며 실외 수영장과 피트니스 센터 이용이 가능하다.

주소 238 Jaffe Road, Wan Chai 위치 MTR 완차이역 A1번 출구에서 도보로 10분 거리 교통 AEL 홍콩 역에서 내린 후 무료 셔틀버스 H1번을 타고 호텔 앞 하차 전화 2598 8888 요금 HK$1,200~1,700

OZO 웨즐리 홍콩 OZO Wesley

MAPECODE 15618

세련된 완차이에 새로 자리 잡은 신규 호텔

완차이 지역에 핫플레이스가 하나둘 생겨나면서 이곳 숙소들도 덩달아 인기를 얻고 있다. 완차이 신규 호텔로 블로거 홍보성 글들이 많아서 신뢰가 가지

않을 수 있지만 가격 대비, 위치 대비 만족도는 높은 곳이다. 총 21층에 251개의 객실을 보유하고 있으며 규모는 그리 크지 않다. 호텔 홈페이지에서는 기존 12시 체크아웃을 무료로 3시에 해 주거나, 사전 예약을 통한 최대 15% 할인을 해주는 등 다양한 얼리프로모션을 진행한다.

주소 22 Hennessy Rd, Wan Chai 위치 MTR 완차이역 B1번 출구 도보 7분 교통 AEL 홍콩 역에서 하차 후 무료 셔틀버스 H1번 버스 타고 엠파이어 호텔 완차이에서 하차 전화 2292 3000 요금 HK$900~1,300 홈페이지 www.ozohotels.com/wesley-hongkong

🏨 **구룡 반도**

홍콩의 대표적인 호텔인 페닌슐라, 쉐라톤 호텔 등이 구룡 반도에 위치하고 있다. 구룡 반도는 스타의 거리, 하버 시티, 침사추이 그랜빌 로드, 넛츠포드 테라스 등이 있어 여행객들의 선호도가 높은 곳이기도 하다. 홍콩 쇼핑의 중심지인 침사추이와 몽콕에 새로운 호텔들이 속속 생겨나고 있어 더욱 매력적인 지역으로 다가온다.

페닌슐라 Peninsula Hong Kong 半島酒店

MAPECODE **15619**

역사와 전통이 살아 있는 화려한 호텔

1928년에 오픈해 75여의 역사와 전통을 자랑하는 호텔이다. 호화로운 인테리어와 넓은 공간을 가진 300개의 객실과 스위트룸을 보유하고 있다. 유럽과 동양의 미가 조화된 인테리어가 특징이며, 호텔과 홍콩 국제 공항간 롤스로이스 리무진 트랜스퍼 및 옥상 헬리포트 이용 서비스(유료)까지 갖춘, 이 지역의 유명한 랜드마크 건물이다. 프랑스 요리로 유명한 '가디스', 빅토리아 하버와 홍콩 섬의 아름다운 야경을 감상할 수 있는 '펠릭스', 광동 요리가 가능한 '스프링 문' 등의 레스토랑에서는 훌륭한 서비스와 요리를 즐길 수 있고, 그밖에도 최신 시설의 피트니스 센터, 홍콩 섬의 훌륭한 경치를 조망할 수 있는 로마 양식의 수영장이 있으며, 유명한 스파 컨설턴트 회사 'ESPA'의 스파에서는 피로를 풀 수 있는 트리트먼트 서비스를 받을 수 있다.

주소 Salisbury Road, Tsim Sha Tsui, Kowloon 위치 홍콩 문화 센터 맞은편(MTR 침사추이 역 E번 출구 도보 3분 거리) 교통 공항에서 AEL을 타고 구룡 역에서 하차. B 출구에서 무료 셔틀버스 K2번으로 환승, 호텔 앞에서 하차 / 버스 A21 탑승하여, Tsim Sha Tsui 지역의 New World Centre, Salisbury Road에서 하차, 도보 이용 전화 2920 2888 요금 HK$3,000~4,000 홈페이지 www. peninsula.com

게이트웨이 호텔 Gateway Hotel 香港港威酒店

교통과 쇼핑에 편리한 위치

440여 개의 객실을 갖추고 있는 이곳은 대형 쇼핑 센터인 하버 시티와 인접해 있어 쇼핑하기에 좋고, 스타페리 선착장과 가까워 홍콩 섬으로 이동하기에 도 편리하다. 또 객실에서 홍콩 섬의 풍경과 바다 경 치를 볼 수 있으며, 구룡 공원, 홍콩 박물관, 우주 박 물관과도 10분 거리에 위치하고 있다.

주소 Harbour City, Canton Road, Tsim Sha Tsui 위치 시내 중심, 구룡 침사추이 서쪽의 하버 시티 쇼핑몰 과 연결 교통 공항에서 AEL 탑승 후 구룡 역에서 하차, B 출구에서 무료 셔틀버스 K2번으로 환승하여 호텔 앞 하 차 전화 2113 0088 요금 HK$1,600~1,900 홈페이지 gateway-marco-polo.hotel-rn.com

구룡 호텔 Kowloon Hotel 九龍酒店

홍콩의 야경을 한눈에 볼 수 있는 곳

구룡 반도의 이상적인 장소인 침사 추이에 위치하고 있는 구룡 호텔 은 홍콩의 상업, 쇼핑, 엔터테인 먼트의 심장부이며 MTR 침사 추이 역, 스타 페리 터미널과 인 접해 있어 홍콩 곳곳으로의 이동이 매우 편리하다. 호텔 주변에는 면세점, 쇼핑 센터, 비지니스 센터, 스타의 거리, 각종 레스토랑들이 즐 비하여 홍콩의 모든 것을 느낄 수 있다. 또한 구룡

반도 끝자락에 위치하여 홍콩의 야경을 눈앞에서 감상할 수 있다.

주소 19-21 Nathan Road,Tsim Sha Tsui 위치 페닌 슐라 호텔 뒤편(MTR 침사추이 역 E번 출구에서 도보로 3 분 거리) 교통 공항에서 AEL 탑승 후 구룡 역에서 하차, B 출구에서 무료 셔틀버스 K2번으로 환승하여 호텔 앞에서 하 차 / 버스 A21 탄 후 침사추이 지역의 미들 로드(Middle Road)나 네이던 로드(Nathan Road) 역에서 하차, 도보 이용 5분 거리 전화 2929 2888 요금 HK$900~1,200 홈페이지 www.harbour-plaza.com/kowloon

더 샐리스베리 YMCA 홍콩 The Salisbury YMCA of Hong Kong 香港基督教靑年會 MAPECODE 15622

편리한 교통에 깨끗하고 저렴한 객실

YMCA에서 운영하는 호텔로 침사추이 페닌슐라 호텔 뒤편에 위치하고 있다. 객실이 깨끗하고 저렴해서 한국 관광객들이 즐겨 찾는 호텔이다. 홍콩 섬으로 이동할 경우 페리 터미널과 거리가 매우 가깝고 침사추이 주요 쇼핑몰과 하버 시티 등을 쇼핑하기에 그만이다. 단, 방 안에 슬리퍼는 찾아볼 수 없으니 준비해 가자. 숙박비 할인 등 프로모션이 자주

진행되므로 홈페이지에서 확인해 보고 가자.

주소 41 Salisbury Road, Tsim Sha Tsui 위치 MTR 침사추이 역에서 도보 10분 거리, 페닌슐라 호텔에서 길 건너편 교통 공항에서 AEL 타고 구룡 역에서 하차, B 출구에서 무료 셔틀버스 K3번으로 환승. 호텔 앞에서 하차 전화 2268 7888, 7000 요금 HK$700~1,200 홈페이지 www.ymcahk.org.hk/thesalisbury

YMCA 호텔 도미토리 룸(Domitory Room)

장기간 투숙할 경우 호텔을 이용하자니 숙박비가 부담스럽고, 저렴한 게스트하우스를 이용하자니 불편하다면 바로 YMCA 호텔의 도미토리 룸(Dormitory Room)을 추천한다. 말 그대로 기숙사처럼 2층 침대 두 개가 놓여져 있고 개인 락커와 욕실이 있다. 그렇지만 저렴한 가격에 좋은 위치와 깨끗한 호텔의 시설을 충분히 활용할 수 있어 금상첨화이다. 경우에 따라서 방 전체를 혼자 사용할 수도 있다. 가격은 1박에 HK$360 정도이다.

홈페이지 www.ymcahk.org.hk/thesalisbury/en/accommodation/dormitory_room 예약 문의 room@ymcahk.org.hk

로얄 퍼시픽 호텔 Royal Pacific Hotel 皇家太平洋酒店

하버 시티와 침사추이 쇼핑에 편리

페리를 이용해 홍콩 섬을 여행하기에도, 하버 시티와 침사추이 지역을 쇼핑하기에도 좋은 위치에 있는 호텔이다. 객실이 넓거나 아늑한 편은 아니지만 쇼핑객들에게 각광받는다. 호텔 내 '카페 온 더 피크'에서 신선한 해산물과 동서양 요리를 저렴한 가격에 푸짐한 뷔페로 즐길 수 있다. 브리지를 이용하면 구룡 공원과 침사추이 그랜빌 로드 등 네이던 로드를 편리하게 이용할 수 있다.

주소 33 Canton Road, Tsim Sha Tsui 위치 MTR 침사추이 역에서 도보 7분, 하버 시티 북쪽에 위치 교통 AEL 구룡 역에서 하차 후 무료 셔틀버스 K2번으로 환승, 호텔 앞에서 하차 전화 2736 1188 요금 HK$800~1,200 홈페이지 www.royalpacific.com.hk

럭스 매너 The LUXE MANOR

럭셔리한 유럽풍의 대표적인 부티크 호텔

럭스 매너는 럭셔리를 뜻하는 'Luxe'와 유럽의 집을 뜻하는 'Manor'의 합성어이다. 특색 있는 디자인을 접목시킨 침사추이에 위치한 대표적인 부티크 호텔이다. 룸을 예약하면 인터넷과 무선 전화기를 무료로 사용할 수 있는 장점이 있으며 무엇보다도 미술관을 방불케 하는 소품들이 호텔에 즐비해 있어 볼거리도 풍부하다. 로비와 룸, 레스토랑의 인테리어는 한 사람만의 디자인이 아닌 각 나라의 디자이너들이 참여했다. 호텔 입구는 중국의 고풍스러운 자택 문의 문양을 따온 것으로 그 문을 통과하면 신비한 마술의 세계로 들어간 듯한 착각을 불러일으킨다. 룸 안에는 스탠실로 그려진 Fake Furniture가 있고, TV가 앤티크 액자 안에 숨어 있어 마치 명화를 감상하는 듯하다. 스위트룸은 Chic, Liaison, Mirage, Nordic, Safari Royale 총 6개의 테마 룸으로 이루어져 있다. 이 호텔은 2개의 스몰 럭셔리 호텔 중 하나이며, 욕실에는 록시땅 비누와 샴푸가 준비되어 있다. 호텔 2층에 위치한 이탈리안 레스토랑 Aspagia에는 유덕화는 물론 홍콩 배우들의 발길이 끊이지 않는다.

주소 39 Kimberly road, Tsim Sha Tusi, Kowloon 위치 MTR 침사추이 역 B1번 출구에서 도보 5분(킴벌리 호텔 바로 맞은편에 위치) 전화 3763 8888 요금 HK$1,100~1,600 홈페이지 www.theluxemanor.com

노보텔 네이던 로드 구룡 홍콩 Novotel Nathan Road Kowloon Hong Kong 香港九龍諾富特酒店 `15625`

깔끔하고 감각적인 호텔

깔끔하면서도 감각적으로 꾸며져 있다. 구룡 역 네이던 로드에 자리 잡고 있어 교통뿐 아니라 쇼핑하기에도 그만이다. MTR 역에서 매우 가깝고, 홍콩의 상업, 쇼핑 지역과도 근접해 있다. 제이드 마켓과 템플 스트리트 야시장과도 가깝다. 라스트 미닛 세일

가격이 HK$990부터 시작하므로 매우 저렴하게 이용할 수 있다.

주소 348 Nathan Road, Kowloon 위치 MTR 조던 역 B1번 혹은 B2번 출구에서 도보로 2분 거리 교통 공항 버스 A21번을 타고 조던 역에서 하차 전화 3965 8888 요금 HK$900~1,500 홈페이지 www.hong-kong-hotels.ws/novotel-nathan-road-kowloon-hong-kong

코디스 홍콩 앳 랭함 플레이스 Cordis Hong Kong At Langham Place MAPECODE `15626`

스타일리시한 5성급 호텔

랭함 플레이스 호텔이 이름을 바꾸고 5성급의 호텔로 변신했다. 이름이 바뀌면서 가격대가 조금 오르긴 했지만 객실이 깔끔하고 교통도 편리하다. 대형 쇼핑몰인 랭함 플레이스와 연결되어 있어 쇼핑하기에도 매우 좋다. 또한 클럽 라운지에서는 24시간 각종 음료와 칵테일, 스낵 종류를 제공하고 있다. 몽콕 지역의 특성상 다소 번잡하지만, 넓은 객실과 수영장을 갖추고 있어 마니아층의 사랑을 받고 있다. 호텔 모든 객실에는 커피 메이커가 놓여 있으며, 침대 시트는 이집트의 면으로 매우 부드럽다.

주소 555 Shanghai Street, Mongkok 위치 MTR 몽콕 역과 연결 교통 AEL 탑승 후 구룡 역에서 하차. B번 출구에서 무료 셔틀버스 K3번으로 환승. 호텔 앞에서 하차 전화 3552 3388 요금 HK$1,400~1,800 홈페이지 www.cordishotels.com

더 로얄 가든 The Royal Garden Hotel 帝苑酒店

각종 시설이 완비된 특급 호텔

침사추이 지역 중심에 위치한 호텔로 48개의 럭셔리 스위트 룸을 포함한 417개의 룸을 갖추고 있다. 객실 안에는 아트리움을 바라볼 수 있게 설계된 발코니가 설치되어 있다. 이 호텔의 하이라이트는 호텔 옥상에 위치한 수영장으로 빅토리아 하버의 환상적인 전망을 바라보며 한가로이 수영을 즐길 수 있어 관광객들에게 인기를 모으고 있다.

주소 69 Mody Road, Tsim Sha Tsui East 위치 MTR 침사추이 역 P2번 출구 도보로 5분 거리 교통 AEL 탑승 후 구룡 역에서 하차. B번 출구에서 무료 셔틀버스 K4번으로 환승하여 Regal Kowloon Hotel 앞에서 하차, 도보 이용 (좌측에 위치) 전화 2733 2828 요금 HK$1,400~2,000 홈페이지 www.rghk.com.hk

베니토 Benito 華國酒店

저렴한 가격에 가족과 함께 지낼 수 있는 곳

지은 지 얼마 안 되어 깨끗하고, 가격 대비 객실이 매우 넓은 곳이다. 이곳의 장점은 저렴한 가격으로 가족 모두가 함께 사용할 수 있는 룸이 있다는 것이다. 욕실도 2개가 있어서 여럿이 쓸 수 있다. 침사추이 중심가에 있어 쇼핑하기에도 편리하다. 하지만 호텔이라고 하기에는 규모가 다소 작다.

주소 7-7B, Cameron Road, Tsim Sha Tsui 위치 MTR 침사추이 역 B2 출구에서 3분 거리 교통 공항버스 A21번을 타고 침사추이 역에서 하차. 카메론 로드를 따라 3분 거리 전화 3653 0388 요금 HK$700~1,000 홈페이지 www.hotelbenito.com

랭함 호텔 Langham Hotel 朗廷酒店

MAPECODE 15629

침사추이 중심부의 고급 호텔

침사추이 페킹 로드 중심에 위치하고 있는 최고급 5성급 호텔이다. 더 리딩 오브 더 월드(The Leading of the World)의 회원으로 150개의 그랜드룸과 495개의 럭셔리룸, 스위트룸을 갖추고 있다. 곳곳에 놓여 있는 조각품과 멋진 미술품들이 로비를 꽉 채우고 있어 마치 미술관에 들어온 듯한 착각에 빠진다. DFS 갤러리아, 실버코드가 바로 옆에 위치하고 있으며 길 하나만 건너면 대형 쇼핑몰인 하버 시티에 갈 수 있다. 스타페리 터미널과도 가까워 홍콩 섬으로의 이동 또한 편리하다. 관광과 쇼핑 모두 편리하게 할 수 있는 최적의 장소이다.

주소 8 Peking Road. Tsim Sha Tsui 위치 MTR 침사추이 역 C1번 출구에서 페킹 로드를 따라 우회전 도보로 5분 거리 교통 AEL 구룡 역에서 호텔 무료 셔틀버스 K2번 이용, 호텔 앞에서 하차 전화 2375 1133 요금 HK$1,600~2,000 홈페이지 www.langhamhotels.com

MAPECODE 15630

리갈 구룡 호텔 Regal Kowloon Hotel 富豪九龍酒店

깔끔함이 돋보이는 호텔

아시아나 마일리지 적립이 가능한 곳으로 깔끔한 인테리어가 돋보인다. 라스트 미닛 세일을 잘 이용하면 1박을 HK$800로 저렴하게 이용할 수 있다. 관련 정보는 홈페이지에서 확인할 수 있다. 리모델링을 마쳐서 매우 깨끗하고 조용하며, 스타페리 터미널과 가까워 홍콩 섬으로 이동하기도 편리하다.

주소 71 Mody Road, Tsim Sha Tsui East 위치 MTR 침사추이 이스트 역 J2번 출구 도보로 5분 거리 교통 AEL을 타고 구룡 역에서 하차 후 무료 셔틀버스 K3번 탑승, 호텔 앞에서 하차 전화 2722 1818 요금 HK$1,000~1,500 홈페이지 www.regalhotel.com

호텔 아이콘 Hotel ICON

MAPECODE 15631

최고의 서비스를 제공하는 호텔

침사추이 이스트에 위치한 곳으로 빅토리아 하버를 한눈에 바라볼 수 있다. 교통이 아주 편리하지는 않지만 호텔이 주는 고급 서비스와 5성급 호텔에 걸맞는 시설에 그 정도 불편함은 감수가 되는 곳이다. 홍콩 폴리텍 대학에서 운영하며 호텔경영학과 학생

들이 실습을 해서인지 그 서비스가 매우 특별하다. 이동의 불편함을 해소하기 위해 호텔에서 셔틀버스를 제공하는데, 아침 8시부터 밤 10시까지 20분 간격으로 운행하며 침사추이와 하버시티로 이동이 가능하다. 미니 바를 무료로 이용할 수 있으며 온수 풀로 사계절 내내 즐길 수 있는 야외 수영장이 이곳의 매력 포인트이다.

주소 17 Science Museum Road,Tsim Sha Tsui East, Kowloon 위치 MTR 홍함 역 D4번 출구 도보 5분 교통 AEL 구룡 역에서 하차 후 무료 셔틀버스 K3번 타고 호텔 앞에서 하차 전화 3400 1000 요금 HK$1,600~2,300 홈페이지 www.hotel-icon.com

소라빗 온 그랜빌 Soravit on Granville Road

MAPECODE 15632

그랜빌 로드의 신축 호텔

2018년에 오픈하였으며, 침사추이와 옛날 홍콩의 모습을 테마로 한 부티크 호텔이다. 실내 인테리어는 방콕 출신 전통 디자이너의 작품이다. 방마다 예술 작품을 방불케 하는 전시품들이 가득하며 벽화부터 전구까지 하나하나 심혈을 기울인 곳이다. 코지, 어반, 엘리트, 스파디어 스위트 4개 타입의 모든 객실은 아티스트들의 작품으로 디자인되었다. 로비는 호텔이라기보다는 트렌디한 게스트하우스 같은 느낌을 주기도 한다. 감각적이고 앙증맞은 소품들이 즐비하여 눈이 즐거워진다.

4성급 호텔이라 하기에는 다소 규모가 작은 편이다. 14층의 높이에 76개의 객실이 있으며 구룡 공원 맞은편 침사추이 그랜빌 로드에 위치하고 있어 K11, 더 원, 미라몰 등 쇼핑몰로 이동하기 편리하다. 로비에서는 무료로 컴퓨터를 사용할 수 있다.

주소 29A Granville Road, Tsim Sha Tsui 위치 MTR 침사추이 역 B2번 출구 도보 8분 교통 AEL 구룡 역에서 하차 후 무료 셔틀버스 K4번 타고 The Luxe Manor에서 하차, 도보로 5분 전화 2105 3888 요금 HK$780~1,200 홈페이지 www.soravitgranville.com

HOTEL ★★★ 디즈니랜드

디즈니랜드 내에는 디즈니 할리우드 호텔과 디즈니 호텔 두 곳이 있다. 두 호텔 모두 곳곳이 캐릭터로 꾸며져 있어 아이들의 사랑을 듬뿍 받는 곳이다. 디즈니랜드 방문 일정이 포함되어 있다면 이곳에서 머물러 보자. 가까운 디즈니랜드에서 아이들과 함께 즐거운 시간을 보낼 수 있을 것이다.

디즈니 할리우드 호텔 Disney Hollywood Hotel 迪士尼好萊塢酒店

MAPECODE **15633**

가족 여행객들이 좋아하는 테마 호텔

홍콩 여행에 빼놓을 수 없는 필수 코스인 이곳은 20개가 넘는 흥미진진한 쇼와 어트랙션 외에도 아름다운 호수와 광대한 식물원까지 갖춰져 있다. 미국 오리지널 디즈니랜드의 축소판으로 가족 단위의 여행객들이 선호하는 테마 호텔이다. 호텔의 모든 시설은 산뜻한 느낌의 그린 컬러를 이용했다. 부대시설로는 스파, 수영장, 피트니스 센터 등이 있고, 투숙객에 한해 야외 수영장을 무료로 이용할 수 있다. 디즈니랜드까지 무료로 셔틀 버스를 운행하고 있다.

주소 Hong Kong Disneyland. Lantau Island 위치 디즈니랜드 안에 위치 교통 MTR 통총(Tung Chung) 라인 써니 베이(Sunny Bay) 역에서 디즈니 열차로 갈아타서 디즈니랜드 리조트 역에서 하차 전화 3510 5000 요금 HK$1,300~1,800 홈페이지 park. hongkongdisneyland.com

디즈니 호텔 Disney Hotel 迪士尼樂園酒店

MAPECODE 15634

다양한 디즈니 캐릭터와 만날 수 있는 곳

디즈니 할리우드 호텔과 마찬가지로 디즈니랜드 내에 위치한 호텔로 무료 셔틀버스가 디즈니랜드까지 10~15분 간격으로 운행된다. 5성급인 이 호텔은 디즈니랜드의 상징으로 통하는 '잠자는 숲속의 미녀의 성'의 느낌을 준다. 디자인 하나하나가 '동화의 나라', '미래의 나라' 등을 콘셉트로 하여 어린이들을 세심하게 배려했다. 특히 야간에 개방하는 야외 수영장은 꼭 한번 이용해 볼만하다. 수영장과 호텔 내에는 아이들이 좋아하는 캐릭터 인형들을 만날 수 있으며, 인터넷 사용은 무료이다. 홍콩 국제공항으로부터 대략 10분 정도 거리에 위치하고 있다.

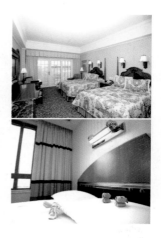

주소 Hong Kong Disneyland, Lantau Island 교통 MTR 통총(Tung Chung) 라인 서니 베이(Sunny Bay) 역에서 디즈니 열차로 갈아타서 디즈니랜드 리조트 역에서 하차 전화 3510 6000 요금 HK$1,800~3,500 홈페이지 park.hongkongdisneyland.com

마카오의 숙소

Macau Hotel

HOTEL ★★★ **마카오**

홍콩 내의 호텔보다는 마카오의 호텔이 저렴하기 때문에 마카오의 일정이 포함되어 있다면 하루 정도 마카오에서 투숙하는 것이 비용을 절약할 수 있는 방법이다. 마카오의 호텔은 대부분 카지노 시설이 발달되어 있어 미국 라스베이거스의 호텔을 떠올리게 한다.

윈 마카오 Wynn Macau 澳門永利酒店 15635

카지노, 분수쇼 등 다양한 시설이 있는 곳

2007년에 오픈한 5성급 호텔로 매시 15분에는 분 수쇼를, 매시 30분에는 카지노 로비에서 행운의 나 무 쇼를 펼친다. 600여 개의 객실을 보유하고 있어 투숙객들에게 다양한 객실을 사용할 수 있는 기회 를 제공한다. 그랜드 리스보아 건너편에 위치하고 있으며 쇼핑가와 레스토랑이 인접하고 있어 이동하 기 편리하다. 이곳에 위치한 스위스 명품 시계 업체 인 '피아제'가 전 세계에 있는 매장 중 가장 성공적 인 매출을 보이고 있다고 한다.

주소 Rua Cidade De Sintra, NapeMacau 위치 그랜 드 리스보아 호텔 건너편 교통 마카오 페리 터미널에서 호 텔 무료 셔틀버스 이용(09:00~11:30) 전화 2888 9966 요금 HK$2,500~3,000 홈페이지 www.wynnmacau. com

폰트 16

MAPECODE 15636

Sofitel Macau at Ponte 16 Hotel 十六浦索菲特大酒店

마카오의 문화 유적을 둘러보기에 편한 곳

2008년 7월에 오픈한 프랑스 아코르 계열의 호텔로 마카오 페리 터미널에서 자동차로 10분 거리로 매우 가깝다. 폰트16은 마카오에서 가장 오래된 항구로 고풍스러운 유럽 스타일의 건축물들이 이곳을 더욱 특별하게 만든다. 객실은 매우 고급스러운 느낌을 주며 호텔 안 욕실용품은 모두 록시땅 제품으로 구비되어 있다. 세계 문화 유적지와도 가까운 위치에 있어 편리하다.

주소 Rua do Visconde Paco de Arcos, Macau 위치 세나도 광장에서 도보 10분 거리 교통 마카오 페리 터미널에서 호텔 무료 셔틀버스 이용 전화 8861 8888 요금 HK$1,500~2,200 홈페이지 www.ponte16.com.mo

---

MGM 美高梅

MAPECODE 15637

포르투갈풍의 호텔

2007년 12월에 오픈한 5성급 호텔로 라스베가스에서 카지노 리조트로 유명한 MGM 그룹이 마카오에 투자 설립한 호텔이다. 아랍 왕자의 결혼식장으로 알려져 더욱 유명세를 치렀다. 객실 수 600개를 가지고 있는 리조트형 호텔로 중국인들이 선호하는 골드를 베이스로 하여 3부분으로 나누어져 있다. 아름다운 건물 외관이 가장 스타일리시한 호텔로 정평이 나 있는 곳이기도 하다. 동아시아에서 유일하게 럭셔리 스파 체인인 '식스센스 스파'가 있어 풀 리조트에서 최고급 스파 서비스를 받을 수 있어 더욱 매력적이다.

주소 Avenida Do Dr. Sun Yat Sen, Nape, Macau 위치 마카오 반도 교통 마카오 페리 터미널에서 호텔 무료 셔틀버스 이용(8분 간격) 전화 8802 8888 요금 HK$2,400~2,800 홈페이지 www.mgmmacau.com

그랜드 꼴로안 리조트 Grand Coloan Resort & Hotel

MAPECODE 15638

마카오의 전경을 즐길 수 있는 호텔

웨스틴 호텔에서 이름이 바뀐 곳으로 마카오 남쪽
에 위치해 모든 객실에서 마카오의 멋진 전경을 즐
길 수 있다. 총 208개의 객실과 스위트 룸으로 갖추
고 있으며 객실 곳곳에 개인 발코니와 테라스가 있
어 아름다운 해변을 바라볼 수 있다. 특히 웨스틴 만
의 헤븐리 베드는 침구의 푹신함을 더해 준다. 퀸 호
이힌에서는 광동 요리를 맛볼 수 있고, 1층 카페 파
노라마에서는 각국의 요리를 맛볼 수 있다. 그리고
클럽 웨스틴에서는 필라테스와 요가 클래스를 운영
하고 있다.

주소 1918 Estrada de Hac Sa, Coloane,
Macau 위치 꼴로안 섬 교통 마카오 페리 터미널에
서 호텔 무료 셔틀버스 이용(09:30~15:30 30분 간
격, 15:30~23:30 1시간 간격) 전화 2887 1111 요금
HK$1,000~1,700 홈페이지 www.grandcoloane.com

베네시안 Venetian Resort Hotel 威尼斯人度假村

MAPECODE 15639

세계 최대의 카지노장

축구장 3개가 들어설 수 있는 세
계 최대 규모의 카지노장을 소
유하고 있는 마카오의 대표
호텔로 이탈리아의 베네치
아를 그대로 본떠 곤돌라가
떠다니는 3개의 실내 운하
및 성 마르코 광장을 재현해 놓
았다. 인공 하늘 또한 장관이다. 객

실이 3천여 개나 되고 리조트 시설의 규모가 커서
이동하는 데 다소 불편함은 있다.

주소 Estrada Da Baia N. Senhora, Taipa Macau
Sar Cn 위치 코타이 스트립 교통 페리 터미널에서 무료 셔
틀버스 이용(공항에서 베네시안 호텔까지, 24:00까지 운
행 / 베네시안 호텔에서 공항까지, 21:00까지 운행) 전화
2882 8888 요금 HK$1,800~2,600 홈페이지 www.
venetianmacau.com

호텔 로열 마카오 Hotel Loyal Macau

MAPECODE 15640

게스트 어워드를 수상한 마카오 반도 호텔

호텔 예약 사이트인 부킹닷컴과 아고다에서 게스트 어워드를 여러 차례 수상한 경력이 있는 호텔로 고객의 평가가 평균적으로 높은 편이다. 마카오 반도에 위치한 이 호텔은 바스코 다마 정원이 보이는 룸도 있지만 주변 건물들의 공사가 한창 진행 중이어서 전망이 그리 좋지 않은 곳도 있다. 시즌이나 룸 타입에 따라 조금씩 차이는 있으나, 5성급 호텔에

가격이 1박에 11만원 선으로 가격 대비 만족스러운 곳이다.

주소 Estrada da Vitória 2-4, Macau 교통 페리 터미널에서 무료 셔틀버스 이용. 08:55부터 21:55까지 30분 간격으로 운행된다. 요금 HK$900~HK$1,200 홈페이지 www.hotelroyal.com.mo

MAPECODE 15641

포 시즌 Four Season Hotel 四季酒店

최고급 리조트 호텔

2008년에 세계적인 호텔 체인인 포 시즌 호텔이 오픈한 최고급 리조트 호텔로 럭셔리함과 편리함을 동시에 제공해 주는 곳이다. 객실마다 록시땅 바디용품과 유기농 워터가 비치되어 있고 우아함이 돋보이는 건물이 유난히 매력적이다. 명품 브랜드 숍, 카지노 등을 포함하여 뷔페 레스토랑, 실내 수영장 등 다양한 편의 시설을 갖추고 있고 180여 개의 브랜드 숍이 자리잡고 있는 아케이트와 연결되어 있다.

주소 Estrada da Baía de N. Senhora da Esperança, S/N ,Taipa, Macau 위치 타이파 섬 교통 마카오 페리 터미널에서 호텔 무료 셔틀버스 이용 전화 2881 8888 요금 HK$2,400~3,500 홈페이지 www.fourseasons.com/macau

스튜디오 시티 마카오 호텔 Studiocity Macau Hotel

MAPECODE 1542

각종 엔터테인먼트를 제공하는 호텔

다양한 즐길거리와 볼거리를 제공하는 스튜디오 시티 호텔은 가족 단위 관광객들에게 인기 만점인 곳이다. 시티 오브 드림 호텔과 같은 계열의 호텔로 천 개의 객실을 갖추고 있어 규모 면에서 베네시안 호

텔과 흡사하다. 스타 타워의 전 객실 스위트, 셀러브리티 타워의 일반 객실로 나누어져 있다. 각종 즐길거리는 8자 모양의 관람차 골든 릴과 배트맨 다크 나이트, 워너 브라더스 편 존이 있다. 전부 포함된 패스 가격은 HK$280이다. 타이파 페리 터미널에서부터 시트 오브 드림 호텔, 코타이와 타이파를 연결하는 다양한 셔틀 노선이 자정까지 운행이 된다. 노선과 시간은 홈페이지에서 확인할 수 있다.

주소 Estrada do Istmo, Cotai, Macau 교통 페리 터미널에서 무료 셔틀버스 이용. 08:55부터 24:00까지 10~25분 간격으로 운행된다. 요금 HK$900~HK$1,200 홈페이지 www.studiocity-macau.com

파리지앵 마카오 The Parisian Macao

MAPECODE 1543

마카오에서 파리의 에펠탑을 감상할 수 있는 곳

새로 지은 호텔답게 룸 컨디션은 더할 나위 없이 좋은 곳이다. 파리를 콘셉트로 에펠탑을 재현해 놓아 마카오의 새로운 핫플레이스로 부상하고 있다. 베네시안 호텔과 포시즌스와도 연결이 되어 있다. 에펠탑 입장료는 어른 MOP 108, 어린이 MOP 87이며, 전망대는 37층과 7층에 위치해 있다. 에펠탑이 보이는 전망을 원할 경우 에펠타워 룸으로 예약

을 해야 한다. 각종 프로모션을 통해 투숙객에게 무료 쿠폰이 제공되기도 한다.

주소 The Parisian Macao, Estrada do Istmo, Lote 3, Cotai Strip 교통 페리 터미널에서 무료 셔틀버스 이용. 09:00부터 24:00까지 10~20분 간격으로 운행된다. 요금 HK$1,200~HK$1,800 홈페이지 www.parisianmacao.com

테마 여행

홍콩에 가기 전에
보면 좋은 영화

홍콩 하면 영화가 떠오를 정도로 우리에게 홍콩 영화는 친근하다. 한 번도 가보지 않은 곳일지라도 홍콩이 우리에게 익숙한 이유는 아마도 홍콩 영화 때문일 것이다. 영화 〈첨밀밀〉에서 1980년대 중국 개방에 따라 경제 특구인 홍콩으로 몰려든 중국 본토의 젊은 남녀의 사랑 이야기를 여명과 장만옥이 캔톤 로드를 배경으로 아름답게 이어간다. 영화 속 음악인 등려군의 '첨밀밀', '월량대표아적심'으로 더욱 인기몰이를 하였다.

〈화양연화〉에서 장만옥과 양조위가 식사하던 코즈웨이베이에 위치한 골든핀치 레스토랑과 〈색계〉에서 양조위와 탕웨이가 조용히 대화를 나눌 수 있어 좋다고 하던 베란다 카페도 가볼 수 있다. 〈중경삼림〉에서 왕정문이 오르던 미드레벨 에스컬레이터에 오르면 어느덧 자신도 모르게 영화 속의 장면에 빠져들지도 모른다. 양조위의 집에 몰래 들어가 사랑의 흔적을 남겨 놓는 왕정문의 대담함과 당당함이 그녀가 흥얼거리던 노래 '캘리포니아 드림'과 너무나도 잘 어울린다.

빅토리아 피크

❥ 유리의 성 City Of Glass 琉璃之城

여명과 서기가 주연으로 출연한 로맨틱 드라마 장르로 여명이 부른 '타임 투 리멤버'가 히트했던 영화. 두 주인공의 대학 시절이 영화 전반부에 나오는데, 고풍스럽고 아름다운 캠퍼스가 많은 사람들의 기억에 남아 있다. 촬영지는 홍콩 대학으로 우리나라의 서울대와 같이 명문 학교로 꼽히는 곳이다. 또한 홍콩의 아름다운 야경을 내려볼 수 있는 빅토리아 피크는 여명과 서기가 서로의 사랑을 확인하는 장소로 등장했다.

❥ 중경삼림 Chungking Express 重慶森林

많은 한국 사람들이 사랑한 영화 〈중경삼림〉은 홍콩 도심의 곳곳을 잘 보여준 영화이다. 란콰이퐁의 '미드나이트 익스프레스'는 왕정문이 일하던 샌드위치 가게로 양조위가 밤마다 주변 순찰을 돌며 여자친구에게 줄 커피와 샌드위치를 주문하는 곳이다. 아쉽게도 현재 이 샌드위치 가게는 없어졌지만, 양조위가 밤새 그녀를 기다렸듯이 이곳에는 사랑을 속삭이는 연인들의 발길이 여전히 끊이지 않는다.

❥ 장강 7호 CJ7 長江7號

주성치가 어린이들을 위해 만든 코믹 액션 영화. 외계의 강아지 장강 7호와 꼬마 아이의 우정을 그린 영화로, 너무나도 귀여운 장강 7호 치자이의 캐릭터 상품이 중국과 홍콩에서 붐을 이루었다. 웬만한 캐릭터 숍에서 판매하고 있다.

> **타락천사 Fallen Angels 墮落天使**

〈타락천사〉도 〈중경삼림〉 못지않게 많은 사랑을 받은 영화로, 침사추이 펭킹 로드의 맥도날드가 촬영지로 유명하다. 또한 〈중경삼림〉 촬영 시에는 청킹 맨션의 촬영 허가를 받지 못했으나, 〈타락천사〉에서는 촬영 허가를 받아 맨션 내부가 배경으로 쓰였다.

> **상성 Confession Of Pain 傷城**

금성무와 양조위가 투명 유리가 보이는 2층 난간에 기대어 대화를 나누는 장면이 있다. 그 장면이 촬영된 곳이 미드레벨 에스컬레이터를 타고 오르다 보면 나오는 파란색 간판의 '스톤튼즈 와인 바 앤 카페(Staunton's Wine Bar + Cafe)'이다. 영화의 한 장면을 그리며 이곳에서 와인 한잔을 해보는 건 어떨까?

> **이사벨라 Isabella 伊莎貝拉**

영화는 시종일관 찌는 듯한 여름에 습기로 가득 찬 마카오의 뒷골목을 부드러운 색조의 아름다운 화면으로 펼쳐낸다. 마카오의 낮과 밤, 햇빛과 그늘이 교차하는 장면은 한 폭의 몽환적인 풍경화를 연상시킨다.

> **첨밀밀 Comrades: Almost A Love Story 甜蜜蜜**

우리에게 가장 친숙한 영화로, 여명과 장만옥이 출연했다. 아름다운 사랑이야기를 다룬 영화로 보면 볼수록 빠져들게 된다. 특히 등려군의 주옥 같은 음악 속에 영화의 감동은 한층 더해진다. 우리에게 익숙한 장소로 침사추이 캔톤 로드와 디저트 전문점인 '스위트 다이너스티'가 영화의 배경으로 등장한다. 특히 여명이 장만옥을 뒤에 태우고 자전거를 타고 가는 모습은 마담투소에도 밀랍 인형으로 전시되어 있으니 자전거를 타고 있는 여명의 뒷자리에 앉을 수 있는 기회도 가져 보자.

홍콩의 백만 불짜리
야경 감상하기

어느 사진작가가 찍은 홍콩의 야경 사진이 경매에서 백만 불에 팔린 이후부터 홍콩하면 가장 먼저 떠오르는 수식어가 '백만 불짜리 야경'이 되었다. 실제로 빅토리아 항 건너 수많은 빌딩을 밝히는 화려한 불빛들은 홍콩을 잊을 수 없게 만든다. 하지만 야경을 감상할 수 있는 빅토리아 피크와 스타의 거리에서는 항상 많은 사람들에 시달리기 마련이다. 이때 조용히 야경을 감상할 수 있는 멋진 장소가 있다면 더할 나위 없을 것이다. 그래서 준비했다! 홍콩의 백만 불짜리 야경을 감상할 수 있는 핫플레이스를 소개한다.

아쿠아 AQUA

감동적인 야경이 펼쳐지는 최고의 바와 레스토랑

아이맥스 영화관처럼 넓디 넓은 유리창 너머로 보이는 매력적인
빅토리아 항의 야경을 감상할 수 있는 곳이다. 페닌슐라 호텔의
펠릭스를 제치고 홍콩에서 가장 아름다운 야경을 볼 수 있는 곳
으로 선정되었다. 29층은 아쿠아 로마와 아쿠아 도쿄 두 개의 다
이닝 룸으로 나누어져 있다. 아쿠아 로마는 이탈리안 스타일로 인
테리어 되어 있으며, 각 테이블에서 하버뷰를 볼 수 있고, 아쿠
아 도쿄에서는 최상급의 사케와 신선한 회, 초밥을 즐길 수 있
다. 아쿠아의 프라이빗 룸은 한화로 최소 약 300만 원의 비용
을 지불해야 함에도 불구하고 많은 연인들이 프로포즈를 하기
위해 예약이 줄을 잇는다. 30층 아쿠아 스피릿은 클럽 분위기
로 연인과 칵테일을 즐기기에 좋다. 만약 식사비가 부담스럽
다면 칵테일 한 잔으로 분위기를 만끽해 보자. 칵테일의 가격
은 HK$98 정도지만 미니멈 차지(Minimum Charge, 서비
스 요금)가 붙어 최소 1인당 HK$150를 지불해야 한다. 아쿠
아 로마와 도쿄는 미니멈 차지 HK$390이다.

주소 29~30F, 1 Peking Road, Tsim Sha Tsui 위치 침사추이 역 E번 출구에
서 도보로 5분, DFS 갤러리아 맞은편 전화 3427 2288 시간 아쿠아 로마·도
쿄 12:00~14:30(런치, 월~금), 18:00~23:00(디너, 월~일) / 아쿠아 스피릿
16:00~02:00(월~일), 사전 예약은 받지 않음 홈페이지 aqua.com.hk

📍 세바 SEVVA

빅토리아 항을 360도로 바라볼 수 있는 곳

세바는 요즘 홍콩에서 떠오르는 힙한 곳이다. 홍콩의 유명한 패션 아이콘인 '보니 곡슨'이 오픈한 레스토랑으로 프린스 빌딩의 맨 꼭대기인 25층에 자리하고 있다. 빅토리아 항을 360도 사방으로 둘러볼 수 있는 테라스와 HSBC 건물이 훤히 보이는 뱅크 사이드, 하버가 시원하게 보이는 하버 사이드로 나누어져 있다. 세바는 'Experience a Taste'란 의미이며, 뉴욕의 유명 디자이너 캘빈 차오(Calvin Tsao)가 디자인한 곳으로 360도의 대형 테라스에서 펼쳐지는 야경이 장관이다. 한쪽에는 케이크 코너가 있어 다양한 디저트를 맛볼 수 있다. 디너는 가격은 비싸고 음식 맛은 그렇게 훌륭하지 못하므로 음료와 간단한 음식을 즐기는 것으로 만족하는 것이 좋다. 특별한 기념일을 보내고 싶은 여행자에게 강력 추천한다.

주소 25th Floor, Prince's Building, 10 Charter Road, Central   위치 MTR 센트럴 역 H번 출구에서 바로   전화 2537 1388   시간 월~금 12:00~14:30(런치), 14:30~17:00(하이티), 18:00~22:30(디너) / 토 11:00~15:00(브런치), 15:00~17:30(하이티), 18:00~22:30(디너) / 일요일 휴무   홈페이지 www.sevvahk.com   예약 reservation@sevvahk.com

펠릭스 Felix

페닌슐라 호텔 꼭대기층에 있는 럭셔리 바

28층에 있는 스카이 라운지 '펠릭스'는 아방가르드한 디자인으로 유명한 필립 스탁(Philippe Patrick Starck)이 디자인한 곳에서 멋진 야경과 감각적인 인테리어가 돋보인다. 이곳의 이름은 페닌슐라 홍콩에서 오랜 기간 근무하며 많은 경험을 쌓은 스위스 출신의 총지배인 Mr. Felix Bieger의 이름에서 따왔으며, 의자 커버에는 인물 사진들이 프린트되어 있는데, 이 또한 페닌슐라와 동고동락한 직원들의 얼굴이다. 바다에서 천장으로 이어진 거대한 통유리창 너머로 빅토리아 항과 홍콩 섬, 구룡 반도의 화려한 모습을 볼 수 있다. 그러나 블라인드로 인해 탁 트인 야경을 감상할 수 없다는 것이 단점인데, 이 또한 펠릭스만의 프라이빗함을 강조하기 위한 것이라고 한다. 펠릭스에서 꼭 가봐야 할 곳은 바로 화장실이다. 딱 트인 통유리를 통해 멋진 전망을 바라다볼 수 있는 곳이어서 색다른 느낌을 안겨 줄 것이다. 호텔 내 왼쪽 뒤편에 위치한 펠릭스 전용 엘리베이터를 타고 28층에서 내리면 된다. 반바지를 입으면 입장이 안 되니 이점에 유의하자.

주소 28 F Peninsula Hotel, Salisbury Road, Tsim Sha Tsui 위치 MTR 침사추이역 E번 출구로 나와 오른쪽으로 1분 전화 2696 6778 시간 17:00~01:30 홈페이지 peninsula.com

아쿠아루나 Aqualuna 張保仔

붉은 돛대를 단 매력적인 선박

아쿠아루나는 홍콩 전통의 정크선에 붉은 돛대를 달아 홍콩의 야경에 운치를 더해 준다. 빅토리아 항을 유유히 떠다니는 걸 보고 있자면 타고 싶어지는 유혹을 뿌리칠 수 없다. 항해는 약 40여 분간 이어지며, 칵테일과 와인을 마시며 홍콩의 야경을 만끽할 수 있다. 2층 갑판은 침대형으로 꾸며 놓아 관광객들 사이에 인기가 높다. 낮에는 두 번, 저녁에는 5시 30분부터 10시 30분 사이에 매시간 운행한다. 낮보다는 저녁이 더 운치 있고, 저녁 7시 30분에 배를 탄다면 심포니 오브 라이트(A Symphony of Lights)도 배 안에서 볼 수 있어 매우 색다르다. 침사추이 선착장 피어 1과 센트럴 피어 9에서 출항하고, 예약은 미리 하지 않더라도 현장에서 티켓을 현금으로 구입하여 이용이 가능하다. 비용은 음료수를 포함하여 낮에는 성인 HK$130, 어린이 HK$90이고, 저녁에는 성인 HK$220, 어린이 HK$160이다. 심포니 오브 라이트를 즐길 수 있는 저녁 7시 30분에는 성인 HK$295, 4세~11세의 어린이 HK$220이다. 저녁 9시 30분에는 성인 HK$195, 소아 HK$155이다. 탄하우 축제가 열리는 5월에는 스탠리가지 운행하는 노선이 추가된다.

전화 2116 8821 시간 (침사추이) 12:00, 13:00, 14:00, 15:00, 16:00, 17:30, 19:30, 20:30, 21:30, 22:30 / (센트럴) 12:10, 13:10, 14:10, 15:10,16:10, 17:45, 19:45, 20:45, 21:45, 22:45 홈페이지 www.aqualuna.com.hk

와인 면세가 되는
홍콩에서 와인 음미하기

홍콩 정부는 홍콩 서비스 주세 철폐 건의서를 받아들여 2008년 2월부터 와인에 부과하던 세금을 폐지하였다. 이로써 홍콩은 세계에서 가장 경쟁적인 와인 시장으로 자리매김하였으며, 와인 애호가들에게는 와인의 천국으로 떠올랐다. 홍콩의 고급 레스토랑이나 바 어디든 훌륭한 와인 리스트를 갖추고 있기 때문에 언제든지 식사와 함께 즐길 수 있다. 또한 와인숍에서 구입한 후 레스토랑으로 가져와 코키지 요금(Corkage Fee)을 지불하고 마실 수도 있다.

❧ 보르도이티시 Bordeux etc

프랑스의 유명한 와인 리스트를 다량 보유한 곳

이름에서도 알 수 있듯이 프랑스의 유명한 와인 산지에서 생산되는 1,200여 가지 와인 리스트를 보유한 곳이다. 깔끔한 인테리어가 마치 우주선을 연상케 하는 곳으로, 홍콩에 보르도, 버건디, 샴페인 세가지 컨셉으로 숍을 운영하고 있다. 매월 선보이는 이벤트를 활용하면 와인 클래스와 테스팅 클래스를 HK$190에 저렴하게 이용할 수 있다. 프로그램은 매월 다르게 운영되며, 구체적인 일정은 홈페이지에서 확인할 수 있다.

주소 Shop 1c, Entertainment Bldg 30 Queen's Road Central 위치 MTR 센트럴역 D2번 출구에서 도보 3분 전화 3759 2009 시간 11:30~20:30(월~토) 홈페이지 www.etcwineshops.com

❧ 왓슨스 와인 셀러 Watson's Wine Cellar

세계적인 대형 드러그 스토어 와인숍

와인의 초보자도 편하게 쇼핑할 수 있을 만큼 대중적인 와인숍이다. 대형 드러그 스토어 체인점 '왓슨스'에서 운영하며, 홍콩 최대 갑부인 리카이싱이 소유하고 있다. 홍콩 지역에 13개의 매장이 영업 중이며, 가격대는 다른 곳에 비해 약간 비싸다. 홍콩에서 가장 규모가 큰 와인숍으로 저렴한 와인부터 최고급 와인까지 다양한 와인을 구매할 수 있다. 와인 마니아들은 꼭 들러 봐야 할 쇼핑 코스이다.

주소 Shop No.3019, Podium Level Three, IFC Mall, 8 Finance Street, Central 위치 MTR 센트럴역 A번 출구에서 도보 3분 전화 2530 5002 시간 11:00~20:30(월~토), 11:00~20:00(일·공휴일) 홈페이지 www.watsonswine.com

❧ 폰티 와인 Ponti Food & Wine Cellar

다양한 와인 리스트를 갖고 있는 저렴한 와인숍

홍콩 지역 4곳에 지점을 두고 있으며, 싱가포르에도 한 곳에 지점을 두고 있다. 왓슨스에 비해 고급 와인을 주로 다루고 있으며, 올리버보다는 좀 더 저렴한 가격에 와인을 구매할 수 있고, 한국에서 구하기 힘든 와인도 쉽게 구할 수 있다. 이곳은 와인뿐만이 아니라 와인 액세서리인 디켄더, 와인잔, 코크 따개, 와인과 관련된 책과 잡지 등 와인에 관한 모든 것을 판매하고 있다. 또한 각종 와인 이벤트 등을 진행하고 있다.

주소 Shop B1001, B1/F Miramar Shopping Centre 132 Nathan Road, Tsim Sha Tsui 위치 MTR 침사추이 역 B1번 출구, 미라마 쇼핑 센터 지하 1층 전화 2730 1889 시간 11:00~21:00 홈페이지 www.ponti-fwc.com

◈ 티보 와인 바 Tivo Wine Bar

란콰이퐁에 위치한 현대적이고 분위기 있는 와인 바

매우 작은 규모이나 현대적이고 오묘한 분위기를 내뿜는다. 높은 천장과 작은 원판 모양의 테이블과 바텐더 쪽의 긴 좌석은 일반적인 바의 모습과 흡사하지만 그 분위기만은 어느 바도 따라오기 힘들다. 이곳에는 DJ 부스가 있어 손님들이 원하는 음악을 제공하기도 한다. 벽 내부에서 빛나는 조명과 촛불로 분위기가 한층 더 무르익는다.

주소 Shop D & E. G/F Yu Yuet Lai Building 43~55 Wyndham Street, Central 위치 MTR 센트럴 역 G번 출구, 란콰이퐁 전화 2116 8055 시간 12:00~02:00(월~목), 12:00~03:00(금~토), 12:00~01:00(일)

◈ 플라잉 와인 메이커 Flying Wine Maker

란콰이퐁에서 와인 테스팅이 가능한 곳

19살부터 와인을 만들었다는 이 숍의 주인은 친근하고 편하게 마실 수 있는 와인을 제공하기 위해 란콰이퐁에 와인숍을 오픈하였다. 그가 만든 와인은 호주의 유명한 레스토랑에서 제공되기도 한다. 와인에 대한 그의 철학 때문인지 더욱 친근하게 느껴지는 곳이기도 하다. 무료 와인 테스팅뿐 아니라 저렴한 와인 교실(2시간, HK$350)도 운영하니 와인에 관심이 많은 여행자라면 홈페이지에서 일정을 확인하고 신청해 보자.

주소 6th Floor, Yu Yuet Lai Building 43~55 Wyndham Street, Central 위치 MTR 센트럴 역 D1번 출구에서 도보 5분 전화 2522 2187 시간 10:00~20:00(월~금), 12:00~18:00(토) / 일요일 휴무 홈페이지 www.flyingwinemaker.asia

좋은 와인 고르는 법 `Tip`

좋은 와인을 고르려면 와인의 보관 상태가 매우 중요하다. 빛이 강하거나 온도가 높으면 맛이 쉽게 상하기 때문이다. 와인의 색깔만으로 좋은 와인을 구별해 보자. 레드 와인은 잘 숙성된 경우 루비색을 띤다. 갈색을 띠고 혼탁한 색깔의 와인은 변질된 와인이다. 화이트 와인은 잘 숙성된 경우 황금색 또는 옅은 호박색을 띤다. 색깔이 투명하지 않으면 변질된 와인이다.

르 퀸즈 뱅 LQV (Le Quinze Vin)

2016년에 선정된 홍콩 베스트 와인 바
와인 리스트가 무려 2천여 가지가 넘는 곳으로 와인의 가격
마저 착해 와인 애호가들 사이에서는 유명한 와인 바이다.
보르도와 버건디 와인이 주를 이루고, 테이블 와인에서부
터 보기 드문 고급 와인까지 그 종류가 다양하다. 생소한
지역의 와인 품종도 맛볼 수 있어 눈과 입이 즐거워지는
장소이기도 하다. 와인에 어울리는 안주 또한 추천 받을
수 있어 편하게 와인을 맛볼 수 있는 최적의 장소라 할 수 있다.

주소 G/F, 9 Swatow St., Wan Chai 위치 MTR 완차이 역 B2번 출구에서 도보
5분 전화 2673 7636 시간 15:00~24:00

무슈 샤떼 Monsieur Chatte

프랑스 식료품을 구매할 수 있는 와인숍
홍콩의 최대 네고시앙(와인 전문 중간 상인)인 'MC Group'의 로만 샤떼(Romain
Chatte)가 운영하는 매장으로, 와인뿐만 아니라 치즈, 홈메이드 푸아그라, 잼 등 다
양한 프랑스의 식료품까지도 구할 수 있다.

주소 121 Bonham Strand, Sheung Wan 위치 MTR 성완 역 A2번 출구에서 Bonham
Stand 방향으로 2분 거리 전화 3105 8077 시간 11:00~20:00(월~토), 11:00~19:00(일)
홈페이지 Monsieurchatte.com

➡ 스튼튼즈 와인 바 & 카페 Staunton's Wine Bar & Cafe

분위기 있는 파란색 바

호주와 이탈리아 와인을 다양하게 즐길 수 있으며, 미드레벨 에스컬레이터 중심가에 위치해 있는 이곳은 소호의 상징이다. 몇 년 동안 홍콩에서 'Best People Watching Spot'이라는 말을 들을 정도로 관광객들은 물론이거니와 현지인들에게도 휴식을 즐기는 곳으로 사랑받고 있다. 28종류가 넘는 와인을 잔으로 또는 병으로 마실 수 있다. 안주로는 버펄로 윙, 나초, 오징어 튀김, 감자튀김 등이 푸짐한 '비 플래터(Bar Snack, HK$125)'를 추천한다. 또한 위층에 있는 지중해 식당 '시로코'에서 안주를 주문할 수도 있다.

주소 Shama Soho, 9-11 Staunton Street, Central 위치 MTR 센트럴 역 D2번 출구, 소호 전화 2973 6611 시간 08:30~02:00, 17:00~21:00(Happy Hour) 홈페이지 www.stauntonsgroup.com

최초의 아시아인 와인 마스터　　　　　　　　　　Tip

아시아인 최초의 와인 마스터인 지니 조리(이지연)는 홍콩에서 와인 마스터로서의 역할을 톡톡히 하고 있다. 싱가포르 항공 기내에 제공되는 와인 및 샴페인을 선정하기도 하고 미슐랭 가이드의 별을 받은 유명 레스토랑에서 와인 컨설팅도 하는 와인 마스터로도 정평이 나 있다. 좋아하는 취미를 직업으로 삼았다는 게 가장 부럽고, 같은 한국인이라는 이유만으로도 그녀가 자랑스럽다. 그렇지만 와인 마스터가 되기까지 하루에 8시간 100잔 이상을 시음하며 노력했다고 하니 그녀의 성공이 쉽게 얻어진 결과가 아니라는 것을 알 수 있다. 어렵고 힘든 일이 많지만 이 길을 가야 한다고 결정을 내렸다면 자기의 비전과 꿈을 잃어버리면 안 된다고 말하는, 자신감이 넘치는 멋진 그녀의 모습이 아직도 생생하다.

홍콩에서 즐기는
애프터눈 티와 하이티

애프터눈 티는 영국의 대표적인 차 문화로, 영국의 찰스 2세와 결혼한 포르투갈의 공주 캐서린에 의해 처음 홍차 문화가 시작되었고, 더욱 활발해진 것은 빅토리아 여왕이 영국을 통치하던 1837년부터 1901년까지다. 그래서 홍차를 '빅토리안 티'라고 부르기도 한다. 이러한 홍차 문화를 바탕으로 공작 부인인 안나 마리아에 의해 점심 식사 후 차와 간식을 친구들과 함께 나누며 담소를 즐기던 것이 상류층 사이에 유행으로 번지게 되었다. 결국 이 문화는 모든 계층으로 확대가 되었다. 홍콩은 영국의 이러한 차 문화가 자연스럽게 스며들어 일류 호텔에서부터 작은 커피숍에 이르기까지 쉽게 차를 접할 수 있는 문화가 형성되었다. 따사로운 햇살을 받으며 느끼는 여유로운 차 한 잔은 여행의 피곤함을 달래 주는 활력소가 될 것이다.

➤ 메리어트 호텔 – 더 라운지 The Lounge

주말에 여유롭게 즐기는 애프터눈 티

60가지가 넘는 캔톤 티를 제공하는 메리어트 호텔의 더 라운지는 애프터눈 티와 선데이 샴페인 브런치로 유명한 곳으로, 애프터눈 티가 티핀과 같이 디저트 뷔페식으로 나온다. 디저트 외에 묽게 끓이는 홍콩식 죽 콘지와 생선 초밥 등 다양한 요리를 제공해 수준급의 한 끼 식사가 가능하다. 탁트인 창 밖으로 지나다니는 전차와 빅토리아 항 건너편 침사추이를 감상하다 보면 홍콩의 정취에 한없이 빠져든다. 호텔 2층 카페에서도 주말이면 티 뷔페를 제공하지만 가족 단위 손님을 타깃으로 한 곳인데다 로비보다 붐벼서 애프터눈 티의 여유로운 분위기가 나지 않는다.

주소 Pacific Place, 88 Queensway 위치 MTR 애드미럴티 역 F번 출구 전화 2810 8366
시간 15:30~18:00 비용 1인 HK$268(월~금), HK$348(토~일, 공휴일)

➤ 만다린 오리엔탈 호텔 – 클리퍼 라운지 Clipper Lounge

만다린 호텔의 장미 잼과 함께 고즈넉하게 애프터눈 티를

다른 곳의 애프터눈 티에 비해 인기가 떨어지지만 고즈넉하게 애프터눈 티를 즐기기 좋은 곳이다. 만다린 오리엔탈의 대표적인 브랜드 티라고 할 수 있는 'Taste of the Legend(바닐라 향과 코코아 카라멜 향이 가미된 우롱차의 일종)'와 부드러운 스콘에 클로티드 크림과 이곳에서만 맛볼 수 있는 장미 향이 은은하게 나는 잼이 함께 나온다. 크림과 잼은 리필이 가능하다.

주소 MF Mandarin Oriental, 5 Connaught Road, Central 위치 MTR 센트럴 역 F번 출구에서 도보 3분 전화 2825 4007 시간 (월~금) 14:30~18:00 / (토 · 공휴일) 1부 14:00~16:00, 2부 16:15~18:00 / (일요일) 15:30~18:00 비용 (주중) HK$298, (주말) HK$318 / 모에샹동 혹은 로제 샴페인 한잔 포함한 가격 (주중) HK$478, (주말) HK$498 예약 mohkg-clipperlounge@mohg.com

➤ 포시즌 호텔 – 더 로비 The Lobby

취향대로 골라 마실 수 있는 티와 함께 멋진 하버뷰를

커다란 통유리를 통해 멋진 하버뷰를 바라보며 여유 있게 티타임을 즐길 수 있는 곳으로 클래식 음악이 라이브로 연주된다. 웨이터가 티를 유리병에 가져오면 향을 맡은 후 마음에 드는 차를 주문할 수 있고, 각종 디저트, 뵈브 클리코 샴페인 등을 맛볼 수 있다. 홍콩 태틀러에서 선정한 가장 맛있는 스콘을 제공하는 곳으로, 기자들이 선택한 최고의 애프터눈 티세트를 제공하는 곳으로도 유명하다. 애프터눈 티는 주중 1인당 HK$275, 2인은 HK$525이다. 주말은 1인 HK$295, 2인 HK$570이다.

주소 Four Season, 8 Finance Street, Central 위치 MTR 홍콩 역 F번 출구에서 도보 5분 전화 3196 8888 시간 15:00~17:30

🡲 그랜드 하얏트 – 티핀 Tiffin

빅토리아 항을 바라보며 애프터눈 티 뷔페를

애프터눈 티를 뷔페식으로 양껏 즐기고 싶다면 그랜드 하얏트에 위치한 이곳을 추천한다. 센트럴과 빅토리아 항을 큰 유리창을 통해 바라보며 여유 있는 애프터눈 티 뷔페를 즐길 수 있다. 볶음 국수, 상하이식 만두 등 중국 음식은 물론이거니와 다양한 디저트를 맛볼 수 있다. 디저트 중에서 갓 구운 와플은 취향에 따라 아이스크림에 얹어 먹어도 일품이다. 보이티 아이스크림과 그린티 레드빈 케이크 또한 맛이 좋으며, 라이브 피아노 연주와 더불어 재즈 트리오의 노래도 감상할 수 있다. 티 뷔페는 오후 3시 30분부터 5시 30분까지다. 이곳을 찾는 이들은 관광객보다 투숙객이나 현지인이 많은 편이다.

주소 1 Harbour Road, Grand Hyatt Hong Kong 위치 MTR 완차이 역 A5번 출구 전화 2584 7722 시간 12:00~14:30(런치 뷔페), 15:30~17:30(애프터눈 티 뷔페), 18:30~22:00(디저트 뷔페) 비용 애프터눈 티 뷔페 1인 HK$298(월~금), HK$328(토~일, 공휴일) 예약 hongkong.grand@hyatt.com

🡲 페닌슐라 – 더 로비 The Robby

전통 있는 페닌슐라에서 우아한 애프터눈 티를

100년 전통을 자랑하는 이곳은 유럽의 애프터눈 티 세트와 견주어도 빠지지 않는 제대로 된 서비스를 제공한다. 홍콩에서 가장 유명한 호텔 로비이며, 관광객들이 고급스러운 애프터눈 티를 즐기기 위해 많이 찾는 곳이다. 애프터눈 티를 주문하면 샌드위치, 페이스트리, 과일 타르트, 스콘과 영국 본고장의 맛을 잘 살려낸 홈메이드 클로티드 크림을 3단 트레이에 우아하고 멋스럽게 담겨 나온다. 이곳에서는 1928년 호텔이 오픈할 당시 사용되었던 티파니 찻잔 세트가 아직까지 제공되고 있으며, 특히 티파니 실버웨어는 페닌슐라 애프터눈 티의 세련됨을 더욱 배가시킨다. 호텔 게스트를 제외하고는 예약을 받지 않으며 고무 샌들을 신었을 경우 입장이 불가하다. 가격은 1인당 HK$388로, 가격 인상 폭이 가장 심한 곳 중 하나임에 틀림없다.

주소 G/F, The Peninsula, Salisbury Road, Tsim Sha Tsui 위치 MTR 침사추이 역 E번 출구에서 도보 2분 전화 2920 2888 시간 14:00~18:00(애프터눈 티) 비용 1인 HK$388, 2인 HK$688

Tip

애프터눈 티 알뜰하게 맛보기

애프터눈 티 세트를 맛보고 싶으나 양이 부담스럽다거나 스콘이나 마카롱을 좋아하지 않는다면 인원 수대로 3인용이나 2인용을 주문하기보다는 1인용 애프터눈 티 세트를 시킨 후 나머지 사람들은 티 혹은 커피를 주문하는 것이 좋다.

◈ 리펄스베이 – 더 베란다 The Verandah

리펄스베이에서 분위기 있는 애프터눈 티를

복잡한 도심을 벗어나 한가로운 애프터눈 티를 즐길 수 있
는 곳으로 영화 〈색계〉에서 탕웨이와 양조위가 데이트 장
면을 촬영하면서 더욱 유명해졌다. 결혼식 피로연 장소로
도 종종 사용된다. 스포츠 셔츠와 수영복, 샌들을 신
었을 경우는 입장이 안 되며 전화 예약은 필수이다.
대부분의 여행객은 리펄스베이의 바다 풍경을
보며 애프터눈 티를 즐기기 위해 이곳을 들른
다. 런치나 디너 메뉴들도 훌륭하여 느긋하고
여유로운, 로맨틱한 식사를 원하는 미식가
여행가에게는 더할 나위 없이 좋은 기회
다. 클래식 리펄스베이 애프터눈 티 세트
는 1인 HK$288(수~금), HK$308(토~일,
공휴일)이다.

주소 109 Repulse Bay Road, Repulse Bay 위치 MTR 센트럴 역
근처 익스체인지 스퀘어에서 6, 6A, 61, 66, 260, 72번 버스 이용,
리펄스베이 쇼핑 아케이드 내 전화 2292 2822 시간 애프터눈 티
15:00~17:30(수~토, 공휴일), 15:30~17:30(일요일), 월·화요일
휴무(공휴일 제외) 예약 verandahtrb@peninsula.com

◈ 인터콘티넨탈 호텔 – 로비 라운지 Lobby Lounge

환상적인 하버뷰와 함께 중국풍의 애프터눈 티를

인터콘티넨탈 호텔의 위치는 풍수적으로 볼 때 아홉 마리 용, 즉 구룡이 내려오는 길목이라고 한다. 그래서 로비 전
체를 통유리로 만들어서 용이 지나갈 수 있게끔 만들었다. 이곳에서는 환상적인 빅토리아 하버와 홍콩 섬을 바라
보며 애프터눈 티를 즐길 수 있다. 홍콩 하면 떠오르는 애프터눈 티가 바로 이곳에서 최초로 시작되었다고 하니 그
명성과 역사는 따로 설명이 필요 없다. 다른 곳과는 달리 차이니즈 스타일의 딤섬 애프터눈 티를 제공하는데, 중국
식 서랍과 나무 재질의 티 세트에 다양한 딤섬을 담아 내온다.

주소 The Lobby Lounge, Intercontinental HK, 18 Salisbury Road
위치 MTR 침사추이 역 E번으로 나와 지하 통로를 통해 J2 출구 전화
2721 1211 시간 13:30~18:00(토~일, 공휴일만 운영) 비용 1인 샴
페인 티 세트 HK$468, 2인 HK$668

홍콩의 달콤한
디저트 맛보기

달콤하고 맛 좋은 디저트를 즐길 수 있는 홍콩은 디저트의 천국이다. 망고가 들어간 푸딩
과 신선하고 달콤한 열대 과일 음료, 달콤쌉싸름한 초콜릿, 한 입 먹기에 아까울 정도로
예쁜 케이크와 진한 커피까지 그 종류도 다양해서 매일 다른 디저트를 먹는다 해도 모든
종류를 맛보기란 쉽지 않다. 여행의 고단함을 날려 주는 달콤한 디저트와 함께 잠깐의 여
유를 만끽해 보자.

과일 디저트

더운 홍콩에서 시원하고 달콤한 과일 디저트란 가뭄에 단비처럼 반가운 존재! 길을 걷다 만나는 과일 디저트와 아이스크림을 소개한다.

▶ 허유산 Hui Lau Shan 許留山

상큼한 과일 디저트에 여행의 피로가 가시는 곳

홍콩의 유명한 디저트 전문점으로, 길을 걷다 보면 홍콩의 곳곳에서 간판을 볼 수 있다. 여행길에 상큼한 과일 디저트를 부담 없이 즐길 수 있는 곳으로 열대 과일 주스, 아이스크림, 스무디, 망고 푸딩 등 종류 또한 다양하다. 제비집이 들어간 디저트가 가장 비싸지만 어디서나 손쉽게 먹을 수 있는 것이 아니므로 한번 시도해 보자. 수박 주스, 망고 주스가 HK$13으로 저렴하고 맛도 좋다. 공항점과 가격 차이가 많이 난다(공항점은 HK$21).

주소 Shop No.6, G/F, Star House, 3 Salisbury Road, Tsim Sha Tsui 위치 스타페리 선착장 바로 앞 건물 전화 2377 9766 시간 12:00~23:00

▶ 스위트 다이너스티 The Sweet Dynasty 糖朝

건강을 고려한 웰빙 디저트 전문점

고급스러운 분위기에서 건강과 궁합이 잘 맞는 디저트를 맛볼 수 있는 곳이다. 홍콩의 대표적인 디저트 전문점으로 일본, 대만 그리고 중국 상하이에 체인점을 가지고 있고, 300여 가지의 메뉴를 고를 수 있다. 영화 〈첨밀밀〉에서 여명이 이 식당에서 일을 했고 증지위가 장만옥에게 이곳에서 음식을 사다 주어서 더욱 유명해졌다.

주소 Shop A, Hong Kong Pacific Centre, 28 Hankow Road, Tsim Sha Tsui 위치 MTR 침사추이 역 C1번 출구에서 도보 3분 전화 2199 7799 시간 08:00~20:00

🔘 엑스티시 XTC

매운 아이스크림 체인숍

홍콩에서 유명한 매운 아이스크림 체인숍으로 특히 젊은층의 사랑을 듬뿍 받고 있다. 이곳의 아이스크림은 천연 재료만으로 만들어지는 것으로 유명한데, 특히 다이어트 때문에 아이스크림을 먹지 못하는 여성들을 위해 생강, 검은깨 등의 건강 식재료만 사용하여 더욱 인기를 끌고 있다. 매운 아이스크림의 대명사로 불리는 이유는 아이스크림에 후추를 가미하여 매운 맛을 느낄 수 있게 했기 때문이다. 독특함을 찾는 이들에게는 안성맞춤이다.

주소 Shop B, 45 Cochrane Street, Central 위치 MTR 센트럴 역 D2번 출구에서 도보 10분 전화 2541 0500 시간 12:00~24:00(월~목, 일), 12:00~02:00(금, 토, 공휴일 전날)

🔘 스마일 요거트 Smile Yogurt & Dessert Bar

요거트의 화려한 변신

디저트 문화가 발달한 홍콩에서 최근에 인기를 끌고 있는 것이 요거트이다. 스마일 요거트는 요거트 중에서도 으뜸으로 꼽히는 곳으로 컵 안에 요거트와 초콜릿, 과일 등 각종 재료로 토핑하여 마치 화려한 칵테일을 보는 것 같다. 열량이 다소 걱정이 되기도 하지만 한껏 화려한 요거트를 즐겨 보는 것도 좋다. 기본이 토핑 하나(HK$38)이며, 한 토핑당 HK$5~15를 내면 본인이 원하는 요거트로 탄생된다.

주소 Shop G32-33, G/F, K11 Art Mall, 18 Hanoi Road, Tsim Sha Tsui 위치 MTR 침사추이 역 N4번 출구에서 도보 2분 전화 2138 6120 시간 13:00~22:00

🔘 허니문 디저트 Honeymoon Dessert 滿記甜品

5명의 젊은이가 만들어 낸 디저트 전문점

홍콩에서 유명한 디저트 전문점 중의 하나로 1998년에 5명의 홍콩 젊은이들이 자손 대대로 물려주기 위해 만든 디저트 전문점이다. 센트럴의 IFC 몰과 몽콕의 랭함 플레이스, 하버 시티의 푸드코트에 입점해 있다. 홍콩 사람들은 식사 후 어김없이 달콤한 망고 푸딩, 망고 팬케이크 그리고 팥이 들어간 디저트 등을 주로 즐기는데, 팥 디저트는 팥죽과 맛이 비슷하여 우리나라 사람들 입맛에 잘 맞는다. 가격은 HK$17~40 사이이다.

주소 Shop 4-6, G/F, Western Market, Sheng Wan 위치 MTR 성완 역 B번 / C번 출구에서 도보 3분 전화 2851 2830 시간 11:00~23:00 홈페이지 www.honeymoon-dessert.com

초콜릿

홍콩에서 초콜릿은 기념일에만 주고받는 것이 아니라 평소 감사의 마음을 전할 때도 자주 주고받는다. 그래서 홍콩 곳곳에서 초콜릿 숍을 쉽게 만날 수 있다. 달콤한 초콜릿을 한 입 베어 물고 진한 감미로움에 흠뻑 빠져 보자.

◈ 로이스 초콜릿 Royce Chocolate

일본의 정통 초콜릿 판매점

일본의 유명한 초콜릿 브랜드 '로이스(Royce)'의 초콜릿을 판매하는 곳으로, 아시아 전역에 매장을 가지고 있을 만큼 인기가 좋다. 초콜릿과 함께 여러 가지 타입의 음식, 물, 음료, 술 등을 팔고 있다. 로이스의 대표적인 초콜릿은 나마 초콜릿, 화이트, 샴페인, 카카오, 마시멜로 초콜릿, 감자칩 초콜릿 등이다.

주소 City Super Basement 1, Times Square, 1 Matheson Street, Causeway Bay 위치 코즈웨이베이 타임 스퀘어 내 전화 2917 7220 시간 10:00~22:00

◈ 고디바 GODIVA

초콜릿 드링크로 유명한 초콜릿 숍

세계 최고의 초콜릿이라 불리는 벨기에산 초콜릿을 판매한다. 각 매장은 시즌별로 디스플레이나 포장 등을 차별화해 판매하는 것으로 유명하다. 고디바 초콜릿은 최고의 초콜릿이라는 명성에 걸맞게 가격도 최고를 자랑한다. 40조각에 10만원 정도의 가격이다. 고디바는 초콜릿 드링크로 관광객들에게 특히 인기가 많다. 가격은 HK$42이다. IFC 몰과 하버 시티, 타임 스퀘어, 소고 백화점 등에 매장이 있는데, 퍼시픽 플레이스의 그레이트 푸드 홀(Great Food Hall) 매장에서는 초콜릿 드링크를 팔지 않는다.

주소 Shop 1029-30, Level 1, IFC Mall, 1 Harbour View Street, Central 위치 센트럴 IFC 몰 내 전화 2805 0518 시간 10:00~21:00 홈페이지 www.godiva.com.hk

◈ 르 구떼 베르나르도 Le gouter bernardaud

마카롱, 초콜릿 전문숍

수제 초콜릿과 마카롱을 판매하는 전문 매장인 르 구떼 베르나르도는 프랑스의 명품 도자기 브랜드인 베르나르도에서 오픈한 티 룸에서 시작되었다. 홍콩에 마카롱을 처음 소개한 곳이기도 하다. 마카롱은 차나 달콤한 핫초코와 함께 먹는 것이 일반적이며 애프터눈 티의 양이 부담스럽다면 마카롱과 차로 대신하는 것도 좋다. 장미, 레몬, 과일 3가지 종류의 피낭시에도 인기리에 판매되고 있다.

주소 Shop 1104a, Podium Level 1, 8 Finance Street, Central 위치 센트럴 IFC 몰 내 전화 2351 1195 시간 08:00~22:00(월~금), 11:00~22:00(토~일, 공휴일)

◈ 레오니다스 그랜드 플레이스 Leonidas Grand Place

벨기에의 대표적인 초콜릿

대량으로 생산되고 판매되는 까닭에 초콜릿 전문 매장 중에서 가장 저렴한 가격으로 대중적인 사랑을 받고 있는 브랜드이다. 예쁜 초콜릿 가게인 레오니다스는 깔끔한 인테리어가 돋보이며, 캔디, 스낵, 케이크 등을 구입하거나 카페에서 먹고 갈 수 있다. 가격은 4조각에 HK$85, 12조각에 HK$220, 24조각에 HK$380이다. 다른 일반 초콜릿 매장보다는 대중적인 감각의 상품이 많아 고급스러운 느낌은 적지만, IFC 몰에 있는 레오니다스 그랜드 플레이스는 브뤼셀의 고풍스러움을 그대로 옮겨 온 듯한 분위기의 레스토랑을 같이 운영하고 있다. 레스토랑에서는 벨기에의 대표적인 음식인 홍합과 맥주, 유럽 최고의 커피 등을 맛볼 수 있다.

주소 Shop 312, 3/F, Ocean Centre, Harbour City, Tsim Sha Tsui 위치 침사추이 하버 시티 내 전화 2234 7343 시간 10:00~22:00 홈페이지 www.leonidas.com.hk

⟫ 아네스 베 델리스 Agnes b Delices

디자이너 아네스 베의 시그니처 초콜릿 숍

디자이너 아네스 베 시그니처 초콜릿과 액세서리
를 판매하는 곳으로, 홍콩에 총 5개의 숍이 있다.
이곳은 진정한 프랑스 초콜릿을 맛볼 수 있는 곳으
로, 먹기 아까울 정도로 예쁜 모양과 디자인을 자
랑한다. 가격은 조금 비싼 편이다. 복숭아와 샴페
인 트뤼프 케이크, 초콜릿 트뤼프 케이크는 정말
달콤하기 그지 없다. 한 개당 HK$16이다.

주소 Shop G240K, 2/F Gateway Arcade, Harbour
City, 17 Canton Rd., Tsim Sha Tsui 침사추이 하
버 시티 게이트웨이 아케이드 내 전화 2175 0028 시간
10:00~22:00 홈페이지 www.agnesb-delices.com

⟫ 라 메종 뒤 쇼콜라 La Maison Du Chocolat

프랑스의 유명 초콜릿 전문점

1977년 초콜릿의 연금술사로 불리는 로베르 랭크스(Robert Linxe)에 의해 초콜릿만을 위한 숍이 문을
열었다. 라 메종 뒤 쇼콜라는 '초콜릿의 방'이란 뜻으로 탁월한 맛을 자랑한다. 훌륭한 초콜릿을 만들기 위해
버터 외에는 다른 식물성 기름을 넣지 않는 것이 특징이다. 클로드 르베와 같이 초콜릿 애호가 클럽에 가입한
작가 장폴 아롱은 그의 초콜릿 맛에 반해 그를 '가나슈의 마술사'라고 칭하기도 하였다. 초콜릿과 마카롱 맛
이 뛰어나 새로운 인기 디저트 숍으로 떠오르는 곳이다.

주소 Shop 246, Pacific Place, Admiralty 위치 MTR 애드미럴티 역 F번 출구, 퍼시픽 플레이스 내 전화 2522 2010 시간
10:30~20:30(일~목), 10:30~21:00(금~토)

커피 & 케이크

달콤한 케이크와 진한 커피는 그야말로 찰떡궁합! 애프터눈 티를 즐기기에 시간이 부족하다면 가볍게 커피 한잔과 아기자기한 컵케이크를 먹어 보자.

⬤ 하비츄 HABITŪ table

이탈리안 스타일의 부티크 카페

친근한 부티크 카페를 표방하는 이곳은 이탈리아 스타일의 카페이다. 홍콩에 총 4개의 지점이 있는데, 편안한 분위기뿐만 아니라 최고의 이탈리아 커피를 맛볼 수 있는 곳이다. 장미꽃잎을 띄운 커피는 장미향이 코 끝에 전해지면서 커피 고유의 향과 함께 잘 어우러진다. 그리고 이탈리아 정통 젤라또 아이스크림도 그 맛이 일품이다. 퍼시픽 플레이스 3에도 입점해 있다. 단, 일요일과 공휴일에는 문을 닫는다. 이곳에서 파는 피자와 파스타 또한 뛰어나니 기회가 된다면 맛보자.

주소 G/F, Generali Tower, 10 Queen's Road East, Wan Chai 위치 MTR 에드미럴리티 역 F번 도보 5분 전화 2527 8999 시간 08:00~22:00

⬤ 더 커피 아카데미 The Coffee Academics

명품 커피를 맛볼 수 있는 곳

스타벅스나 퍼시픽 커피 같은 체인점 외에는 홍콩에서 커피 전문점을 찾기란 쉽지 않았는데, 최근에 하나둘씩 질 좋은 커피를 판매하는 곳들이 생겨나고 있다. 더 커피 아카데미도 그 중 하나로 코즈웨이베이 타임 스퀘어 뒤편 한적한 곳에 자리하고 있다. 분위기가 좋지만 커피 가격이 HK$48~68로 다소 비싸다. 하지만 직접 로스팅한 신선한 커피 맛을 원한다면 한번 들러 볼 만하다.

주소 38 Yiu Wa Street, Central 위치 MTR 코즈웨이베이 역 A번 출구 도보 5분 전화 2156 0313 시간 10:00~23:00(월~목), 10:00~02:00(금~토), 12:00~21:00(일)

❯ 만다린 케이크 숍 The Mandarin Cake Shop

보석처럼 화려한 만다린 호텔의 케이크 숍

만다린 케이크 숍에서 보석 숍에 온 듯한 느낌을 받는다. 숍 중간에 있는 큰 유리 케이스 안의 장식물은 설탕으로 만들어졌으며, 마치 예술품을 보는 듯하다. 어떤 종류의 케이크를 고르더라도 실패 확률이 없을 정도로 케이크 맛이 일품이다. 유명한 호텔 케이크숍에서 맛보는 조각 케이크의 값이 일반 베이커리와 크게 차이 나지 않는 HK$45이다. 커피 한 잔에 예쁜 조각 케이크를 맛보며 잠시 쉬어 가도 좋다. 또한 이곳의 XO 소스와 장미 잼은 선물용으로 가장 인기 있는 품목 중 하나이다.

주소 Mandarin-Oriental Hotel, 5 Connaught Road, Central 위치 MTR 센트럴 역 F번 출구 전화 2825 4008 시간 08:00~21:00(월~금), 08:00~19:00(토~일, 공휴일) 홈페이지 www.mandarin-oriental.com

❯ 홀리 브라운 Holly Brown

눈과 입을 동시에 즐겁게 해 주는 디저트와 커피가 있는 곳

홍콩 사람들의 사랑을 듬뿍 받는 커피 전문점이다. 이곳에서는 철판 위에서 만들어 주는 풍부한 맛이 일품인 젤라또도 만날 수 있다. 맛있는 디저트와 커피를 맛보고 싶다면 가 보자.

주소 G/F, 22 Stanley Street, Central 위치 MTR 센트럴 역 D2번 출구에서 도보 3분 거리 전화 2869 9008 시간 08:00~23:00

❯ 커피 앨리 Coffee Alley 咖啡弄

달콤한 디저트와 다양한 종류의 티를 맛볼 수 있는 카페

긴 줄을 서야만 이곳에서 달콤한 디저트를 맛볼 수 있는데, 만약 여유 있는 시간에 호기심이 발동한다면 한번 들러 보면 좋은 곳이다. 홍콩 식음료의 유행을 선도하는 것이 대부분 대만 체인 브랜드인데, 이곳도 대만 브랜드를 들여온 것이다. 대표 메뉴는 프레쉬 과일 티와 와플 딸기 밀푀유(천 개의 나뭇잎)이다. 와플 딸기 밀푀유는 크로와상처럼 얇고 겹겹이 쌓인 크래커 위에 딸기와 딸기 아이스크림을 얹은 것으로 가격은 HK$46이다.

주소 Room B1-B3, 1/F, Dragon Rise, 9-11 Pennington Street, Causeway Bay 위치 MTR 코즈웨이베이 역 도보 10분 전화 2493 3033 시간 12:00~22:00

홍콩 하면 떠오르는
딤섬 섭렵하기

딤섬은 1천 년 전 중국의 랴오닌에서 농사 일을 마치고 차를 마시면서 딤섬을 먹었던 것이 유래가 되었다. 그리하여 현재는 약 200여 가지의 맛과 모양을 지닌 다양한 딤섬이 탄생하게 되었다. 지금은 홍콩, 중국, 일본, 싱가포르 등 아시아 전 지역뿐 아니라 전 세계적으로 사랑받는 음식 중 하나로 거듭났다. 외식 문화가 발달한 홍콩에서는 딤섬을 '얌차'라고 부른다. 얌차는 만두처럼 생긴 딤섬을 차와 함께 즐긴다는 의미이다. 딤섬의 종류는 속재료와 조리 방법, 모양과 크기 등에 따라 그 종류가 수백 가지가 넘는다. 산해진미, 미식의 본고장 홍콩에서 반드시 경험해 봐야 할 딤섬의 세계로 빠져 보자.

딤섬의 종류

딤섬의 종류는 모양에 따라 피가 두툼한 包(바오, Bao), 작고 투명한 餃(지아오, Jiao), 속이 훤히 보이는 賣(마이, Mai)의 3가지로 나뉘며, 조리 방법에 따라 찜 요리는 蒸(정, Zeng), 삶은 요리는 煮(주우, Zhu), 튀김 요리는 炸(자아, Zha), 구운 요리는 烤(카오, Kao), 부침 요리는 煎(지엔, Jian)으로 나뉜다.

차슈바오 Char Siu Bao 叉燒包 / Steamed Barbecued Pork Bun

하얗고 부드러운 찐빵에 향신료를 가미하여 돼지고기 바비큐를 넣은 빵으로 그 맛이 우리나라 찐빵과 비슷하다. 주재료는 돼지고기로 딤섬집마다 훈제 양념 맛이 조금씩 다르다.

청판 Cheong Fun 腸粉 / Rice Noodle Rolls

하얗고 얇은 찹쌀 피 안에 소고기, 조개, 새우를 넣은 딤섬으로 길쭉한 모양이며, 간장을 뿌려 먹는다.

하가우 Har Gau 蝦餃 / Steamed Shrimp Dumpling

투명하고 쫄깃한 찹쌀 피에 새우가 들어가 있는 딤섬으로 한국 사람들 입맛에 가장 잘 맞는다. 탱탱한 새우 속살이 하가우의 맛을 더욱 좋게 만든다.

함소이꼭 Ham Sui Gok 鹹水餃 / Stuffed Dumpling

찹쌀떡 모양으로 표면을 바삭하게 구워 쫄깃하고 안에는 다진 고기와 야채가 들어가 있다. 다소 기름지긴 하지만 고소하다.

로우마이까이
Lou Mai Gai 糯米雞 / Steamed Glutinous Rice in Lotus Leaf Wrap

닭고기, 말린 관자, 버섯 등의 재료를 찹쌀 안에 넣고 만두피가 아닌 연잎을 이용하여 밥과 함께 쪄만든이다.

춘권 Chun Gyun 春捲 / Fried Spring Roll

밀가루 피에 당면과 게살, 새우, 당근, 파, 부추로 속을 채워 바삭하게 튀긴 것으로, 매년 봄에 열리는 중국 신년 행사 때 먹던 것에서 유래하여 춘권이라고 불리게 되었다.

슈마이 Sui Mai 燒賣 / Steamed Pork Dumpling

돼지고기, 새우 등을 넣고 밀가루 피에 노른자를 입혀 찐 딤섬으로, 그 위에 게알 혹은 날치알을 얹어 나오기도 한다. 입안에서 터지는 알이 더욱 감칠맛을 낸다.

샤오룽바오 Xiao Long Bao 小籠包 / Shanghai Dumplings

두툼하고 부드러운 만두 피 속에 부드러운 돼지고기와 고소한 맛의 육즙이 들어가 있는 딤섬. 생강이 든 간장을 찍어 먹으면 향긋함이 일품이다. 먹을 때 뜨거운 육즙에 데이지 않도록 조심해야 한다.

산쪽아우윽 San Juk Ngau Yuk 山竹牛肉 / Steamed Meat Ball

쇠고기를 경단처럼 빚어 쌀가루 피를 살짝 묻혀 찐 딤섬으로 맛이 좋다.

쇼우타오바오

Sho Tao Bao 壽桃包 / Steamed Peach-Shaped Red Bean Bun

복숭아 모양으로 빚은 앙꼬가 든 찐빵으로, 달콤하기 때문에 디저트로 먹기 좋다. 팥 앙금을 좋아한다면 추천할 만하다.

마아 라이거우 Ma Lai Gou 馬拉糕 / Malay Steamed Sponge Cake

카스텔라 모양과 맛을 지닌 빵으로 디저트로 그만이다.

차시우소 Cha Siu So 叉燒酥 / Steamed Barbecued Pork Bun

감칠맛 나는 볶은 돼지고기를 빵에 넣고 찐 것으로 바삭바삭한 파이 맛이 난다.

위타우꼬우 Yu Tou Gao 芋頭糕 / Taro Cake

작게 썬 야채와 쌀가루, 버섯 등을 넣어 쌀과 함께 빚어 만든 딤섬으로 래디시 케이크 혹은 토란 케이크라고도 불린다. 모양은 사각형이고 야채를 넣은 찹쌀떡 맛이 난다.

펑자우 Fung Jeow 鳳爪 / Chicken Feet

매콤하면서 살짝 달콤한 간장 양념 소스가 들어간 찐 닭발로, 매운 닭발을 좋아하는 한국인들에게 선호도가 높지는 않다. 하지만 살이 통통하고 콜라겐이 풍부해 홍콩 여성들에게 인기가 많다.

소문난 딤섬 맛집

홍콩의 외식 문화의 하나로 자리 잡은 딤섬. 현지인은 물론 한국인 입맛에도 잘 맞는 소문난 딤섬 맛집을 소개한다.

❷ 록유 티 하우스 LUK YU TEA HOUSE 陸羽茶室

역사와 전통을 자랑하는 딤섬집

1933년 오픈하여 옛날 암차집의 분위기를 간직하고 있는 곳이다. 입구에서 터번을 눌러쓴 인도 도어맨이 문을 열어 주는데, 이 때문에 인도 음식점으로 착각을 하기도 한다. 전통적인 인테리어와 최고의 맛으로 다른 딤섬집에 비해 가격대가 조금 높은 편이다. 워낙 역사와 전통을 자랑하는 곳인 만큼 단골 손님이 가득해 이곳은, 뜨내기 관광객에게는 불친절하다는 평이 있으나 워낙 맛있는 음식 솜씨로 그 인기가 식을 줄 모른다.

주소 G/F. 24-26 Stanley St., Central 위치 MTR 센트럴 역 D2 출구로 나와 란카이퐁 방향으로 직진, 스탠리 스트리트에서 우회전 후 도보 3분 전화 2523 5464 시간 07:00~22:00(딤섬 07:00~17:30)

❷ 린흥 티 하우스 Lin Heung Tea House 蓮香樓

홍콩의 예스러움이 묻어나는 딤섬집

홍콩의 TV 요리 프로그램에서 방영된 미식가들이 뽑은 최고의 딤섬 식당으로 1926년에 오픈한 곳이다. 관광객보다는 홍콩 사람들이 대부분인 이 식당은 관광객으로 간다면 모든 시선을 한 몸에 받는 곳이기도 하다. 하지만 진정으로 홍콩 사람들의 딤섬 문화를 체험해 볼 수 있는 곳이다. 좌석은 직원이 안내해 주는 것이 아니라 자리가 날 것 같은 테이블을 찾아 서 있다가 앉으면 된다.

자리에 앉으면 종업원이 테이블에 주전자와 찻잔을 통명스럽게 놓아 준다. 처음엔 당황스럽더라도 이내 그들의 그런 모습에 익숙해져 버린다. 차는 다른 레스토랑과는 달리 티포트에 내지 않고 뚜껑이 있는 전통 컵인 '까이완(蓋碗)'에 준다.

차는 용정차나 보이차를 선택해 보자. 차 맛도 딤섬만큼이나 명품 맛이다. 시끄럽고 번잡한 걸 좋아하지 않는다면 권하고 싶지 않지만, 홍콩의 정통 딤섬집에 가고 싶다면 이곳에서 점심 식사를 체험해 보자. 그 맛에 크게 만족할 것이다.

직원이 손수레를 끌고 오면 뚜껑을 열어 보고 선택할 수 있다. 영어로 된 메뉴판도 없고, 사진을 보고 고를 수도 없기 때문에 같은 테이블에 앉은 홍콩 사람들이 먹고 있는 것과 동일한 것을 주문하는 것도 하나의 방법이다. 친절한 홍콩 사람을 만난다면 메뉴 설명까지 들을 수 있다.

주소 G/F, 160-164 Welling Street, Central 위치 MTR 성완 역 A2번 출구에서 도보 10분, 란카이퐁 호텔 맞은편 전화 2544 4556 시간 06:00~23:00

예만방 Dimsum the art of Chinese tit-bits 譽滿坊

깔끔하고 고급스러운 분위기로 이름난 딤섬집

싱우 로드(Sing Woo Road)에 위치한 딤섬 전문점인 예만방은 찾아가기 조금 번거롭지만 홍콩에서 유명한 딤섬집이다. 베스트 딤섬집으로 여러 번 수상한 경력이 있고 관광객은 물론 현지인들에게도 유명하다. 해피밸리에 위치하고 있어 일부러 찾아가야 하지만 그 시간이 결코 아깝지 않다. 장국영이 자주 다니던 단골집으로도 유명한 곳이며, 한쪽 벽면 장식장에는 베스트 딤섬집 상이 걸려 있어 그 유명세를 실감할 수 있다. 메뉴판은 영어로 되어 있어 메뉴를 고르는 데 전혀 불편하지 않으며, 종업원 역시 영어에 유창하다. 얇은 금박에 샥스핀을 얹은 하가우 등 딤섬 맛이 훌륭하다. 크고 실한 새우가 살아 나올 것처럼 신선하고 전복 딤섬도 맛도 좋다.

주소 G/F, 63 Sing Woo Road, Happy Valley 위치 MTR 애드머럴티 역 C번 출구로 나와 해피밸리행 트램을 타고 종점에서 하차 후 도보로 8분 전화 2834 8893 시간 11:00~16:30, 18:00~23:00(월~금), 10:30~16:30, 18:00~23:00(토~일, 공휴일) 홈페이지 dim-sum.hk/contact.html

세레나데 Serenade 映月樓

가격 대비 맛과 분위기에서 최고인 집

홍콩 문화 센터 1층에 있는 광둥 요리와 딤섬 전문 레스토랑으로 주윤발, 성룡, 장만옥 등 여러 홍콩 스타들이 즐겨 찾는 딤섬 전문점이다. 통유리를 통해 홍콩 섬의 마천루 경치를 볼 수 있는 곳으로 유명해 항상 북적거린다. 아침 딤섬과 애프터눈 티 딤섬 시간대에는 몇 가지 인기 딤섬을 제외하고는 모든 딤섬의 가격이 40% 정도 저렴하다. 딤섬 시간이 종료된 16시 30분 이후에는 광둥 요리집으로 변신한 모습을 볼 수 있다. 창가에 앉고 싶다면 오전 11시 이전에 도착하거나 예약을 해야 한다.

주소 1-2/F, Hong Kong Cultural Centre, Restaurant Block, Tsim Sha Tsui 위치 MTR 침사추이 역 E번 출구를 따라 올라가면 나오는 J4번 출구에서 도보로 7분, 침사추이 스타페리 터미널 옆 홍콩 문화 센터 내 전화 2722 0932 시간 09:00~16:30, 17:30~23:30

❥ 시티홀 맥심 플레이스 City Hall Maxim's Place 大會堂 美心皇宮

클린턴 대통령이 찾은 딤섬 레스토랑

홍콩에서 가장 맛있는 딤섬이라고 자랑하는 이곳은 시티홀에 위치한 맥심 그룹에서
운영하는 또 하나의 레스토랑으로 전 미국 대통령 클린턴이 이곳에서 식사해서 더
욱 유명해졌다. 레스토랑이라기보다는 큰 강당 안에 테이블 세팅을 해 놓은 것 같
이 끝이 보이지 않는다. 하카오, 시우마이, 스프링 롤, 완탕, 새우 케이크 그리고
디저트 메뉴도 다양하다. 특히 더우푸 화(Tofu Fa)라는 달콤한 시럽에 담긴 두부
디저트가 일품이다. 관광객뿐 아니라 현지인들이 애용하는 광둥 요리 전문 레스토
랑으로 예약은 받지 않으므로 긴 줄을 서서 기다리는 불편함은 감수해야 한다.

시티홀점

주소 2/F, City Hall, Central 위치 센트럴 시티홀 2층 전화 2521 1303 시간 11:00~15:00, 17:30~23:00(월~토) /
09:00~15:00, 17:30~23:00(일요일 · 공휴일)

순탁지점

주소 B13-B18, B/F, Shun Tak Centre, 168~200 Connaught Road Central, Sheung Wan 위치 MTR 성완 역 D번 출구
순탁센터 전화 2291 0098 시간 07:30~16:00, 18:00~23:30

❥ 딤섬 스퀘어 Dimsum Square

가성비 갑! 성완의 딤섬집

물가가 지속적으로 오르는 홍콩에서 마음 놓고 딤섬
을 먹기란 힘들다. 그러나 이곳은 딤섬 가격이 저렴
하고 맛 또한 훌륭하다. 예만방이나 기타 호텔에서 제
공되는 고급스러운 딤섬과는 차이가 있지만 딤섬 초
보자라면 이곳에서 푸짐하게 딤섬을 맛볼 수 있다. 딤
섬 메뉴는 사진과 영어로 되어 있어 선택이 비교적 수
월하다. 다른 곳과 마찬가지로 차 값은 별도이며, 지불
은 현금만 가능하다. 폐점 시간은 밤 10시로, 마지막
주문은 9시 30분까지이다.

주소 G/F., Fu Fai Commercial Centre, 27 Hillier Street, Sheung Wan 위치 MTR 성완 역 A2번 출구 도보 5분 전화
2851 8088 시간 10:00~22:00 (월~토), 08:00~22:00(일)

선물하기 좋은
아이템 구입하기

홍콩은 유난히 우리나라에서 볼 수 없는 아이템과 저렴한 물건들을 다양하게 판매하고 있다. 그럼에도 불구하고 막상 여행지에서는 가족이나 친구들에게 어떤 선물을 해야 할 지 고민을 하게 된다. 시간도 촉박하고 각자에게 맞는 선물을 고르기가 어렵다면 주목! 선물 구입의 고민을 해결해 줄 아이템들을 소개한다.

❥ 만다린 케이크 숍 The Mandarin Cake Shop

향기로운 장미 향으로 호화로운 맛을 전하다(장미 꽃잎 잼)

만다린 호텔의 장미 꽃잎 잼은 초콜릿의 명성만큼이나 유명하다. 잼은 작고 예쁜
유리 항아리에 담겨 있으며 뚜껑을 열면 향기로운 장미 향이 퍼지는데, 딸기 잼에
장미 꽃잎을 섞어 만들어 향이 더욱 진하다. 250g(HK$198)과 450g(HK$248) 두
종류가 있으며, 작지만 호화로운 맛을 전하고 싶은 가족이나 친구의 선물 리스트에 추가해
도 좋을 듯하다.

주소 The Mandarin Cake Shop, G/F, Mandarin Oriental Hotel, 5 Connaught Road, Central 위치
MTR 센트럴 역 F번 출구 전화 2825 4008 시간 08:00~20:00(월~토), 08:00~19:00(일, 공휴일)

❥ 페닌슐라 부티크 Peninsula Boutique

고급스러운 분위기의 선물이 가득한 곳

홍콩 최고의 호텔답게 고급스러운 분위기가 흐르는 이곳은 다양한 수제 초콜릿과 쿠키, 여러 종류의 차뿐만
아니라 로고가 새겨진 도자기, 가방, 수건 등을 판매한다. 페닌슐라 로고가 새겨진 케이스에 담겨져 있어 선
물하기에도 아주 좋다. 초콜릿을 입힌 포테이토 칩 또한 흔하지 않아서 인기 있는 품목 중 하나로 선물용으로
제격이다. 가격은 20피스가 HK$160, 30피스가 HK$220이다.

침사추이점
주소 The Peninsula Hong Kong B1, Salisbury Road,Tsim Sha Tsui 위치 MTR 침사추
이 역 E번 출구에서 정면으로 도보 2분 전화 2315 3262 시간 09:30~19:00 홈페이지 www.
peninsulaboutique.com

공항점
주소 Level 6, Restricted Area, East Hall 전화 2186 6646 시간 07:00~23:00

◆ 기화병가 Kee wah bakery

중국 전통 과자를 구입할 수 있는 곳(에그롤, 월병, 호두 쿠키)

'원더풀 차이나'란 뜻의 베이커리로 작은 식료품점으로 시작한 곳이다. 에그롤, 호두 쿠키, 월병, 판다 쿠키, 전통 중국 과자를 살 수 있어 우리나라 여행자들에게 많은 인기를 모으고 있다. 침사추이, 란콰이퐁, IFC 몰에도 있으며, 판다 모양의 쿠키는 선물용으로 아이나 어른 모두 좋아하는 것으로 그 맛 또한 고소하다. 참깨 비스킷과 호두 쿠키도 베스트 아이템 중 하나다.

센트럴점

주소 1018B, IFC Mall, Central 위치 MTR 홍콩 역 F번 출구, IFC 몰 전화 2536 0118 시간 07:30~20:30(월~토), 08:00~20:00(일, 공휴일)

공항점

위치 Level 5, Terminal 2 전화 3559 1000 시간 08:00~23:00

◆ 윙와 케이크 숍 Wing Wah Cake Shop

중국 전통 과자를 살 수 있는 곳

1950년에 오픈한 윙와 케이크 숍은 기화병가처럼 중국 전통 과자를 판매하는 곳으로, 홍콩 공항에도 입점해 있어 귀국 전에 편하게 구입할 수 있다. 특히 침사추이 지점에서는 에그롤을 직접 만들어 보는 쿠킹 클래스가 있으니 관심이 있다면 시도해 보자.

침사추이점

주소 Shop 4, G/F, Union Mansion, 35 Chatham Road South, Tsim Sha Tsui 위치 MTR 침사추이 역 D2번 출구에서 Carnarvon Rd를 따라 Hart Avenue 쪽으로 도보 5분, Chatham Rd에 다다른 후 바로 왼쪽 방향 전화 2316 7688 시간 09:00~21:00 홈페이지 www.wingwah.com

공항점

위치 Level 7, Departure East Hall, Terminal 1 전화 2261 2688 시간 07:00~23:45
위치 Level 5, North Satellite Concourse, Terminal 1 전화 2261 2683 시간 07:00~23:00
위치 Level 5, Arrivals Pre-immigration Hall, Terminal 1 전화 2261 0859 시간 07:00~22:00
위치 Level 3, Skyplaza, Terminal 2 전화 2878 7373 시간 09:00~24:00

에그롤 쿠킹 클래스 `Tip`

윙와 케이크 숍(Wing Wah Cake Shop)에서는 에그롤, 월병 같은 중국 전통 과자를 만들어 볼 수 있는 좋은 기회를 제공하고 있다. 두 명의 주방장이 만드는 과정을 보여 주고 영어로 설명을 해 주는 직원이 있다. 시연이 끝나면 본인이 만든 과자를 직접 차와 함께 맛볼 수 있으며, 클래스가 끝나면 땅콩 쿠키를 기념으로 준비해 준다. 클래스는 좁은 공간에서 이루어지다 보니 예약은 필수이다. 예전에는 무료로 진행되었으나 현재는 HK$30을 내야만 이용 가능하다.

예약 홍콩 도착 후 홍콩 현지 관광청 인포메이션 데스크에서 예약할 수 있다(e-mail 예약 접수 불가). 시간 11:30~12:45, 13:30~14:45(매주 일요일)

폭밍통 티숍 Fook Ming Tong Tea Shop

최고급 중국차를 판매하는 곳

최고급 중국 차만을 엄선하여 판매하는 티숍으로, 직접 차를 시음해 보고 마음에 드는 차를 선택할 수 있다. 직접 품질 좋은 차를 재배하여 판매를 하는 곳이어서 다른 곳에서 중국차를 믿고 사기 어렵다고 느낀다면 이곳에서 구입하도록 하자. 가격대는 저렴하지 않지만 품질 좋은 차를 믿고 살 수 있는 확실한 곳이다. 하버 시티와 랜드마크에 위치하고 있다.

주소 Shop 3006, IFC Mall, Central 위치 MTR 홍콩 역 F번 출구, IFC 몰 전화 2295 0368 시간 10:30~20:00(월~토), 11:00~20:00(일, 공휴일)

슈퍼마켓에서 홍차 구입하기

시간 절약해 차 선물을 고르다

여행자의 시간 절약법 중 하나는 어디서나 쉽게 볼 수 있는 시티 슈퍼나 그레이트, 스리 식스티 등의 슈퍼마켓에서 홍차를 구입해 가는 것이다. 코즈웨이베이 역에 있는 타임 스퀘어에서는 트와이닝 제품을 다양하게 구입할 수 있고, 트와이닝 제품 중 레이디 그레이와 아토피 피부염에 좋다고 알려진 루이보스티는 가장 많이 판매되는 제품 중 하나이다. 또한 소고 백화점 지하에는 자스민, 얼그레이가 유명한 위타드 오브 첼시 제품을 쉽게 구입할 수 있다. 센트럴 프린스 빌딩 안에 있는 '올리버' 또한 다양한 홍차를 구입할 수 있는 곳이다.

홍콩의 유명한 홍차 브랜드

Tip

1. **위타드 오브 첼시** (자스민, 얼그레이)
   영국 런던에 최초의 매장을 열어 현재는 전 세계 100여 곳에서 차를 판매하고 있다. 이 브랜드는 특히 일본에서 질 좋은 차로 인정받고 있다.

2. **스칸돌렛** 티포트 세트가 유명하다.

3. **아마드** (과일향차)
   3대에 걸쳐 홍차만을 제조해 온 영국의 홍차 회사로 다양한 종류가 있고, 향이 매우 좋다.

4. **웨지우드** 영국의 도자기 회사로 티웨어뿐만 아니라 홍차에서도 명품을 만들어 내고 있다.

5. **트와이닝** 레이디 그레이 / 루이보스티(아토피 피부염에 좋다고 알려짐)

6. **포트넘** 다즐링이 가장 맛이 좋아 홍차의 샴페인이라고 불린다.

저렴하게 구입할 수 있는 영국의 고급 향수

쇼핑의 메카 홍콩에서는 영국의 고급 향수도 우리나라보다 비교적 저렴하게 구입할 수 있다. 우리나라에서 판매하지 않는 향수도 구입할 수 있기 때문에 향수에 흥미가 없는 여행자라도 관심을 가져 볼 만하다. 소중한 사람에게 여행 선물을 해야 한다면 흔하게 구입할 수 없는 향수를 추천한다.

조말론 향수 Jo MALONE

고현정의 책 《결》에서 추천하는 조말론 향수는 은은한 복숭아 향이 좋아 많은 여성들에게 사랑받는 아이템이다. 영국, 미국 등에서만 판매가 되었지만 홍콩에서도 구입할 수 있게 되었다. 침사추이에 있는 하버 시티의 페이시스와 레인 크로포드에서 구입이 가능하다.

펜할라곤 향수 Penhaligon's

영국 왕실에서 오랫동안 사랑받아 온 명품 향수 중 하나이다. 왕실뿐 아니라 유명 영화배우, 세계적인 디자이너 등 많은 유명인의 사랑을 받고 있다. 베르가모트와 자스민 등 유기농 식물을 140년 간의 노하우로 빚어내 향이 은은하고 매력적이다.

©shutterstock / Sorbis

세일 폭이 큰
홍콩의 아웃렛

쇼핑의 도시답게 세일의 폭이 큰 홍콩은 최고 90%까지의 파격 세일을 자주 한다. 물론 처음부터 이렇게 할인하는 것은 아니다. 20~30% 세일로 시작해 물건이 얼마 안 남았거나 세일 기간 끝 무렵에 90%까지 할인해 남김 없이 팔아버리는 것이다. 또 명품 브랜드나 인기 브랜드는 50%까지 세일하다 더 팔리지 않는 물건은 아웃렛으로 재빨리 이동시킨다. 덕분에 홍콩의 아웃렛에는 여느 도시보다 신제품이 많아 골라 사기에 좋다.

©shutterstock / Nuk2013

🔵 시티 게이트 City Gate 東薈城名店倉

공항에 가기 전 필수 쇼핑 코스

홍콩 국제공항에서 멀지 않은 거리에 있고 MTR 통총선 종점인 통총 역에서 바로 연결되어 있으며, 노보텔 시티 게이트 호텔과도 연결되어 있다. 아시아에서 유일하게 발리 매장이 있어 발리 마니아들은 즐거운 비명을 지를 수 있는 곳이기도 하다. 비비안 탐, 발리, 랄프로렌 등의 디자이너 브랜드를 비롯하여 스포츠 브랜드, 홍콩 로컬 브랜드, 이너웨어 브랜드 등이 다양하게 입점해 있다. 건물 구조가 특이한데, 3층에 있는 브리지로 연결되어 있어 건물의 앞쪽과 맨 끝자락에 위치한 에스컬레이터를 이용하여 위·아래층으로 이동할 수 있다. 애버딘의 호라이즌 프라자보다 입점한 브랜드의 종류가 다양하다. 상점마다 상이하지만 9시에 문을 닫는 곳도 많기 때문에 쇼핑하려면 적어도 7시 이전에 가는 것이 좋다.

주소 20 Tat Tung, Road, Tung Chung, Lantau 위치 MTR 통총 역에서 C번 출구 전화 2109 2933 시간 10:00~ 22:00 홈페이지 www.citygateoutlets.com.hk

홍콩 국제공항에서 **Tip**
시티 게이트 찾아가는 방법

공항의 오른쪽에 있는 버스 정류장에서 S1, S52, S64번 버스를 타면 된다. 다른 버스 노선에 비해 가장 최단 거리로 가는 노선이 S1으로, 종점에서 내리면 된다. 요금은 HK$3이고, 소요 시간은 20분 정도이다. 시간이 부족한 여행자라면 택시를 타자. 택시를 이용할 경우 요금은 HK$40~50이다.

🔵 익스트라 베간자 Extra Veganza

시내에 위치한 세일 숍

1999년도에 오픈한 매장으로 홍콩에 15개의 매장이 있다. 아웃렛이라기보다는 소규모의 편집 숍 같은 분위기로 유럽과 일본 등의 다양한 브랜드를 접할 수 있다. 안나수이, 블루마린, 에비수, 푸치, 비비안 웨스트우드, 케티 밀러, 미우미우 등을 최고 70~ 80% 싼 가격에 살 수 있다. 독특한 물건을 구입하고자 한다면 한번쯤은 잊지 말고 가 보자.

주소 Shop 1011 & 1027, Mirama Shopping Centre, 1-23 Kimberley Road, Tsim Sha Tsui 위치 MTR 침사추이 역 B1번 출구에서 도보 5분 전화 2730 0500 시간 12:00~22:00(월~금), 11:00~22:30(토~일) 홈페이지 www.extravaganza.ws

❯ 조이스 웨어 하우스 Joyce warehouse

외국 명품 브랜드를 할인가에 구입할 수 있는 곳

애버딘의 호라이즌 플라자 21층에 위치하고 있으며 장 폴 고티에, 돌
체 & 가바나, 존 갈리아노, 질 샌더, 스텔라 맥카트니, 드리스 반 노튼,
휴고 보스, 꼼데 가르송, 디스퀘어드 등의 명품 브랜드를 30%에서 최
고 70%까지 세일된 가격에 구입할 수 있다. 한 번 구입한 제품은 환불
과 교환이 되지 않기 때문에 구매 시에는 꼼꼼히 체크해 보자.

Tip

매장 문이
잠겨 있을 경우

매장에 들어갈 때 문이 잠겨 있
어 당황하는 경우가 있다. 이럴
땐 옆에 있는 벨을 누르면 점원
이 문을 열어 준다.

주소 21/F Horizon Plaza, 2 Lee Wing St., Ap Lei Chau 위치 압레이차우 호라
이즌 프라자 내 전화 2814 8313 시간 10:00~19:00(월요일 휴무)

❯ 레인 크로포드 아웃렛 Lane Crawford

홍콩 유명 백화점의 아웃렛 매장

홍콩 시내에 위치한 영국계 백화점의 아웃렛 매장으로 가구와 생
활용품은 물론 명품 슈즈와 남녀 의류, 패션 액세서리 등을 만날
수 있는 곳이다. 명품 외에도 이태리 캐주얼 브랜드 폴 앤 샤크,
에트로, 마크 제이콥스, 스텔라 맥카트니 등 유럽 브랜드를 손
쉽게 만날 수 있으나 시즌이 지난 상품이 많아 다소 실망할 수
있으니 너무 큰 기대는 하지 말자.

주소 25/F Horizon Plaza, 2 Lee Wing St., Ap Lei Chau 위치 압레이
차우 호라이즌 프라자 내 전화 2118 3403 시간 10:00~19:00

❯ 트위스트 Twist

시내에 위치한 아웃렛

관광객들에게 알려진 대부분의 할인 매장이 홍콩 외곽에 위치하여 일부러
시간을 내어 찾아가야 한다는 번거로움이 있지만 이곳은 센트럴, 코즈웨이
베이 그리고 침사추이 시내에 위치하여 찾아가기 수월하다. 발렌시아가, 보
테가 베네타, 버버리, 끌로에, 꼼데 가르송 등 하이엔드 패션 브랜드
에서 디젤, 캠퍼와 같은 캐주얼 브랜드까지 다양한 브랜드를 갖추고
있다. 지난 시즌 상품을 20~50% 정도 할인된 가격으로 살 수 있어
호라이즌 프라자나 스페이스 아웃렛과는 달리 그 할인 폭이 크지는
않다. VIP 카드를 만들면 신상품도 25% 할인이 가능하다.

주소 Shop106 & 207, Miramall, 118~130 Nathan Road 위치 MTR 침사
추이 역 B1번 출구에서 도보 3분 전화 2577-9323 시간 11:00~22:00 홈
페이지 www.twist.hk

화려하고 다양한
홍콩의 축제 즐기기

홍콩은 유난히 축제가 많기로 유명하다. 구정 축제를 시작으로 해서 크리스마스 축제까지 일 년 내내 축제가 이어지고, 불꽃 축제, 사자춤, 용춤, 경극, 거리 퍼레이드, 카니발 등이 축제를 더욱 다채롭게 한다. 일부러 일정을 맞추기는 쉽지 않지만 축제일에 홍콩을 방문하게 된다면 다채로운 경험을 만끽하게 될 것이다. 한번쯤 화려한 축제 분위기 속에서 사람들과 어울려 보는 것도 여행의 큰 즐거움이 될 것이다.

🐉 구정 설 Chinese New Year

우리나라와 같은 구정(음력 1월 1일)

홍콩에서 가장 화려한 중국의 전통 명절로 홍콩 전역에서 들썩이는 모습을 볼 수 있다. 빅토리아 항에는 성대한 불꽃 축제를 보기 위해 모인 관광객과 홍콩 사람들로 인산인해를 이룬다. 다양한 먹을거리뿐 아니라 다채로운 행사로 관광객들에게 볼거리를 제공한다. 새해에 행운을 가져다 준다는 귤이 열린 나무를 사기 위해 꽃 시장은 붐비기 시작하고, 전통적인 새해 인사인 '쿵 헤이 팟 초이'라는 인사를 한다. 이 말은 새해 복 많이 받으라는 우리나라의 새해 인사와 비슷하며 평안과 번영을 의미하는 덕담이다. 관광의 중심지인 침사추이는 차 없는 거리로 바뀌어 퍼레이드 행렬이 이어지기도 한다. 이 시기에는 구정 세일 기간이니 세일과 축제를 한꺼번에 즐겨 보자.

🐉 연등 축제 Spring Lantern Festival

중국의 밸런타인데이(음력 1월 3일)

구정 축제 마지막 날을 장식하는 축제로, 중추절에도 이 화려한 연등 축제가 진행된다. 거리 곳곳에서 환상적인 연등 행렬을 볼 수 있고, 동물 모양의 연등이 빅토리아 공원 등지에 화려하게 수놓는 장관이 펼쳐진다. 또한 이 시기는 중국의 밸런타인데이로 알려져 있어 젊은 커플들에게 가장 인기 있는 축제이다.

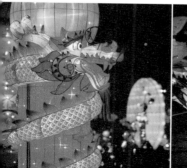

◈ 체쿵 탄신일 Birthday of Che Kung

행복과 복을 비는 행운의 신, 체쿵의 탄신일 (음력 1월 3일)

행운의 신이 한 해 동안 행운과 복을 가져다 준다고 믿는 홍콩 사람들에게
가장 유명한 신이 체쿵신이다. 체쿵은 송나라 때의 장군으로, 샤틴에 사는
주민들을 역병에서 구하게 되면서 그의 위패가 도교 사원에 오르게 되었다
고 한다. 홍콩의 많은 사람들이 체쿵 사원에 들러 가족의 행운과 복을 빌기
도 한다. 체쿵 사원에는 운명을 바꿔준다는 작은 풍차가 있는데, 기도를 한
후 풍차를 돌려 행운을 점치는 사람들의 모습도 볼 수 있다. 음력 정월 2일,
음력 3월 27일, 음력 6월 6일, 음력 8월 16일에 페스티벌이 열린다.

위치 MTR 체쿵 사원 역 B번 출구

◈ 틴하우 탄신일 Birthday of Tin Hau

바다의 여신 '틴하우'를 기리는 날 (음력 3월 23일)

홍콩의 대부분의 어부들은 바다의 여신인 틴하우를 섬긴다. 그래서 틴하우의 탄신일인 음력 3월 23일에는
어촌 마을에서 한 해 동안의 풍어 및 안녕을 기원하는 행사가 거대하게 이뤄진다. 뱃사람들은 자신의 배를 화
려하게 장식하고 파포(花砲)라고 불리는 종이로 만든 꽃을 틴하우 신에게 바치게 된다. 축제는 사이쿵 조스
하우스 베이와 신계지의 유엔롱에서 열린다.

위치 사이쿵 Joss House Bay, 또는 신계지 Yuen Long

◈ 청차우 빵 축제 Cheung Chau Bun Festival

나쁜 기운을 없애 주는 빵 축제 (음력 4월)

홍콩 섬과 12km 떨어진 청차우 섬에서 홍콩의 전통 축제인 청자
우 빵 축제가 열린다. 축제의 주요 행사는 15m 길이의 빵으로 만
든 탑위로 가장 빨리 오르는 사람이 승자가 되는 대회이다. 빵 축
제의 기원은 80년 전에 해적의 침입으로 희생당한 주민들의 영혼
을 기리고 나쁜 기운을 없애기 위한 것이라고 한다. 일주일간 지속
되는 이 축제에는 신이나 영웅으로 분장한 아이들이 공중에서 떠
다니는 행렬로 이어진다. 그 외에도 오페라, 사자춤 등 다양한 행
사가 열린다.

위치 센트럴 피어 5번 선착장에서 50분 소요, 청자우 섬

➤ 용선 축제 Dragon Boat Festival

국가적 영웅 '쿠 유안'을 추모하기 위한 축제(음력 5월 5일)

음력 5월 5일이 되면 홍콩의 해안가 전역에서 용선 축제가 열린다. 이 날은 대나무 잎으로 싼 찹쌀떡인 쭝즈를 먹는다. 이는 2천 년 전 중국 역사상 가장 혼란스러웠던 전국 시대에 부패한 관료들에 항거하여 미로 강에 투신한 초나라 시인이었던 굴원(屈原) '쿠 유안'을 추모하기 위해 유래되었다. 그의 용기에 감명받은 마을 사람들이 그를 구하러 갔지만 결국 그를 살려내지는 못했다. 그래서 사람들은 그의 시신이 훼손되는 것을 막기 위해 북을 치며 물고기에게 쌀로 만든 경단을 던지게 되었다. 용선 축제는 홍콩에서 가장 흥미진진한 축제로 축제 기간 동안에 지역 용선 경주 대회와 국제 용선 경주 대회가 함께 진행된다. 조정 경기와 비슷하며 용 모양을 새긴 뱃머리에 북을 치는 사람과 20여 명이 노를 저어 서로의 협동심을 보여 주는 경기로 축제 기간에 수영을 하면 건강과 행운이 온다는 믿음이 있다.

위치 리펄스베이 센트럴 익스체인지 스퀘어에서 6, 6A, 61번 버스 이용 / 애버딘 센트럴 익스체인지 스퀘어에서 70번 버스 이용 / 스탠리 메인 비치 MTR 홍콩 역 D번 출구로 나와 익스체인지 스퀘어에서 6, 6A, 6X, 66, 260번 버스 이용

➤ 중추절 Harvest Festival

우리나라의 추석과 비슷한 명절(음력 8월 15일)

중추절은 우리나라의 추석과 비슷한 명절로 둥근 모양의 과자인 월병을 먹는 전통이 있다. 겉은 밀가루에 달콤한 팥소에 견과류를 넣거나 계란 노른자를 넣는 곳도 있다. 월병은 14세기 중국이 몽고족에 대한 민족의 항거에서 유래된 것으로, 반란을 일으키게 되면서 사람들에게 반란에 참여할 것을 종용하기 위해 월병을 만들어 그 안에 장소와 시간을 적어 집집마다 나누어 주게 되었다고 한다. 코즈웨이베이 빅토리아 공원에서 화려하고 아름다운 등불 축제가 열린다.

여행 정보

- **여행**준비
- **한국**출국
- **홍콩**입국
- **집으로 돌아오는 길**

여권 준비

외국을 여행하고자 하는 국민들에게 정부가 여행자의 국적과 신분 등을 증명하고 상대국에게 자국민의 편리 도모와 보호를 의뢰하는 증명서로, 유효 기간이 10년인 복수 여권과 1년인 단수 여권이 있다. 단, 만 18세 미만의 병역 미필자는 5년 이하로 그 유효 기간이 제한되어 있다. 2008년 8월부터 개인 정보를 담은 전자 칩이 내장된 전자 여권이 발급되었는데, 전자 여권은 대리 신청이 불가하고 본인이 직접 신청해야 한다. 여권 신청일로부터 4일 이내에 발급이 가능하며, 서울의 경우 구청에서, 지방은 시청과 도청에서 발급받을 수 있다.

외교부 여권 안내 홈페이지
www.passport.go.kr

◈ 발급 절차
신청서 작성 → 접수 → 신원 조사 확인, 경찰청 외사과, 결과 회보 → 여권 서류 심사 → 여권 제작 → 여권 교부

◈ 여권 발급에 필요한 서류 (일반 여권 발급 시)

일반인
여권 발급 신청서, 여권용 사진 1매(6개월 이내 촬영한 여권용 사진, 전자 여권이 아닌 경우에는 2매), 신분증(주민등록증 또는 운전면허증), 병역 관계 서류(병역 의무자에 한함).

미성년자
여권 발급 신청서, 여권용 사진 1매, 부 또는 모의 여권 발급 동의서 및 인감 증명서(부 또는 모가 직접 신청할 경우는 생략), 동의인의 신분증 사본, 기본증명서 및 가족관계증명서.

비자

홍콩 입국 시에는 예정된 출국일보다 최소한 한 달 이상의 여권 유효 기간이 남아 있어야 한다. 규정상 6개월이 남아야 하지만, 홍콩의 경우는 여권 유효 기간에 대한 엄격한 규제가 없어 한 달 이상만 남아도 문제는 없다. 한국인의 경우 홍콩에서 3개월 이내로 체류할 경우에는 비자 없이 입국할 수 있다. 단, 3개월 이상 체류할 목적이거나 홍콩에서 중국으로 입국하기 위해서는 중국대사관이나 영사관에서 중국 비자를 받아야 한다. 비자를 받기 위한 서류로는 사진 한 장과 출발일로부터 최소 일주일 정도의 수속 기간이 필요하다.

항공권 구입

항공권의 예약은 출발 355일 전부터 가능하며 여행 목적지, 여행 일시, 여권상에 기재된 여행자 성명, 전화번호가 필요하다.

◈ 항공권의 종류
여행 계획을 세우기 위해서 출발 일정이 결정됐다면, 항공권 구입이 최우선시

되어야 한다. 항공권의 종류는 일반적으로 생각하는 것보다는 그 종류가 더 다양하다. 본인에게 맞는 항공권 구입은 여행 경비를 절감하는 지름길이다.

❶ 유효 기간에 따른 분류(1년/한 달/15일/7일)
❷ 신분에 따른 분류(학생/어린이/장애인/경로우대)

항공사에서 지정한 핫세일 기간을 노려라
항공사에서는 임박한 날짜에 좌석이 다 차지 않는다면 특가 세일을 해서 좌석 판매를 하는 경우가 대부분이다. 이런 경우 제약 조건이 따르는 경우가 있지만, 시간이 허락된다면 항공 일정에 여행 일정을 맞추는 것도 좋은 방법이다.

일정 변경이 절대 없다면!

비수기에 앞서 항공사에서는 좌석 판매를 위해 미리 45일 전 발권 혹은 마일리지 적립이 안 되는 항공권 등 다양한 조건을 내걸고 프로모션을 한다. 일정 변경이 없다면 제약 조건이 많더라도 저렴한 항공권을 선택하자. 그러나 만약 일정 변경을 할 경우 환불이 안 된다거나 패널티가 부과되기 때문에 오히려 경비 절감에는 마이너스이다. 저렴한 항공권일수록 항공사에서 정한 조건 등을 꼼꼼하게 살펴 보자.

다양한 기내식

비행기를 타면 싫든 좋든 먹게 되는 기내식. 한정된 기내 안에서 꼭 정해진 기내식만 먹으라는 법은 없다. 어린이를 위한 햄버거, 스파게티 등 다양한 기내식이 있다. 물론 항공 노선에 따라 탑재되는 기내식이 달라지기도 한다. 그리고 당뇨병 환자를 위한 환자식도 제공된다. 대신 출발하기 72시간 전에 신청해야 한다.

임산부도 비행기 탑승이 가능할까?

미국 상공을 비행하던 기내에서 아기를 낳은 임산부가 있었다. 그럼 그 아기의 국적은 한국일까? 미국일까? 한때 원정 출산이 유행처럼 번지면서 들려오던 이야기이다. 그러나 이런 경우가 발생할 가능성은 매우 희박하다. 8개월 이상 된 임산부의 경우 출발 72시간 전에 출산 예정일 등이 적힌 산부인과 의사가 발급한 건강진단서 2부와 서약서 2부를 제출해야 탑승이 가능하다. 또한 비행기 안은 미국 자국의 영역에 포함시키지 않기 때문에 미국 국적은 취득할 수 없다.

숙소 예약

항공권 예약이 확정되고 나면 여행 일정에 맞는 숙소를 예약해야 한다. 숙소는 크게 민박과 호텔로 나눌 수 있는데, 저렴한 비용으로 여행 계획을 세운다면 민박을 이용하고, 비용보다는 편리성을 추구한다면 비즈니스급 호텔을 이용하는 것이 좋다. 민박집을 예약할 경우에는 인터넷을 이용해 온라인 모임이나 포털사이트 검색을 통하여 먼저 이용한 여행객들의 반응을 알아보도록 하자. 비용 지불과 방 사용에 관한 내용을 꼼꼼히 따져보는 것이 좋다. 비즈니스급 호텔을 예약할 경우에는 위치가 중요하다. 여행 동선을 고려하여 저렴한 곳으로 정하면 된다.

▶ 손쉽고 저렴하게 호텔 예약하는 방법

프라이스 라인 www.priceline.com

홈페이지의 'SINE UP'에 들어가 E-mail과 이름만 입력하면 회원가입이 가능하다. 호텔스컴바인과 같이 총 6개의 사이트 중 원하는 사이트를 선택해서 가장 저렴한 호텔을 비교할 수 있다. 허나 각 페이지가 열리는 번거로움이 있어 한눈에 저렴한 호텔을 찾기는 쉽지 않다. 다른 사이트에 비해 그리 손쉬운 방법은 아니지만 특이한 점은 비딩을 통해서 특급 호텔을 저렴하게 이용할 수 있는 것이다. 원하는 호텔의 등급과 지역을 선정한 후 1박에 원하는 금액을 넣는다. 조건이 맞는다면 예약이 성사되어 바로 결제가 진행된다. 따라서 만일 일정이 변경될 가능성이 있다면 이 사이트를 피하는 게 좋다. 하지만 일정 변경이 없다면 1박에 100USD로 힐튼 호텔에서 묵을 수 있으니 이용해 볼 만하지 않은가. 동남아 지역보다는 미국 지역에 있는 호텔이 아무래도 성공률이 높다.

부킹닷컴 www.booking.com

한국어 서비스를 하고 있어서 호텔 정보를 한글로 볼 수 있는 이점이 있으며 예약료를 별도로 내지 않는 경우가 많다. 상단의 화면처럼, 원하는 호텔명 또는 도시명을 입력하고 체크인-체크아웃 날짜를 체크하여 검색을 누르면 객실 유형 및 요금을 보여 준다. 여행사에 제공되는 수수료를 제외하고 적용되는 요금이라서 호텔마다 차이는 있지만 대체로 저렴한 편이다. 예약 취소 수수료가 적용되지 않는 경우도 있기 때문에 일정이 변경될 가능성이 많다면 이 사이트를 이용해 보자.

호텔스컴바인 www.hotelscombined.com

전 세계 호텔들의 가격을 한번에 비교하여 손쉽게 예약할 수 있는 호텔 예약 사이트이다. 원하는 호텔의 등급, 가격 범위와 지역 등을 선택하면 여러 호텔 예약 사이트에서 제공하는 가격을 한꺼번에 볼 수 있기 때문에 다른 사이트보다 예약이 훨씬 수월하다. 또한 예약 수수료를 별도로 내지 않아도 된다. 같은 호텔이라도 각각의 호텔 예약 사이트마다 가격을 다르게 제공하기 때문에 어느 사이트가 가장 저렴한지 비교해 주고 해당 사이트로 연결된다. 결제는 해당 사이트에서 진행되며, 사이트별로 거래 수수료(카드사별로 상이, 비자 마스터의 경우 1% 부과)가 있는 경우도 있다. 또한 조건에 따라 추가 요금이 발생할 수 있으며 추가 요금이 정해져 있지 않은 터무니 없는 경우가 있으니 예약 시 반드시 조건을 주의하여 보기 바란다.

환전

여행사에서 상품을 예약하면 환전 수수료 할인 쿠폰을 받을 수 있는데, 이것을 이용하면 좀 더 저렴하게 환전할 수 있다. 공항에서도 이용이 가능하지만, 시내 은행에서 이용하면 환전 수수료 등을 할인받을 수 있다. 인터넷을 통한 환전 클럽을 이용하여 미리 환전 신청을 한 후 가까운 해당 은행이나 공항에서 수수료를 할인받아 환전할 수 있다. 여행자 수표는 US$ 여행자 수표로 구입한 후 홍콩 현지에서 다시 홍콩 달러로 재환전해야 하기 때문에 적지 않은 환차손이 있을 뿐만 아니라 번거로우므로 단기간 여행이 많은 홍콩에서는 사용하지 않는 것이 좋다.

여행자 보험

해외 여행 시에는 도난 등 사고의 위험이 있기 때문에 출발 전에 여행자 보험에 가입하는 것이 좋다. 가입 비용은 5천 원~1만 원 정도이며, 체류 기간이나 보장 내역에 따라 가입 비용은 달라진다. 여행사 상품을 이용할 경우 상품에 포함되어 있는 경우도 있고, 은행에서 환전을 할 경우 여행자 보험을 무료로 들어 주기도 한다. 만약 두 경우 모두에 해당되지 않은 경우에는 출발 전에 인터넷이나 공항에서 가입하도록 하자.

여권 분실 시

홍콩에서 여권 분실 시, 경찰서에 신고하고 주 홍콩 영사관 방문하여 여권 분실 신고를 한다. 이때 지참할 서류는 여권 사본, 증명사진 2매, 주민등록증, E-TICKET 등이다. 마카오에서 여권을 분실한 경우는 마카오에 총영사관이 없기 때문에 경찰서에서 분실 신고를 하고, 마카오 이민국(공휴일 휴무)에서 여권 분실자 출국 심사를 거쳐 홍콩에 있는 영사관까지 가야 임시 서류를 받을 수 있다.

홍콩 총영사관

주소 Consulate General of the Republic of Korea 5-6/F, Far East Finance Centre, 16 Harcourt Road, Hong Kong (香港金鐘夏慤道 16號 遠東金融中心 5-6樓) **위치** MTR 에드미럴티 역 B번 출구 맞은편에 위치 **전화** 2529 4141(ARS 안내 이후 1번) **시간** 09:00~17:30(월~금) / 점심 시간(12:00~13:30)

여행 가방 꾸리기

공항에서 수하물로 부치는 짐은 20kg까지만 허용이 되며 기내 반입은 20L 또는 10kg을 초과할 수 없다. 최근에는 항공사들이 비용 절감 차원에서 위탁 수하물의 무게를 엄격하게 제한하고 있어 짐의 무게를 초과하지 않도록 해야 한다. 또한 기내에는 100ml 이상의 젤류 및 액체류는 반입이 되지 않기 때문에 주의해야 한다. 100ml 이하의 젤이

나 액체류는 투명 지퍼백에 넣어야 기내 반입이 가능하다. 그 수량은 지퍼백 한 개까지만 허용된다. 면세점에서 화장품을 구입한 경우, 기내에 들어가기 전에 포장을 뜯으면 반입을 할 수 없다. 홍콩은 날씨가 변덕스러워 양산 겸용 우산과 함께 얇은 가디건을 꼭 지참해야 한다. 더운 여름이라 하더라도 습도가 높아서 어디에서든 에어컨을 항상 켜두기 때문이다. 쇼핑을 위해 떠나는 여행이라면 접이식 가방을 여유분으로 챙겨 두자. 그리고 분위기 있는 레스토랑이나 바에 갈 계획이 있다면 세미정장한벌쯤은 챙겨두도록 하자.

항공사 수하물 규정

항공 수하물에는 승객이 항공기를 탑승하면서 위탁을 의뢰하는 위탁 수하물(Baggeag Claim Tag)과 승객 본인이 직접 기내에 휴대하여 갖고 가는 휴대 수하물이 있다. 항공기 일반석(이코노미 클래스)의 경우 수하물의 무게 20kg까지 무료로 허용이 된다. 20kg가 넘을 경우, 추가 요금을 지불해야 한다. 어린이를 동반한 경우 어린이도 동일하게 적용된다. 24개월 미만인 유아의 경우는 10kg만 허용된다. 기내에 들고 가는 휴대 수하물의 경우는 3면의 합이 115cm를 초과하면 안 되며 항공사별로 규정에 다소 차이는 있으나 10kg을 넘으면 안 된다.

항공사의 비상구 자리

항공사의 비상구 자리는 누구나 선호하는 좌석이다. 다리를 길게 뻗을 수 있어 비즈니스 클래스를 탑승하지 않더라도 기내 여행을 훨씬 더 편하게 해주는 좌석이다. 대부분의 항공사에서 비상구 좌석 배정은 당일 공항에서 배정을 한다. 비상시에 승무원을 도와 다른 승객의 안전하게 탈출할 수 있도록 도와줘야 하기 때문이다. 따라서 어린이, 몸이 불편한 장애인, 언어 소통이 어려운 외국인 등은 법적으로 배정할 수 없게 되어 있다. 하지만 캐세이퍼시픽 항공사의 경우 비상구 좌석을 원하면 제한 사항에 해당되지 않는 승객이라면 온라인상으로 US$25(단거리), US$100(장거리)를 추가 지불하면 요청할 수 있다.

한국 출국

인천공항 도착

서울에서 인천공항까지의 이동은 공항버스를 이용하거나, 자가용을 이용할 수 있다. 그리고 김포공항에서 서울에서 공항 고속 전철을 이용할 수도 있다. 김포공항에서 인천공항까지는 약 30분 정도 소요된다. 공항버스는 서울역을 기준으로 할 때 인천공항까지는 약 1시간이 소요되지만 서울 시내의 교통 사정이 좋은 편이 아니므로 교통 체증 시간에 출발할 경우는 미리 서두르도록 하자. 공항버스 노선도 및 시간은 www.airportlimousine.co.kr에서 미리 확인할 수 있으며, 버스 노선별로 적용되는 할인 쿠폰도 다운받을 수 있다.

탑승권 발급

출발 2시간 전에 공항에 도착하여 해당 항공 카운터에 가서 탑승권을 발급받도록 하자. 2018년 1월 18일부터 제2여객터미널이 신설되어 제1청사는 아시아나 항공와 제주 항공을 비롯한 저비

용 항공사와 외항사(델타 항공, KLM, 에어프랑스 제외)가 이용하고, 제2청사는 대한 항공, 델타항공, KLM, 에어프랑스 항공사만 이용을 한다. 아시아나 항공의 경우 제1청사 L, M에서 탑승권을 발급받을 수 있다. 케세이퍼시픽 항공의 경우 제1청사에서 탑승권을 발급받을 수 있으며, 체크인 카운터는 3층 운항정보 안내 모니터에서 확인이 가능하다.

출국장

인천공항 제1청사는 3층에 4개의 출국장이 있고, 제2청사는 3층에 2개의 출국장이 있다 출국장으로는 출국할 여행객만 입장이 가능하며 입장을 할 때 항공권과 여권 그리고 기내 반입 수하물(10kg)을 확인한다. 또한 출국장에 들어오자마자 양 옆으로 세관 신고를 하는 곳이 있는데, 사용하고 있는 고가의 물건을 외국으로 들고 나가는 경우 미리 이곳에서 세관 신고를 해야만 입국시 고가 물건에 대한 세금을 부과하지 않는다.

보안 검사

보안 검사 때 여권과 탑승권을 제외하고 모든 소지품을 검사받게 되는데 칼과 가위 같은 날카로운 물건이나 스프레이, 라이터, 가스처럼 인화성 물질은 반입이 안 되므로 기내 수하물 준비 시 미리 체크하도록 하자. 바지 주머니의 소지품은 별도로 제공된 바구니에 넣어 검사받는다.

❯ 인천공항에서 탑승 수속을 할 경우
공항에 도착하면 3층에서 탑승할 항공사와 탑승 수속 카운터를 확인한 후 해당 항공사로 이동하여 탑승 수속을 받도록 한다.
아시아나 항공 : 오전 6시 15분에 업무 개시
대한 항공 : 오전 6시 10분에 업무 개시
외국항공사 : 항공기 출발 2~3시간 전에 업무개시

⑤ 삼성동 도심공항 터미널을 이용할 경우
항공기 출발 3시간 10분 전까지 완료
이용시간 : 05:20~18:30
전화 : 02) 551-0077~8
입주 항공사 : 대한항공(타 항공사 공동운항편
수속 불가. 단 델타항공은 가능), 아시아나항공
(타 항공사 공동운항편 수속 불가), 제주항공, 타
이항공, 싱가포르항공, 카타르항공, 에어캐나다,
중국동방항공, 상해항공, 중국남방항공, KLM
네덜란드항공, 델타항공, 유나이티드항공, 에어
프랑스, 이스타항공, 진에어

출국 심사

출국 심사는 항공권과 여권을 검사하게 된다. 출
국 심사를 통과하면 공항 면세점이 있는데 입국
할 때에는 공항 면세점을 이용할 수 없으므로 출
국 전 이용하도록 한다. 시내 면세점에서 물건을
구입한 경우에는 28번 게이트 앞 면세점 인도장
에서 물건을 찾을 수 있다. 면세 범위는 $600 이
하로 이를 초과 시에는 세금이 부과된다.

비행기 탑승

출국편 항공 해당 게이트에서 출국 30분 전에
탑 승이 가능하다. 항공 탑승권의 Boarding
Time 밑에 시간이 적혀 있다. 탑승 시간에 늦지
않도록 주의하도록 하자.

⑤ 자동 출입국 심사 서비스
홍콩에 자동 출입국 심사 서비스 e-Channel이
있듯이 우리나라에도 자동 출입국 심사 서비스
가 있다. 출입국할 때 항상 긴 줄을 서서 수속을
밟아야 하는 번거로움을 없애기 위해 시행하고
있는 제도로 심사관의 대면 심사를 대신하여 자
동 출입국 심사대에서 여권과 지문을 스캔하고,
안면 인식을 한 후 출입국 심사를 마친다. 주민등
록이 있는 7세 이상의 대한민국 국민이면(14세 미
만 아동은 법정대리인 동의 필요) 모두 가능하고,
18세 이상 국민은 사전 등록 절차 없이 이용할 수
있다. 때에 따라 자동 출입국 심사대가 붐비는 경
우도 있으니, 상황에 맞게 이용한다.

> **Tip** 인천공항에서 자투리 시간 알차게 보내기

1. 스카이 허브 라운지(SKY HUB LOUNGE)

팩스와 프린트도 이용할 수 있을 뿐 아니라 특급호텔에 제공되는 각종 음
료와 간단한 식사를 할 수 있는 곳이다. 항공사의 라운지를 무료로 제공받
지 못하는 이코노믹 승객들의 경우 이곳을 이용하면 편하게 비행 시간을
기다릴 수 있어 좋다. 제1청사 4층 면세지역 동편과 서편, 그리고 탑승동
4층 면세지역편까지 총 세 개의 라운지가 있다.

• 시간 : (제1청사 4층 면세지역 동편) 24시간, (제1청사 4층 면세지역
　　　　서편 및 탑승동 4층 동편) 07:00~22:00
• 이용료 : 성인 $39, 3세~10세 $17, 3세 미만 무료.

2. 샤워를 할 수 있는 곳

환승객은 무료로, 일반 승객은 3천원을 내고 이용할 수 있는 샤워실이다. 이
용 시간은 30분으로 제한되어 있으며 칫솔, 치약, 수건 등 샤워용품을 무료
로 대여해 준다. 샤워실이 넓어서 큰 캐리어를 들고 가도 걱정 없이 이용할
수 있다.

• 시간 : 07:00~21:30
• 위치 : 제1청사 4층 면세지역 서편, 제1청사 3층 면세지역 동편, 탑승
　　　　동 4층 중앙

홍콩 입국

홍콩 공항착륙

홍콩 국제공항(첵랍콕 공항)
홍콩 도착 전 기내에서 나눠준 입국 신고서를 작성한다. 비행기가 착륙하면 인파를 따라 움직이다가 'Arrival'이라고 쓰인 곳으로 계속 이동하여 입국 심사대로 가면 된다.

입국 심사대

홍콩 입국 규정

홍콩 입국 시에는 예정된 출국일보다 최소한 한 달 이상의 여권 유효 기간이 남아 있어야 한다. 규정상 6개월이 남아야 하지만, 홍콩의 경우는 여권 유효 기간에 대한 엄격한 규제가 없어 한 달 이상만 남아도 문제는 없다. 한국인의 경우 3개월간 비자 없이 홍콩 체류가 가능하다. 하지만 홍콩에서 중국으로 입국하기 위해서는 중국 비자를 반드시 받아야 한다. 비자를 받기 위한 서류로는 사진 1장과 3일 정도의 수속 기간이 필요하다. 비자 업무는 홍콩에 소재하고 있는 중국 여행사에서 발급받을 수 있다.

입국 신고

입국 심사대는 홍콩 거주민(Residence)과 외국인 방문객(Visitor)으로 나누어져 있다. 여행자는 Visitor 사인보드 앞에 줄을 선다. 기내에서 작성한 입국 신고서와 여권을 입국 심사관에게 제출하면 90일 체류 허가를 나타내는 스탬프를 여권에 찍어 준다.

수하물 수취

입국 심사를 통과하면 수하물로 부친 짐을 찾을 수 있다. 수취대 위에 써 있는 편명과 자신이 타고 온 편명을 확인하고 수하물을 찾는다. 여기서 주의할 점은 자신의 가방과 비슷한 타인의 가방이 있을 수 있으므로 수하물을 찾을 때에는 짐표의 일련 번호를 꼭 확인하도록 하자.

수하물 수취대

세관 심사

수하물을 찾은 후 세관 검사를 받게 되는데 이때는 여권을 제출해야 한다. 2018년 7월 16일부터, 홍콩에 입국하거나 출국하는 모든 방문객은 소지하고 있는 화폐 혹은 유통 증권의 합이 HK$120,000을 초과할 경우, 세관 및 소비세국에 과세 물품을 신고해야 한다. 신고할 물품이 없을 경우, 'NOTHING TO DECLARE' 쪽으로 이동하면 된다. 여권을 제시하면 세관원이 간단한 질문을 하게 되는데 관광 목적을 묻거나 며칠 일정인지 묻는 경우가 대부분이다.

세관 검사대

입국장

예약한 호텔에서 픽업이 약속되어 있다면 자신의 이름을 든 팻말을 찾는다. 개별적으로 왔다면 홍콩 국제 공항 내 홍콩 관광청을 방문해 지도를 비롯한 여행 자료를 챙기는 것을 잊지 말자. 홍콩 관광청은 여행 자료 제공 외에 호텔 예약 등의 여행 서비스 업무를 함께하고 있다. 입국장에 나오면 내일투어와 하나투어 데스크가 있어서 AEL 티켓과 마담투소, 피크 트램 등의 입장권을 패키지로 판매하는 콤보 티켓을 저렴하게 구입할 수 있다.

입국장 앞 여행사 인포메이션 센터

Visitor Centre

홍콩 입국시 주의사항

2007년 4월 1일부터 홍콩에 반입될 수 있는 면세 기준이 축소됨에 따라 알코올 1리터와 담배 60개비(3갑)만이 허용된다. 제한 범위가 초과되어 불법 반입이 적발되면 물품을 압수당하거나 벌금이 부과된다.

자동 출입국 심사 서비스
e-Channel

홍콩의 빠른 입국을 위한 제도로 우리나라 자동 출입국 제도와 마찬가지로 운영을 하고 있다. e-Channel을 신청하기 위해서는 여권의 유효 기간이 6개월 이상 남아 있고 만 17세 이상이면 가능하다.

SES(Smart Entry Service) 등록 방법

1) 온라인 신청(webapp.immd.gov.hk/
content_ver2/kisreg/html/english/
declaration.html)
2) 홈페이지에서 여권 정보를 입력한 후 등록된 사항이 나오는 페이지를 프린트하여 홍콩 국제공항의 e-Channel 창구에 여권과 함께 제시하면 된다.

e-Channel Enrolment Office 운영 시간
Arrival north hall 07:30~23:00
Arrival south hall 10:00~18:00

셀프 출입국

집으로 돌아오는 길

홍콩 출국

공항 도착 → 탑승권 발급 → 출국장 → 보안 검사
→ 출국 심사 → 비행기 탑승 → 이륙

홍콩 얼리 체크인(Early Check In) 서비스

여행의 마지막 날, 호텔 체크아웃 후 호텔에 짐을
맡겨 놓고 남은 시간을 쇼핑으로 보낼 예정이라
면, 홍콩 역이나 구룡 역에서 얼리 체크인 서비스
를 이용하자. 얼리 체크인이란 항공기 출발 하루
전부터 90분 전까지 미리 짐을 부치고 체크인을
할 수 있는 것을 말하는데 항공사마다 규정은 각
기 다르다. 단, AEL을 이용하는 승객을 위한 서
비스이므로, AEL 티켓이나 AEL 이용이 가능한
옥토퍼스 카드를 구입하여 소지한 승객만 입장이
가능하다.

운영 시간

아시아나 항공 : 09:00~23:00
대한 항공 : 08:00~22:55
케세이퍼시픽 항공 : 05:30~23:00

❯ 공항 도착

여행 일정을 마치고 다시 공항으로 돌아갈 때에
는 입국하여 시내로 들어 왔던 교통편을 거꾸로
이용하면 된다. 출국 2시간 전까지는 공항에 도
착하도록 하자.

❯ 탑승권 발급

공항 국제선 청사에 도착
하면 각 해당 항공사에 가
서 탑승권을 받게 된다. 일
행이 있다면 여권과 항공

권을 같이 제시하면 나란히 붙은 좌석을 받을 수
있다.

❯ 출국장

탑승권을 받은 후 보안 검사와 출국 심사 시간을
고려하여 일찍 들어가도록 하자.

❯ 보안 검사

한국에서의 출국과 마찬가지로 보안 검사를 받
게 되는데 여권과 탑승권을 제외하고 모두 검사
를 받는다.

❯ 출국 심사

출국 심사도 입국 심사 때와 마찬가지로 Visitor
사인보드 앞에 줄을 선다. 여권과 입국 신고서를
제출하면 여권에 홍콩 출국 도장을 찍어 준다.

❯ 비행기 탑승

출국 심사가 끝나면 면세점이 나온다. 면세점 쇼
핑이 끝나면 탑승 게이트로 이동을 하게 되는데
출국 30분 전에 탑승이 가능하므로 늦지 않도록
한다.

❯ 이륙

항공기가 이륙하여 인천공항에 도착하는 데는
출발과 동일한 시간이 걸린다. 기내 서비스는 이
륙 후 항공기가 정상 궤도에 진입하면 시작되며
그 후 기내 면세점 판매가 이루어진다. 2005년
11월부터 한국 국적의 관광객은 입국 신고서를
작성하지 않아도 되지만 세관 신고서는 작성해야
한다. 착륙 전 미리 작성하도록 한다.

홍콩 공항 이용하기

홍콩 공항의 상점들은 대
부분 23시까지 운영한다.
5층의 맥심스 푸드와 출
국장이 있는 7층의 페어우
드에서 간단한 식사가 가
능하다. 믹스(MIX)와 퍼

시픽 커피에서는 인터넷
사용이 가능하기 때문에 공항에서 대기 시간이
길다면 이곳을 이용해 보자. 비행기 출발 시간에
여유가 있다면 우선 물품 보관소에 짐을 맡기고 통
총 시티 아웃렛으로 들어가도 좋다.

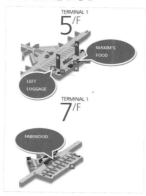

LEFT Baggage

공항 출국장에서 엘리베이터를 타고 좌측으로 가
면 짐을 맡겨 놓을 수 있는 물품 보관소가 있
다. 짐 개수당 1시간에 HK$12, 하루 이용 시
HK$140이다. (시간 05:30~01:30 / 전화
2261-0110)

한국 입국

착륙 → 입국 심사 → 짐 찾기 → 세관 검사 → 입
국장

🔊 착륙

인천공항에 도착하여 입국 심사대로 이동을 한
다. 입국 심사대에 줄을 설 때에는 한국인과 외국
인 줄이 있는데 한국 국적을 가진 사람은 한국인
줄에 서서 대기하면 된다.

🔊 입국 심사

여권만 제출하면 된다. 세관 신고서는 수하물을
찾은 후 입국장으로 나가기 전에 세관 심사관에
게 제출하면 된다.

🔊 짐 찾기

입국 심사를 마친 후 아래층으로 내려오면 수하
물 수취대가 여러 개 있다. 자신의 항공 편명과 일
치하는 곳으로 가서 자신의 짐을 찾도록 하자. 이
때 자신의 짐이 맞는지 최종 확인을 해야 하며 수
하물에 붙어 있는 표시의 일련번호와 자신이 가
지고 있는 수하물 영수증의 일련번호가 일치하
는지 확인하도록 하자.

🔊 세관 검사

기내에서 작성한
세관 신고서를 제
출해야 하며 세관
신고를 할 관광객
은 자진 신고가 표
시되어 있는 곳으

로 가도록 하자. 만약 면세 이상의 물건을 가지고
세관 검사장을 나가다 세관 심사관에게 발각되
는 경우에는 추가 세금을 내야 한다.

🔊 입국장

세관 검사가 끝나면 입국장으로 나오게 된다. 인
천공항의 입국장은 제1청사에 6개, 제2청사에 2
개가 있으며, 김해공항은 1개의 입국장이 있다.
이곳에서 만남 약속이 있다면 출발 전 미리 입국
편명을 알려 주면 상대방이 쉽게 입국장을 외부
에서 확인할 수 있다.

찾아보기

홍콩

Sightseeing

ENJOY MAP

인조이맵
지도 서비스

enjoy.nexusbook.com

'ENJOY MAP'은 인조이 가이드 도서의 부가 서비스로,
스마트폰이나 PC에서 **맵코드만 입력**하면
간편하게 **길 찾기**가 가능한 무료 지도 서비스입니다.

인조이맵 이용 방법

1 QR 코드를 찍거나 주소창에 enjoy.nexusbook.com을 입력하여 접속한다.

2 간단한 회원 가입 후 인조이맵을 실행한다.

3 도서 내에 표기된 맵코드를 검색창에 입력하여 길 찾기 서비스를 이용한다.

4 인조이맵만의 다양한 기능(내 장소 등록, 스폿 검색, 게시판 등)을 활용해 보자.